基礎数学選書

ベクトル解析

横浜国立大学名誉教授
理学博士

武藤義夫 著

編集委員会
矢 野 健太郎
国 沢 清 典
茂 木 勇
石 原 繁
岩 堀 長 慶

裳 華 房

編集趣旨

最近の科学技術の発展には誠に目覚しいものがあります．それにつれてその基礎であり，その手段である数学の重要性はますます増大しつつあります．

また一方，いままでは主として科学技術の方面にのみ応用をもっていると思われていた数学が，最近になって実は，人間のあらゆる社会活動を対象とする行動科学の方面にも非常に大きな応用をもっていることが明らかになってまいりました．

このように，科学技術と行動科学の２つの方面からの社会的要求はますます増大する一方ですので，大学における数学教育の比重はますます大きくなりつつあります．

しかしながら誠に残念なことに，大学の講義時間には大きな制限があるために，講義がややもすれば型通りになりがちで，学生の数も毎年増加の一途をたどっていますので，講義だけで学生が将来必要な数学をマスターするということはますます困難になりつつあるのが現状です．

このような状態のもとで，大学の講義を十分に理解し，それを活用する力を十分に身につけるには，初学者の心理も盲点も知りつくしている経験豊かな著者の手になる懇切丁寧な参考書によるのが一番よい方法です．

ややもすれば，大学生相手の書物には読者をつきはなしたような態度が多いのですが，その点を改め，読者諸君が素直に読み進むことができ，しかもそれによって厳密で豊富な知識が身につき，理論に対する真の興味がわいてくるようにと念願して企画されたのが，この「基礎数学選書」であります．

本選書は，以上の趣旨に基づいて，数学の種々の分科を１つ１つ教科書風の堅苦しさから解放された自由な立場から，できるだけ詳細に解説するという目的で，比較的多くの小冊子に分けられています．

読者諸君は，この選書のうちから諸君が必要とされるもの，興味をもたれるものを自由に選ぶことができると思います．

編集委員会は，この選書に入れた項目で，将来数学を活用しようとする人たちに必要なものはほとんど網羅していると信じます．

また，将来それを活用する場合，数学はこの選書に解説されている内容で十分役立つと確信します．

したがって，これらの選書で学習し，それらを書棚においておかれるならば，社会にでて数学を活用する場合にも大いに役立つことを信じて疑わないものであります．

昭和44年8月

矢 野 健太郎
国 沢 清 典
茂 木 勇
石 原 繁
岩 堀 長 慶

ま え が き

本書は大学の教養課程における特に理工系の学生や，一般に数学，物理学などの専門的教養を必要とし，あるいはこの方面に深い関心をもつ人のために，ベクトル解析およびテンソルの理論を初歩から始めつつ述べたものである．

これらの理論は数学の1つの分野としても重要であるが，また力学，流体力学，電磁気学などにおいて常に応用されるのであって，物理学とともに特に18世紀，19世紀を中心に急速に発達してきたものである．

ベクトル解析は，ベクトルが1つまたはいくつかの変数の関数であるときの微分，積分を研究する学問であるが，ベクトルの和，差，内積，外積などの代数的演算も，その基礎として重要である．高等学校でも，すでにベクトルをとり入れた授業がなされているのであるが，本書ではこのような基礎から説明を始める．しかし大学初年級程度の微分積分学，代数学および解析幾何学の知識を読者は大体においてすでに有しているものとして話をすすめる．

さて読者がベクトル解析を勉強する場合，その目的によって特に必要とする部分はいろいろと異なるであろう．しかしベクトル解析の最も重要な部分はスカラー場とベクトル場の解析にあると思われる．これは流体力学，変形する物体の力学，電磁気学等へ応用するために重要であるばかりでなく，数学の他の部門，微分可能多様体の理論やテンソル解析学，ポテンシャルの理論などへの橋わたしにもなっている．それゆえ本書ではこの重要な部分を，基礎を深くほり下げて平易に解説した．

まえがきをおえるにあたり，小生を基礎数学選書の著者の1人に加え，いろいろと注意をして下さった矢野健太郎先生に深い感謝の意を表わしたい．また本書の出版についてお世話になった遠藤恭平氏，細木周治氏をはじめ裳華房編集部の皆様および浦野清氏はじめ中央印刷株式会社の方々に御礼を申し上げたい．

昭和47年10月

武　藤　義　夫

目　　次

1. ベクトル

2. ベクトルの内積と外積

3. ベクトルの微分とその応用

4. スカラー場，ベクトル場と微分

5. ベクトルの積分

6. 発散定理，ストークスの定理，その他の定理

7. 直交曲線座標

8. テンソルとその応用

1 ベクトル

この章ではベクトルの代数的性質のうち，内積や外積が関係しないものについて述べる．

§1. ベクトルとスカラー

ベクトルとスカラー 向きのついた線分すなわち有向線分で表わすことができ，それについて次に述べるような相等性および§2で述べる演算の法則が成立するものを**ベクトル**という．これに反して，線分の長さ，3角形の面積，物体の質量，電荷などのように，それらを測る単位が与えられれば，1つの数値のみによって完全に表現することのできる量を**スカラー**という．

有向線分の類別 ベクトルを正しく理解するためには，有向線分の類別という考えが必要である．いまAを始点，Bを終点とする有向線分を$\overrightarrow{AB}$で表わす．有向線分$\overrightarrow{CD}$を有向線分$\overrightarrow{AB}$と平行移動によって重ね合せることができるならば，$\overrightarrow{CD}$は$\overrightarrow{AB}$と同類である，あるいは同じ類に属するといい，$\overrightarrow{CD}=\overrightarrow{AB}$と書く．$\overrightarrow{CD}$が$\overrightarrow{AB}$と同じ有向線分である場合にも$\overrightarrow{CD}=\overrightarrow{AB}$と書く．したがって次のことがいえる．

つねに$\overrightarrow{AB}=\overrightarrow{AB}$.

$\overrightarrow{AB}=\overrightarrow{CD}$ならば$\overrightarrow{CD}=\overrightarrow{AB}$.

$\overrightarrow{AB}=\overrightarrow{CD}$で，また$\overrightarrow{CD}=\overrightarrow{EF}$ならば，$\overrightarrow{AB}=\overrightarrow{EF}$.

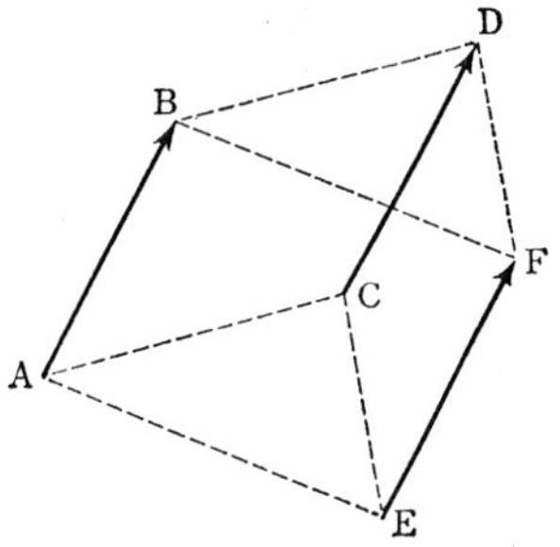

1-1 図

ベクトルの表示および相等性 ベクトルが有向線分$\overrightarrow{AB}$で表わされるとき，$\overrightarrow{AB}$と同類な有向線分$\overrightarrow{CD}$も$\overrightarrow{AB}$と同じベクトルを表わす．また異なる類に属する有向線分は異なるベクトルを表わす．$\overrightarrow{AB}=\overrightarrow{CD}$ならば$\overrightarrow{AB}$と$\overrightarrow{CD}$とは同一のベクトルの代表であるから，このベクトルをベクトル$\overrightarrow{AB}$ともベクトル$\overrightarrow{CD}$ともよぶことができる．

ベクトルの記し方 ベクトルを記すにはそれを代表する有向線分を記せばよいが，また太い字体 $\boldsymbol{A}$, $\boldsymbol{B}$, $\boldsymbol{a}$, $\boldsymbol{b}$ や $\vec{u}$, $\vec{v}$, あるいはドイツ文字 $\mathfrak{A}$, $\mathfrak{B}$, $\mathfrak{a}$, $\mathfrak{b}$ なども用いられる．

例 1． 次のもののうちからベクトルとスカラーを区別せよ．

(a) 平行移動，(b) 速さ，(c) 速度，(d) 温度，(e) 距離，
(f) 加速度，(g) 体積，(h) 力

[解] (b), (d), (e), (g) はスカラー，(a), (c), (f), (h) はベクトルである．(a) はそのまま有向線分で表わされる．(c) と (f) は長さと時間の単位をきめることにより，(h) はさらに質量の単位をきめることにより，有向線分で表わすことができる．力のベクトルについて§2で述べる法則が成立することは物理学で知られている．(a), (c), (f) についてこの法則が成立することは幾何学上明らかである．

1-1図はベクトル $\overrightarrow{\mathrm{AB}}$ で表わされる平行移動によって3角形ACEが3角形BDFになることを示す図と考えることができる．

問　　題

1． A, B, C, E は次の座標をもつ点とする：A(1, 2, −1)，B(4, 3, 2)，C(0, 1, 0)，E(−2, −1, 3)．$\overrightarrow{\mathrm{AB}}=\overrightarrow{\mathrm{CD}}=\overrightarrow{\mathrm{EF}}=\overrightarrow{\mathrm{OG}}$ となる点 D, F, G の座標を求めよ．

2． A(2, 3, 1)，C(6, 5, −3) に対して $\overrightarrow{\mathrm{AB}}=\overrightarrow{\mathrm{BC}}$ となる点 B の座標を求めよ．

[解　　答]

1． D(3, 2, 3)，F(1, 0, 6)，G(3, 1, 3)．

2． B(4, 4, −1)．

§2. ベクトルの演算

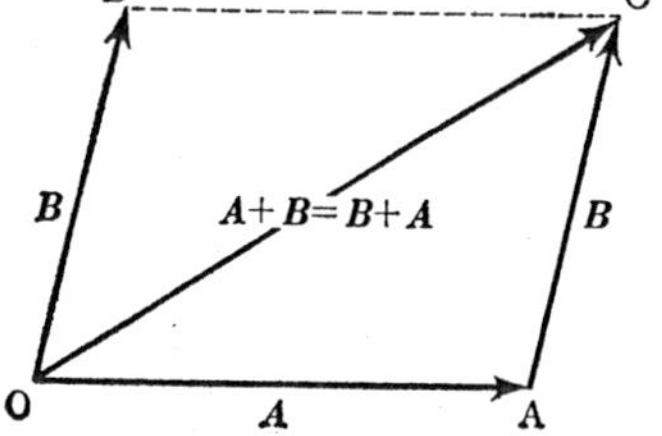

1-2 図

ベクトルの和（ベクトル加法の平行4辺形の法則および3角形の法則） ベクトル $\boldsymbol{A}$, $\boldsymbol{B}$ をそれぞれ有向線分 $\overrightarrow{\mathrm{OA}}$, $\overrightarrow{\mathrm{OB}}$ で表わすとき，$\overrightarrow{\mathrm{OA}}$, $\overrightarrow{\mathrm{OB}}$ を相隣る2辺とする平行4辺形 OACB の対角線として得る有向線分 $\overrightarrow{\mathrm{OC}}$ が表わすベクトルを $\boldsymbol{A}$ と $\boldsymbol{B}$ の和 $\boldsymbol{A}+\boldsymbol{B}$ と定義する．$\boldsymbol{A}+\boldsymbol{B}$ はまたベクトル $\boldsymbol{A}$, $\boldsymbol{B}$ を $\boldsymbol{A}=\overrightarrow{\mathrm{OA}}$, $\boldsymbol{B}=\overrightarrow{\mathrm{AC}}$ と表わしたときに得る有向線分 $\overrightarrow{\mathrm{OC}}$ によって表わされる．加法は次の法則を満足する（1-2図，1-3図）：

(I) $\boldsymbol{A}+\boldsymbol{B}=\boldsymbol{B}+\boldsymbol{A}$,

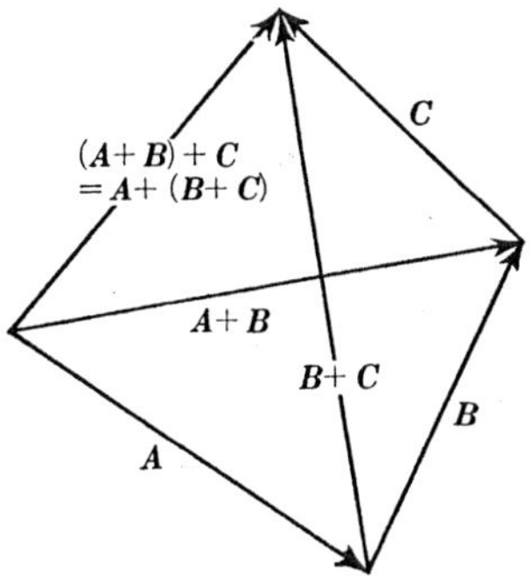

1-3 図

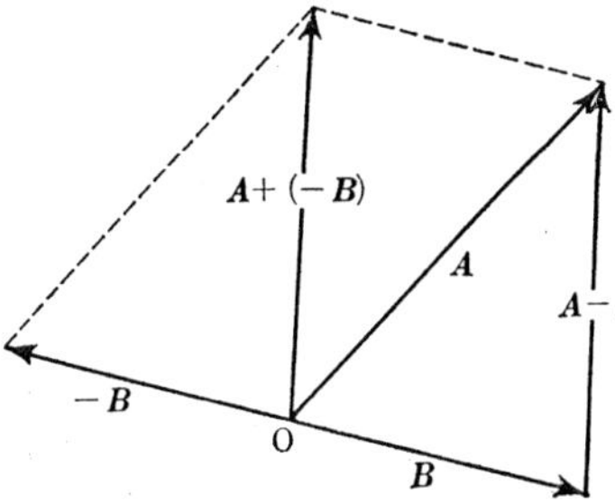

1-4 図

(Ⅱ) $(\boldsymbol{A}+\boldsymbol{B})+\boldsymbol{C}=\boldsymbol{A}+(\boldsymbol{B}+\boldsymbol{C})$.

ベクトルの差 ベクトルの和の定義から，任意のベクトル $\boldsymbol{A}, \boldsymbol{B}$ に対して，方程式 $\boldsymbol{A}=\boldsymbol{B}+\boldsymbol{X}$ を満足するベクトル $\boldsymbol{X}$ は一意にきまる．これを $\boldsymbol{X}=\boldsymbol{A}-\boldsymbol{B}$ と書く（1-4 図）.

例 2. $A(1, 2, -1)$，$B(4, 3, 2)$，$\boldsymbol{A}=\overrightarrow{\mathrm{OA}}$，$\boldsymbol{B}=\overrightarrow{\mathrm{OB}}$ なるとき $\boldsymbol{A}+\boldsymbol{B}=\overrightarrow{\mathrm{OC}}$ となる．点Cの座標を求めよ．

［解］ OACB が平行4辺形であるから C(5, 5, 1).

例 3. 例2のベクトル $\boldsymbol{A}, \boldsymbol{B}$ について $\boldsymbol{A}-\boldsymbol{B}=\overrightarrow{\mathrm{OD}}$ となる点Dの座標を求めよ．

［解］ D(−3, −1, −3) とすれば ODAB は平行4辺形となるから，D(−3, −1, −3) である．

零ベクトルと逆のベクトル 始点と終点が同一の点である有向線分で表わされるベクトルを**零ベクトル**といい，$\mathbf{0}$ で表わす．この定義から次の等式を得る：

$$\boldsymbol{A}=\boldsymbol{A}+\mathbf{0}=\mathbf{0}+\boldsymbol{A},$$

$$\boldsymbol{A}-\boldsymbol{A}=\mathbf{0}.$$

$\boldsymbol{A}+\boldsymbol{X}=\mathbf{0}$ を満足するベクトル $\boldsymbol{X}$ は $\boldsymbol{A}$ の**逆のベクトル**といい，$-\boldsymbol{A}$ で表わす．$\boldsymbol{A}+(-\boldsymbol{A})=\boldsymbol{A}-\boldsymbol{A}=\mathbf{0}$ である．また $\boldsymbol{A}=\overrightarrow{\mathrm{OA}}$ なら $-\boldsymbol{A}=\overrightarrow{\mathrm{AO}}$ である．

ベクトルの絶対値 ベクトル $\boldsymbol{A}$ を表わす有向線分 $\overrightarrow{\mathrm{OA}}$ の長さをベクトル $\boldsymbol{A}$ の**長さ**，**大きさ**，あるいは**絶対値**とよび，$|\boldsymbol{A}|$ と書く．ベクトルは方向と絶対値とを与えれば一意にきまる．特に絶対値が0のベクトルは零ベクトル $\mathbf{0}$ である．

長さが1のベクトルを**単位ベクトル**という．

$-\boldsymbol{A}$ は $\boldsymbol{A}$ と同じ大きさで，正反対の向きをもつベクトルといえる．次の関係がつねに成立する：

$$A - B = A + (-B).$$

ベクトルとスカラーの積　αを実数とするとき，αAは，αが正ならAの長さのα倍を長さとしてAと同じ向きをもつベクトル，αが負ならAの長さの$|\alpha|$倍を長さとしてAと正反対の向きをもつベクトルと定義する．特に次の等式が成立する；

$$1A = A, \qquad (-1)A = -A.$$

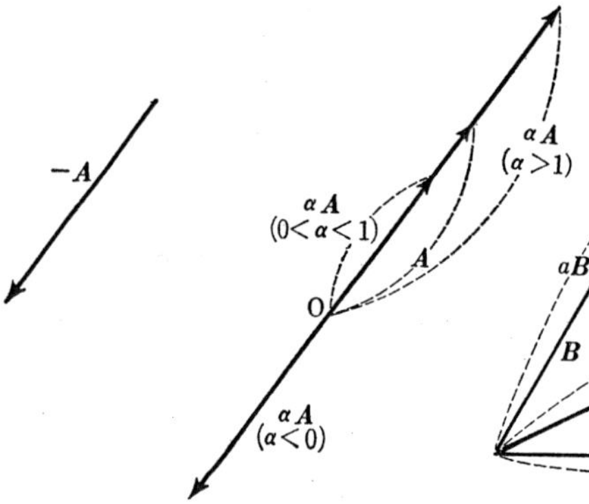

1-5 図

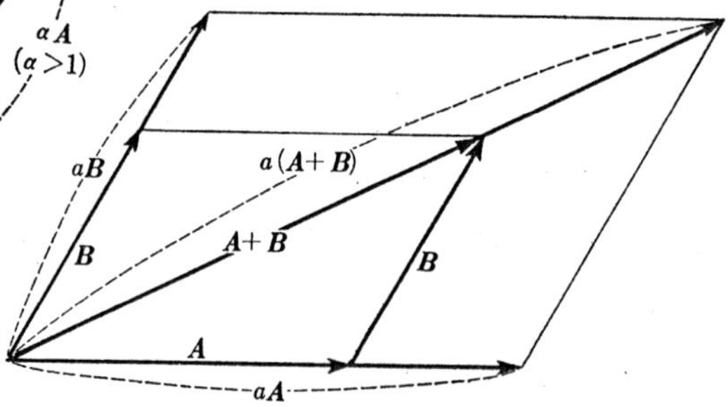

1-6 図

このような乗法と加法の間に次の法則が成立する：

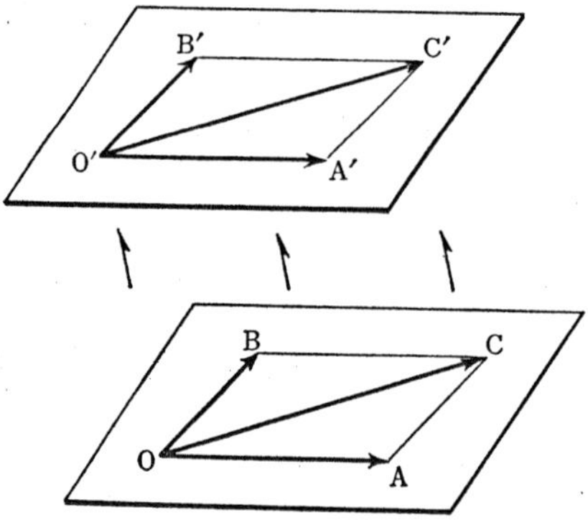

1-7 図

(Ⅲ)　$(a+b)A = aA + bA,$

(Ⅳ)　$a(A+B) = aA + aB,$

(Ⅴ)　$a(bA) = (ab)A.$

注意1.　ベクトルに関するこれらの演算は，代表である有向線分を用いて行なったが，代表の取り方によらないことは，平行移動を行なってみれば明らかである（1-7図）．

注意2.　法則（Ⅱ）から，n個のベクトル$A_1, A_2, \cdots, A_n$の和を$A_1 + A_2 + \cdots + A_n$と書くことがゆるされる．また法則（Ⅰ）からその順序を変えることがゆるされる．

例 4.　ベクトルX_1, X_2が

$$X_1 = a_1A + b_1B + c_1C, \qquad X_2 = a_2A + b_2B + c_2C$$

で与えられたとき，ベクトル$\lambda_1X_1 + \lambda_2X_2$を$A$, B, C用いて表わせ．

［解］　$\lambda_1X_1 + \lambda_2X_2 = \lambda_1(a_1A + b_1B + c_1C) + \lambda_2(a_2A + b_2B + c_2C)$

の右辺にまず法則（Ⅳ）を用いて

$$\{\lambda_1(a_1\boldsymbol{A}) + \lambda_1(b_1\boldsymbol{B}) + \lambda_1(c_1\boldsymbol{C})\} + \{\lambda_2(a_2\boldsymbol{A}) + \lambda_2(b_2\boldsymbol{B}) + \lambda_2(c_2\boldsymbol{C})\}$$

とし，これに法則（Ⅴ），（Ⅱ），（Ⅰ）を逐次用いて次のように計算すればよい：

$$= \lambda_1 a_1\boldsymbol{A} + \lambda_1 b_1\boldsymbol{B} + \lambda_1 c_1\boldsymbol{C} + \lambda_2 a_2\boldsymbol{A} + \lambda_2 b_2\boldsymbol{B} + \lambda_2 c_2\boldsymbol{C}$$
$$= (\lambda_1 a_1 + \lambda_2 a_2)\boldsymbol{A} + (\lambda_1 b_1 + \lambda_2 b_2)\boldsymbol{B} + (\lambda_1 c_1 + \lambda_2 c_2)\boldsymbol{C}.$$

例 5. Oを原点とする直交座標系について，点P，Qの座標をそれぞれ(x_1, y_1, z_1)，(x_2, y_2, z_2)とする．ベクトル$\overrightarrow{\mathrm{OR}}$を$\overrightarrow{\mathrm{OR}} = a\overrightarrow{\mathrm{OP}} + b\overrightarrow{\mathrm{OQ}}$で与えるとき，点Rの座標を求めよ．

［解］ $a\overrightarrow{\mathrm{OP}} = \overrightarrow{\mathrm{OP'}}$, $b\overrightarrow{\mathrm{OQ}} = \overrightarrow{\mathrm{OQ'}}$とすれば，P′の座標は$(ax_1, ay_1, az_1)$，Q′の座標は$(bx_2, by_2, bz_2)$である．したがってベクトル加法の平行4辺形の法則によりRの座標は$(ax_1 + bx_2, ay_1 + by_2, az_1 + bz_2)$となる．

例 6. n個のベクトル$\boldsymbol{A}_1, \boldsymbol{A}_2, \cdots, \boldsymbol{A}_n$を有向線分$\overrightarrow{\mathrm{OA}_1}, \overrightarrow{\mathrm{A}_1\mathrm{A}_2}, \cdots, \overrightarrow{\mathrm{A}_{n-1}\mathrm{A}_n}$で表わすとき，$\boldsymbol{A}_1 + \boldsymbol{A}_2 + \cdots + \boldsymbol{A}_n = \overrightarrow{\mathrm{OA}_n}$なることを示せ．

［解］ $n = 1$のときは明らかである．$n = N$のときこの等式が正しいとすれば

$$(\boldsymbol{A}_1 + \boldsymbol{A}_2 + \cdots + \boldsymbol{A}_N) + \boldsymbol{A}_{N+1} = \overrightarrow{\mathrm{OA}_N} + \overrightarrow{\mathrm{A}_N\mathrm{A}_{N+1}}$$

で，この右辺はベクトル加法の3角形の法則により$\overrightarrow{\mathrm{OA}_{N+1}}$となるから，$n = N+1$についても正しい．よって等式はすべての自然数$n$について成立する．

注意 物理学におけるベクトルは，次元が異なれば和や差が作れない．

問　　題

1. $\boldsymbol{X} = \boldsymbol{A} + \boldsymbol{B} + 3\boldsymbol{C}$, $\boldsymbol{Y} = -\boldsymbol{A} + \boldsymbol{B} + 2\boldsymbol{C}$, $\boldsymbol{Z} = -3\boldsymbol{A} + \boldsymbol{B} + \boldsymbol{C}$のとき$\boldsymbol{X} - 2\boldsymbol{Y} + \boldsymbol{Z}$を求めよ．

2. $\boldsymbol{X} = \boldsymbol{A} + \boldsymbol{B} - \boldsymbol{C}$, $\boldsymbol{Y} = \boldsymbol{A} - \boldsymbol{B} + 2\boldsymbol{C}$, $\boldsymbol{Z} = 2\boldsymbol{A} - \boldsymbol{B} + 3\boldsymbol{C}$のとき$\boldsymbol{A}, \boldsymbol{B}, \boldsymbol{C}$を$\boldsymbol{X}, \boldsymbol{Y}, \boldsymbol{Z}$で表わせ．

［解　　答］

1. 0.

2. $\boldsymbol{A} = \boldsymbol{X} + 2\boldsymbol{Y} - \boldsymbol{Z}$, $\boldsymbol{B} = -\boldsymbol{X} - 5\boldsymbol{Y} + 3\boldsymbol{Z}$, $\boldsymbol{C} = -\boldsymbol{X} - 3\boldsymbol{Y} + 2\boldsymbol{Z}$.

§3. 直交座標系とベクトル

位置ベクトル 定点Oをきめたとき，任意の点Pに対して$\overrightarrow{\mathrm{OP}}$が表わすベクトルをPの**位置ベクトル**あるいは**動径ベクトル**という．

基本ベクトル 直交座標系のx軸，y軸，z軸上に，それぞれ正の向きにとった単位ベクトル$\boldsymbol{i}, \boldsymbol{j}, \boldsymbol{k}$を**基本ベクトル**という．

Oを原点とする直交座標系が与えられたとき，ベクトル $\boldsymbol{A}$ に対して $\boldsymbol{A}=\overrightarrow{\mathrm{OA}}$ なる点Aの座標を A_x, A_y, A_z とする．点Aから x 軸，y 軸，z 軸に下した垂線の足をそれぞれL, M, Nとすれば，

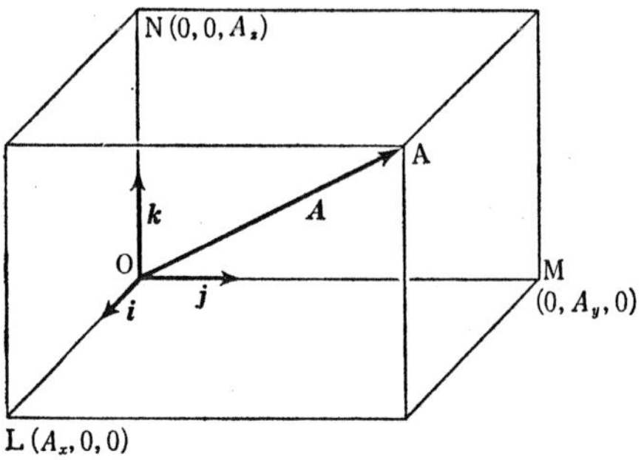

1-8 図

$$\overrightarrow{\mathrm{OL}}=A_x\boldsymbol{i},\qquad \overrightarrow{\mathrm{OM}}=A_y\boldsymbol{j},$$
$$\overrightarrow{\mathrm{ON}}=A_z\boldsymbol{k}$$

で，また

$$\boldsymbol{A}=\overrightarrow{\mathrm{OA}}=\overrightarrow{\mathrm{OL}}+\overrightarrow{\mathrm{OM}}+\overrightarrow{\mathrm{ON}}$$

なることは明らかである．よって

$$(1)\qquad \boldsymbol{A}=A_x\boldsymbol{i}+A_y\boldsymbol{j}+A_z\boldsymbol{k}$$

を得る．

式(1)における A_x, A_y, A_z をベクトル $\boldsymbol{A}$ の**成分**といい，特に混同をさけるためには，与えられた直交座標系に関する成分という．またその1つ1つは x 成分，y 成分，z 成分といって区別する．したがって次の定理を得る：

定理3.1 直交座標系が与えられれば，位置ベクトル $\overrightarrow{\mathrm{OA}}$ の成分は点Aの座標である．

直交座標系を用いるとき，点を $\mathrm{P}(x, y, z)$ あるいは $\mathrm{P}=(x, y, z)$ などと書くように，ベクトルも $\boldsymbol{A}(a, b, c)$ あるいは $\boldsymbol{A}=(a, b, c)$ などのように，その成分 a, b, c を用いて表わすことができる．

零ベクトル $\boldsymbol{0}=\overrightarrow{\mathrm{OO}}$ において，終点は $(0, 0, 0)$ であるから，

定理3.2 ベクトルが零ベクトルとなるための必要十分な条件は成分が3つとも消えることである．

例7. 基本ベクトルは $\boldsymbol{i}(1, 0, 0)$，$\boldsymbol{j}(0, 1, 0)$，$\boldsymbol{k}(0, 0, 1)$ である．

［解］ 明らか．

次の定理は§2の例4または5から明らかである．

定理3.3 ベクトル $\boldsymbol{A}(A_x, A_y, A_z)$, $\boldsymbol{B}(B_x, B_y, B_z)$ に対して，ベクトル $\lambda\boldsymbol{A}+\mu\boldsymbol{B}$ の成分は $(\lambda A_x+\mu B_x, \lambda A_y+\mu B_y, \lambda A_z+\mu B_z)$ である．

ベクトル $\boldsymbol{A}, \boldsymbol{B}$ が同じ成分をもてば，ベクトル $\boldsymbol{A}-\boldsymbol{B}$ の成分はすべて0で，したがって定理3.2により $\boldsymbol{A}-\boldsymbol{B}=\boldsymbol{0}$ を得る．したがって，

定理3.4 直交座標系が与えられれば，各ベクトルに対してその3つの成分は一意に

きまり，逆にベクトルはその3成分によって一意にきまる．

ベクトル $\boldsymbol{A}(A_x, A_y, A_z)$ の長さは，点(0, 0, 0)と点(A_x, A_y, A_z)の距離であるから，次の式で与えられる：

$$|\boldsymbol{A}| = \sqrt{A_x{}^2 + A_y{}^2 + A_z{}^2}. \tag{2}$$

$\boldsymbol{A} \neq \boldsymbol{0}$ なら

$$\boldsymbol{a} = \frac{\boldsymbol{A}}{|\boldsymbol{A}|}$$

は単位ベクトルである．

すべてのベクトル $\boldsymbol{A}$ はある単位ベクトル $\boldsymbol{a}$ と $|\boldsymbol{A}|$ の積で $\boldsymbol{A} = |\boldsymbol{A}|\boldsymbol{a}$ の形に表わすことができる．

単位ベクトル $\boldsymbol{u}$ が与えられたとき，$\boldsymbol{u}$ を含む直線上にベクトル $\boldsymbol{A}$ を正射影して得るベクトルは $A_u\boldsymbol{u}$ の形をもつ．この A_u を $\boldsymbol{A}$ の $\boldsymbol{u}$ の方向の成分という．

例8. ベクトル $\boldsymbol{A}$, $\boldsymbol{B}$ および単位ベクトル $\boldsymbol{u}$ は任意とする．$\boldsymbol{A}$ および $\boldsymbol{B}$ の $\boldsymbol{u}$ の方向の成分の和 $A_u + B_u$ はベクトル $\boldsymbol{A} + \boldsymbol{B}$ の $\boldsymbol{u}$ の方向の成分であることを証明せよ．

［解］ $\boldsymbol{u} = \boldsymbol{i}$ となるような直交座標系をとれば $A_x = A_u$, $B_x = B_u$ である．このとき定理3.3を $\lambda = \mu = 1$ の場合に用いればよい．1-9図のように正射影の性質を直接用いても示すことができる．

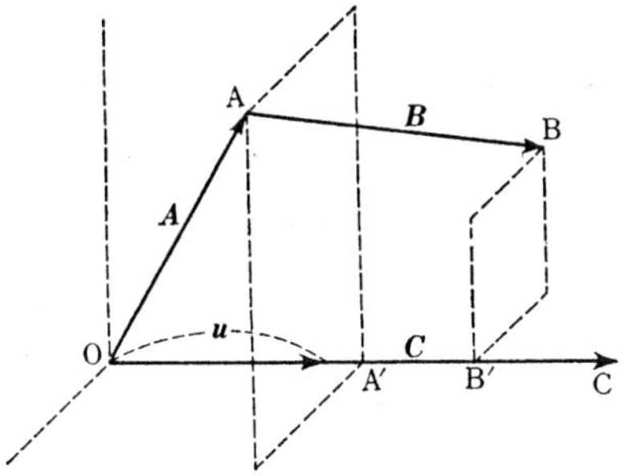

1-9 図

例9. ベクトル $\boldsymbol{A}(1, 2, 2)$, $\boldsymbol{B}(2, 3, -1)$, $\boldsymbol{C}(-3, -2, 1)$, $\boldsymbol{D}(5, 3, 1)$ に対して $a\boldsymbol{A} + b\boldsymbol{B} + c\boldsymbol{C} = \boldsymbol{D}$ が成立するように a, b, c を定めよ．

［解］ 左辺と右辺の各成分を考えれば a, b, c に関する連立方程式

$$\begin{aligned} a + 2b - 3c &= 5, \\ 2a + 3b - 2c &= 3, \\ 2a - b + c &= 1 \end{aligned}$$

を得る．これを解いて $a = 1$, $b = -1$, $c = -2$ を得る．

例10. ベクトル $\boldsymbol{A}(1, -3, 2)$, $\boldsymbol{B}(-2, 1, -1)$, $\boldsymbol{C}(1, 7, -4)$ に対して

$$\lambda\boldsymbol{A} + \mu\boldsymbol{B} + \nu\boldsymbol{C} = \boldsymbol{0} \tag{3}$$

を満足する実数 λ, μ, ν をすべて求めよ．

［解］（3）を成分について書けば，λ, μ, ν を未知数とする連立方程式

$$(4)\qquad \begin{cases} \lambda A_x + \mu B_x + \nu C_x = 0, \\ \lambda A_y + \mu B_y + \nu C_y = 0, \\ \lambda A_z + \mu B_z + \nu C_z = 0 \end{cases}$$

となる．与えられたベクトルの成分を代入すれば

$$\lambda - 2\mu + \nu = 0,$$
$$-3\lambda + \mu + 7\nu = 0,$$
$$2\lambda - \mu - 4\nu = 0$$

となり，係数の行列式は 0 である．この解は α を任意の実数として次のようになる：

$$\lambda = 3\alpha, \qquad \mu = 2\alpha, \qquad \nu = \alpha.$$

例 11. 例 9 のベクトル $\boldsymbol{A}, \boldsymbol{B}, \boldsymbol{C}$ に対して（3）が成立する λ, μ, ν を求めよ．

［解］この場合（4）は

$$\lambda + 2\mu - 3\nu = 0,$$
$$2\lambda + 3\mu - 2\nu = 0,$$
$$2\lambda - \mu + \nu = 0$$

となる．係数の行列式は 0 でないから $\lambda = \mu = \nu = 0$ が解である．

束縛ベクトルと自由ベクトル　ベクトルを有向線分で表わすとき，その始点はどこにおいてもよい．しかし位置ベクトルは始点を定点Oに置くとき最も直接にその意味を表わす．また，力学では力をベクトルとして表わすが，これは大きさと方向が等しくても，作用する点の位置によって効果が異なる．したがって，力のベクトルは始点を作用点に置いて考える方がよい．このように始点に対する終点の相対的位置のみでなく，始点の位置も考えに入れる必要のあるベクトルを**束縛ベクトル**という．これに対比して，このような必要のないベクトルを**自由ベクトル**という．物理学に現われるベクトルには，束縛ベクトルが多いが，剛体の並進速度などのように，自由ベクトルも現われる．また，力のベクトルの場合でも，作用点を位置ベクトルで明記しておけば，始点を作用点にとめておく必要はない．

問　　題

1. $\boldsymbol{A}(1, 2, 2)$，$\boldsymbol{B}(2, 3, -1)$，$\boldsymbol{C}(-3, -2, 1)$ なるとき，次の連立方程式を満足するベクトル $\boldsymbol{X}, \boldsymbol{Y}, \boldsymbol{Z}$ を求めよ．

$$2\boldsymbol{X} - \boldsymbol{Y} = \boldsymbol{A},$$
$$2\boldsymbol{Y} - \boldsymbol{Z} = \boldsymbol{B},$$
$$2\boldsymbol{Z} - \boldsymbol{X} = \boldsymbol{C}.$$

2. 次の連立方程式を解け:

$$\boldsymbol{X} - 2\boldsymbol{Y} + 3\boldsymbol{Z} = \boldsymbol{j} + \boldsymbol{k},$$
$$\boldsymbol{X} + \boldsymbol{Y} - \boldsymbol{Z} = \boldsymbol{i} + \boldsymbol{k},$$
$$-2\boldsymbol{X} - \boldsymbol{Y} + \boldsymbol{Z} = \boldsymbol{i} + \boldsymbol{j}.$$

3. $\boldsymbol{A} = \overrightarrow{\mathrm{PQ}}$, $\mathrm{P} = (1, 2, 3)$, $\mathrm{Q} = (3, 3, 5)$ なるとき，$\boldsymbol{A}$ の成分および大きさを求めよ.

4. ベクトル $\boldsymbol{A}(\sqrt{3}, -1, 0)$ に平行な単位ベクトル $\boldsymbol{a}$ を求めよ．またベクトル $\boldsymbol{B}(\sqrt{2}, -\sqrt{2}, \sqrt{5})$ に平行で同じ向きをもつ単位ベクトル $\boldsymbol{b}$ を求めよ.

[解　　答]

1. ベクトルの演算の法則から，普通の連立1次方程式と同じに扱って

$$\boldsymbol{X} = \frac{1}{7}(4\boldsymbol{A} + 2\boldsymbol{B} + \boldsymbol{C}), \qquad \boldsymbol{Y} = \frac{1}{7}(4\boldsymbol{B} + 2\boldsymbol{C} + \boldsymbol{A}), \qquad \boldsymbol{Z} = \frac{1}{7}(4\boldsymbol{C} + 2\boldsymbol{A} + \boldsymbol{B}).$$

したがって

$$\boldsymbol{X} = \left(\frac{5}{7}, \frac{12}{7}, 1\right), \qquad \boldsymbol{Y} = \left(\frac{3}{7}, \frac{10}{7}, 0\right), \qquad \boldsymbol{Z} = \left(-\frac{8}{7}, -\frac{1}{7}, 1\right).$$

2. $\boldsymbol{X} = -2\boldsymbol{i} - \boldsymbol{j} - \boldsymbol{k}, \qquad \boldsymbol{Y} = 11\boldsymbol{i} + 5\boldsymbol{j} + 8\boldsymbol{k}, \qquad \boldsymbol{Z} = 8\boldsymbol{i} + 4\boldsymbol{j} + 6\boldsymbol{k}.$

3. 成分は $(2, 1, 2)$，大きさは3.

4. $\boldsymbol{a} = \pm\left(\frac{\sqrt{3}}{2}, \frac{-1}{2}, 0\right), \qquad \boldsymbol{b} = \left(\frac{\sqrt{2}}{3}, \frac{-\sqrt{2}}{3}, \frac{\sqrt{5}}{3}\right).$

§4. ベクトルの1次従属と1次独立

1次従属と1次独立　ベクトル $\boldsymbol{A}, \boldsymbol{B}$ が与えられた場合に，

(1) $$\lambda\boldsymbol{A} + \mu\boldsymbol{B} = \boldsymbol{0}$$

を満足するスカラー λ, μ が $\lambda = \mu = 0$ 以外にあれば，ベクトル $\boldsymbol{A}, \boldsymbol{B}$ は **1次従属**であるという．(1) を満足するスカラー λ, μ は $\lambda = \mu = 0$ しかないならば，ベクトル $\boldsymbol{A}, \boldsymbol{B}$ は **1次独立**であるという．同様に，3つのベクトル $\boldsymbol{A}, \boldsymbol{B}, \boldsymbol{C}$ に対して

(2) $$\lambda\boldsymbol{A} + \mu\boldsymbol{B} + \nu\boldsymbol{C} = \boldsymbol{0}$$

を満足するスカラー λ, μ, ν が $\lambda = \mu = \nu = 0$ 以外にあれば，ベクトル $\boldsymbol{A}, \boldsymbol{B}, \boldsymbol{C}$ は1次従属であるといい，(2) を満足するスカラー λ, μ, ν は $\lambda = \mu = \nu = 0$ にかぎるならば，ベクトル $\boldsymbol{A}, \boldsymbol{B}, \boldsymbol{C}$ は1次独立であるという.

ベクトル $\lambda_1\boldsymbol{A}_1 + \cdots + \lambda_r\boldsymbol{A}_r$ をベクトル $\boldsymbol{A}_1, \cdots, \boldsymbol{A}_r$ の **1次結合**という.

r 個のベクトル $\boldsymbol{A}_1, \cdots, \boldsymbol{A}_r$ が与えられたとき，$\lambda_1\boldsymbol{A}_1 + \cdots + \lambda_r\boldsymbol{A}_r = \boldsymbol{0}$ を満足するスカラー $\lambda_1, \cdots, \lambda_r$ が $\lambda_1 = \cdots = \lambda_r = 0$ 以外にあるならば，ベクトル $\boldsymbol{A}_1, \cdots, \boldsymbol{A}_r$ は1次

従属であるといい，$\lambda_1 = \cdots = \lambda_r = 0$ しかないならば，ベクトル $\boldsymbol{A}_1, \cdots, \boldsymbol{A}_r$ は1次独立であるという．

$r = 1$ の場合を考えて次のようにいうことができる：

ベクトル $\boldsymbol{0}$ はそれ自身1次従属である．

例 12. r 個のベクトル $\boldsymbol{A}_1, \cdots, \boldsymbol{A}_r$ のうちに零ベクトルが含まれていれば，$\boldsymbol{A}_1, \cdots, \boldsymbol{A}_r$ は1次従属である．

［解］ 零ベクトルが含まれているとき $\boldsymbol{A}_1 = \boldsymbol{0}$ と考えても一般性を失なわない．このとき $\lambda_1 = 1, \lambda_2 = \cdots = \lambda_r = 0$ にとれば，$\lambda_1\boldsymbol{A}_1 + \cdots + \lambda_r\boldsymbol{A}_r = \boldsymbol{0}$，したがって $\boldsymbol{A}_1, \cdots, \boldsymbol{A}_r$ は1次従属である．

例 13. r 個のベクトル $\boldsymbol{A}_1, \cdots, \boldsymbol{A}_r$ のうちの s 個のベクトル $(s \geqq 1)$ が1次従属なら，$\boldsymbol{A}_1, \cdots, \boldsymbol{A}_r$ は1次従属である．

［解］ $\boldsymbol{A}_1, \cdots, \boldsymbol{A}_s$ が1次従属の場合を考えればよい．これに対して $\lambda_1 = \cdots = \lambda_s = 0$ でなくて $\lambda_1\boldsymbol{A}_1 + \cdots + \lambda_s\boldsymbol{A}_s = \boldsymbol{0}$ を満足するスカラー $\lambda_1, \cdots, \lambda_s$ があるから，これを用いてかつ $\lambda_{s+1} = \cdots = \lambda_r = 0$ とおけば，$\lambda_1\boldsymbol{A}_1 + \cdots + \lambda_r\boldsymbol{A}_r = \boldsymbol{0}$ を得る．したがって $\boldsymbol{A}_1, \cdots, \boldsymbol{A}_r$ は1次従属である．

共線ベクトル　同一直線上にある有向線分で表わされるベクトルをいう．

共面ベクトル　同一平面上にある有向線分で表わされるベクトルをいう．

ベクトル $\boldsymbol{A}$ とその1次結合 $\lambda\boldsymbol{A}$ とは共線である．$\boldsymbol{A} \neq \boldsymbol{0}$ なら，$\boldsymbol{A}$ と共線なベクトルは $\boldsymbol{A}$ の1次結合式として表わされる．次のことはこれから明らかである：

2つのベクトル $\boldsymbol{A}, \boldsymbol{B}$ が共線なるための必要十分な条件は $\boldsymbol{A}, \boldsymbol{B}$ が1次従属なことである．

このうちには $\boldsymbol{A}, \boldsymbol{B}$ のうちに零ベクトルがある場合も含まれる．

次にベクトル $\boldsymbol{A}, \boldsymbol{B}$ が1次独立な場合を考えよう．このとき平面の性質から次のことが

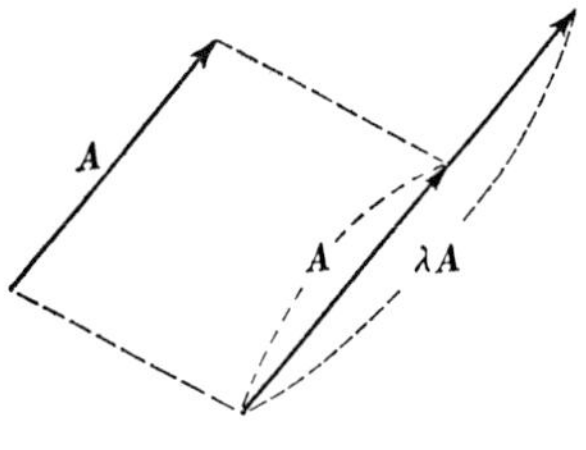

1-10 図

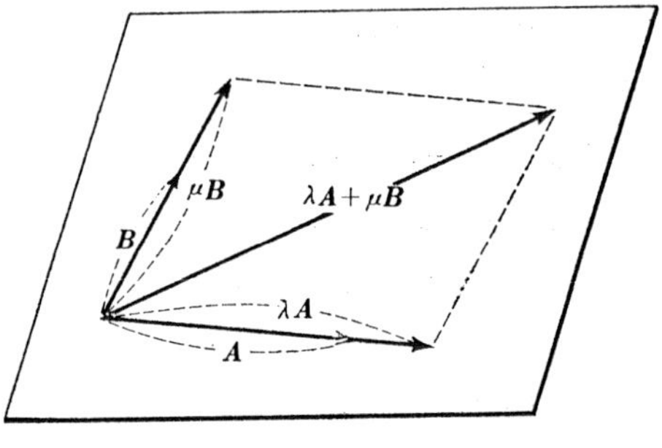

1-11 図

わかる：

$\boldsymbol{A}, \boldsymbol{B}$ の1次結合 $\lambda\boldsymbol{A}+\mu\boldsymbol{B}$ は $\boldsymbol{A}, \boldsymbol{B}$ と共面である．逆に $\boldsymbol{A}, \boldsymbol{B}$ と共面なベクトルは $\boldsymbol{A}, \boldsymbol{B}$ の1次結合式で表わされる．

また次のことも明らかである：

3つのベクトル $\boldsymbol{A}, \boldsymbol{B}, \boldsymbol{C}$ が共面であるための必要十分な条件は $\boldsymbol{A}, \boldsymbol{B}, \boldsymbol{C}$ が1次従属なることである．

このうちには特別な場合として $\boldsymbol{A}, \boldsymbol{B}, \boldsymbol{C}$ が共線な場合も含まれている．

十分条件の証明だけを述べよう．$\boldsymbol{A}, \boldsymbol{B}, \boldsymbol{C}$ が1次従属ならすくなくとも1つは0でない係数 λ, μ, ν を用いて $\lambda\boldsymbol{A}+\mu\boldsymbol{B}+\nu\boldsymbol{C}=\boldsymbol{0}$ とできる．このとき $\lambda\neq 0$ と考えても一般性を失わない．さらに $\lambda=-1$ と考えてもよい．したがって $\boldsymbol{A}=\mu\boldsymbol{B}+\nu\boldsymbol{C}$ となるから $\boldsymbol{A}, \boldsymbol{B}, \boldsymbol{C}$ は共面である．

定理4.1　ベクトル $\boldsymbol{A}_1, \cdots, \boldsymbol{A}_r$ が1次独立，ベクトル $\boldsymbol{A}_1, \cdots, \boldsymbol{A}_{r+1}$ が1次従属ならば，ベクトル $\boldsymbol{A}_{r+1}$ は $\boldsymbol{A}_1, \cdots, \boldsymbol{A}_r$ の1次結合式として一意に表わすことができる．すなわち，$\boldsymbol{A}_{r+1}$ は $\boldsymbol{A}_{r+1}=\lambda_1\boldsymbol{A}_1+\cdots+\lambda_r\boldsymbol{A}_r$ と表わされるが，さらに $\boldsymbol{A}_{r+1}=\mu_1\boldsymbol{A}_1+\cdots+\mu_r\boldsymbol{A}_r$ とも書かれるとすれば，実は $\lambda_1=\mu_1, \cdots, \lambda_r=\mu_r$ である．

［証明］　$\boldsymbol{A}_1, \cdots, \boldsymbol{A}_{r+1}$ は1次従属であるから，$\alpha_1\boldsymbol{A}_1+\cdots+\alpha_{r+1}\boldsymbol{A}_{r+1}=\boldsymbol{0}$ をみたし，しかも $\alpha_1, \cdots, \alpha_{r+1}$ のうちにはすくなくとも1つは0でないようなスカラー $\alpha_1, \cdots, \alpha_{r+1}$ がある．これについてもし $\alpha_{r+1}=0$ なら $\alpha_1\boldsymbol{A}_1+\cdots+\alpha_r\boldsymbol{A}_r=\boldsymbol{0}$ から $\boldsymbol{A}_1, \cdots, \boldsymbol{A}_r$ が1次従属となるので，$\alpha_{r+1}\neq 0$ である．したがって

$$\boldsymbol{A}_{r+1}=-\frac{\alpha_1}{\alpha_{r+1}}\boldsymbol{A}_1-\cdots-\frac{\alpha_r}{\alpha_{r+1}}\boldsymbol{A}_r$$

となり，これを

$$\boldsymbol{A}_{r+1}=\lambda_1\boldsymbol{A}_1+\cdots+\lambda_r\boldsymbol{A}_r$$

と書くことができる．これがまた

$$\boldsymbol{A}_{r+1}=\mu_1\boldsymbol{A}_1+\cdots+\mu_r\boldsymbol{A}_r$$

とも書かれたとすれば，これら2個の等式から

$$(\lambda_1-\mu_1)\boldsymbol{A}_1+\cdots+(\lambda_r-\mu_r)\boldsymbol{A}_r=\boldsymbol{0}$$

を得るが，$\boldsymbol{A}_1, \cdots, \boldsymbol{A}_r$ は1次独立であるから $\lambda_1-\mu_1=\cdots=\lambda_r-\mu_r=0$，すなわち $\lambda_1, \cdots, \lambda_r$ はそれぞれ $\mu_1, \cdots, \mu_r$ に等しい．

ベクトル $\boldsymbol{A}, \boldsymbol{B}, \boldsymbol{C}$ が1次独立なら，これらは共面ではないから，$\boldsymbol{A}=\overrightarrow{\mathrm{OA}}$，$\boldsymbol{B}=\overrightarrow{\mathrm{OB}}$，

$\boldsymbol{C}=\overrightarrow{\mathrm{OC}}$ とするとき，OA, OB, OC を辺とする平行6面体が作られる．このとき任意のベクトル $\boldsymbol{D}=\overrightarrow{\mathrm{OD}}$ に対して，直線 OA, OB, OC 上にそれぞれ $\overrightarrow{\mathrm{OA'}}, \overrightarrow{\mathrm{OB'}}, \overrightarrow{\mathrm{OC'}}$ をとり，

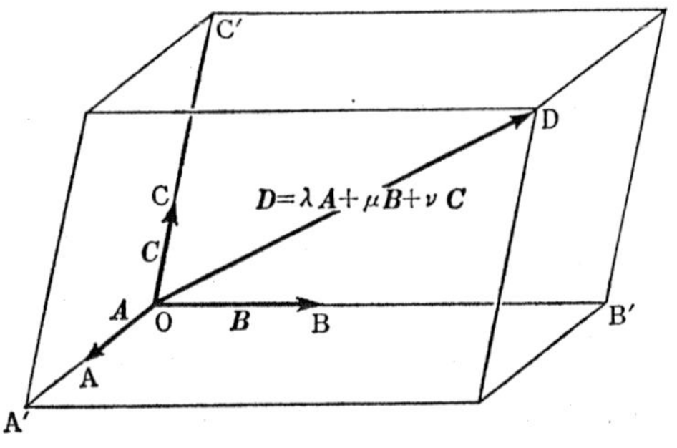

1-12 図

$\boldsymbol{D}=\overrightarrow{\mathrm{OA'}}+\overrightarrow{\mathrm{OB'}}+\overrightarrow{\mathrm{OC'}}$ とすることができる．また $\overrightarrow{\mathrm{OA'}}=\lambda\overrightarrow{\mathrm{OA}}$, $\overrightarrow{\mathrm{OB'}}=\mu\overrightarrow{\mathrm{OB}}$, $\overrightarrow{\mathrm{OC'}}=\nu\overrightarrow{\mathrm{OC}}$ とおくことができるから，$\boldsymbol{D}=\lambda\boldsymbol{A}+\mu\boldsymbol{B}+\nu\boldsymbol{C}$ を得る．すなわち，

定理4.2　1次独立な3つのベクトル $\boldsymbol{A}, \boldsymbol{B}, \boldsymbol{C}$ をきめておけば，任意のベクトル $\boldsymbol{D}$ は

(3)　　$\boldsymbol{D}=\lambda\boldsymbol{A}+\mu\boldsymbol{B}+\nu\boldsymbol{C}$

の形に一意に表わされる．

系　空間の4つのベクトルは必ず1次従属である．

ここでベクトルの成分がベクトルの1次従属，1次独立とどのように関係するかを考えよう．

定理4.3　3つのベクトル $\boldsymbol{A}(A_x, A_y, A_z)$, $\boldsymbol{B}(B_x, B_y, B_z)$, $\boldsymbol{C}(C_x, C_y, C_z)$ が1次従属であるための必要十分な条件は次の式で与えられる：

(4)
$$\begin{vmatrix} A_x & A_y & A_z \\ B_x & B_y & B_z \\ C_x & C_y & C_z \end{vmatrix}=0$$

［証 明］ $\boldsymbol{A}, \boldsymbol{B}, \boldsymbol{C}$ が1次従属であることは $\lambda\boldsymbol{A}+\mu\boldsymbol{B}+\nu\boldsymbol{C}=\boldsymbol{0}$ すなわち

(5)
$$\begin{cases} \lambda A_x+\mu B_x+\nu C_x=0, \\ \lambda A_y+\mu B_y+\nu C_y=0, \\ \lambda A_z+\mu B_z+\nu C_z=0 \end{cases}$$

を満足する $\lambda=\mu=\nu=0$ でないスカラー λ, μ, ν が存在することである．(5) を未知数 λ, μ, ν に関する連立1次方程式と考えれば (4) を得る．

定理4.4　2つのベクトル $\boldsymbol{A}(A_x, A_y, A_z)$, $\boldsymbol{B}(B_x, B_y, B_z)$ が1次従属であるための必要十分な条件は行列

$$\begin{bmatrix} A_x & A_y & A_z \\ B_x & B_y & B_z \end{bmatrix}$$

の階数が <2 なることである.

[証明] この行列の階数が <2 であることは

$$
\begin{vmatrix} A_y & A_z \\ B_y & B_z \end{vmatrix} = \begin{vmatrix} A_z & A_x \\ B_z & B_x \end{vmatrix} = \begin{vmatrix} A_x & A_y \\ B_x & B_y \end{vmatrix} = 0 \tag{6}
$$

と同値である. $\boldsymbol{A}, \boldsymbol{B}$ が1次従属なら $\boldsymbol{A}=\boldsymbol{0}$ であるか, または $\boldsymbol{A} \neq \boldsymbol{0}$, $\boldsymbol{B}=\lambda\boldsymbol{A}$ であるから (6) を得る. 逆に (6) が成立すれば $\boldsymbol{A}=\boldsymbol{0}$ であるか, または

$$
\frac{B_x}{A_x} = \frac{B_y}{A_y} = \frac{B_z}{A_z}
$$

である. この比を λ と書けば $\boldsymbol{B}=\lambda\boldsymbol{A}$ を得る. いずれの場合でも $\boldsymbol{A}, \boldsymbol{B}$ は1次従属である.

例 14. 同一直線上にある3点P, Q, Rに対して $\overrightarrow{\mathrm{OP}}=\boldsymbol{A}$, $\overrightarrow{\mathrm{OQ}}=\boldsymbol{B}$, $\overrightarrow{\mathrm{OR}}=\boldsymbol{C}$ とする. $\mathrm{P} \neq \mathrm{Q}$, PR : RQ $=\lambda : 1-\lambda$ なるとき $\boldsymbol{C}$ を λ と $\boldsymbol{A}$, $\boldsymbol{B}$ とで表わせ.

[解] $\overrightarrow{\mathrm{PQ}}=\boldsymbol{B}-\boldsymbol{A}$, $\overrightarrow{\mathrm{PR}}=\boldsymbol{C}-\boldsymbol{A}$ であるが, 一方 $\overrightarrow{\mathrm{PQ}}$, $\overrightarrow{\mathrm{PR}}$ は1次従属で $\overrightarrow{\mathrm{PR}}=\lambda\overrightarrow{\mathrm{PQ}}$ である. したがって $\boldsymbol{C}-\boldsymbol{A}=\lambda(\boldsymbol{B}-\boldsymbol{A})$, したがって $\boldsymbol{C}=(1-\lambda)\boldsymbol{A}+\lambda\boldsymbol{B}$ となる.

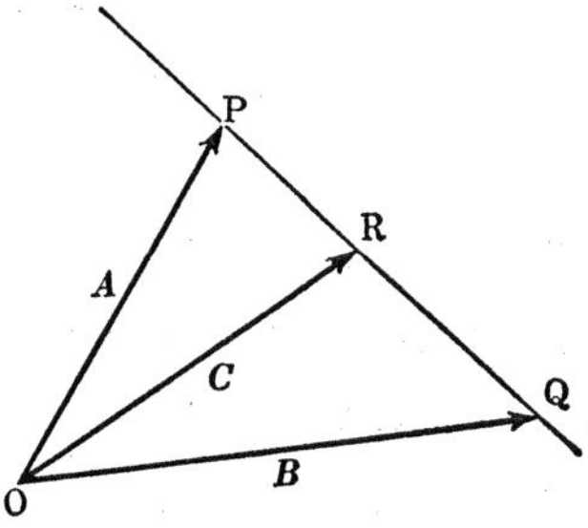

1-13 図

問　　題

1. ベクトル $\boldsymbol{A}_1, \cdots, \boldsymbol{A}_r$ が1次独立ならば, この r 個のベクトルのうちからとった任意の s 個 (ただし $s \leqq r$) のベクトルは1次独立であることを示せ.

2. $\boldsymbol{A}(2, 1, 2)$ と $\boldsymbol{B}(3, -1, 6)$ の1次結合でもあり, $\boldsymbol{C}(1, 2, 2)$ と $\boldsymbol{D}(2, 3, 8)$ の1次結合でもあるベクトルを求めよ.

3. 未知数 t を含んだベクトルの組 (i) および (ii) が次のように与えられている. これをそれぞれ1次従属にする t の値を求めよ:

(i) $\boldsymbol{A}(2, 1, 2)$, $\boldsymbol{B}(3, -1, 6)$, $\boldsymbol{C}(t+2, 2t+3, 2t+8)$

(ii) $\boldsymbol{A}(1+t, -t, 1)$, $\boldsymbol{B}(2, -1, 1+t)$, $\boldsymbol{C}(t, -1, -1)$.

[解　　答]

1. s 個のベクトルで1次従属のものがあれば例13により $\boldsymbol{A}_1, \cdots, \boldsymbol{A}_r$ は1次独立ではありえない.

2. 求めるベクトルを $a\boldsymbol{A}+b\boldsymbol{B}=c\boldsymbol{C}+d\boldsymbol{D}$ とすれば

$$2a+3b=c+2d, \quad a-b=2c+3d, \quad 2a+6b=2c+8d$$

となる．これを解いて $a:b:c:d=2:-1:3:-1$ を得るから求めるベクトルは $\alpha(2\boldsymbol{A}-\boldsymbol{B})$ すなわち

$$\alpha(\boldsymbol{i}+3\boldsymbol{j}-2\boldsymbol{k}) \quad (\alpha \text{ は任意}).$$

3.

（i）
$$\begin{vmatrix} 2 & 1 & 2 \\ 3 & -1 & 6 \\ t+2 & 2t+3 & 2t+8 \end{vmatrix}=0$$

は $t+3=0$ となるから $t=-3$.

（ii）
$$\begin{vmatrix} 1+t & -t & 1 \\ 2 & -1 & 1+t \\ t & -1 & -1 \end{vmatrix}=0$$

は $2t-t^3=0$ となるから $t=0,\ \pm\sqrt{2}$.

§5. ベクトルと直線および平面

直線および平面の性質は解析幾何学（基礎数学選書 2 および 4）でくわしく説明されているから，ここではベクトルとの関係を定理の形でまとめよう．点 A, B, … の位置ベクトルを $\boldsymbol{A}, \boldsymbol{B}, \cdots$ と書く．

定理 5.1　3 点 A, B, C が同一直線上にあるための必要十分な条件は，ベクトル $\boldsymbol{A}$, $\boldsymbol{B}$, $\boldsymbol{C}$ に対して

(1)
$$\alpha\boldsymbol{A}+\beta\boldsymbol{B}+\gamma\boldsymbol{C}=\boldsymbol{0}, \quad \alpha+\beta+\gamma=0$$

を満足する，すべてが 0 ではないスカラーの組 α, β, γ が存在することである．

［証明］（i）必要性．A, B, C が同一直線上にあるとする．まず 3 点が同一の点ならば $\boldsymbol{A}=\boldsymbol{B}=\boldsymbol{C}$ であるから，(1) は $\alpha=1,\ \beta=-1,\ \gamma=0$ で満足される．3 点のうちの 2 点が相異なるならば，それらを A, B として AC : CB $=\lambda:1-\lambda$ とおくとき，例 14 から $\boldsymbol{C}=(1-\lambda)\boldsymbol{A}+\lambda\boldsymbol{B}$ を得る．よって $\alpha=1-\lambda,\ \beta=\lambda,\ \gamma=-1$ が (1) をみたす．

(ii) 十分性．α, β, γ のうちすくなくとも 1 つは 0 でないから，$\gamma\neq 0$ の場合を考えればよい．さらに $\gamma=-1$ とおいてもよいから (1) は $\alpha=1-\beta$, $\boldsymbol{C}=(1-\beta)\boldsymbol{A}+\beta\boldsymbol{B}$ となり，$\boldsymbol{C}-\boldsymbol{A}=\beta(\boldsymbol{B}-\boldsymbol{A})$ から $\overrightarrow{\mathrm{AC}}, \overrightarrow{\mathrm{AB}}$ は共線である．

定理 5.2　4 点 A, B, C, D が同一平面上にあるための必要十分な条件は，ベクトル $\boldsymbol{A}, \boldsymbol{B}, \boldsymbol{C}, \boldsymbol{D}$ に対して

(2)
$$\alpha\boldsymbol{A}+\beta\boldsymbol{B}+\gamma\boldsymbol{C}+\delta\boldsymbol{D}=\boldsymbol{0}, \quad \alpha+\beta+\gamma+\delta=0$$

を満足する，すべてが0ではないスカラー $\alpha, \beta, \gamma, \delta$ が存在することである.

［証明］（i）必要性. A, B, C, D が同一平面上にあるとする. A, B, C が同一直線上にあれば定理5.1の結果から，(2) は特に $\delta=0$ として成立する. A, B, C が同一直線上にないならば，$\overrightarrow{\mathrm{AB}}=\boldsymbol{u}$, $\overrightarrow{\mathrm{AC}}=\boldsymbol{v}$ は1次独立ゆえ，$\overrightarrow{\mathrm{AD}}$ はその1次結合として $\overrightarrow{\mathrm{AD}}=\lambda\boldsymbol{u}+\mu\boldsymbol{v}$ と書かれる. したがって $\boldsymbol{B}-\boldsymbol{A}=\boldsymbol{u}$, $\boldsymbol{C}-\boldsymbol{A}=\boldsymbol{v}$, $\boldsymbol{D}-\boldsymbol{A}=\lambda\boldsymbol{u}+\mu\boldsymbol{v}$ から $(1-\lambda-\mu)\boldsymbol{A}+\lambda\boldsymbol{B}+\mu\boldsymbol{C}-\boldsymbol{D}=0$, すなわち $\alpha=1-\lambda-\mu$, $\beta=\lambda$, $\gamma=\mu$, $\delta=-1$ が (2) をみたす. (ii) 十分性, $\delta\neq 0$ の場合を考えればよく，さらに $\delta=-1$ とおいてよい. $\gamma=1-\alpha-\beta$ から $\boldsymbol{D}=\alpha\boldsymbol{A}+\beta\boldsymbol{B}+\gamma\boldsymbol{C}=\alpha\boldsymbol{A}+\beta\boldsymbol{B}+(1-\alpha-\beta)\boldsymbol{C}$, $\boldsymbol{D}-\boldsymbol{A}=(\alpha-1)\boldsymbol{A}+\beta\boldsymbol{B}+(1-\alpha-\beta)\boldsymbol{C}=\beta(\boldsymbol{B}-\boldsymbol{A})+(1-\alpha-\beta)(\boldsymbol{C}-\boldsymbol{A})$ をえて，$\overrightarrow{\mathrm{AD}}$ は $\overrightarrow{\mathrm{AB}}$, $\overrightarrow{\mathrm{AC}}$ の1次結合，したがって4点 A, B, C, D は同一平面上にある.

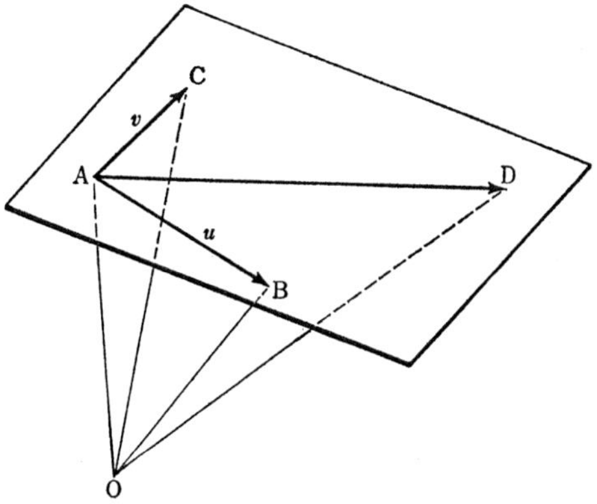

1-14 図

始点を同一の点にとるとき，終点が同一直線上にあるベクトルを**終点が共線**のベクトルといい，終点が同一平面上にあるベクトルを**終点が共面**のベクトルという.

定理 5.3 ベクトル $\boldsymbol{A}, \boldsymbol{B}$ が異なるとき，ベクトル $\boldsymbol{A}, \boldsymbol{B}, \boldsymbol{C}$ が 終点が共線 なベクトルであるための必要十分な条件は，あるスカラー λ, μ について

(3) $$\boldsymbol{C}=\lambda\boldsymbol{A}+\mu\boldsymbol{B}, \qquad \lambda+\mu=1$$

が成立することである.

［証明］（i）必要性. $\boldsymbol{B}\neq\boldsymbol{A}$ であるから終点が共線ということと $\boldsymbol{C}-\boldsymbol{A}=\mu(\boldsymbol{B}-\boldsymbol{A})$ が成立することは同値である. $\lambda=1-\mu$ とおいて (3) を得る. (ii) 十分性. 上に述べた推理を逆にたどればよい.

定理 5.4 相異なるベクトル $\boldsymbol{A}, \boldsymbol{B}, \boldsymbol{C}$ は終点が共線ではないとする. このときベクトル $\boldsymbol{A}, \boldsymbol{B}, \boldsymbol{C}, \boldsymbol{D}$ が 終点が共面 であるための必要十分な条件は

(4) $$\boldsymbol{D}=\lambda\boldsymbol{A}+\mu\boldsymbol{B}+\nu\boldsymbol{C}, \qquad \lambda+\mu+\nu=1$$

なるスカラー λ, μ, ν が存在することである.

[証明] (i) 必要性．まず，$\boldsymbol{B}-\boldsymbol{A}$ と $\boldsymbol{C}-\boldsymbol{A}$ とは1次独立である．また $\boldsymbol{B}-\boldsymbol{A}$, $\boldsymbol{C}-\boldsymbol{A}$, $\boldsymbol{D}-\boldsymbol{A}$ は同一平面上に表わされ，したがって1次従属であるから，$\boldsymbol{D}-\boldsymbol{A}=\mu(\boldsymbol{B}-\boldsymbol{A})+\nu(\boldsymbol{C}-\boldsymbol{A})$ と書かれる．$\lambda=1-\mu-\nu$ により (4) を得る．(ii) 十分性．これも (i) の推理を逆にたどればよい．

上に述べた定理の結果として，次に示すように直線や平面をベクトルを用いた方程式で表わすことができる．

例 15. $\boldsymbol{A}$ を定ベクトル，$\boldsymbol{B}$ を零でない定ベクトル，t を変数（変化するスカラー）とするとき，位置ベクトル $\boldsymbol{r}$ が

(5) $$\boldsymbol{r}=\boldsymbol{A}+t\boldsymbol{B}$$

によって与えられる点の軌跡は何か．

[解] 変数の値 t に対する位置ベクトル $\boldsymbol{r}$ を $\boldsymbol{r}(t)$ と書けば，$\boldsymbol{r}(0)=\boldsymbol{A}$, $\boldsymbol{r}(t)=\boldsymbol{A}+t\boldsymbol{B}$, したがって $\boldsymbol{r}(0)$, $\boldsymbol{r}(1)$, $\boldsymbol{r}(t)$ の間には $\boldsymbol{r}(t)=(1-t)\boldsymbol{r}(0)+t\boldsymbol{r}(1)$ という関係がある．定理5.1あるいは定理5.3から軌跡は直線である．

例 16. $\boldsymbol{A}$ を定ベクトル，$\boldsymbol{B}$, $\boldsymbol{C}$ を1次独立な定ベクトル，u, v を変数とするとき，位置ベクトル

(6) $$\boldsymbol{X}=\boldsymbol{A}+u\boldsymbol{B}+v\boldsymbol{C}$$

によって与えられる点の軌跡は何か．

[解] ベクトル $\boldsymbol{A}$, $\boldsymbol{A}+\boldsymbol{B}$, $\boldsymbol{A}+\boldsymbol{C}$ は，ベクトル $\boldsymbol{B}$, $\boldsymbol{C}$ が1次独立ゆえ終点が共線でない．したがって位置ベクトル $\boldsymbol{A}$, $\boldsymbol{A}+\boldsymbol{B}$, $\boldsymbol{A}+\boldsymbol{C}$ が示す点は1つの平面をきめる．(6) から $\boldsymbol{X}=(1-u-v)\boldsymbol{A}+u(\boldsymbol{A}+\boldsymbol{B})+v(\boldsymbol{A}+\boldsymbol{C})$ を得るから，定理5.2または定理5.4により点の軌跡は平面である．

(5) は**直線のベクトル方程式**, (6) は**平面のベクトル方程式**とよばれる．変数 t および変数 u, v はそれぞれ直線および平面の方程式における**媒介変数**という．

問　題

1. 3点A, B, Cが同一直線上にあるための必要十分な条件はその位置ベクトル $\boldsymbol{A}$, $\boldsymbol{B}$, $\boldsymbol{C}$ の成分の間に

(7) $$\text{行列}\begin{bmatrix} A_x & A_y & A_z & 1 \\ B_x & B_y & B_z & 1 \\ C_x & C_y & C_z & 1 \end{bmatrix} \text{の階数} \leqq 2$$

という関係があることである．

2. 4点A, B, C, Dが同一平面上にあるための必要十分な条件はその位置ベクトル $\boldsymbol{A}$,

$\boldsymbol{B}, \boldsymbol{C}, \boldsymbol{D}$ が次の関係をみたすことである：

$$(8)\qquad \begin{vmatrix} A_x & A_y & A_z & 1 \\ B_x & B_y & B_z & 1 \\ C_x & C_y & C_z & 1 \\ D_x & D_y & D_z & 1 \end{vmatrix} = 0.$$

3. 方程式が $\boldsymbol{r} = \boldsymbol{A} + t\boldsymbol{B}$ である直線と，方程式が $\boldsymbol{r}' = \boldsymbol{A}' + t'\boldsymbol{B}'$ である直線とが同一の直線であるなら，$\boldsymbol{A}' = \boldsymbol{A} + a\boldsymbol{B}$，$\boldsymbol{B}' = b\boldsymbol{B}\ (b \neq 0)$ と書かれることを示せ．また $\boldsymbol{A} + t\boldsymbol{B}$ と $\boldsymbol{A}' + t'\boldsymbol{B}'$ が同一の点であるとき t' を t で表わせ．

[解　　答]

1. 定理 5.1 により A, B, C が同一直線上にあることと (1) をみたす $\alpha = \beta = \gamma = 0$ でない α, β, γ が存在することとは同値である．(1) は

$$(9)\qquad \begin{cases} \alpha A_x + \beta B_x + \gamma C_x = 0, \\ \alpha A_y + \beta B_y + \gamma C_y = 0, \\ \alpha A_z + \beta B_z + \gamma C_z = 0, \\ \alpha + \beta + \gamma = 0 \end{cases}$$

と書かれるから，このことは α, β, γ に関する連立1次方程式 (9) が $\alpha = \beta = \gamma = 0$ 以外に解をもつこととも同値である．(i) そのような α, β, γ があったとして，特に $\gamma \neq 0$ とすれば，さらに $\gamma = -1$ として考えてよい（こうしても一般性を失わない）．このとき

$$C_x = \alpha A_x + \beta B_x, \quad C_y = \alpha A_y + \beta B_y, \quad C_z = \alpha A_z + \beta B_z, \quad 1 = \alpha + \beta$$

であるから行列 (7) における3次の行列式はすべて0である（行列の性質としていえば，行列 (7) の第3行は第1行と第2行の1次結合であるから (7) の階数は3より小である)．(ii) 逆に (7) の階数 r が3より小なら $r = 1$ または $r = 2$ である．$r = 1$ なら (7) に含まれるすべての2次の行列式が0であるから $A_x = B_x = C_x$，$A_y = B_y = C_y$, $A_z = B_z = C_z$ すなわち3点は同一の点である．$r = 2$ なら3点は同一の点でないから，たとえば $\boldsymbol{A} \neq \boldsymbol{B}$ である．その結果たとえば $A_x \neq B_x$ と考えても一般性を失わない（すなわち他の場合も同様の考えで処理できる)．さて3次の行列式がみな0であるから α, β を

$$\alpha A_x + \beta B_x = C_x, \quad \alpha + \beta = 1$$

できめると

$$C_y = \alpha A_y + \beta B_y, \quad C_z = \alpha A_z + \beta B_z$$

となる．したがって $\gamma = -1$ とおいて (1) が成立し，A, B, C は同一直線上にある．

2. 定理 5.2 を用いる．(2) は

$$A_x\alpha + B_x\beta + C_x\gamma + D_x\delta = 0,$$

$$A_y\alpha + B_y\beta + C_y\gamma + D_y\delta = 0,$$
$$A_z\alpha + B_z\beta + C_z\gamma + D_z\delta = 0,$$
$$\alpha + \beta + \gamma + \delta = 0$$

と同値であるから，$\alpha = \beta = \gamma = \delta = 0$ でない解が存在するための必要十分な条件は (8) である.

注意 これは n 個の未知数に関する n 個の方程式より成る連立同次1次方程式に関する定理を $n = 4$ のときに用いた解答である.

これを用いない解答を次に述べる.

(i) A, B, C, D が同一平面上にあれば (8) が成立することは行列式の性質から明らかである. (ii) 逆に (8) が成立すれば行列式の性質から

$$\begin{vmatrix} A_x & A_y & A_z & 1 \\ B_x - A_x & B_y - A_y & B_z - A_z & 0 \\ C_x - A_x & C_y - A_y & C_z - A_z & 0 \\ D_x - A_x & D_y - A_y & D_z - A_z & 0 \end{vmatrix} = 0,$$

すなわち

$$\begin{vmatrix} B_x - A_x & B_y - A_y & B_z - A_z \\ C_x - A_x & C_y - A_y & C_z - A_z \\ D_x - A_x & D_y - A_y & D_z - A_z \end{vmatrix} = 0$$

を得る. 定理 4.3 によりこれは $\boldsymbol{B} - \boldsymbol{A}$, $\boldsymbol{C} - \boldsymbol{A}$, $\boldsymbol{D} - \boldsymbol{A}$ が1次従属なことを示すから, A, B, C, D は同一平面上にある.

3. $\boldsymbol{A}'$ はこの直線上の1点を表わすから，t のある値で $\boldsymbol{A}' = \boldsymbol{A} + t\boldsymbol{B}$. この t を a とする. $t' = 1$ において $\boldsymbol{A}' + \boldsymbol{B}'$ も直線上の1点であるから $\boldsymbol{A}' + \boldsymbol{B}' = \boldsymbol{A} + t\boldsymbol{B}$ となる t がある. したがって $\boldsymbol{B}' = (t - a)\boldsymbol{B}$. この t を $a + b$ とおけば $\boldsymbol{B}' = b\boldsymbol{B}$ を得る. $\boldsymbol{B}' \fallingdotseq \boldsymbol{0}$ ゆえ $b \fallingdotseq 0$. これらを用いて $\boldsymbol{A}' + t'\boldsymbol{B}' = \boldsymbol{A} + (a + t'b)\boldsymbol{B}$ を得るから $t' = \dfrac{1}{b}(t - a)$.

練習問題

1. 3角形 ABC の辺 BC, CA, AB を含む直線をそれぞれ l, m, n とする. l, m, n 上にそれぞれ点 P, Q, R をとり，点 A, B, C, P, Q, R の位置ベクトルを $\boldsymbol{A}$, $\boldsymbol{B}$, $\boldsymbol{C}$, $\boldsymbol{P}$, $\boldsymbol{Q}$, $\boldsymbol{R}$ と書く. 点 P, Q, R が同一直線上にあるための必要十分な条件は

$$\boldsymbol{P} = (1 - \lambda)\boldsymbol{B} + \lambda\boldsymbol{C}, \qquad \boldsymbol{Q} = (1 - \mu)\boldsymbol{C} + \mu\boldsymbol{A}, \qquad \boldsymbol{R} = (1 - \nu)\boldsymbol{A} + \nu\boldsymbol{B}$$

における λ, μ, ν が

$$1 - \lambda - \mu - \nu + \mu\nu + \nu\lambda + \lambda\mu = 0$$

をみたすことである.

2. 3角形 ABC の辺 BC, CA, AB を含む直線をそれぞれ l, m, n とする. l, m, n 上に

それぞれ点 P, Q, R をとり，3 直線 AP, BQ, CR が同一の点 D をとおるとする．D が A, B, C のいずれとも異なり，

$$\boldsymbol{D} = \alpha\boldsymbol{A} + \beta\boldsymbol{B} + \gamma\boldsymbol{C}, \qquad \alpha + \beta + \gamma = 1$$

で表わされるとすれば

$$\boldsymbol{P} = \frac{\beta}{\beta+\gamma}\boldsymbol{B} + \frac{\gamma}{\beta+\gamma}\boldsymbol{C}, \quad \boldsymbol{Q} = \frac{\gamma}{\gamma+\alpha}\boldsymbol{C} + \frac{\alpha}{\gamma+\alpha}\boldsymbol{A}, \quad \boldsymbol{R} = \frac{\alpha}{\alpha+\beta}\boldsymbol{A} + \frac{\beta}{\alpha+\beta}\boldsymbol{B}$$

である．

3. 平面 π 上に同一直線上にない 3 点 A, B, C がある．2 点 D, E をとおる直線 $\boldsymbol{r} = \boldsymbol{D} + t(\boldsymbol{E} - \boldsymbol{D})$ が π に平行でないとき，この直線と π との交点を P として，DP : DE を位置ベクトル $\boldsymbol{A}, \boldsymbol{B}, \boldsymbol{C}, \boldsymbol{D}, \boldsymbol{E}$ の成分で表わせ．

4. 一定の速度 $\boldsymbol{v}_1$ で動く物体の上で，この物体の進行方向と θ の角をなす方向に速さ v_2 でこの物体に対して動く質点は，外から見れば（すなわち静止系に対しては）いかなる速度で動くか，その $\boldsymbol{v}_1$ の方向の成分と，$\boldsymbol{v}_1$ に垂直な方向の成分とを求めよ．

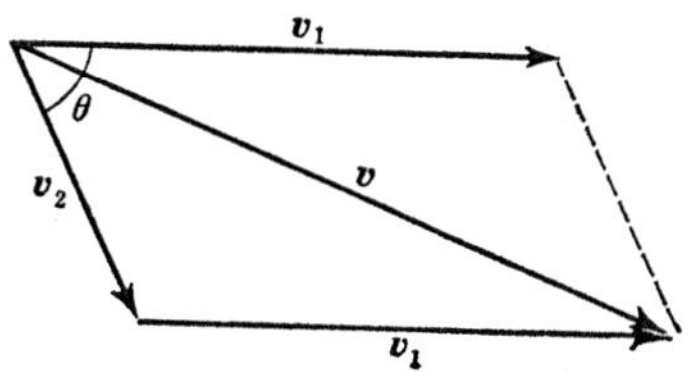

1-15 図

[解　　答]

1. A, B, C は 3 角形の頂点であるから，定点 O を適当にとれば $\boldsymbol{A}, \boldsymbol{B}, \boldsymbol{C}$ は 1 次独立になる．題意から

$$\alpha\boldsymbol{P} + \beta\boldsymbol{Q} + \gamma\boldsymbol{R} = 0, \qquad \alpha + \beta + \gamma = 0$$

をみたす $\alpha = \beta = \gamma = 0$ でない α, β, γ があるから

$$\alpha\{(1-\lambda)\boldsymbol{B} + \lambda\boldsymbol{C}\} + \beta\{(1-\mu)\boldsymbol{C} + \mu\boldsymbol{A}\} + \gamma\{(1-\nu)\boldsymbol{A} + \nu\boldsymbol{B}\} = 0,$$

ここに $\boldsymbol{A}, \boldsymbol{B}, \boldsymbol{C}$ は 1 次独立ゆえ

$$\mu\beta + (1-\nu)\gamma = 0, \qquad (1-\lambda)\alpha + \nu\gamma = 0, \qquad \lambda\alpha + (1-\mu)\beta = 0$$

を得る．この 3 つの方程式を加えたものは $\alpha + \beta + \gamma = 0$ であるから $\alpha = \beta = \gamma = 0$ でない解 α, β, γ があるための必要十分な条件は

$$\begin{vmatrix} 0 & \mu & 1-\nu \\ 1-\lambda & 0 & \nu \\ \lambda & 1-\mu & 0 \end{vmatrix} = 0$$

である．これから求める等式を得る．

2. 前問と同様 $\boldsymbol{A}, \boldsymbol{B}, \boldsymbol{C}$ を 1 次独立にする．点 P は直線 AD の上にあり，かつ直線 BC の上にあるから

$$\boldsymbol{P} = (1-\lambda)\boldsymbol{A} + \lambda\boldsymbol{D} = (1-\lambda+\lambda\alpha)\boldsymbol{A} + \lambda\beta\boldsymbol{B} + \lambda\gamma\boldsymbol{C}$$

は $\boldsymbol{B}, \boldsymbol{C}$ の1次結合である．したがって $1-\lambda+\lambda\alpha=0$, これから $(\beta+\gamma)\lambda=1$ を得て $\boldsymbol{P}$ の式が導かれる．$\boldsymbol{Q}, \boldsymbol{R}$ についても同様.

3. Pをきめる方程式は

$$(1-t)\boldsymbol{D}+t\boldsymbol{E}=\alpha\boldsymbol{A}+\beta\boldsymbol{B}+\gamma\boldsymbol{C}, \qquad \alpha+\beta+\gamma=1$$

すなわち

$$(\boldsymbol{D}-\boldsymbol{E})t+(\boldsymbol{A}-\boldsymbol{C})\alpha+(\boldsymbol{B}-\boldsymbol{C})\beta=\boldsymbol{D}-\boldsymbol{C}$$

であるから，α, β を消去すれば

$$t=\frac{\begin{vmatrix} D_x-C_x & A_x-C_x & B_x-C_x \\ D_y-C_y & A_y-C_y & B_y-C_y \\ D_z-C_z & A_z-C_z & B_z-C_z \end{vmatrix}}{\begin{vmatrix} D_x-E_x & A_x-C_x & B_x-C_x \\ D_y-E_y & A_y-C_y & B_y-C_y \\ D_z-E_z & A_z-C_z & B_z-C_z \end{vmatrix}}.$$

4. 質点の物体に対する相対速度を $\boldsymbol{v}_2$, 静止系に対する速度を $\boldsymbol{v}$ とすれば $\boldsymbol{v}=\boldsymbol{v}_1+\boldsymbol{v}_2$ である．これの $\boldsymbol{v}_1$ の方向の成分は $v_1+v_2\cos\theta$, $\boldsymbol{v}_1$ と垂直な方向の成分は $v_2\sin\theta$ である.

2 ベクトルの内積と外積

この章ではベクトルの内積，外積，およびこれらが関係するスカラー3重積，ベクトル3重積などについて述べる．

§1. ベクトルの内積

ベクトルの内積 零ベクトルでないベクトル $\boldsymbol{A}$, $\boldsymbol{B}$ のなす角を θ とするとき，$|\boldsymbol{A}||\boldsymbol{B}|\cos\theta$ を $\boldsymbol{A}$, $\boldsymbol{B}$ の**内積**あるいは**スカラー積**とよび，$\boldsymbol{A}\cdot\boldsymbol{B}$ または $(\boldsymbol{A}, \boldsymbol{B})$ と書く．また $\cos\theta$ を $\cos(\boldsymbol{A}, \boldsymbol{B})$ とも書く．したがってこれらの間に次の関係がある：

(1) $$\boldsymbol{A}\cdot\boldsymbol{B} = \boldsymbol{B}\cdot\boldsymbol{A} = |\boldsymbol{A}||\boldsymbol{B}|\cos\theta = |\boldsymbol{A}||\boldsymbol{B}|\cos(\boldsymbol{A}, \boldsymbol{B}),$$

(2) $$\cos(\boldsymbol{A}, \boldsymbol{B}) = \frac{\boldsymbol{A}\cdot\boldsymbol{B}}{|\boldsymbol{A}||\boldsymbol{B}|}.$$

$\boldsymbol{A}$ または $\boldsymbol{B}$ が零ベクトルのとき，$\cos(\boldsymbol{A}, \boldsymbol{B})$ は意味がないが，$\boldsymbol{A}\cdot\boldsymbol{B}$ は0とする．

$\boldsymbol{A}$, $\boldsymbol{B}$ がいずれも $\boldsymbol{0}$ でなければ，$\boldsymbol{A}\cdot\boldsymbol{B}=0$ は $\boldsymbol{A}$ と $\boldsymbol{B}$ が直交することを表わす．これを $\boldsymbol{A}\perp\boldsymbol{B}$ と書いてよい．

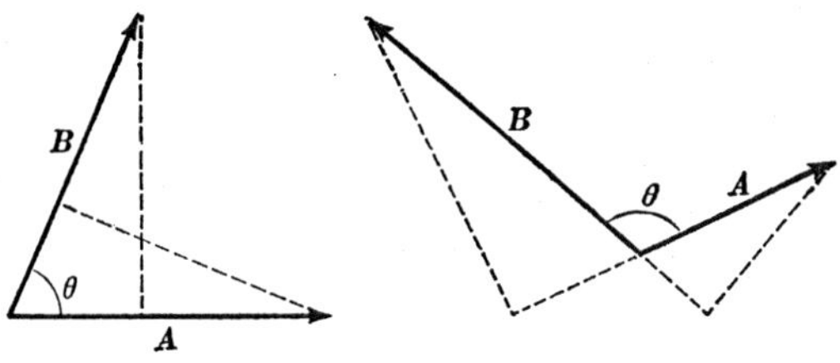

2-1 図

$\boldsymbol{A}\cdot\boldsymbol{A} = |\boldsymbol{A}|^2$ であるから次の式を得る．

(3) $$|\boldsymbol{A}| = \sqrt{\boldsymbol{A}\cdot\boldsymbol{A}}.$$

定理 1.1 ベクトルの内積については分配法則

(Ⅵ) $$(\boldsymbol{A}+\boldsymbol{B})\cdot\boldsymbol{C} = \boldsymbol{A}\cdot\boldsymbol{C} + \boldsymbol{B}\cdot\boldsymbol{C}$$

が成立する．また次の等式も成立する：

(Ⅶ) $$(\lambda\boldsymbol{A})\cdot\boldsymbol{B} = \lambda(\boldsymbol{A}\cdot\boldsymbol{B}).$$

［証 明］ $\boldsymbol{C}=\boldsymbol{0}$ ならば（Ⅵ）は明らかゆえ $\boldsymbol{C}\neq\boldsymbol{0}$ とする．　$\boldsymbol{A}=\overrightarrow{\mathrm{OA}}$,　$\boldsymbol{B}=\overrightarrow{\mathrm{AB}}$,　$\boldsymbol{C}=\overrightarrow{\mathrm{OC}}$ とし，A, B から直線 OC に下した垂線の足を A′, B′ とする．∠COA $=\theta$ とすれば $|\boldsymbol{A}||\boldsymbol{C}|\cos\theta=\mathrm{OA'\cdot OC}$ ゆえ $\boldsymbol{A\cdot C}=\mathrm{OA'\cdot OC}$ で，OA′ は $\boldsymbol{C}$ を含む直線上における $\boldsymbol{A}$ の正射影である．同様に $\boldsymbol{B\cdot C}=\mathrm{A'B'\cdot OC}$，$(\boldsymbol{A}+\boldsymbol{B})\cdot\boldsymbol{C}=\mathrm{OB'\cdot OC}$，また $\mathrm{OA'\cdot OC+A'B'\cdot OC=OB'\cdot OC}$ であるから（Ⅵ）が成立する．（Ⅶ）は明らか．

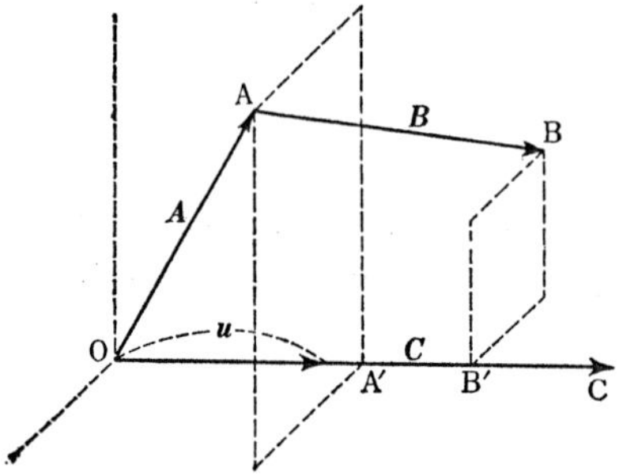

2-2 図

内積の公式　ベクトル $\boldsymbol{A}$ の方向余弦を l, m, n とし，$\boldsymbol{A}$ の成分を A_x, A_y, A_z と書けば，

(4)
$$l=\frac{\boldsymbol{A\cdot i}}{|\boldsymbol{A}|},\qquad m=\frac{\boldsymbol{A\cdot j}}{|\boldsymbol{A}|},\qquad n=\frac{\boldsymbol{A\cdot k}}{|\boldsymbol{A}|},$$

(5)
$$\begin{cases} A_x=\boldsymbol{A\cdot i},\\ A_y=\boldsymbol{A\cdot j},\\ A_z=\boldsymbol{A\cdot k}\end{cases}$$

である．基本ベクトル $\boldsymbol{i}$, $\boldsymbol{j}$, $\boldsymbol{k}$ の間には次の関係がある：

(6)
$$\begin{cases} \boldsymbol{i\cdot i}=\boldsymbol{j\cdot j}=\boldsymbol{k\cdot k}=1,\\ \boldsymbol{j\cdot k}=\boldsymbol{k\cdot j}=\boldsymbol{k\cdot i}=\boldsymbol{i\cdot k}\\ \qquad=\boldsymbol{i\cdot j}=\boldsymbol{j\cdot i}=0.\end{cases}$$

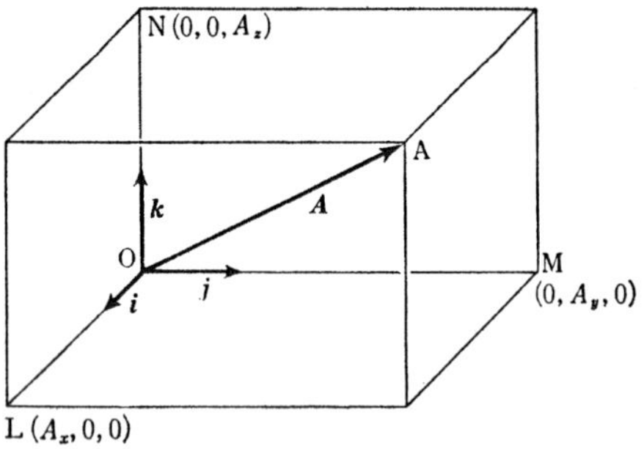

2-3 図

定理 1.2　ベクトル $\boldsymbol{A}$, $\boldsymbol{B}$ のなす角を θ，$\boldsymbol{A}$, $\boldsymbol{B}$ の成分を A_x, A_y, A_z,　B_x, B_y, B_z と書けば，次の等式が成り立つ：

(7)
$$\boldsymbol{A\cdot B}=A_xB_x+A_yB_y+A_zB_z,$$

(8)
$$\cos\theta=\frac{A_xB_x+A_yB_y+A_zB_z}{\sqrt{A_x^2+A_y^2+A_z^2}\sqrt{B_x^2+B_y^2+B_z^2}},$$

(9)
$$\sin\theta=\frac{\sqrt{(A_yB_z-A_zB_y)^2+(A_zB_x-A_xB_z)^2+(A_xB_y-A_yB_x)^2}}{\sqrt{A_x^2+A_y^2+A_z^2}\sqrt{B_x^2+B_y^2+B_z^2}}.$$

［証 明］ $\boldsymbol{A\cdot B}=(A_x\boldsymbol{i}+A_y\boldsymbol{j}+A_z\boldsymbol{k})\cdot(B_x\boldsymbol{i}+B_y\boldsymbol{j}+B_z\boldsymbol{k})$ に分配法則および (6) を用いれば (7) を得る．(7) に (2), (3) を用いれば (8) を得る．(9) は $\sin\theta=\sqrt{1-\cos^2\theta}$ に (8) を代入して計算すれば証明される．θ は $0\leqq\theta\leqq\pi$ として考えるからである．

例1. (i) $\boldsymbol{A} \neq 0$, $\boldsymbol{A}\cdot\boldsymbol{B}=0$, $\boldsymbol{A}\cdot\boldsymbol{C}=0$, $\boldsymbol{A}\cdot\boldsymbol{D}=0$ なら，ベクトル $\boldsymbol{B}, \boldsymbol{C}, \boldsymbol{D}$ は1次従属である．(ii) $\boldsymbol{A}, \boldsymbol{B}$ が1次独立で $\boldsymbol{A}\cdot\boldsymbol{C}=0$, $\boldsymbol{A}\cdot\boldsymbol{D}=0$, $\boldsymbol{B}\cdot\boldsymbol{C}=0$, $\boldsymbol{B}\cdot\boldsymbol{D}=0$ なら，$\boldsymbol{C}$ と $\boldsymbol{D}$ は1次従属である．(iii) $\boldsymbol{A}, \boldsymbol{B}, \boldsymbol{C}$ が1次独立で $\boldsymbol{A}\cdot\boldsymbol{D}=0$, $\boldsymbol{B}\cdot\boldsymbol{D}=0$, $\boldsymbol{C}\cdot\boldsymbol{D}=0$ なら，$\boldsymbol{D}$ は零ベクトルである．(i), (ii), (iii) を証明せよ．

［解］ (i) $\boldsymbol{B}, \boldsymbol{C}, \boldsymbol{D}$ は $\boldsymbol{A}$ と垂直ゆえ1つの平面上に表わすことができる．すなわち共面である．よって1次従属．(ii) $\boldsymbol{C}$ も $\boldsymbol{D}$ も $\boldsymbol{A}, \boldsymbol{B}$ と垂直で，$\boldsymbol{A}, \boldsymbol{B}$ は1次独立であるから $\boldsymbol{C}, \boldsymbol{D}$ は共線，よって1次従属．(iii) $\boldsymbol{D} \neq 0$ とすれば (i) により $\boldsymbol{A}, \boldsymbol{B}, \boldsymbol{C}$ は1次従属，したがって $\boldsymbol{D}=0$.

例2. ベクトル $\boldsymbol{A}$ および零ベクトルでないベクトル $\boldsymbol{B}$ があるとき，$\boldsymbol{A}$ を $\boldsymbol{B}$ に平行なベクトルと $\boldsymbol{B}$ に垂直なベクトルとに分解せよ．

［解］ $\boldsymbol{B}$ に平行なベクトルは $\lambda\boldsymbol{B}$ の形をもつから $\boldsymbol{A}=\lambda\boldsymbol{B}+(\boldsymbol{A}-\lambda\boldsymbol{B})$ とおいて $(\boldsymbol{A}-\lambda\boldsymbol{B})\cdot\boldsymbol{B}=0$ で λ をきめればよい．$\lambda=(\boldsymbol{A}\cdot\boldsymbol{B})/(\boldsymbol{B}\cdot\boldsymbol{B})$ となるゆえ

$$\boldsymbol{A}=\frac{\boldsymbol{A}\cdot\boldsymbol{B}}{\boldsymbol{B}\cdot\boldsymbol{B}}\boldsymbol{B}+\left(\boldsymbol{A}-\frac{\boldsymbol{A}\cdot\boldsymbol{B}}{\boldsymbol{B}\cdot\boldsymbol{B}}\boldsymbol{B}\right). \tag{10}$$

注意 (10) はよく応用する公式である．特に $\boldsymbol{B}$ が単位ベクトル $\boldsymbol{u}$ なら

$$\boldsymbol{A}=(\boldsymbol{A}\cdot\boldsymbol{u})\boldsymbol{u}+\{\boldsymbol{A}-(\boldsymbol{A}\cdot\boldsymbol{u})\boldsymbol{u}\}, \tag{11}$$

ここに $\boldsymbol{A}\cdot\boldsymbol{u}$ は $\boldsymbol{A}$ の $\boldsymbol{u}$ 方向の成分 A_u である．

例3. 2つのベクトル $\boldsymbol{A}, \boldsymbol{B}$ とその和 $\boldsymbol{A}+\boldsymbol{B}$ および零でないベクトル $\boldsymbol{C}$ がある．$\boldsymbol{A}, \boldsymbol{B}, \boldsymbol{A}+\boldsymbol{B}$ を $\boldsymbol{C}$ に平行なベクトルと $\boldsymbol{C}$ に垂直なベクトルとに分解し，$\boldsymbol{C}$ に垂直なベクトルをそれぞれ $\boldsymbol{A}', \boldsymbol{B}', (\boldsymbol{A}+\boldsymbol{B})'$ と書けば

$$(\boldsymbol{A}+\boldsymbol{B})'=\boldsymbol{A}'+\boldsymbol{B}'$$

であることを証明せよ．

［解］ $\boldsymbol{C}$ に垂直な平面にベクトル $\boldsymbol{A}=\overrightarrow{\mathrm{OA}}$, $\boldsymbol{B}=\overrightarrow{\mathrm{AB}}$, $\boldsymbol{A}+\boldsymbol{B}=\overrightarrow{\mathrm{OB}}$ を正射影すればよい．また次の式からも求められる：

$$\boldsymbol{A}'=\boldsymbol{A}-\frac{\boldsymbol{A}\cdot\boldsymbol{C}}{\boldsymbol{C}\cdot\boldsymbol{C}}\boldsymbol{C}, \qquad \boldsymbol{B}'=\boldsymbol{B}-\frac{\boldsymbol{B}\cdot\boldsymbol{C}}{\boldsymbol{C}\cdot\boldsymbol{C}}\boldsymbol{C},$$

$$(\boldsymbol{A}+\boldsymbol{B})'=\boldsymbol{A}+\boldsymbol{B}-\frac{(\boldsymbol{A}+\boldsymbol{B})\cdot\boldsymbol{C}}{\boldsymbol{C}\cdot\boldsymbol{C}}\boldsymbol{C}=\boldsymbol{A}+\boldsymbol{B}-\frac{\boldsymbol{A}\cdot\boldsymbol{C}+\boldsymbol{B}\cdot\boldsymbol{C}}{\boldsymbol{C}\cdot\boldsymbol{C}}\boldsymbol{C}.$$

内積を用いたベクトル方程式 位置ベクトル $\boldsymbol{X}$ が次の方程式を満足する点の軌跡を考える：

$$\boldsymbol{A}\cdot(\boldsymbol{X}-\boldsymbol{B})=0 \qquad (\boldsymbol{A}\neq 0). \tag{12}$$

これはベクトル $\boldsymbol{X}-\boldsymbol{B}$ がベクトル $\boldsymbol{A}$ と垂直であることを表わすから，$\boldsymbol{A}$ と垂直で，位置ベクトル $\boldsymbol{B}$ の終点を通る平面の方程式である．方程式

(13)　　$$(\boldsymbol{X}-\boldsymbol{C})\cdot(\boldsymbol{X}-\boldsymbol{C})=R^2$$

は $\boldsymbol{C}$ の終点を中心とする半径 R の球面の方程式である．(12) と (13) とで連立方程式を作れば，それは円の方程式である．

問　　題

1. $\boldsymbol{A}=(1,2,0)$, $\boldsymbol{B}=(-2,3,-1)$, $\boldsymbol{C}=(3,1,1)$ なるとき次の連立方程式をみたすベクトル $\boldsymbol{X}$ を求めよ：

$$\boldsymbol{A}\cdot\boldsymbol{X}=0,\quad \boldsymbol{B}\cdot\boldsymbol{X}=0,\quad \boldsymbol{C}\cdot\boldsymbol{X}=2.$$

2. ベクトル $\boldsymbol{A}(1,-1,2)$ をベクトル $\boldsymbol{B}(2,1,1)$ に平行なベクトル $\boldsymbol{A}_1$ と垂直なベクトル $\boldsymbol{A}_2$ とに分解せよ．

3. $\boldsymbol{A}\cdot\boldsymbol{A}=2$, $\boldsymbol{A}\cdot\boldsymbol{B}=2$, $\boldsymbol{B}\cdot\boldsymbol{B}=3$ なるときベクトル $\boldsymbol{A}+t\boldsymbol{B}$ を最小にする t を求めよ．

4. 点 $\mathrm{P}(a,b,c)$ を通る直線

$$\frac{x-a}{l}=\frac{y-b}{m}=\frac{z-c}{n}$$

に点 $\mathrm{Q}(x_0,y_0,z_0)$ から下した垂線の長さ h を求めよ．

[解　　答]

1. $\boldsymbol{X}=(x,y,z)$ とすれば

$$x+2y=0,\quad -2x+3y-z=0,\quad 3x+y+z=2,$$

したがって $\boldsymbol{X}=(-2,1,7)$.

2.
$$\boldsymbol{A}_1=\left(1,\ \frac{1}{2},\ \frac{1}{2}\right),\quad \boldsymbol{A}_2=\left(0,\ -\frac{3}{2},\ \frac{3}{2}\right).$$

3. $(\boldsymbol{A}+t\boldsymbol{B})\cdot(\boldsymbol{A}+t\boldsymbol{B})=\boldsymbol{A}\cdot\boldsymbol{A}+2(\boldsymbol{A}\cdot\boldsymbol{B})t+(\boldsymbol{B}\cdot\boldsymbol{B})t^2=2+4t+3t^2=3\left(t+\frac{2}{3}\right)^2+2-\frac{4}{3}$, したがって $\frac{2}{3}$.

4. $\boldsymbol{A}=(l,m,n)$, $\boldsymbol{B}=\overrightarrow{\mathrm{PQ}}$ とすれば $h=|\boldsymbol{B}|\sin(\boldsymbol{A},\boldsymbol{B})$, $|\boldsymbol{A}|=1$ であるから，(9) を用いて

$$\begin{aligned}h^2&=\{m(z_0-c)-n(y_0-b)\}^2+\{n(x_0-a)-l(z_0-c)\}^2\\&\quad+\{l(y_0-b)-m(x_0-a)\}^2\\&=(1-l^2)(x_0-a)^2+(1-m^2)(y_0-b)^2+(1-n^2)(z_0-c)^2\\&\quad-2mn(y_0-b)(z_0-c)-2nl(z_0-c)(x_0-a)\\&\quad-2lm(x_0-a)(y_0-b).\end{aligned}$$

§2. ベクトルの外積

ベクトルの外積　1次独立な2つのベクトル $\boldsymbol{A}=\overrightarrow{\mathrm{OA}}$, $\boldsymbol{B}=\overrightarrow{\mathrm{OB}}$ が与えられた場合，

$\boldsymbol{A}$, $\boldsymbol{B}$ のいずれとも垂直な単位ベクトル $\boldsymbol{e}=\overrightarrow{\mathrm{OE}}$ を次のように定める．すなわち線分 OA, OB を含む半直線をそれぞれ Oα, Oβ とし，Oα を $\overrightarrow{\mathrm{OA}}$, $\overrightarrow{\mathrm{OB}}$ を含む平面 π 内で O のまわりに 180° 以内回転して Oβ と重ねるとき，この回転につれて右ねじの進む向きが $\overrightarrow{\mathrm{OE}}$ の向きである．回転の角を θ とするとき $(|\boldsymbol{A}||\boldsymbol{B}|\sin\theta)\boldsymbol{e}$ なるベクトルを $\boldsymbol{A}$, $\boldsymbol{B}$ の**外積**あるいは**ベクトル積**とよび，$\boldsymbol{A}\times\boldsymbol{B}$ または $[\boldsymbol{A}, \boldsymbol{B}]$ で表わす．すなわち

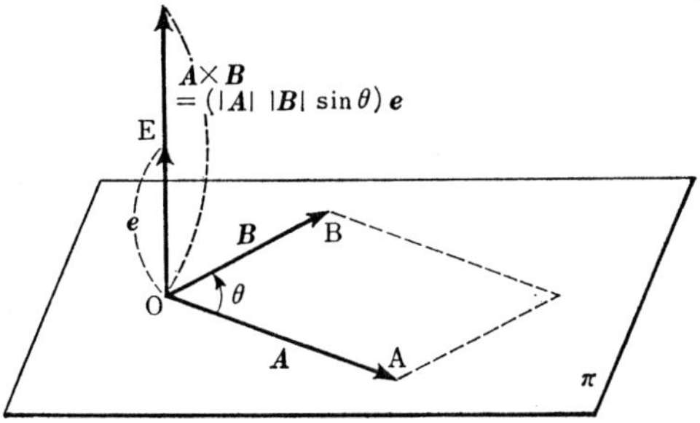

2-4 図

(1) $$\boldsymbol{A}\times\boldsymbol{B}=(|\boldsymbol{A}||\boldsymbol{B}|\sin\theta)\boldsymbol{e}$$

である．$|\boldsymbol{A}\times\boldsymbol{B}|$ は OA, OB を相隣る 2 辺とする平行 4 辺形の面積である．$\boldsymbol{A}$, $\boldsymbol{B}$ が 1 次従属なら $\boldsymbol{A}\times\boldsymbol{B}=\boldsymbol{0}$ と定める．

回転の向きからわかるように

(2) $$\boldsymbol{A}\times\boldsymbol{B}=-\boldsymbol{B}\times\boldsymbol{A}$$

である．これからも

$$\boldsymbol{A}\times\boldsymbol{A}=\boldsymbol{0}$$

を得る．$\boldsymbol{A}$, $\boldsymbol{B}$ が 1 次独立なことと $\boldsymbol{A}\times\boldsymbol{B}\neq\boldsymbol{0}$ とは同値である．

ベクトル $\boldsymbol{A}$ をベクトル $\boldsymbol{C}$ に平行なベクトル $\alpha\boldsymbol{C}$ と $\boldsymbol{C}$ に垂直なベクトル $\boldsymbol{A}'$ とに分解するとき，$\boldsymbol{A}$ と $\boldsymbol{C}$ のなす角を θ とすれば $|\boldsymbol{A}||\boldsymbol{C}|\sin\theta=|\boldsymbol{A}'||\boldsymbol{C}|$ である．したがって次の式を得る：

(3) $$\boldsymbol{A}\times\boldsymbol{C}=\boldsymbol{A}'\times\boldsymbol{C}.$$

定理 2.1 ベクトルの外積について分配法則

(VIII) $$(\boldsymbol{A}+\boldsymbol{B})\times\boldsymbol{C}=\boldsymbol{A}\times\boldsymbol{C}+\boldsymbol{B}\times\boldsymbol{C}$$

および次の法則が成立する：

(IX) $$(\lambda\boldsymbol{A})\times\boldsymbol{B}=\lambda(\boldsymbol{A}\times\boldsymbol{B}).$$

[証明] (IX) は明らかゆえ (VIII) を証明する．また $\boldsymbol{C}=\boldsymbol{0}$ なら明らかゆえ $\boldsymbol{C}\neq\boldsymbol{0}$ として考える．$\boldsymbol{A}$, $\boldsymbol{B}$, $\boldsymbol{A}+\boldsymbol{B}$ をそれぞれ $\boldsymbol{C}$ に平行なベクトル $\alpha\boldsymbol{C}$, $\beta\boldsymbol{C}$, $(\alpha+\beta)\boldsymbol{C}$ と，$\boldsymbol{C}$ に垂直なベクトル $\boldsymbol{A}'$, $\boldsymbol{B}'$, $(\boldsymbol{A}+\boldsymbol{B})'$ とに分解すれば，$(\boldsymbol{A}+\boldsymbol{B})'=\boldsymbol{A}'+\boldsymbol{B}'$ である（§1 例

3). また (3) からわかるように (Ⅷ) の両辺はそれぞれ $(\boldsymbol{A}+\boldsymbol{B})'\times\boldsymbol{C}$ および $\boldsymbol{A}'\times\boldsymbol{C}+\boldsymbol{B}'\times\boldsymbol{C}$ に等しいから

$$(\boldsymbol{A}'+\boldsymbol{B}')\times\boldsymbol{C}=\boldsymbol{A}'\times\boldsymbol{C}+\boldsymbol{B}'\times\boldsymbol{C}$$

を証明すればよい. さらに (Ⅸ) により $\boldsymbol{C}$ が単位ベクトルの場合に証明すればよい. したがって $\boldsymbol{A}, \boldsymbol{B}, \boldsymbol{A}+\boldsymbol{B}$ は $\boldsymbol{C}$ に垂直, $\boldsymbol{C}$ は単位ベクトルとして考える. そこで $\overrightarrow{\mathrm{OC}}=\boldsymbol{C}$, $\overrightarrow{\mathrm{OA}}=\boldsymbol{A}$, $\overrightarrow{\mathrm{AB}}=\boldsymbol{B}$, $\overrightarrow{\mathrm{OP}}=\boldsymbol{A}\times\boldsymbol{C}$, $\overrightarrow{\mathrm{OQ}}=(\boldsymbol{A}+\boldsymbol{B})\times\boldsymbol{C}$ とすれば, $\overrightarrow{\mathrm{OA}}$, $\overrightarrow{\mathrm{OB}}$, $\overrightarrow{\mathrm{OP}}$, $\overrightarrow{\mathrm{OQ}}$ は $\overrightarrow{\mathrm{OC}}$ に垂直であるから 4 点 A, B, P, Q は O をとおり OC に垂直な平面 π の上にある. また $\boldsymbol{C}$ が $\overrightarrow{\mathrm{OA}}$, $\overrightarrow{\mathrm{OB}}$ に垂直な単位ベクトルであるから $\mathrm{OP}\perp\mathrm{OA}$, $\mathrm{OQ}\perp\mathrm{OB}$ で, しかも OA, OB は平面 π の中で O を中心にして同じ向きにともに直角だけ回転することによって OP, OQ に重ねることができる. したがって 3 角形 OPQ は 3 角形 OAB をそのように回転したものと考えてよい. 線分 PQ も同様であるから $\overrightarrow{\mathrm{PQ}}=\overrightarrow{\mathrm{AB}}\times\overrightarrow{\mathrm{OC}}$ である. これは $\overrightarrow{\mathrm{AB}}=\overrightarrow{\mathrm{OB'}}$, $\overrightarrow{\mathrm{PQ}}=\overrightarrow{\mathrm{OQ'}}$ なる点 B′, Q′ を考えれば明らかである. こうして $\overrightarrow{\mathrm{OQ}}=\overrightarrow{\mathrm{OP}}+\overrightarrow{\mathrm{PQ}}=\boldsymbol{A}\times\boldsymbol{C}+\boldsymbol{B}\times\boldsymbol{C}$ から $(\boldsymbol{A}+\boldsymbol{B})\times\boldsymbol{C}=\boldsymbol{A}\times\boldsymbol{C}+\boldsymbol{B}\times\boldsymbol{C}$ を得て, $\boldsymbol{A}, \boldsymbol{B}$ が $\boldsymbol{C}$ に垂直で $|\boldsymbol{C}|=1$ の場合の分配法則が証明された. よって一般の場合も証明されたことになる.

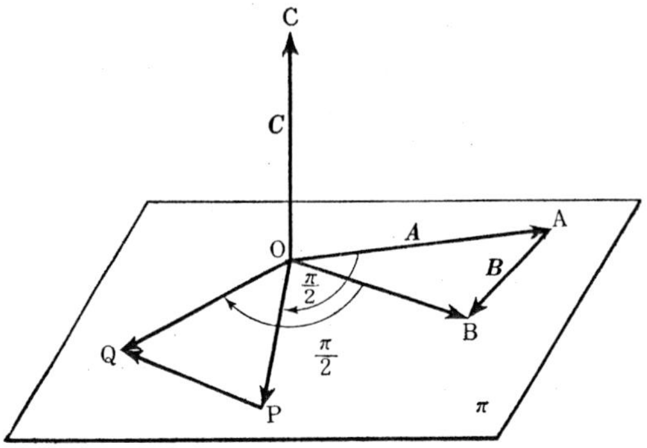

2-5 図

分配法則 $\boldsymbol{C}\times(\boldsymbol{A}+\boldsymbol{B})=\boldsymbol{C}\times\boldsymbol{A}+\boldsymbol{C}\times\boldsymbol{B}$ も (2) から明らかである.

基本ベクトルの外積は外積の定義にしたがって (1) から直接に計算される. 直交座標系の 3 軸の向きの関係から次の公式を得る:

$$(4)\qquad\begin{cases}\boldsymbol{i}\times\boldsymbol{i}=0, & \boldsymbol{i}\times\boldsymbol{j}=\boldsymbol{k}, & \boldsymbol{i}\times\boldsymbol{k}=-\boldsymbol{j},\\ \boldsymbol{j}\times\boldsymbol{i}=-\boldsymbol{k}, & \boldsymbol{j}\times\boldsymbol{j}=0, & \boldsymbol{j}\times\boldsymbol{k}=\boldsymbol{i},\\ \boldsymbol{k}\times\boldsymbol{i}=\boldsymbol{j}, & \boldsymbol{k}\times\boldsymbol{j}=-\boldsymbol{i}, & \boldsymbol{k}\times\boldsymbol{k}=0.\end{cases}$$

分配法則と (4) を用いれば外積の成分を求めることができる. すなわち

$$\boldsymbol{A}=A_x\boldsymbol{i}+A_y\boldsymbol{j}+A_z\boldsymbol{k},\qquad \boldsymbol{B}=B_x\boldsymbol{i}+B_y\boldsymbol{j}+B_z\boldsymbol{k}$$

なら

$$\boldsymbol{A}\times\boldsymbol{B}=(A_x\boldsymbol{i}+A_y\boldsymbol{j}+A_z\boldsymbol{k})\times(B_x\boldsymbol{i}+B_y\boldsymbol{j}+B_z\boldsymbol{k})$$

に分配法則と (4) を用いて

(5) $$\boldsymbol{A}\times\boldsymbol{B}=(A_yB_z-A_zB_y)\boldsymbol{i}+(A_zB_x-A_xB_z)\boldsymbol{j}+(A_xB_y-A_yB_x)\boldsymbol{k}$$

を得る．この結果を形式的に行列式を用いて

(6) $$\boldsymbol{A}\times\boldsymbol{B}=\begin{vmatrix}\boldsymbol{i} & \boldsymbol{j} & \boldsymbol{k}\\ A_x & A_y & A_z\\ B_x & B_y & B_z\end{vmatrix}$$

と書く．

例4. (i) $\boldsymbol{A}\cdot(\boldsymbol{A}\times\boldsymbol{B})=0$ を証明せよ． (ii) $\boldsymbol{C}\cdot(\boldsymbol{A}\times\boldsymbol{B})=0$ なら $\boldsymbol{A}, \boldsymbol{B}, \boldsymbol{C}$ は1次従属なることを証明せよ．

［解］ $\boldsymbol{A}, \boldsymbol{B}$ が1次従属ということと $\boldsymbol{A}\times\boldsymbol{B}=\boldsymbol{0}$ とは同値であるから，(i) も (ii) も $\boldsymbol{A}, \boldsymbol{B}$ が1次独立のときについて証明すればよい． (i) $\boldsymbol{A}\times\boldsymbol{B}$ は $\boldsymbol{A}$ とも $\boldsymbol{B}$ とも垂直であるから $\boldsymbol{A}\cdot(\boldsymbol{A}\times\boldsymbol{B})=0$ である． (ii) この式から $\boldsymbol{C}$ は $\boldsymbol{A}\times\boldsymbol{B}$ に垂直であるが， $\boldsymbol{A}$ も $\boldsymbol{B}$ も $\boldsymbol{A}\times\boldsymbol{B}$ に垂直であるから $\boldsymbol{A}, \boldsymbol{B}, \boldsymbol{C}$ は1次従属．

例5. $\boldsymbol{A}=(2, 1, 1)$， $\boldsymbol{B}=(-1, 1, 2)$， $\boldsymbol{C}=(1, 2, -1)$ のとき $\boldsymbol{B}\times\boldsymbol{C}, \boldsymbol{C}\times\boldsymbol{A}, \boldsymbol{A}\times\boldsymbol{B}, (\boldsymbol{A}\times\boldsymbol{B})\times\boldsymbol{C}, \boldsymbol{A}\cdot(\boldsymbol{B}\times\boldsymbol{C})$ を求めよ．

［解］ $\boldsymbol{B}\times\boldsymbol{C}=(-5, 1, -3)$， $\boldsymbol{C}\times\boldsymbol{A}=(3, -3, -3)$， $\boldsymbol{A}\times\boldsymbol{B}=(1, -5, 3)$， $(\boldsymbol{A}\times\boldsymbol{B})\times\boldsymbol{C}=(-1, 4, 7)$， $\boldsymbol{A}\cdot(\boldsymbol{B}\times\boldsymbol{C})=-12$.

例6. $(\boldsymbol{A}\times\boldsymbol{B})\times\boldsymbol{C}=(\boldsymbol{A}\cdot\boldsymbol{C})\boldsymbol{B}-(\boldsymbol{B}\cdot\boldsymbol{C})\boldsymbol{A}$ を証明せよ．

［解］ 左辺は

$$\{(A_yB_z-A_zB_y)\boldsymbol{i}+(A_zB_x-A_xB_z)\boldsymbol{j}+(A_xB_y-A_yB_x)\boldsymbol{k}\}\times(C_x\boldsymbol{i}+C_y\boldsymbol{j}+C_z\boldsymbol{k})$$

であるからその x 成分は

$$\begin{aligned}&(A_zB_x-A_xB_z)C_z-(A_xB_y-A_yB_x)C_y\\ &=(A_xC_x+A_yC_y+A_zC_z)B_x-(B_xC_x+B_yC_y+B_zC_z)A_x\end{aligned}$$

となって右辺のベクトルの x 成分と一致する． y 成分， z 成分も同様なことがわかる．

問　題

1. $\boldsymbol{A}=(1, -1, 1)$， $\boldsymbol{B}=(2, 4, 2)$， $\boldsymbol{C}=(1, 1, 2)$ のとき次の連立方程式を満足するベクトル $\boldsymbol{X}$ を求めよ：

$$\boldsymbol{A}\times\boldsymbol{X}=\boldsymbol{B}, \qquad \boldsymbol{C}\cdot\boldsymbol{X}=0.$$

2. 3つのベクトル $\boldsymbol{X}, \boldsymbol{Y}, \boldsymbol{Z}$ の間に

$$\boldsymbol{Y}\times\boldsymbol{Z}=\boldsymbol{X}, \qquad \boldsymbol{Z}\times\boldsymbol{X}=\boldsymbol{Y}, \qquad \boldsymbol{X}\times\boldsymbol{Y}=\boldsymbol{Z}$$

なる関係がある． $\boldsymbol{X}, \boldsymbol{Y}, \boldsymbol{Z}$ はいかなるベクトルか．

[解　　答]

1. $\boldsymbol{X}=(x, y, z)$ とすれば

$$-z-y=2, \quad x-z=4, \quad y+x=2, \quad x+y+2z=0.$$

これから　$\boldsymbol{X}=(3, -1, -1)$.

2. まず $\boldsymbol{X}, \boldsymbol{Y}, \boldsymbol{Z}$ のうちの1つが $\mathbf{0}$ なら $\boldsymbol{X}=\boldsymbol{Y}=\boldsymbol{Z}=\mathbf{0}$ である．これ以外の場合 $\boldsymbol{X}, \boldsymbol{Y}, \boldsymbol{Z}$ は互いに垂直である．このとき座標軸を $\boldsymbol{X}, \boldsymbol{Y}, \boldsymbol{Z}$ に重ねてとれば $\boldsymbol{X}=a\boldsymbol{i}, \boldsymbol{Y}=b\boldsymbol{j}, \boldsymbol{Z}=c\boldsymbol{k}$ となり，外積の公式から $bc=a,\ ca=b,\ ab=c$ を得る．これから $a^3=(ab)(ac)=cb=a$，したがって $a=0, 1, -1$ となる．$a=0$ なら $\boldsymbol{X}=\boldsymbol{Y}=\boldsymbol{Z}=\mathbf{0}$ であるから，これを別にすれば

(i)　$a=1, b=1, c=1,$　　(ii)　$a=1, b=-1, c=-1,$

(iii)　$a=-1, b=1, c=-1,$　　(iv)　$a=-1, b=-1, c=1.$

§3. モーメントと面積ベクトル

モーメント　束縛ベクトル $\boldsymbol{A}$ の始点をPとする．空間に1点Oを定めて $\boldsymbol{r}=\overrightarrow{\mathrm{OP}}$ とするとき，$\boldsymbol{r}\times\boldsymbol{A}$ をベクトル $\boldsymbol{A}$ のOに関する**モーメント**あるいは**ベクトル・モーメント**とよぶ．Oのまわりのモーメントともいう．

力のベクトル $\boldsymbol{F}_1, \boldsymbol{F}_2, \cdots, \boldsymbol{F}_n$ が剛体の点 $\mathrm{P}_1, \mathrm{P}_2, \cdots, \mathrm{P}_n$ にそれぞれ作用するとき，$\boldsymbol{r}_i=\overrightarrow{\mathrm{OP}_i}$ として

(1)　$$\boldsymbol{F}=\sum_{i=1}^{n}\boldsymbol{F}_i, \qquad \boldsymbol{M}=\sum_{i=1}^{n}\boldsymbol{r}_i\times\boldsymbol{F}_i$$

とおくと，剛体に対するこれらの力の作用が互いにうち消しあうための必要十分な条件は $\boldsymbol{F}=\mathbf{0},\ \boldsymbol{M}=\mathbf{0}$ であることが力学で知られている．

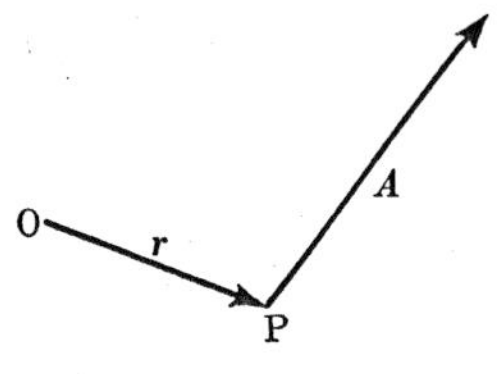

2-6 図

例7.　点 $\mathrm{P}_1, \cdots, \mathrm{P}_n$ にそれぞれ力 $\boldsymbol{F}_1, \cdots, \boldsymbol{F}_n$ が作用するとき，点Oのまわりのモーメントと点O′のまわりのモーメントとの差は (1) の $\boldsymbol{F}$ を用いて $\overrightarrow{\mathrm{OO'}}\times\boldsymbol{F}$ であることを証明せよ．

[解]　O′を始点とする位置ベクトルを $\boldsymbol{r}'$，O′のまわりのモーメントを $\boldsymbol{M}'$ とすれば

$$\boldsymbol{M}-\boldsymbol{M}'=\sum_{i=1}^{n}\boldsymbol{r}_i\times\boldsymbol{F}_i-\sum_{i=1}^{n}\boldsymbol{r}_i'\times\boldsymbol{F}_i=\sum_{i=1}^{n}(\boldsymbol{r}_i-\boldsymbol{r}_i')\times\boldsymbol{F}_i$$

であるが，$\boldsymbol{r}_i-\boldsymbol{r}_i'=\overrightarrow{\mathrm{OP}_i}-\overrightarrow{\mathrm{O'P}_i}=\overrightarrow{\mathrm{OO'}}$ であるから

$$\boldsymbol{M}-\boldsymbol{M}'=\sum_{i=1}^{n}\overrightarrow{\mathrm{OO'}}\times\boldsymbol{F}_i=\overrightarrow{\mathrm{OO'}}\times\boldsymbol{F}.$$

面積ベクトル　平面 π 上に3角形 ABC をとり頂点をまわる順を A→B→C→A のように定める．3角形の内部に1点 P をとり，P において π に法線を立て，その上に有向線分 $\overrightarrow{\mathrm{PN}}$ を次のように定める．N から見て回転 A→B→C→A は逆時計回りで，線分 PN の長さは △ABC の面積 S に等しい．このときベクトル $\overrightarrow{\mathrm{PN}}$ を向きのついた3角形 ABC の**面積ベクトル**といい，このベクトルを S に対して $\boldsymbol{S}$ と書く．

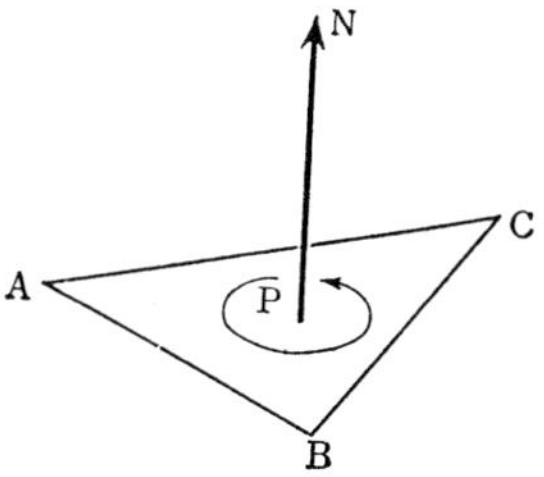

2-7 図

面積ベクトルの一般化　上に述べたベクトル $\overrightarrow{\mathrm{PN}}$ について P は △ABC の内部にとったが，ベクトルとしてはこの有向線分をどこへ平行移動してもよい．また1つの平面 π の上のいくつもの3角形について考えた面積ベクトルは平行なベクトルとしての和を考えることができる．したがって閉多角形についても面積ベクトルを考えることができる．さらに平面 π 上の向きのついた滑らかな閉曲線あるいはいくつかの点で折れている閉曲線 C で囲まれた領域 D についても面積ベクトル $\boldsymbol{S}$ を次のような有向線分 $\overrightarrow{\mathrm{PN}}$ によって定義することができる．P は D の点である．$\overrightarrow{\mathrm{PN}}$ は π の法線に平行で，N から見て C をひと回りする向きは逆時計回り，その長さは D の面積 S に等しい．

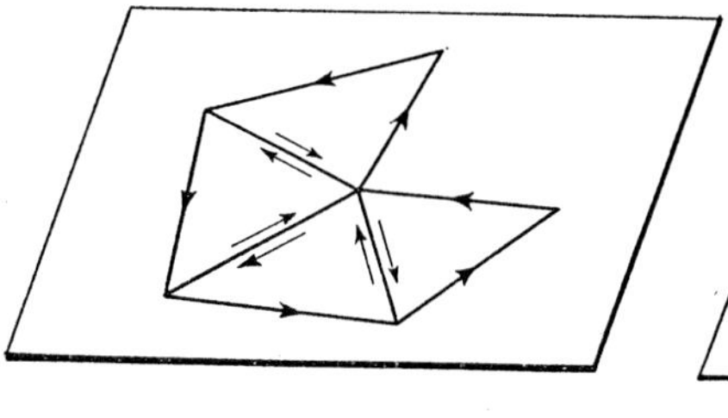

2-8 図

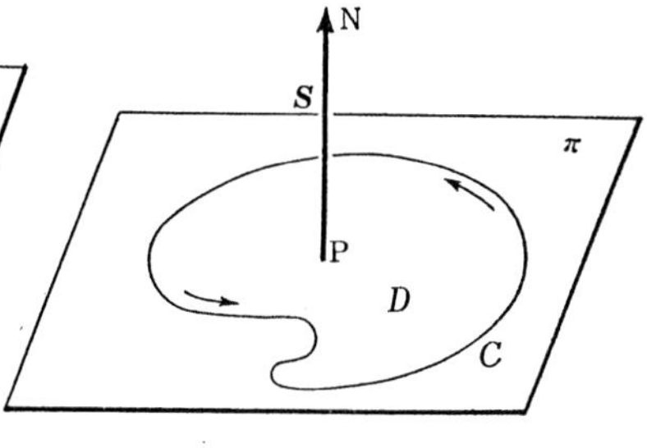

2-9 図

注意　閉曲線が平面を2つより多くの部分に分けることがある．ここではそのような閉曲線は考えない．

外積と面積ベクトル　外積の定義から，特に3角形の場合に面積ベクトルは次の式で与えられる：

$$\boldsymbol{S} = \overrightarrow{\mathrm{PN}} = \frac{1}{2}\overrightarrow{\mathrm{AB}} \times \overrightarrow{\mathrm{AC}}. \tag{2}$$

例 8. △ABC の頂点の位置ベクトルを $\boldsymbol{A}, \boldsymbol{B}, \boldsymbol{C}$ とすると △ABC の面積ベクトル $\boldsymbol{S}$ は次の式で与えられる：

(3) $$\boldsymbol{S} = \frac{1}{2}(\boldsymbol{B} \times \boldsymbol{C} + \boldsymbol{C} \times \boldsymbol{A} + \boldsymbol{A} \times \boldsymbol{B}).$$

［解］ (2) から $\boldsymbol{S} = \frac{1}{2}(\boldsymbol{B} - \boldsymbol{A}) \times (\boldsymbol{C} - \boldsymbol{A})$. これに分配法則および $\boldsymbol{A} \times \boldsymbol{A} = \boldsymbol{0}$ を用いる.

面積ベクトルの分解　面積ベクトルはベクトルであるから基本ベクトルを用いて

(4) $$\boldsymbol{S} = S_x\boldsymbol{i} + S_y\boldsymbol{j} + S_z\boldsymbol{k}$$

のように分解することができる. ここにできる $\boldsymbol{S}$ の成分 S_x, S_y, S_z の意味を幾何学的に考えよう. いま $\boldsymbol{S}$ を平面 π 上の向きのついた閉曲線 C で囲まれた部分の面積ベクトルとし, π の単位法線ベクトルを $\boldsymbol{n}$ とする. C を xy 平面上に正射影してできる向きのついた閉曲線を C_z とすれば, xy 平面において C_z に囲まれた区域の面積ベクトル $\boldsymbol{S}_z'$ は $\boldsymbol{k}$ に平行なことは明らかである. またその大きさは $|\boldsymbol{S}||\boldsymbol{n}\cdot\boldsymbol{k}|$ すなわち $|S_z|$ である. また z 軸の正の方向へ原点から十分遠く離れた点から見て, C の回り方が正の向きすなわち逆時計まわりであるか, 負の向きすなわち時計まわりであるかは C_z の回り方にもそのまま引き継がれるから $\boldsymbol{S}_z' = S_z\boldsymbol{k}$ となる. したがって S_z は面積ベクトル $\boldsymbol{S}$ をもつ図形の xy 平面上の正射影の面積を絶対値とし, その符号は C_z の向きによる. S_x, S_y についても同様であるから次の定理を得る.

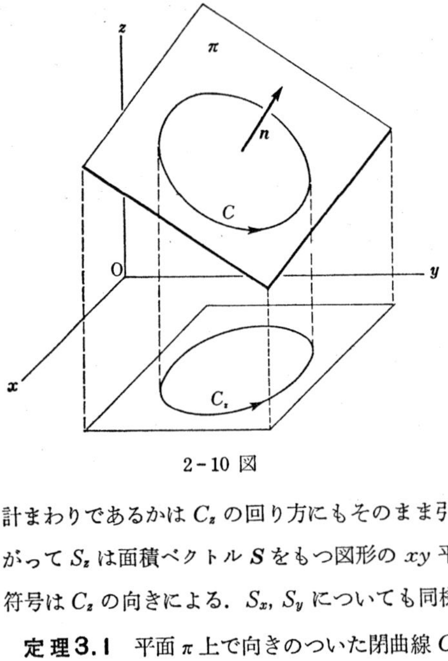

2－10 図

定理 3.1　平面 π 上で向きのついた閉曲線 C によって囲まれた部分の面積ベクトルを $\boldsymbol{S}$ とする. C を yz 平面, zx 平面, xy 平面上に正射影して得る向きのついた閉曲線を C_x, C_y, C_z とするとき, 各座標平面上でこれらの閉曲線によって囲まれた部分の面積ベクトルはそれぞれ (4) における $S_x\boldsymbol{i}, S_y\boldsymbol{j}, S_z\boldsymbol{k}$ である.

特に面積ベクトル $\boldsymbol{S}$ がそれぞれ x 軸, y 軸, z 軸上の 3 点 A, B, C を頂点とする 3 角形 ABC の面積ベクトルである場合を考えよう. このとき $\boldsymbol{A} = \overrightarrow{\mathrm{OA}}, \boldsymbol{B} = \overrightarrow{\mathrm{OB}}, \boldsymbol{C} = \overrightarrow{\mathrm{OC}}$ とす

ればベクトル $\boldsymbol{B}\times\boldsymbol{C}$, $\boldsymbol{C}\times\boldsymbol{A}$, $\boldsymbol{A}\times\boldsymbol{B}$ はそれぞれ $\boldsymbol{i}$, $\boldsymbol{j}$, $\boldsymbol{k}$ に平行であるから (3) と (4) から

$$(5)\quad \begin{cases} S_x\boldsymbol{i}=\dfrac{1}{2}\boldsymbol{B}\times\boldsymbol{C}, \\ S_y\boldsymbol{j}=\dfrac{1}{2}\boldsymbol{C}\times\boldsymbol{A}, \\ S_z\boldsymbol{k}=\dfrac{1}{2}\boldsymbol{A}\times\boldsymbol{B} \end{cases}$$

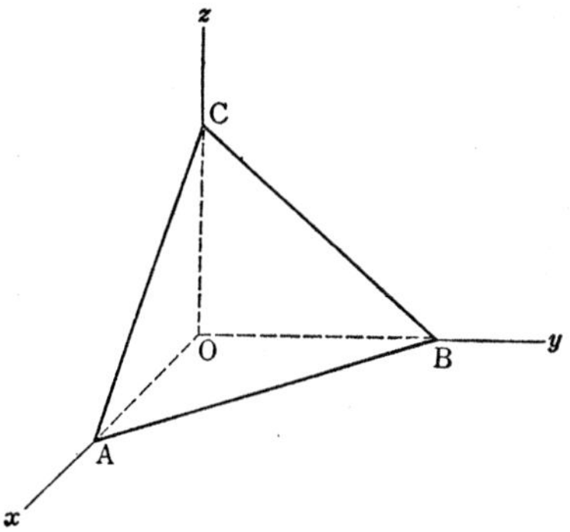

2-11 図

を得る．この式の右辺はそれぞれ3角形OBC, OCA, OAB の面積ベクトルである．

平面 π 上で向きのついた閉曲線 C に囲まれた部分の面積ベクトルを $\boldsymbol{S}$, 平面 π' 上に C を正射影して得る向きのついた閉曲線を C', C' が囲む π' の領域の面積ベクトルを $\boldsymbol{S}'$ とすれば，π' を xy 平面にもつ座標系を考えるとわかるように，$\boldsymbol{S}-\boldsymbol{S}'$ は π' に平行なベクトルである．また π と π' の単位法線ベクトルをそれぞれ $\boldsymbol{n}$, $\boldsymbol{n}'$ とすれば $|\boldsymbol{S}'|=|\boldsymbol{S}||\boldsymbol{n}\cdot\boldsymbol{n}'|$ である．$\boldsymbol{S}'\cdot\boldsymbol{S}$ は負となることはない．

平面上の領域の面積ベクトルと単位法線ベクトル　平面 π 上の向きのついた閉曲線で囲まれた領域の面積ベクトルを $\boldsymbol{S}$ とするとき，$|\boldsymbol{S}|$ はこの領域の面積である．

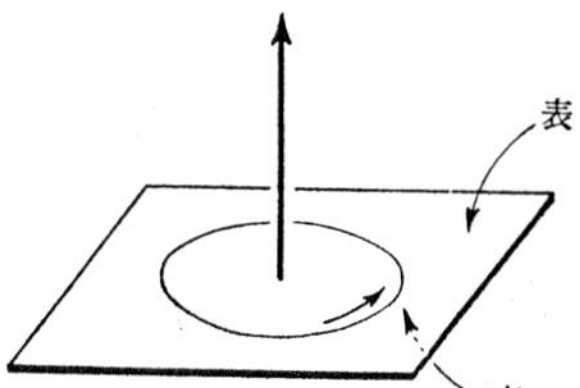

2-12 図

平面 π の単位法線ベクトル $\boldsymbol{n}$ の向きを $\boldsymbol{S}=|\boldsymbol{S}|\boldsymbol{n}$ となるように定めるならば，この向きは π 上の図形によって定められたことになる．この向きはこの図形に対して，すなわち閉曲線の向きに対して，正の向きをもつという．

逆に平面の単位法線ベクトル $\boldsymbol{n}$ の向きをさきに定めれば，これに対して面積ベクトル $\boldsymbol{S}$ が $\boldsymbol{S}=|\boldsymbol{S}|\boldsymbol{n}$ となるような閉曲線の向きが定まる．平面に表と裏を考え，単位法線ベクトルは平面の表の側から出すことにきめるならば，平面の向き，すなわち表裏は，その上の向きのついた閉曲線できめることができる．しかし平面の向きに対して逆の向き（負の向き）の図形を考えることもあるから，そのときは $\boldsymbol{S}=S\boldsymbol{n}$ において $S<0$ となる．1つの平面の上にいくつかの閉曲線およびそれが囲む領域を考える場合これは当然である．

例9.　$\boldsymbol{A}=(3,1,1)$, $\boldsymbol{B}=(-1,3,-1)$, $\boldsymbol{C}=(1,-1,4)$ のとき △ABC の面積ベク

トル，面積および △ABC の yz 平面上の正射影の面積ベクトルを求めよ．

［解］ $\boldsymbol{B}-\boldsymbol{A}=(-4,\ 2,\ -2)$， $\boldsymbol{C}-\boldsymbol{A}=(-2,\ -2,\ 3)$，よって面積ベクトルは $\frac{1}{2}(\boldsymbol{B}-\boldsymbol{A})\times(\boldsymbol{C}-\boldsymbol{A})=\boldsymbol{i}+8\boldsymbol{j}+6\boldsymbol{k}$，面積は $\sqrt{101}$，正射影の面積ベクトルは $\boldsymbol{i}$．

例 10. 平面 π の方程式は $2x+4y-3z=1$ で，この上に面積ベクトルが $\boldsymbol{S}=4\boldsymbol{i}+8\boldsymbol{j}-6\boldsymbol{k}$ である向きのついた図形 F がある．方程式が $x-y+z=1$ なる平面 π' 上に F を正射影して得る向きのついた図形 F' の面積ベクトル $\boldsymbol{S}'$ を求めよ．

［解］ π の単位法線ベクトルを $\boldsymbol{n}=\frac{1}{\sqrt{29}}(2\boldsymbol{i}+4\boldsymbol{j}-3\boldsymbol{k})$ とすれば $\boldsymbol{S}=2\sqrt{29}\,\boldsymbol{n}$ である．π' の単位法線ベクトルを $\boldsymbol{n}'=\frac{1}{\sqrt{3}}(\boldsymbol{i}-\boldsymbol{j}+\boldsymbol{k})$ とすれば $\boldsymbol{n}\cdot\boldsymbol{n}'=\frac{-5}{\sqrt{3}\sqrt{29}}$，したがって F は $\boldsymbol{n}'$ によって向きのつけられた平面 π' 上へ，負の向きに正射影される．F の面積は $2\sqrt{29}$，F' の面積は $2\sqrt{29}\,|\cos(\boldsymbol{n},\ \boldsymbol{n}')|=\frac{10}{\sqrt{3}}$ であるから，F' の面積ベクトルは

$$\boldsymbol{S}'=-\frac{10}{\sqrt{3}}\cdot\frac{1}{\sqrt{3}}(\boldsymbol{i}-\boldsymbol{j}+\boldsymbol{k})=\frac{-10}{3}(\boldsymbol{i}-\boldsymbol{j}+\boldsymbol{k}).$$

注意 $\boldsymbol{n}$ および $\boldsymbol{n}'$ として正反対の向きのものをとっても F' の面積ベクトル $\boldsymbol{S}'$ は変らない．また $\boldsymbol{S}\cdot\boldsymbol{S}'>0$ である．

例 11. 4面体 ABCD の各面に外向きに面積ベクトル $\boldsymbol{S}_1,\ \boldsymbol{S}_2,\ \boldsymbol{S}_3,\ \boldsymbol{S}_4$ をとれば，次の関係が成立することを証明せよ：

$$\boldsymbol{S}_1+\boldsymbol{S}_2+\boldsymbol{S}_3+\boldsymbol{S}_4=\boldsymbol{0}. \tag{6}$$

［解］ 頂点の位置ベクトルを $\boldsymbol{A},\ \boldsymbol{B},\ \boldsymbol{C},\ \boldsymbol{D}$ とすれば図のような場合

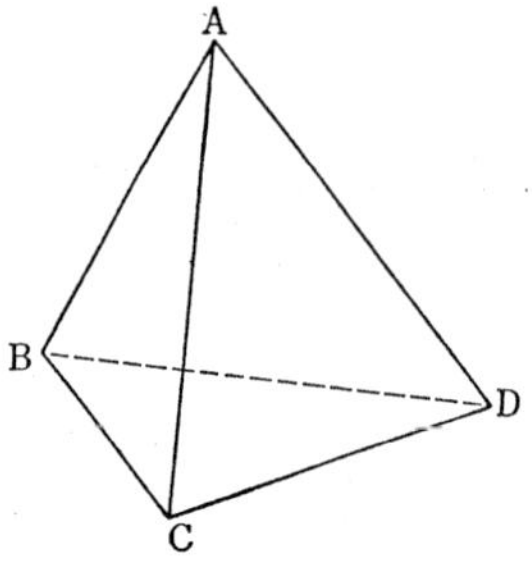

2-13 図

$$\boldsymbol{S}_1=\frac{1}{2}(\boldsymbol{D}-\boldsymbol{B})\times(\boldsymbol{C}-\boldsymbol{B})$$
$$=\frac{1}{2}(-\boldsymbol{B}\times\boldsymbol{C}-\boldsymbol{C}\times\boldsymbol{D}-\boldsymbol{D}\times\boldsymbol{B}),$$

同様に

$$\boldsymbol{S}_2=\frac{1}{2}(\boldsymbol{A}\times\boldsymbol{C}+\boldsymbol{C}\times\boldsymbol{D}+\boldsymbol{D}\times\boldsymbol{A}),$$
$$\boldsymbol{S}_3=\frac{1}{2}(-\boldsymbol{A}\times\boldsymbol{B}-\boldsymbol{B}\times\boldsymbol{D}-\boldsymbol{D}\times\boldsymbol{A}),$$
$$\boldsymbol{S}_4=\frac{1}{2}(\boldsymbol{A}\times\boldsymbol{B}+\boldsymbol{B}\times\boldsymbol{C}+\boldsymbol{C}\times\boldsymbol{A})$$

これらを加えて (6) を得る．

［別解］ 4面体の各面を xy 平面上に正射影して得る3角形の面積ベクトルは $\boldsymbol{S}_1,\ \boldsymbol{S}_2,\ \boldsymbol{S}_3,\ \boldsymbol{S}_4$ の z 成分を z 成分とし，z 軸に平行なベクトルである．またその絶対値は正射影の面積である．これらの符号を考え，また4つの面の正射影は2重になることからその面積ベクトルの和は $\boldsymbol{0}$ となる．x 成分，y 成分についても同様であるから (6) を得る．

問　　題

1. O = (0, 0, 0), $\mathrm{P}_1 = (1, 3, 2)$, $\mathrm{P}_2 = (1, 5, 2)$, $\boldsymbol{F}_1 = 2\boldsymbol{i} - 2\boldsymbol{j} + 4\boldsymbol{k}$ とする．ベクトル $\overrightarrow{\mathrm{OP}_1}$, $\overrightarrow{\mathrm{OP}_2}$, $\boldsymbol{F}_1$ は1次従属である．ベクトル $\boldsymbol{F}_2$ は $\overrightarrow{\mathrm{OP}_2}$ に垂直で，$\overrightarrow{\mathrm{OP}_1} \times \boldsymbol{F}_1 + \overrightarrow{\mathrm{OP}_2} \times \boldsymbol{F}_2 = \boldsymbol{0}$ とするとき，$\boldsymbol{F}_2$ を求めよ．

2. 平面 $x - 2y + z = 0$ 上の4点 A = (1, 1, 1), B = (2, 1, 0), C = (5, 2, −1), D = (1, 0, −1) を A → B → C → D → A の順にむすんでできる多角形の面積ベクトル $\boldsymbol{S}$ を求めよ．

3. 3角形 PQR の面積ベクトルを $\boldsymbol{S}$(PQR) とかくと，$\boldsymbol{S}$(ABC) + $\boldsymbol{S}$(BDC) = $\boldsymbol{S}$(ABD) + $\boldsymbol{S}$(DCA) が任意の4点 A, B, C, D について成立することを証明せよ．

［解　　答］

1. $\overrightarrow{\mathrm{OP}_1} \times \boldsymbol{F}_1 = 16\boldsymbol{i} - 8\boldsymbol{k}$ であるから $\boldsymbol{F}_2 = -\frac{4}{3}\boldsymbol{i} + \frac{4}{3}\boldsymbol{j} - \frac{8}{3}\boldsymbol{k}$.

2. この多角形を yz 平面上に正射影した図形は図のような4角形である．したがって $\boldsymbol{S} = \triangle\mathrm{ABD} + \triangle\mathrm{BCD}$ とも，また $\boldsymbol{S} = \triangle\mathrm{ACD} + \triangle\mathrm{ABC}$ とも考えることができる．したがって $\boldsymbol{S} = -\frac{3}{2}\boldsymbol{i} + 3\boldsymbol{j} - \frac{3}{2}\boldsymbol{k}$.

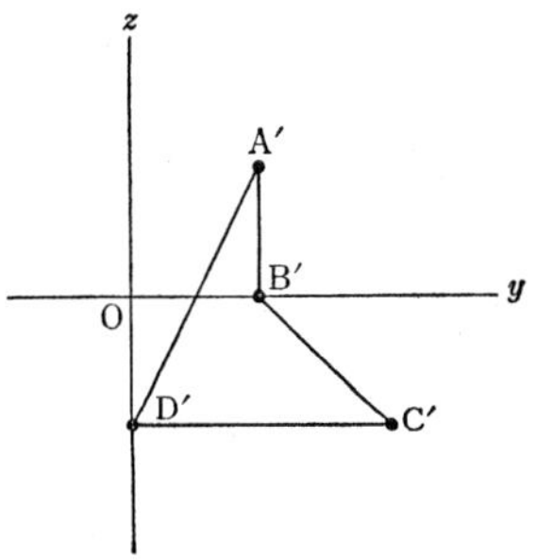

2-14 図

3. 左辺 $= \frac{1}{2}(\boldsymbol{B} \times \boldsymbol{C} + \boldsymbol{C} \times \boldsymbol{A} + \boldsymbol{A} \times \boldsymbol{B}) + \frac{1}{2}(\boldsymbol{D} \times \boldsymbol{C} + \boldsymbol{C} \times \boldsymbol{B} + \boldsymbol{B} \times \boldsymbol{D})$, 右辺 $= \frac{1}{2}(\boldsymbol{B} \times \boldsymbol{D} + \boldsymbol{D} \times \boldsymbol{A} + \boldsymbol{A} \times \boldsymbol{B}) + \frac{1}{2}(\boldsymbol{C} \times \boldsymbol{A} + \boldsymbol{A} \times \boldsymbol{D} + \boldsymbol{D} \times \boldsymbol{C})$, よって両辺は等しい．

§4.　スカラー3重積とベクトル3重積

スカラー3重積とベクトル3重積　$\boldsymbol{A}\cdot(\boldsymbol{B} \times \boldsymbol{C})$ をベクトル $\boldsymbol{A}, \boldsymbol{B}, \boldsymbol{C}$ の**スカラー3重積**，$(\boldsymbol{A} \times \boldsymbol{B}) \times \boldsymbol{C}$ をベクトル $\boldsymbol{A}, \boldsymbol{B}, \boldsymbol{C}$ の**ベクトル3重積**という．

これについて次の公式は重要である：

(1)
$$\boldsymbol{A}\cdot(\boldsymbol{B} \times \boldsymbol{C}) = \boldsymbol{B}\cdot(\boldsymbol{C} \times \boldsymbol{A}) = \boldsymbol{C}\cdot(\boldsymbol{A} \times \boldsymbol{B}),$$

(2)
$$\boldsymbol{A}\cdot(\boldsymbol{B} \times \boldsymbol{C}) = \begin{vmatrix} A_x & B_x & C_x \\ A_y & B_y & C_y \\ A_z & B_z & C_z \end{vmatrix},$$

(3)
$$(\boldsymbol{A} \times \boldsymbol{B}) \times \boldsymbol{C} = (\boldsymbol{A}\cdot\boldsymbol{C})\boldsymbol{B} - (\boldsymbol{B}\cdot\boldsymbol{C})\boldsymbol{A},$$

(4)　　$(\boldsymbol{A}\times\boldsymbol{B})\times\boldsymbol{C}+(\boldsymbol{B}\times\boldsymbol{C})\times\boldsymbol{A}+(\boldsymbol{C}\times\boldsymbol{A})\times\boldsymbol{B}=0.$

［証 明］（2）は外積の公式（2.5），内積の公式（1.7）および行列式の性質から導かれる．（1）は（2）から明らかである．（3）は例6で述べた．（4）は（3）を用いて容易に導かれる．

$\boldsymbol{A}\cdot(\boldsymbol{B}\times\boldsymbol{C})$ は $[\boldsymbol{A}\ \boldsymbol{B}\ \boldsymbol{C}]$ とも書き，この記号を**グラスマンの記号**という．これはまた3つのベクトルの行列式として $|\boldsymbol{A},\boldsymbol{B},\boldsymbol{C}|$ とも書く．$|\boldsymbol{A},\boldsymbol{B},\boldsymbol{C}|=-|\boldsymbol{B},\boldsymbol{A},\boldsymbol{C}|$ などに注意する．

次の公式もよく使われる：

(5)　　$(\boldsymbol{A}\times\boldsymbol{B})\cdot(\boldsymbol{C}\times\boldsymbol{D})=(\boldsymbol{A}\cdot\boldsymbol{C})(\boldsymbol{B}\cdot\boldsymbol{D})-(\boldsymbol{A}\cdot\boldsymbol{D})(\boldsymbol{B}\cdot\boldsymbol{C}),$

(6)　　$$\begin{aligned}(\boldsymbol{A}\times\boldsymbol{B})\times(\boldsymbol{C}\times\boldsymbol{D})&=[\boldsymbol{A}\ \boldsymbol{C}\ \boldsymbol{D}]\boldsymbol{B}-[\boldsymbol{B}\ \boldsymbol{C}\ \boldsymbol{D}]\boldsymbol{A}\\&=[\boldsymbol{A}\ \boldsymbol{B}\ \boldsymbol{D}]\boldsymbol{C}-[\boldsymbol{A}\ \boldsymbol{B}\ \boldsymbol{C}]\boldsymbol{D},\end{aligned}$$

(7)　　$$[\boldsymbol{A}\ \boldsymbol{B}\ \boldsymbol{C}][\boldsymbol{E}\ \boldsymbol{F}\ \boldsymbol{G}]=\begin{vmatrix}\boldsymbol{A}\cdot\boldsymbol{E} & \boldsymbol{A}\cdot\boldsymbol{F} & \boldsymbol{A}\cdot\boldsymbol{G}\\ \boldsymbol{B}\cdot\boldsymbol{E} & \boldsymbol{B}\cdot\boldsymbol{F} & \boldsymbol{B}\cdot\boldsymbol{G}\\ \boldsymbol{C}\cdot\boldsymbol{E} & \boldsymbol{C}\cdot\boldsymbol{F} & \boldsymbol{C}\cdot\boldsymbol{G}\end{vmatrix}.$$

［証 明］$\boldsymbol{A}\times\boldsymbol{B}$ を1つのベクトルとみなすと，（5）の左辺は（1）により $[(\boldsymbol{A}\times\boldsymbol{B})\ \boldsymbol{C}\ \boldsymbol{D}]=[\boldsymbol{D}\ (\boldsymbol{A}\times\boldsymbol{B})\ \boldsymbol{C}]=\boldsymbol{D}\cdot((\boldsymbol{A}\times\boldsymbol{B})\times\boldsymbol{C})$ となる．これに（3）を用いて

$$=\boldsymbol{D}\cdot\{(\boldsymbol{A}\cdot\boldsymbol{C})\boldsymbol{B}-(\boldsymbol{B}\cdot\boldsymbol{C})\boldsymbol{A}\}=(\boldsymbol{A}\cdot\boldsymbol{C})(\boldsymbol{D}\cdot\boldsymbol{B})-(\boldsymbol{B}\cdot\boldsymbol{C})(\boldsymbol{D}\cdot\boldsymbol{A})$$

すなわち右辺を得る．（6）の左辺は $\boldsymbol{C}\times\boldsymbol{D}$ を1つのベクトルとして（3）を用い

$$\begin{aligned}(\boldsymbol{A}\times\boldsymbol{B})\times(\boldsymbol{C}\times\boldsymbol{D})&=(\boldsymbol{A}\cdot(\boldsymbol{C}\times\boldsymbol{D}))\boldsymbol{B}-(\boldsymbol{B}\cdot(\boldsymbol{C}\times\boldsymbol{D}))\boldsymbol{A}\\&=[\boldsymbol{A}\ \boldsymbol{C}\ \boldsymbol{D}]\boldsymbol{B}-[\boldsymbol{B}\ \boldsymbol{C}\ \boldsymbol{D}]\boldsymbol{A}.\end{aligned}$$

この式で $\boldsymbol{A}$ と $\boldsymbol{C}$，$\boldsymbol{B}$ と $\boldsymbol{D}$ を同時にとりかえれば

$$\begin{aligned}(\boldsymbol{C}\times\boldsymbol{D})\times(\boldsymbol{A}\times\boldsymbol{B})&=[\boldsymbol{C}\ \boldsymbol{A}\ \boldsymbol{B}]\boldsymbol{D}-[\boldsymbol{D}\ \boldsymbol{A}\ \boldsymbol{B}]\boldsymbol{C}\\&=-[\boldsymbol{A}\ \boldsymbol{B}\ \boldsymbol{D}]\boldsymbol{C}+[\boldsymbol{A}\ \boldsymbol{B}\ \boldsymbol{C}]\boldsymbol{D}.\end{aligned}$$

左辺は $-(\boldsymbol{A}\times\boldsymbol{B})\times(\boldsymbol{C}\times\boldsymbol{D})$ であるから（6）を得る．（7）は $[\boldsymbol{A}\ \boldsymbol{B}\ \boldsymbol{C}][\boldsymbol{E}\ \boldsymbol{F}\ \boldsymbol{G}]$ を行列式で

$$\begin{vmatrix}A_x & A_y & A_z\\ B_x & B_y & B_z\\ C_x & C_y & C_z\end{vmatrix}\begin{vmatrix}E_x & F_x & G_x\\ E_y & F_y & G_y\\ E_z & F_z & G_z\end{vmatrix}$$

と書いて行列式の積の公式を用いればよい．

向きのついた平行6面体の体積　$\boldsymbol{B}$, $\boldsymbol{C}$ が1次独立のとき，$\boldsymbol{A}$ を $\boldsymbol{B}\times\boldsymbol{C}$ に平行

すなわち $\boldsymbol{B}$ とも $\boldsymbol{C}$ とも垂直なベクトル $\boldsymbol{A}'$ と $\boldsymbol{B}\times\boldsymbol{C}$ に垂直なベクトルとの和に分ければ，明らかに $\boldsymbol{A}\cdot(\boldsymbol{B}\times\boldsymbol{C})=\boldsymbol{A}'\cdot(\boldsymbol{B}\times\boldsymbol{C})$ である．$|\boldsymbol{B}\times\boldsymbol{C}|=S$, $|\boldsymbol{A}'|=h$ と書けば $|\boldsymbol{A}'\cdot(\boldsymbol{B}\times\boldsymbol{C})|=hS$, したがって $[\boldsymbol{A}\ \boldsymbol{B}\ \boldsymbol{C}]$ の絶対値は，ベクトル $\boldsymbol{A}, \boldsymbol{B}, \boldsymbol{C}$ の始点を同一にとったときこれを相隣る3辺にもつ平行6面体の体積である．また，たとえば $[\boldsymbol{A}\ \boldsymbol{B}\ \boldsymbol{C}]>0$ なら，ベクトル $\boldsymbol{A}$, $\boldsymbol{B}$, $\boldsymbol{C}$ は一般に直交ではないが，座標軸 Ox, Oy, Oz と同じに右手系である．すなわち $\boldsymbol{A}=\overrightarrow{\mathrm{OA}}$, $\boldsymbol{B}=\overrightarrow{\mathrm{OB}}$, $\boldsymbol{C}=\overrightarrow{\mathrm{OC}}$ とするとき，終点 A, B, C をこの順序にめぐる順路は，O から見て時計まわりとなる．この意味で $[\boldsymbol{A}\ \boldsymbol{B}\ \boldsymbol{C}]$ は向きをつけた平行6面体の体積である．$\boldsymbol{A}, \boldsymbol{B}, \boldsymbol{C}$ が1次従属なら平行6面体はつぶれて $[\boldsymbol{A}\ \boldsymbol{B}\ \boldsymbol{C}]=0$ となる．

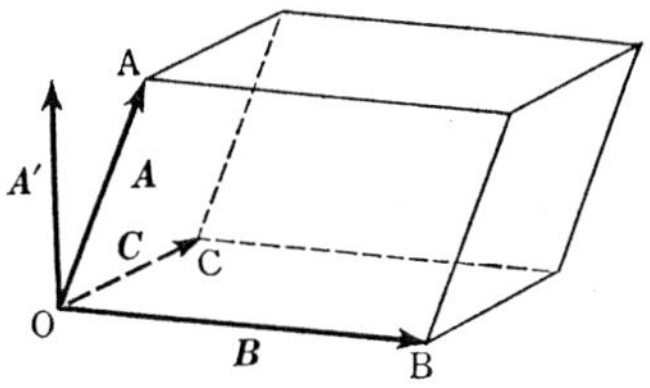

2－15 図

相反系 $\boldsymbol{a}, \boldsymbol{b}, \boldsymbol{c}$ が1次独立のとき

$$\boldsymbol{a}'=\frac{\boldsymbol{b}\times\boldsymbol{c}}{[\boldsymbol{a}\ \boldsymbol{b}\ \boldsymbol{c}]},\qquad \boldsymbol{b}'=\frac{\boldsymbol{c}\times\boldsymbol{a}}{[\boldsymbol{a}\ \boldsymbol{b}\ \boldsymbol{c}]},\qquad \boldsymbol{c}'=\frac{\boldsymbol{a}\times\boldsymbol{b}}{[\boldsymbol{a}\ \boldsymbol{b}\ \boldsymbol{c}]} \tag{8}$$

とおけば

$$[\boldsymbol{a}\ \boldsymbol{b}\ \boldsymbol{c}][\boldsymbol{a}'\ \boldsymbol{b}'\ \boldsymbol{c}']=1, \tag{9}$$

$$\boldsymbol{a}=\frac{\boldsymbol{b}'\times\boldsymbol{c}'}{[\boldsymbol{a}'\ \boldsymbol{b}'\ \boldsymbol{c}']},\qquad \boldsymbol{b}=\frac{\boldsymbol{c}'\times\boldsymbol{a}'}{[\boldsymbol{a}'\ \boldsymbol{b}'\ \boldsymbol{c}']},\qquad \boldsymbol{c}=\frac{\boldsymbol{a}'\times\boldsymbol{b}'}{[\boldsymbol{a}'\ \boldsymbol{b}'\ \boldsymbol{c}']} \tag{10}$$

が成り立つ．また任意のベクトル $\boldsymbol{A}$ について

$$\boldsymbol{A}=(\boldsymbol{A}\cdot\boldsymbol{a}')\boldsymbol{a}+(\boldsymbol{A}\cdot\boldsymbol{b}')\boldsymbol{b}+(\boldsymbol{A}\cdot\boldsymbol{c}')\boldsymbol{c} \tag{11}$$

となる．この $\boldsymbol{a}', \boldsymbol{b}', \boldsymbol{c}'$ を $\boldsymbol{a}, \boldsymbol{b}, \boldsymbol{c}$ の**相反系**という．(10) は $\boldsymbol{a}, \boldsymbol{b}, \boldsymbol{c}$ がまた $\boldsymbol{a}', \boldsymbol{b}', \boldsymbol{c}'$ の相反系であること，すなわち相反系は相互的であることを示している．(9), (10), (11) を証明しよう．

(6) を用いて

$$\boldsymbol{b}'\times\boldsymbol{c}'=\frac{(\boldsymbol{c}\times\boldsymbol{a})\times(\boldsymbol{a}\times\boldsymbol{b})}{[\boldsymbol{a}\ \boldsymbol{b}\ \boldsymbol{c}]^2}=\frac{[\boldsymbol{c}\ \boldsymbol{a}\ \boldsymbol{b}]\boldsymbol{a}}{[\boldsymbol{a}\ \boldsymbol{b}\ \boldsymbol{c}]^2}=\frac{\boldsymbol{a}}{[\boldsymbol{a}\ \boldsymbol{b}\ \boldsymbol{c}]}$$

したがって

$$[\boldsymbol{a}'\ \boldsymbol{b}'\ \boldsymbol{c}']=\boldsymbol{a}'\cdot(\boldsymbol{b}'\times\boldsymbol{c}')=\frac{\boldsymbol{b}\times\boldsymbol{c}}{[\boldsymbol{a}\ \boldsymbol{b}\ \boldsymbol{c}]}\cdot\frac{\boldsymbol{a}}{[\boldsymbol{a}\ \boldsymbol{b}\ \boldsymbol{c}]}=\frac{1}{[\boldsymbol{a}\ \boldsymbol{b}\ \boldsymbol{c}]}$$

となって (9) を得る．またこれにより

$$\boldsymbol{a}=[\boldsymbol{a}\ \boldsymbol{b}\ \boldsymbol{c}](\boldsymbol{b}'\times\boldsymbol{c}')=\frac{\boldsymbol{b}'\times\boldsymbol{c}'}{[\boldsymbol{a}'\ \boldsymbol{b}'\ \boldsymbol{c}']}$$

を得る．$\boldsymbol{b}, \boldsymbol{c}$ についても同様であるから（10）を得る．次に $\boldsymbol{A} = \alpha\boldsymbol{a} + \beta\boldsymbol{b} + \gamma\boldsymbol{c}$ とおけば

$$\boldsymbol{A}\cdot\boldsymbol{a}' = (\alpha\boldsymbol{a} + \beta\boldsymbol{b} + \gamma\boldsymbol{c})\cdot\frac{\boldsymbol{b}\times\boldsymbol{c}}{[\boldsymbol{a}\ \boldsymbol{b}\ \boldsymbol{c}]} = \alpha,$$

同様に $\boldsymbol{A}\cdot\boldsymbol{b}' = \beta$, $\boldsymbol{A}\cdot\boldsymbol{c}' = \gamma$ となるから（11）を得る．

例 12.　$\boldsymbol{i}, \boldsymbol{j}, \boldsymbol{k}$ が基本ベクトルで（2.4）を満足し，$\boldsymbol{i}', \boldsymbol{j}', \boldsymbol{k}'$ も互いに直交する単位ベクトルで（2.4）と同様の関係式 $\boldsymbol{j}'\times\boldsymbol{k}' = \boldsymbol{i}'$, $\boldsymbol{k}'\times\boldsymbol{i}' = \boldsymbol{j}'$, $\boldsymbol{i}'\times\boldsymbol{j}' = \boldsymbol{k}'$ を満足するとき，$|\boldsymbol{i}'-\boldsymbol{i}, \boldsymbol{j}'-\boldsymbol{j}, \boldsymbol{k}'-\boldsymbol{k}| = 0$ を証明せよ．

［解］　スカラー3重積において外積の分配法則および内積の分配法則を用いれば

$$|\boldsymbol{A}+\boldsymbol{E}, \boldsymbol{B}+\boldsymbol{F}, \boldsymbol{C}+\boldsymbol{G}| = |\boldsymbol{A}, \boldsymbol{B}, \boldsymbol{C}| + |\boldsymbol{E}, \boldsymbol{B}, \boldsymbol{C}| + |\boldsymbol{A}, \boldsymbol{F}, \boldsymbol{C}|$$
$$+ |\boldsymbol{A}, \boldsymbol{B}, \boldsymbol{G}| + |\boldsymbol{E}, \boldsymbol{F}, \boldsymbol{C}| + |\boldsymbol{E}, \boldsymbol{B}, \boldsymbol{G}| + |\boldsymbol{A}, \boldsymbol{F}, \boldsymbol{G}| + |\boldsymbol{E}, \boldsymbol{F}, \boldsymbol{G}|$$

を得る．これは行列式の性質からも導かれる．$\boldsymbol{A}, \boldsymbol{B}, \boldsymbol{C}$ として $\boldsymbol{i}', \boldsymbol{j}', \boldsymbol{k}'$ を，$\boldsymbol{E}, \boldsymbol{F}, \boldsymbol{G}$ として $-\boldsymbol{i}, -\boldsymbol{j}, -\boldsymbol{k}$ をとれば

$$|\boldsymbol{i}'-\boldsymbol{i}, \boldsymbol{j}'-\boldsymbol{j}, \boldsymbol{k}'-\boldsymbol{k}| = |\boldsymbol{i}', \boldsymbol{j}', \boldsymbol{k}'| - |\boldsymbol{i}, \boldsymbol{j}', \boldsymbol{k}'| - |\boldsymbol{i}', \boldsymbol{j}, \boldsymbol{k}'|$$
$$- |\boldsymbol{i}', \boldsymbol{j}', \boldsymbol{k}| + |\boldsymbol{i}, \boldsymbol{j}, \boldsymbol{k}'| + |\boldsymbol{i}, \boldsymbol{j}', \boldsymbol{k}| + |\boldsymbol{i}', \boldsymbol{j}, \boldsymbol{k}| - |\boldsymbol{i}, \boldsymbol{j}, \boldsymbol{k}|$$

となるが，$|\boldsymbol{i}, \boldsymbol{j}, \boldsymbol{k}| = \boldsymbol{i}\cdot(\boldsymbol{j}\times\boldsymbol{k}) = 1$,　また $|\boldsymbol{i}', \boldsymbol{j}', \boldsymbol{k}'| = 1$ である．また $|\boldsymbol{i}, \boldsymbol{j}', \boldsymbol{k}'| = \boldsymbol{i}\cdot(\boldsymbol{j}'\times\boldsymbol{k}') = \boldsymbol{i}\cdot\boldsymbol{i}'$,　$|\boldsymbol{i}', \boldsymbol{j}, \boldsymbol{k}| = \boldsymbol{i}'\cdot(\boldsymbol{j}\times\boldsymbol{k}) = \boldsymbol{i}'\cdot\boldsymbol{i}$ などであるから

$$|\boldsymbol{i}'-\boldsymbol{i}, \boldsymbol{j}'-\boldsymbol{j}, \boldsymbol{k}'-\boldsymbol{k}| = 1 - \boldsymbol{i}\cdot\boldsymbol{i}' - \boldsymbol{j}\cdot\boldsymbol{j}' - \boldsymbol{k}\cdot\boldsymbol{k}' + \boldsymbol{k}\cdot\boldsymbol{k}' + \boldsymbol{j}\cdot\boldsymbol{j}' + \boldsymbol{i}\cdot\boldsymbol{i}' - 1 = 0.$$

例 13.　次の等式を証明せよ：

$$[\boldsymbol{A}\times\boldsymbol{B}\ \boldsymbol{C}\times\boldsymbol{D}\ \boldsymbol{E}\times\boldsymbol{F}] = [\boldsymbol{A}\ \boldsymbol{B}\ \boldsymbol{D}][\boldsymbol{C}\ \boldsymbol{E}\ \boldsymbol{F}] - [\boldsymbol{A}\ \boldsymbol{B}\ \boldsymbol{C}][\boldsymbol{D}\ \boldsymbol{E}\ \boldsymbol{F}]$$
$$= [\boldsymbol{A}\ \boldsymbol{B}\ \boldsymbol{E}][\boldsymbol{F}\ \boldsymbol{C}\ \boldsymbol{D}] - [\boldsymbol{A}\ \boldsymbol{B}\ \boldsymbol{F}][\boldsymbol{E}\ \boldsymbol{C}\ \boldsymbol{D}]$$
$$= [\boldsymbol{C}\ \boldsymbol{D}\ \boldsymbol{A}][\boldsymbol{B}\ \boldsymbol{E}\ \boldsymbol{F}] - [\boldsymbol{C}\ \boldsymbol{D}\ \boldsymbol{B}][\boldsymbol{A}\ \boldsymbol{E}\ \boldsymbol{F}].$$

［解］　(6) から $(\boldsymbol{C}\times\boldsymbol{D})\times(\boldsymbol{E}\times\boldsymbol{F}) = [\boldsymbol{C}\ \boldsymbol{E}\ \boldsymbol{F}]\boldsymbol{D} - [\boldsymbol{D}\ \boldsymbol{E}\ \boldsymbol{F}]\boldsymbol{C}$, したがって

$$(\boldsymbol{A}\times\boldsymbol{B})\cdot((\boldsymbol{C}\times\boldsymbol{D})\times(\boldsymbol{E}\times\boldsymbol{F})) = [\boldsymbol{A}\ \boldsymbol{B}\ \boldsymbol{D}][\boldsymbol{C}\ \boldsymbol{E}\ \boldsymbol{F}] - [\boldsymbol{A}\ \boldsymbol{B}\ \boldsymbol{C}][\boldsymbol{D}\ \boldsymbol{E}\ \boldsymbol{F}].$$

$\boldsymbol{C}$ と $\boldsymbol{E}$, $\boldsymbol{D}$ と $\boldsymbol{F}$ を交換して符号の変化に気を付ければその次の式を得る．$\boldsymbol{A}$ と $\boldsymbol{C}$, $\boldsymbol{B}$ と $\boldsymbol{D}$ の交換では第3の式を得る．

例 14.

$$\boldsymbol{X} = a_{11}\boldsymbol{A} + a_{12}\boldsymbol{B} + a_{13}\boldsymbol{C},$$
$$\boldsymbol{Y} = a_{21}\boldsymbol{A} + a_{22}\boldsymbol{B} + a_{23}\boldsymbol{C},$$
$$\boldsymbol{Z} = a_{31}\boldsymbol{A} + a_{32}\boldsymbol{B} + a_{33}\boldsymbol{C}$$

なら

$$[\boldsymbol{X}\ \boldsymbol{Y}\ \boldsymbol{Z}] = \begin{vmatrix} a_{11} & a_{12} & a_{13} \\ a_{21} & a_{22} & a_{23} \\ a_{31} & a_{32} & a_{33} \end{vmatrix} [\boldsymbol{A}\ \boldsymbol{B}\ \boldsymbol{C}] \tag{12}$$

である．

［解］ 行列式の積の性質

$$\begin{vmatrix} a_{11}A_x + a_{12}B_x + a_{13}C_x & a_{11}A_y + a_{12}B_y + a_{13}C_y & a_{11}A_z + a_{12}B_z + a_{13}C_z \\ a_{21}A_x + a_{22}B_x + a_{23}C_x & a_{21}A_y + a_{22}B_y + a_{23}C_y & a_{21}A_z + a_{22}B_z + a_{23}C_z \\ a_{31}A_x + a_{32}B_x + a_{33}C_x & a_{31}A_y + a_{32}B_y + a_{33}C_y & a_{31}A_z + a_{32}B_z + a_{33}C_z \end{vmatrix}$$

$$= \begin{vmatrix} a_{11} & a_{12} & a_{13} \\ a_{21} & a_{22} & a_{23} \\ a_{31} & a_{32} & a_{33} \end{vmatrix} \begin{vmatrix} A_x & A_y & A_z \\ B_x & B_y & B_z \\ C_x & C_y & C_z \end{vmatrix}$$

から明らかである．

問　題

1. $\boldsymbol{A} = [\boldsymbol{A}\ \boldsymbol{j}\ \boldsymbol{k}]\boldsymbol{i} + [\boldsymbol{A}\ \boldsymbol{k}\ \boldsymbol{i}]\boldsymbol{j} + [\boldsymbol{A}\ \boldsymbol{i}\ \boldsymbol{j}]\boldsymbol{k}$ を証明せよ．

2. 4つのベクトル $\boldsymbol{A}, \boldsymbol{B}, \boldsymbol{C}, \boldsymbol{D}$ について次の等式を証明せよ：

$$[\boldsymbol{A}\ \boldsymbol{B}\ \boldsymbol{C}]\boldsymbol{D} = [\boldsymbol{B}\ \boldsymbol{C}\ \boldsymbol{D}]\boldsymbol{A} + [\boldsymbol{C}\ \boldsymbol{A}\ \boldsymbol{D}]\boldsymbol{B} + [\boldsymbol{A}\ \boldsymbol{B}\ \boldsymbol{D}]\boldsymbol{C}.$$

3. 次の等式を証明せよ：

$$(\boldsymbol{A} \times \boldsymbol{B}) \times (\boldsymbol{A} \times \boldsymbol{C}) + (\boldsymbol{B} \times \boldsymbol{C}) \times (\boldsymbol{B} \times \boldsymbol{A}) + (\boldsymbol{C} \times \boldsymbol{A}) \times (\boldsymbol{C} \times \boldsymbol{B})$$
$$= [\boldsymbol{A}\ \boldsymbol{B}\ \boldsymbol{C}](\boldsymbol{A} + \boldsymbol{B} + \boldsymbol{C}).$$

4. $\boldsymbol{a} = 2\boldsymbol{i} - \boldsymbol{j},\ \boldsymbol{b} = 2\boldsymbol{j} - \boldsymbol{k},\ \boldsymbol{c} = 2\boldsymbol{k} - \boldsymbol{i}$ のとき $\boldsymbol{a}, \boldsymbol{b}, \boldsymbol{c}$ の相反系 $\boldsymbol{a}', \boldsymbol{b}', \boldsymbol{c}'$ を求めよ．

［解　答］

1. $\boldsymbol{A} = A_x\boldsymbol{i} + A_y\boldsymbol{j} + A_z\boldsymbol{k}$ を代入すれば $[\boldsymbol{A}\ \boldsymbol{j}\ \boldsymbol{k}] = A_x$, $[\boldsymbol{A}\ \boldsymbol{k}\ \boldsymbol{i}] = A_y$, $[\boldsymbol{A}\ \boldsymbol{i}\ \boldsymbol{j}] = A_z$ となるから等式を得る．

2. $\boldsymbol{A}, \boldsymbol{B}, \boldsymbol{C}$ が1次独立なら $\boldsymbol{D} = a\boldsymbol{A} + b\boldsymbol{B} + c\boldsymbol{C}$ とおくと $[\boldsymbol{B}\ \boldsymbol{C}\ \boldsymbol{D}] = a[\boldsymbol{A}\ \boldsymbol{B}\ \boldsymbol{C}]$, $[\boldsymbol{C}\ \boldsymbol{A}\ \boldsymbol{D}] = b[\boldsymbol{A}\ \boldsymbol{B}\ \boldsymbol{C}]$, $[\boldsymbol{A}\ \boldsymbol{B}\ \boldsymbol{D}] = c[\boldsymbol{A}\ \boldsymbol{B}\ \boldsymbol{C}]$, よって等式が成立する．$\boldsymbol{A}, \boldsymbol{B}$ が1次独立で $\boldsymbol{C} = a\boldsymbol{A} + b\boldsymbol{B}$ なら左辺は 0, 右辺は $[\boldsymbol{B}\ \boldsymbol{C}\ \boldsymbol{D}] = -a[\boldsymbol{A}\ \boldsymbol{B}\ \boldsymbol{D}]$, $[\boldsymbol{C}\ \boldsymbol{A}\ \boldsymbol{D}] = -b[\boldsymbol{A}\ \boldsymbol{B}\ \boldsymbol{D}]$ からやはり 0. $\boldsymbol{A}, \boldsymbol{B}, \boldsymbol{C}$ が共線なら両辺各項とも 0.

3. (6) により $(\boldsymbol{A} \times \boldsymbol{B}) \times (\boldsymbol{A} \times \boldsymbol{C}) = [\boldsymbol{A}\ \boldsymbol{B}\ \boldsymbol{C}]\boldsymbol{A}$, 同様の式を加えることによって等式を得る．

4. $\boldsymbol{b} \times \boldsymbol{c} = 4\boldsymbol{i} + \boldsymbol{j} + 2\boldsymbol{k}$, $\boldsymbol{c} \times \boldsymbol{a} = 2\boldsymbol{i} + 4\boldsymbol{j} + \boldsymbol{k}$, $\boldsymbol{a} \times \boldsymbol{b} = \boldsymbol{i} + 2\boldsymbol{j} + 4\boldsymbol{k}$, $[\boldsymbol{a}\ \boldsymbol{b}\ \boldsymbol{c}] = 7$ であるから

$$\boldsymbol{a}' = \frac{4}{7}\boldsymbol{i} + \frac{1}{7}\boldsymbol{j} + \frac{2}{7}\boldsymbol{k}, \quad \boldsymbol{b}' = \frac{2}{7}\boldsymbol{i} + \frac{4}{7}\boldsymbol{j} + \frac{1}{7}\boldsymbol{k}, \quad \boldsymbol{c}' = \frac{1}{7}\boldsymbol{i} + \frac{2}{7}\boldsymbol{j} + \frac{4}{7}\boldsymbol{k}.$$

練習問題

1. $\boldsymbol{A} = \boldsymbol{i} - \boldsymbol{j}, \quad \boldsymbol{B} = \boldsymbol{i} + \boldsymbol{j} - 2\boldsymbol{k}, \quad \boldsymbol{C} = 2\boldsymbol{j} + \boldsymbol{k}$

のとき次のごときベクトル $\boldsymbol{X}, \boldsymbol{Y}$ を求めよ：

（i） $\boldsymbol{A}\cdot\boldsymbol{X} = 4, \quad \boldsymbol{B}\cdot\boldsymbol{X} = -6, \quad \boldsymbol{C}\cdot\boldsymbol{X} = -4.$

（ii） $\boldsymbol{A} \times \boldsymbol{Y} = \boldsymbol{B}, \quad \boldsymbol{C}\cdot\boldsymbol{Y} = -5.$

2. 点 A, B, C, D が与えられたとき，任意の点 P に対して作る △ABP, △BCP, △CDP, △DAP の面積ベクトルの和 $\boldsymbol{S}=\boldsymbol{S}(\mathrm{ABP})+\boldsymbol{S}(\mathrm{BCP})+\boldsymbol{S}(\mathrm{CDP})+\boldsymbol{S}(\mathrm{DAP})$ は P によらないことを証明せよ：

3. 次の等式を証明せよ：

（i） $(\boldsymbol{A}\times\boldsymbol{B})\cdot(\boldsymbol{C}\times\boldsymbol{D})+(\boldsymbol{B}\times\boldsymbol{C})\cdot(\boldsymbol{A}\times\boldsymbol{D})+(\boldsymbol{C}\times\boldsymbol{A})\cdot(\boldsymbol{B}\times\boldsymbol{D})=0.$

（ii） $[\boldsymbol{A}\times\boldsymbol{P}\ \boldsymbol{B}\times\boldsymbol{Q}\ \boldsymbol{C}\times\boldsymbol{R}]+[\boldsymbol{A}\times\boldsymbol{Q}\ \boldsymbol{B}\times\boldsymbol{R}\ \boldsymbol{C}\times\boldsymbol{P}]$

$$+[\boldsymbol{A}\times\boldsymbol{R}\ \boldsymbol{B}\times\boldsymbol{P}\ \boldsymbol{C}\times\boldsymbol{Q}]=0.$$

4. 相反系 $\boldsymbol{a}, \boldsymbol{b}, \boldsymbol{c}$ および $\boldsymbol{a}', \boldsymbol{b}', \boldsymbol{c}'$ について次の等式を証明せよ：

$$\begin{vmatrix}\boldsymbol{a}\cdot\boldsymbol{a} & \boldsymbol{a}\cdot\boldsymbol{b} & \boldsymbol{a}\cdot\boldsymbol{c}\\ \boldsymbol{b}\cdot\boldsymbol{a} & \boldsymbol{b}\cdot\boldsymbol{b} & \boldsymbol{b}\cdot\boldsymbol{c}\\ \boldsymbol{c}\cdot\boldsymbol{a} & \boldsymbol{c}\cdot\boldsymbol{b} & \boldsymbol{c}\cdot\boldsymbol{c}\end{vmatrix}\begin{vmatrix}\boldsymbol{a}'\cdot\boldsymbol{a}' & \boldsymbol{a}'\cdot\boldsymbol{b}' & \boldsymbol{a}'\cdot\boldsymbol{c}'\\ \boldsymbol{b}'\cdot\boldsymbol{a}' & \boldsymbol{b}'\cdot\boldsymbol{b}' & \boldsymbol{b}'\cdot\boldsymbol{c}'\\ \boldsymbol{c}'\cdot\boldsymbol{a}' & \boldsymbol{c}'\cdot\boldsymbol{b}' & \boldsymbol{c}'\cdot\boldsymbol{c}'\end{vmatrix}=1.$$

5. 正 3 角形 ABC の各頂点に同じ質量の質点があって，正 3 角形の重心 G と辺 AB 上の 1 点 Q をとおる直線を軸としてこれらが回転しているとする．このとき A, B, C に作用する遠心力の G のまわりのモーメントは零であることを示せ．

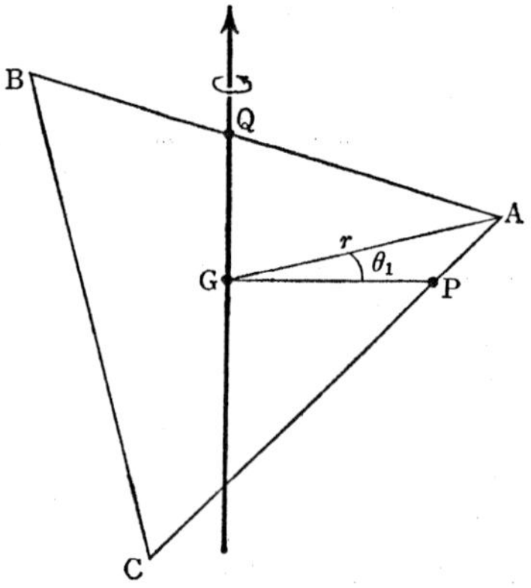

2-16 図

［解　　答］

1. （i） $\boldsymbol{X}=\boldsymbol{i}-3\boldsymbol{j}+2\boldsymbol{k}$, （ii） $\boldsymbol{Y}=-2\boldsymbol{j}-\boldsymbol{k}$.

2. 点 A, B, C, D, P の位置ベクトルをそれぞれ $\boldsymbol{A}, \boldsymbol{B}, \boldsymbol{C}, \boldsymbol{D}, \boldsymbol{P}$ とすれば $\boldsymbol{S}(\mathrm{ABP})=\frac{1}{2}(\boldsymbol{A}\times\boldsymbol{B}+\boldsymbol{B}\times\boldsymbol{P}+\boldsymbol{P}\times\boldsymbol{A})$ 等であるから

$$\boldsymbol{S}=\frac{1}{2}(\boldsymbol{A}\times\boldsymbol{B}+\boldsymbol{B}\times\boldsymbol{C}+\boldsymbol{C}\times\boldsymbol{D}+\boldsymbol{D}\times\boldsymbol{A})$$
$$+\frac{1}{2}(\boldsymbol{B}+\boldsymbol{C}+\boldsymbol{D}+\boldsymbol{A})\times\boldsymbol{P}+\frac{1}{2}\boldsymbol{P}\times(\boldsymbol{A}+\boldsymbol{B}+\boldsymbol{C}+\boldsymbol{D})$$
$$=\frac{1}{2}(\boldsymbol{A}\times\boldsymbol{B}+\boldsymbol{B}\times\boldsymbol{C}+\boldsymbol{C}\times\boldsymbol{D}+\boldsymbol{D}\times\boldsymbol{A}),$$

よって P によらない．

3. （i） (4.5) により左辺は

$$(\boldsymbol{A}\cdot\boldsymbol{C})(\boldsymbol{B}\cdot\boldsymbol{D})-(\boldsymbol{A}\cdot\boldsymbol{D})(\boldsymbol{B}\cdot\boldsymbol{C})+(\boldsymbol{B}\cdot\boldsymbol{A})(\boldsymbol{C}\cdot\boldsymbol{D})-(\boldsymbol{B}\cdot\boldsymbol{D})(\boldsymbol{C}\cdot\boldsymbol{A})$$
$$+(\boldsymbol{C}\cdot\boldsymbol{B})(\boldsymbol{A}\cdot\boldsymbol{D})-(\boldsymbol{C}\cdot\boldsymbol{D})(\boldsymbol{A}\cdot\boldsymbol{B})=0.$$

（ii） 例13の第1，第2，第3式を用いてそれぞれ

$$[\boldsymbol{A}\times\boldsymbol{P}\ \boldsymbol{B}\times\boldsymbol{Q}\ \boldsymbol{C}\times\boldsymbol{R}]=[\boldsymbol{A}\ \boldsymbol{P}\ \boldsymbol{Q}][\boldsymbol{B}\ \boldsymbol{C}\ \boldsymbol{R}]-[\boldsymbol{A}\ \boldsymbol{P}\ \boldsymbol{B}][\boldsymbol{Q}\ \boldsymbol{C}\ \boldsymbol{R}],$$
$$[\boldsymbol{A}\times\boldsymbol{Q}\ \boldsymbol{B}\times\boldsymbol{R}\ \boldsymbol{C}\times\boldsymbol{P}]=[\boldsymbol{A}\ \boldsymbol{Q}\ \boldsymbol{C}][\boldsymbol{P}\ \boldsymbol{B}\ \boldsymbol{R}]-[\boldsymbol{A}\ \boldsymbol{Q}\ \boldsymbol{P}][\boldsymbol{C}\ \boldsymbol{B}\ \boldsymbol{R}],$$
$$[\boldsymbol{A}\times\boldsymbol{R}\ \boldsymbol{B}\times\boldsymbol{P}\ \boldsymbol{C}\times\boldsymbol{Q}]=[\boldsymbol{B}\ \boldsymbol{P}\ \boldsymbol{A}][\boldsymbol{R}\ \boldsymbol{C}\ \boldsymbol{Q}]-[\boldsymbol{B}\ \boldsymbol{P}\ \boldsymbol{R}][\boldsymbol{A}\ \boldsymbol{C}\ \boldsymbol{Q}]$$

となる．これら3式を加える．

4. 公式 (4.7) により左辺は $[\boldsymbol{a}\ \boldsymbol{b}\ \boldsymbol{c}]^2[\boldsymbol{a}'\ \boldsymbol{b}'\ \boldsymbol{c}']^2$ となる．(4.9) によりこれは1に等しい．

5. 3角形の平面内にあってGQと垂直な直線GPをとり，GPを x 軸，GQを y 軸にとると，A, B, Cの座標はそれぞれ $(r\cos\theta_1,\ r\sin\theta_1)$，$(r\cos\theta_2,\ r\sin\theta_2)$，$(r\cos\theta_3,\ r\sin\theta_3)$ となる．ただし $\theta_2=\theta_1+2\pi/3$，$\theta_3=\theta_1+4\pi/3$ とする．A, B, Cに作用する遠心力はこの平面内にあって，そのGのまわりのモーメントはこの平面に垂直となる．その大きさ（ただし符号は付く）は係数 mr^2w^2（m は質量，w は回転の角速度）を別にすればそれぞれ $\sin\theta_1\cos\theta_1$, $\sin\theta_2\cos\theta_2$, $\sin\theta_3\cos\theta_3$，すなわち

$$\frac{1}{2}\sin 2\theta_1,\qquad \frac{1}{2}\sin 2\theta_2,\qquad \frac{1}{2}\sin 2\theta_3$$

である．ところが

$$\sin 2\theta_1+\sin 2\theta_2+\sin 2\theta_3=\sin 2\theta_1+\sin\left(2\theta_1+\frac{4\pi}{3}\right)+\sin\left(2\theta_1+\frac{2\pi}{3}\right)=0$$

であるから，モーメントの合計は零となる．

3 ベクトルの微分とその応用

この章ではベクトル関数の微分について述べる．その応用として曲線や曲面の微分幾何学，質点の運動，剛体の回転などについても述べる．

§1. ベクトルの微分

ベクトル関数 ベクトル $\boldsymbol{A}$ が1つの実数 t の変化にしたがって変化する場合，$\boldsymbol{A}$ は変数 t の関数あるいは**ベクトル関数**であるといい，$\boldsymbol{A}=\boldsymbol{A}(t)$ でこのことを示す．実数のある区間で $\boldsymbol{A}(t)$ が定義されているとき，$\boldsymbol{A}(t)$ をこの区間で定義されたベクトル関数という．

ベクトルの極限 ベクトルの列 $\boldsymbol{A}_1, \boldsymbol{A}_2, \cdots, \boldsymbol{A}_n, \cdots$ に対してベクトル $\boldsymbol{B}$ をとるとき，数列 $|\boldsymbol{B}-\boldsymbol{A}_1|, |\boldsymbol{B}-\boldsymbol{A}_2|, \cdots, |\boldsymbol{B}-\boldsymbol{A}_n|, \cdots$ が極限値0をもつなら，ベクトル列 $\{\boldsymbol{A}_n\}$ は $\boldsymbol{B}$ に収束する，あるいは $\boldsymbol{B}$ を極限にもつといい

$$\lim_{n\to\infty}\boldsymbol{A}_n=\boldsymbol{B}$$

と書く．閉区間 $(0, a)$ で定義されたベクトル関数 $\boldsymbol{A}(t)$ に対してベクトル $\boldsymbol{B}$ をとるとき，$|\boldsymbol{B}-\boldsymbol{A}(t)|$ が $t\to+0$ に対して極限値0をもつなら，$\boldsymbol{A}(t)$ は $t\to+0$ に対して $\boldsymbol{B}$ に収束する，あるいは $\boldsymbol{B}$ を極限にもつといい

$$\lim_{t\to+0}\boldsymbol{A}(t)=\boldsymbol{B}$$

と書く．$a<0<b$ なる区間 (a, b) のうち0を除いて定義されたベクトル関数 $\boldsymbol{A}(t)$ に対してベクトル $\boldsymbol{B}$ をとるとき，$|\boldsymbol{B}-\boldsymbol{A}(t)|$ が $t\to0$ に対して極限値0をもつなら，$\boldsymbol{A}(t)$ は $t\to0$ に対して $\boldsymbol{B}$ に収束する，あるいは $\boldsymbol{B}$ を極限にもつといい

$$\lim_{t\to0}\boldsymbol{A}(t)=\boldsymbol{B}$$

と書く．

ベクトルの極限とベクトルの成分の極限 ベクトルの列あるいはベクトル関数について，その極限とベクトルの成分の列あるいは関数の極限との関係を考えよう．ほとんど同様の考え方が用いられるから，上にあげた3つの場合のうちの最後の場合についてだけ述べる．$\boldsymbol{A}(t)$ および $\boldsymbol{B}$ の成分を $A_x(t), A_y(t), A_z(t), B_x, B_y, B_z$ と書くと，$|B_x-A_x(t)|, |B_y-A_y(t)|, |B_z-A_z(t)|$ はいずれも $\leqq|\boldsymbol{B}-\boldsymbol{A}(t)|$ であり，また

$$|\boldsymbol{B}-\boldsymbol{A}(t)|\leqq|B_x-A_x(t)|+|B_y-A_y(t)+|B_z-A_z(t)|$$

であるから，まず $t\to0$ に対して $\boldsymbol{A}(t)\to\boldsymbol{B}$ なら同時に $A_x(t)\to B_x$, $A_y(t)\to B_y$, $A_z(t)\to B_z$ で

ある．また $t\to 0$ に対して $A_x(t)\to B_x$, $A_y(t)\to B_y$, $A_z(t)\to B_z$ なら $\boldsymbol{A}(t)\to\boldsymbol{B}$ である．これは，ベクトルの極限を調べることと，ベクトルの３成分の極限を調べることとは同じであることを意味する．

連続なベクトル関数 ベクトル関数 $\boldsymbol{A}(t)$ が定義されている区間において a, $a+h$ をとる．$|\boldsymbol{A}(a+h)-\boldsymbol{A}(a)|$ が $h\to 0$ とともに０にかぎりなく近づけば，$\boldsymbol{A}(t)$ は $t=a$ において連続であるという．ある区間のあらゆる t の値において $\boldsymbol{A}(t)$ が連続ならば，その区間で連続であるという．

$\boldsymbol{A}(t)=A_x(t)\boldsymbol{i}+A_y(t)\boldsymbol{j}+A_z(t)\boldsymbol{k}$ とするとき $|A_x(a+h)-A_x(a)|\leqq|\boldsymbol{A}(a+h)-\boldsymbol{A}(a)|$ であるから，$\boldsymbol{A}(t)$ が連続なら $A_x(t)$ も連続，同様にしてすべての成分が連続である．逆に $A_x(t)$, $A_y(t)$, $A_z(t)$ が $t=a$ で連続なら $|\boldsymbol{A}(a+h)-\boldsymbol{A}(a)|\leqq|A_x(a+h)-A_x(a)|+|A_y(a+h)-A_y(a)|+|A_z(a+h)-A_z(a)|$ から $\boldsymbol{A}(t)$ も連続なることがいえる．すなわち，$\boldsymbol{A}(t)$ が連続であるための必要十分な条件は，その成分 $A_x(t)$, $A_y(t)$, $A_z(t)$ が連続であることである．

ベクトル関数の微分可能性と導ベクトル 独立変数 t の増分 Δt に応ずるベクトル $\boldsymbol{A}(t)$ の変化分 $\Delta\boldsymbol{A}=\boldsymbol{A}(t+\Delta t)-\boldsymbol{A}(t)$ について，その比であるベクトル

$$\frac{\Delta\boldsymbol{A}}{\Delta t}=\frac{\boldsymbol{A}(t+\Delta t)-\boldsymbol{A}(t)}{\Delta t}$$

が Δt を限りなく０に近づけるとき，あるベクトルを極限としてもつならば，これをベクトル関数 $\boldsymbol{A}(t)$ の**導ベクトル**または**微分係数**とよび

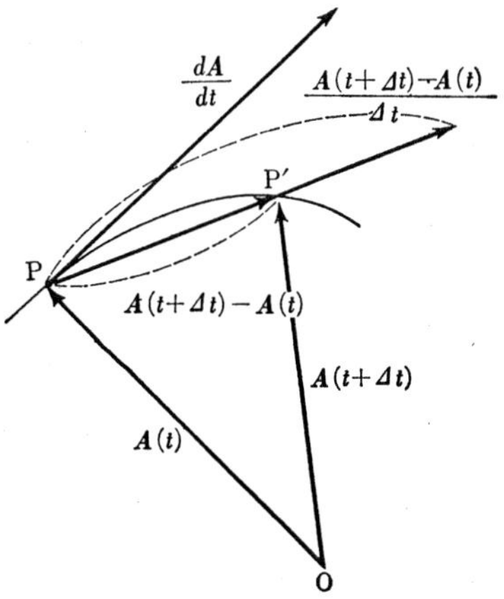

3-1 図

$$\frac{d\boldsymbol{A}}{dt}\quad\text{あるいは}\quad\frac{d}{dt}\boldsymbol{A}$$

と記す．すなわち

$$\frac{d}{dt}\boldsymbol{A}=\lim_{\Delta t\to 0}\frac{\boldsymbol{A}(t+\Delta t)-\boldsymbol{A}(t)}{\Delta t}$$

である．このときベクトル関数 $\boldsymbol{A}(t)$ はここで考えた t の値において**微分可能**であるという．

ある区間の t の値のすべてについて $d\boldsymbol{A}/dt$ が存在するとき，$\boldsymbol{A}(t)$ はこの**区間におい**

て**微分可能**であるという.

$\boldsymbol{A}(t)$ が微分可能のとき $d\boldsymbol{A}/dt$ もまたベクトル関数であるから，これをいま考えた $\boldsymbol{A}(t)$ のように扱って

$$\frac{d}{dt}\left(\frac{d\boldsymbol{A}}{dt}\right)=\frac{d^2\boldsymbol{A}}{dt^2}$$

を定義することができる．さらに高階の導ベクトル $d^n\boldsymbol{A}/dt^n$ も次の式によって定義される：

$$\frac{d^n\boldsymbol{A}}{dt^n}=\frac{d}{dt}\left(\frac{d^{n-1}\boldsymbol{A}}{dt^{n-1}}\right).$$

ベクトル関数によっては，ある階数までしか微分できないことがある.

定理 1.1　ベクトルの微分については次の法則が成立する：

(I)　$$\frac{d}{dt}(\boldsymbol{A}+\boldsymbol{B})=\frac{d}{dt}\boldsymbol{A}+\frac{d}{dt}\boldsymbol{B},$$

(II)　$$\frac{d}{dt}(\boldsymbol{A}-\boldsymbol{B})=\frac{d}{dt}\boldsymbol{A}-\frac{d}{dt}\boldsymbol{B},$$

(III)　$$\frac{d}{dt}(\alpha\boldsymbol{A})=\frac{d\alpha}{dt}\boldsymbol{A}+\alpha\frac{d}{dt}\boldsymbol{A},$$

(IV)　$$\frac{d}{dt}(\boldsymbol{A}\cdot\boldsymbol{B})=\frac{d\boldsymbol{A}}{dt}\cdot\boldsymbol{B}+\boldsymbol{A}\cdot\frac{d\boldsymbol{B}}{dt},$$

(V)　$$\frac{d}{dt}(\boldsymbol{A}\times\boldsymbol{B})=\frac{d\boldsymbol{A}}{dt}\times\boldsymbol{B}+\boldsymbol{A}\times\frac{d\boldsymbol{B}}{dt}.$$

ただし α はスカラー関数，すなわち普通の実数値の関数である.

[証明]　(I) と (II) は微分の定義から明らかであろう．(III) を証明するには

$$\begin{aligned}\alpha(t+\Delta t)\boldsymbol{A}(t+\Delta t)-\alpha(t)\boldsymbol{A}(t)\\ =\{\alpha(t+\Delta t)-\alpha(t)\}\boldsymbol{A}(t+\Delta t)\\ +\alpha(t)\{\boldsymbol{A}(t+\Delta t)-\boldsymbol{A}(t)\}\end{aligned}$$

を用いて

$$\begin{aligned}&\lim_{\Delta t\to 0}\frac{\alpha(t+\Delta t)\boldsymbol{A}(t+\Delta t)-\alpha(t)\boldsymbol{A}(t)}{\Delta t}\\ &=\lim_{\Delta t\to 0}\frac{\alpha(t+\Delta t)-\alpha(t)}{\Delta t}\boldsymbol{A}(t+\Delta t)\\ &\quad+\lim_{\Delta t\to 0}\alpha(t)\frac{\boldsymbol{A}(t+\Delta t)-\boldsymbol{A}(t)}{\Delta t}\end{aligned}$$

$$= \frac{d\alpha}{dt}\boldsymbol{A} + \alpha\frac{d\boldsymbol{A}}{dt}$$

と考えればよい．(Ⅳ) も

$$\lim_{\Delta t \to 0} \frac{\boldsymbol{A}(t+\Delta t)\cdot\boldsymbol{B}(t+\Delta t) - \boldsymbol{A}(t)\cdot\boldsymbol{B}(t)}{\Delta t}$$

$$= \lim_{\Delta t \to 0} \frac{\boldsymbol{A}(t+\Delta t) - \boldsymbol{A}(t)}{\Delta t}\cdot\boldsymbol{B}(t+\Delta t)$$

$$+ \lim_{\Delta t \to 0} \boldsymbol{A}(t)\cdot\frac{\boldsymbol{B}(t+\Delta t) - \boldsymbol{B}(t)}{\Delta t}$$

から，(Ⅴ) も

$$\lim_{\Delta t \to 0} \frac{\boldsymbol{A}(t+\Delta t)\times\boldsymbol{B}(t+\Delta t) - \boldsymbol{A}(t)\times\boldsymbol{B}(t)}{\Delta t}$$

$$= \lim_{\Delta t \to 0} \frac{\boldsymbol{A}(t+\Delta t) - \boldsymbol{A}(t)}{\Delta(t)}\times\boldsymbol{B}(t+\Delta t)$$

$$+ \lim_{\Delta t \to 0} \boldsymbol{A}(t)\times\frac{\boldsymbol{B}(t+\Delta t) - \boldsymbol{B}(t)}{\Delta t}$$

から証明される．

注 意　このとき $\alpha(t)$, $\boldsymbol{A}(t)$, $\boldsymbol{B}(t)$ の微分可能性を仮定していることはもちろんである．またこの定理は $\alpha(t)$, $\boldsymbol{A}(t)$, $\boldsymbol{B}(t)$ が微分可能なら $\boldsymbol{A}(t) \pm \boldsymbol{B}(t)$, $\alpha(t)\boldsymbol{A}(t)$, $\boldsymbol{A}(t)\cdot\boldsymbol{B}(t)$, $\boldsymbol{A}(t)\times\boldsymbol{B}(t)$ が微分可能であることを示す．

$\boldsymbol{A}$ が t によらないベクトル，すなわち**定ベクトル**なら $d\boldsymbol{A}/dt = \boldsymbol{0}$ である（定ベクトルは微分可能で，その導ベクトルは零ベクトルである）．逆に $d\boldsymbol{A}/dt = \boldsymbol{0}$ が t のすべての値について成立すれば $\boldsymbol{A}(t)$ は定ベクトルである．

ベクトルの成分と微分　ベクトル $\boldsymbol{A}(t)$ の成分を $A_x(t)$, $A_y(t)$, $A_z(t)$ とすると，$\boldsymbol{A}\cdot\boldsymbol{i} = A_x$ であるから (Ⅳ) において $\boldsymbol{B}$ として $\boldsymbol{i}$ をとれば，$\boldsymbol{i}$ が定ベクトルなることに注意して $dA_x/dt = (d\boldsymbol{A}/dt)\cdot\boldsymbol{i}$ を得る．同様に $dA_y/dt = (d\boldsymbol{A}/dt)\cdot\boldsymbol{j}$, $dA_z/dt = (d\boldsymbol{A}/dt)\cdot\boldsymbol{k}$ を得るから，ベクトル関数 $\boldsymbol{A}(t)$ が微分可能なら，その3成分も微分可能である．

また

$$\boldsymbol{A}(t) = A_x(t)\boldsymbol{i} + A_y(t)\boldsymbol{j} + A_z(t)\boldsymbol{k}$$

において $A_x(t)$, $A_y(t)$, $A_z(t)$ が微分可能なら $\boldsymbol{A}(t)$ も微分可能なベクトル関数であることが定理の (Ⅰ), (Ⅲ) からわかる．またその結果は

$$\frac{d}{dt}\boldsymbol{A} = \frac{dA_x}{dt}\boldsymbol{i} + \frac{dA_y}{dt}\boldsymbol{j} + \frac{dA_z}{dt}\boldsymbol{k} \tag{1}$$

である．同様に次の等式も導かれる：

(2) $$\frac{d^nA}{dt^n}=\frac{d^nA_x}{dt^n}i+\frac{d^nA_y}{dt^n}j+\frac{d^nA_z}{dt^n}k.$$

例 1. 変数 t の関数である単位ベクトル $\boldsymbol{u}(t)$ については次の等式が成り立つ：

(3) $$\boldsymbol{u}(t)\cdot\frac{d\boldsymbol{u}(t)}{dt}=0.$$

［解］ $\boldsymbol{u}(t)\cdot\boldsymbol{u}(t)=1$ を微分すれば $(d\boldsymbol{u}/dt)\cdot\boldsymbol{u}+\boldsymbol{u}\cdot(d\boldsymbol{u}/dt)=0$. 左辺は $2\boldsymbol{u}\cdot(d\boldsymbol{u}/dt)$ であるから (3) を得る.

例 2. 変数 t の関数である3つの単位ベクトル $\boldsymbol{X}(t)$, $\boldsymbol{Y}(t)$, $\boldsymbol{Z}(t)$ が

$$\boldsymbol{Y}\times\boldsymbol{Z}=\boldsymbol{X},\qquad \boldsymbol{Z}\times\boldsymbol{X}=\boldsymbol{Y},\qquad \boldsymbol{X}\times\boldsymbol{Y}=\boldsymbol{Z}$$

をみたしているとき，3つのベクトル

$$\frac{d\boldsymbol{X}}{dt},\qquad \frac{d\boldsymbol{Y}}{dt},\qquad \frac{d\boldsymbol{Z}}{dt}$$

は1次従属である.

［解］ $\boldsymbol{X}(t)$, $\boldsymbol{Y}(t)$, $\boldsymbol{Z}(t)$ は t の各値において，たがいに垂直であるから $\boldsymbol{Y}\cdot\boldsymbol{Z}=\boldsymbol{Z}\cdot\boldsymbol{X}=\boldsymbol{X}\cdot\boldsymbol{Y}=0$ に注意する. $d\boldsymbol{X}/dt$, $d\boldsymbol{Y}/dt$, $d\boldsymbol{Z}/dt$ を $\boldsymbol{X}$, $\boldsymbol{Y}$, $\boldsymbol{Z}$ によって分解して

$$\frac{d\boldsymbol{X}(t)}{dt}=a_{11}(t)\boldsymbol{X}(t)+a_{12}(t)\boldsymbol{Y}(t)+a_{13}(t)\boldsymbol{Z}(t),$$
$$\frac{d\boldsymbol{Y}(t)}{dt}=a_{21}(t)\boldsymbol{X}(t)+a_{22}(t)\boldsymbol{Y}(t)+a_{23}(t)\boldsymbol{Z}(t),$$
$$\frac{d\boldsymbol{Z}(t)}{dt}=a_{31}(t)\boldsymbol{X}(t)+a_{32}(t)\boldsymbol{Y}(t)+a_{33}(t)\boldsymbol{Z}(t)$$

と書くと，$\boldsymbol{X}$ が単位ベクトルであることから $a_{11}=(d\boldsymbol{X}/dt)\cdot\boldsymbol{X}=0$, 同様に $a_{22}=a_{33}=0$ を得る. また $\boldsymbol{Y}\cdot\boldsymbol{Z}=0$ から $d(\boldsymbol{Y}\cdot\boldsymbol{Z})/dt=0$, これと定理1の (Ⅳ) とから $(d\boldsymbol{Y}/dt)\cdot\boldsymbol{Z}+\boldsymbol{Y}\cdot(d\boldsymbol{Z}/dt)=0$, したがって

$$a_{23}+a_{32}=0$$

を得る. 同様にして

$$a_{31}+a_{13}=0,\qquad a_{12}+a_{21}=0$$

を得るから，

$$a_{23}=\alpha,\qquad a_{31}=\beta,\qquad a_{12}=\gamma$$

とおけば $d\boldsymbol{X}/dt$, $d\boldsymbol{Y}/dt$, $d\boldsymbol{Z}/dt$ は

(4) $$\begin{cases}\dfrac{d\boldsymbol{X}}{dt}=\gamma\boldsymbol{Y}-\beta\boldsymbol{Z},\\[2mm] \dfrac{d\boldsymbol{Y}}{dt}=-\gamma\boldsymbol{X}+\alpha\boldsymbol{Z},\\[2mm] \dfrac{d\boldsymbol{Z}}{dt}=\beta\boldsymbol{X}-\alpha\boldsymbol{Y}\end{cases}$$

をみたすことがわかる. 第2章例14にしたがって行列式を計算すれば

$$\left|\frac{dX}{dt},\ \frac{dY}{dt},\ \frac{dZ}{dt}\right|$$

$$=\begin{vmatrix} 0 & \gamma & -\beta \\ -\gamma & 0 & \alpha \\ \beta & -\alpha & 0 \end{vmatrix}[X\ Y\ Z]=0,$$

よって (4) は1次従属である.

(4) は

$$w=\alpha X+\beta Y+\gamma Z$$

を用いて次のように表わすことができる:

$$(5)\qquad \frac{dX}{dt}=w\times X,\qquad \frac{dY}{dt}=w\times Y,\qquad \frac{dZ}{dt}=w\times Z.$$

[別解] 第2章例12と同じ考えで

$$|X(t+\Delta t)-X(t),\ Y(t+\Delta t)-Y(t),\ Z(t+\Delta t)-Z(t)|=0$$

を得る. したがって

$$\lim_{\Delta t\to 0}\left|\frac{X(t+\Delta t)-X(t)}{\Delta t},\ \frac{Y(t+\Delta t)-Y(t)}{\Delta t},\ \frac{Z(t+\Delta t)-Z(t)}{\Delta t}\right|=0$$

から

$$\left|\frac{dX}{dt},\ \frac{dY}{dt},\ \frac{dZ}{dt}\right|=0$$

を得て dX/dt, dY/dt, dZ/dt は1次従属である.

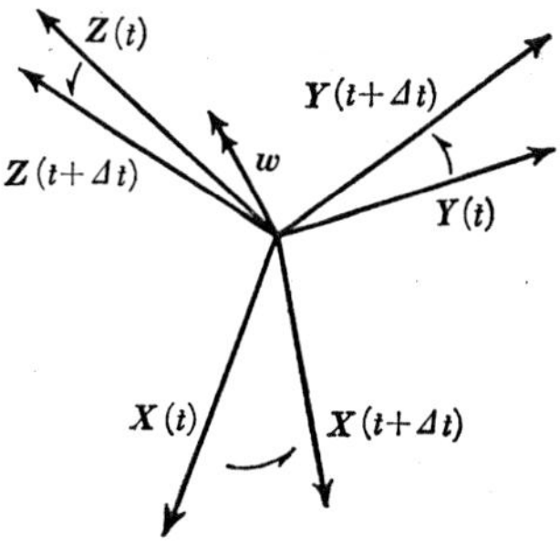

3-2 図

問　　題

1. (i) 次のベクトル関数 $A(t)$ の各階の導ベクトル d^nA/dt^n を求めよ:

$$A(t)=(1+t)i+(2+t^2)j+(1-2t+t^2)k.$$

(ii) 次のベクトル関数 $B(t)$ が微分可能でない t の値を求めよ. またこの他に逐次微分をするとき微分可能でなくなる t の値を求めよ:

$$B(t)=|1-t|i+|3-t|^3j.$$

2. $A(t)$, $B(t)$ が直交するベクトルで, dA/dt と B がまた直交すれば, A と dB/dt も直交する.

3. $\displaystyle \frac{d}{dt}[A\ B\ C]=\left[\frac{dA}{dt}\ B\ C\right]+\left[A\ \frac{dB}{dt}\ C\right]+\left[A\ B\ \frac{dC}{dt}\right].$

4. $\displaystyle \frac{d}{dt}\{(A\times B)\times C\}=\left(\frac{dA}{dt}\times B\right)\times C+\left(A\times\frac{dB}{dt}\right)\times C+(A\times B)\times\frac{dC}{dt}.$

5. $|\boldsymbol{A}|$ を A と書けば

$$\boldsymbol{A}\cdot\frac{d\boldsymbol{A}}{dt}=A\frac{dA}{dt},$$

$$\boldsymbol{A}\times\frac{d^2\boldsymbol{B}}{dt^2}-\frac{d^2\boldsymbol{A}}{dt^2}\times\boldsymbol{B}=\frac{d}{dt}\left(\boldsymbol{A}\times\frac{d\boldsymbol{B}}{dt}-\frac{d\boldsymbol{A}}{dt}\times\boldsymbol{B}\right).$$

6. $\dfrac{d}{dt}\left\{\boldsymbol{A}\cdot\left(\dfrac{d\boldsymbol{A}}{dt}\times\dfrac{d^2\boldsymbol{A}}{dt^2}\right)\right\}=\boldsymbol{A}\cdot\left(\dfrac{d\boldsymbol{A}}{dt}\times\dfrac{d^3\boldsymbol{A}}{dt^3}\right).$

7. $\boldsymbol{B}, \boldsymbol{C}$ が1次独立な定ベクトル，$\boldsymbol{A}$ が

$$\frac{d\boldsymbol{A}}{dt}\cdot\boldsymbol{B}=0,\qquad\frac{d\boldsymbol{A}}{dt}\cdot\boldsymbol{C}=0$$

をみたすベクトルなら，$\boldsymbol{A}$ は $\boldsymbol{D}$ を定ベクトルとして $\boldsymbol{A}=f(t)\boldsymbol{B}\times\boldsymbol{C}+\boldsymbol{D}$ と表わされる.

8. $\boldsymbol{A}$ が定ベクトルで $\boldsymbol{A}\neq\boldsymbol{0}$ のとき，次の方程式をみたすベクトル $\boldsymbol{X}$ を求めよ：

$$\frac{d\boldsymbol{X}}{dt}\times\boldsymbol{A}=\boldsymbol{0}.$$

9. $\boldsymbol{A}, \boldsymbol{B}$ が定ベクトルで1次独立のとき，次の方程式をみたすベクトル $\boldsymbol{X}$ を求めよ：

$$\frac{d\boldsymbol{X}}{dt}\times(t\boldsymbol{A}+\boldsymbol{B})=\boldsymbol{0}.$$

10. 微分方程式

$$\frac{d\boldsymbol{Y}}{dt}=\boldsymbol{X},\qquad\frac{d\boldsymbol{X}}{dt}=-\boldsymbol{Y}$$

を解け.

[解　　答]

1. (i) $d\boldsymbol{A}/dt=\boldsymbol{i}+2t\boldsymbol{j}+(-2+2t)\boldsymbol{k}$, $d^2\boldsymbol{A}/dt^2=2\boldsymbol{j}+2\boldsymbol{k}$, $d^n\boldsymbol{A}/dt^n=\boldsymbol{0}$ $(n\geqq 3)$.

(ii) $t<1$ なら $d\boldsymbol{B}/dt=-\boldsymbol{i}-3(3-t)^2\boldsymbol{j}$, $d^2\boldsymbol{B}/dt^2=6(3-t)\boldsymbol{j}$, $d^3\boldsymbol{B}/dt^3=-6\boldsymbol{j}$. この式から $t=1$ における左微分係数を得る. $1<t<3$ なら $d\boldsymbol{B}/dt=\boldsymbol{i}-3(3-t)^2\boldsymbol{j}$, $d^2\boldsymbol{B}/dt^2=6(3-t)\boldsymbol{j}$, $d^3\boldsymbol{B}/dt^3=-6\boldsymbol{j}$. この式から $t=1$ における右微分係数，$t=3$ における左微分係数を得る. $t>3$ なら $d\boldsymbol{B}/dt=\boldsymbol{i}+3(t-3)^2\boldsymbol{j}$, $d^2\boldsymbol{B}/dt^2=6(t-3)\boldsymbol{j}$, $d^3\boldsymbol{B}/dt^3=6\boldsymbol{j}$. この式から $t=3$ における右微分係数を得る. $t=1$ における1階の左微分係数と右微分係数とは一致しないから $\boldsymbol{B}(t)$ は $t=1$ で微分可能でなく，したがって $t=1$ では高階の微分係数は考えない. $t=3$ について調べよう. ここでは2階までは左右の微分係数が一致し，3階で一致しないから2階まで微分可能である. $t=1, t=3$ 以外では何階までも微分可能である.

2. $\boldsymbol{A}\cdot\boldsymbol{B}=0$ を微分して $(d\boldsymbol{A}/dt)\cdot\boldsymbol{B}+\boldsymbol{A}\cdot(d\boldsymbol{B}/dt)=0$. これと $(d\boldsymbol{A}/dt)\cdot\boldsymbol{B}=0$ から $\boldsymbol{A}\cdot(d\boldsymbol{B}/dt)=0$.

3. $[\boldsymbol{A}\ \boldsymbol{B}\ \boldsymbol{C}]=\boldsymbol{A}\cdot(\boldsymbol{B}\times\boldsymbol{C})$ に (Ⅳ) と (Ⅴ) を用いた結果をグラスマンの記号になおす.

4. (Ⅴ) をくりかえし用いる.

5. $\boldsymbol{A}\cdot\boldsymbol{A}=A^2$ を微分して $2\boldsymbol{A}\cdot(d\boldsymbol{A}/dt)=2A(dA/dt)$. これから第1式を得る. 第2式はその右辺の微分を (Ⅴ) にしたがって行えば左辺と一致する.

6. 問3の結果を左辺に用いて

$$\frac{d\boldsymbol{A}}{dt}\cdot\left(\frac{d\boldsymbol{A}}{dt}\times\frac{d^2\boldsymbol{A}}{dt^2}\right)+\boldsymbol{A}\cdot\left(\frac{d^2\boldsymbol{A}}{dt^2}\times\frac{d^2\boldsymbol{A}}{dt^2}\right)+\boldsymbol{A}\cdot\left(\frac{d\boldsymbol{A}}{dt}\times\frac{d^3\boldsymbol{A}}{dt^3}\right),$$

このうち第1項と第2項はスカラー3重積および外積の性質上消える.

7. $d\boldsymbol{A}/dt$ は $\boldsymbol{B}$ とも $\boldsymbol{C}$ とも垂直であるから $d\boldsymbol{A}/dt=g(t)\boldsymbol{B}\times\boldsymbol{C}$ とおくことができる. $f'(t)=g(t)$ とすれば $\boldsymbol{A}(t)-f(t)\boldsymbol{B}\times\boldsymbol{C}$ はその導ベクトルが $\boldsymbol{0}$ ゆえ定ベクトルである.

8. $d\boldsymbol{X}/dt$ と $\boldsymbol{A}$ とは1次従属であるから $d\boldsymbol{X}/dt=f(t)\boldsymbol{A}$ と書かれる. $F'(t)=f(t)$ とすれば $\boldsymbol{X}(t)-F(t)\boldsymbol{A}$ は導ベクトルが $\boldsymbol{0}$, したがって $\boldsymbol{X}(t)=F(t)\boldsymbol{A}+\boldsymbol{B}$, ただし $\boldsymbol{B}$ は任意の定ベクトル.

9. $\boldsymbol{C}$ を $[\boldsymbol{A}\ \boldsymbol{B}\ \boldsymbol{C}]\neq 0$ なる定ベクトルとして $\boldsymbol{X}(t)=a(t)\boldsymbol{A}+b(t)\boldsymbol{B}+c(t)\boldsymbol{C}$ とおくと $d\boldsymbol{X}/dt=(da/dt)\boldsymbol{A}+(db/dt)\boldsymbol{B}+(dc/dt)\boldsymbol{C}$. $d\boldsymbol{X}/dt$, $t\boldsymbol{A}+\boldsymbol{B}$ は1次従属であるから $d\boldsymbol{X}/dt=f(t)(t\boldsymbol{A}+\boldsymbol{B})$, $dc/dt=0$ を得る. したがって

$$\boldsymbol{X}=\int f(t)tdt\boldsymbol{A}+\int f(t)dt\boldsymbol{B}+\boldsymbol{D}$$

となる. ただし $f(t)$ は任意関数, $\boldsymbol{D}$ は任意の定ベクトル.

10. $\boldsymbol{X}=x_1\boldsymbol{i}+x_2\boldsymbol{j}+x_3\boldsymbol{k}$, $\boldsymbol{Y}=y_1\boldsymbol{i}+y_2\boldsymbol{j}+y_3\boldsymbol{k}$ とおけば

$$\frac{dy_i}{dt}=x_i,\qquad \frac{dx_i}{dt}=-y_i\qquad (i=1,2,3)$$

であるから, まず y_i を消去して x_1, x_2, x_3 の各々に関する微分方程式

$$\frac{d^2x_i}{dt^2}=-x_i$$

を得る. これを解けば $x_i=a_i\cos t+b_i\sin t$ であるから, これをもとの方程式に代入して $y_i=a_i\sin t-b_i\cos t$ を得る. したがって $\boldsymbol{X}$, $\boldsymbol{Y}$ は $\boldsymbol{A}$, $\boldsymbol{B}$ を任意の定ベクトルとして次のようになる:

$$\boldsymbol{X}=\boldsymbol{A}\cos t+\boldsymbol{B}\sin t,\qquad \boldsymbol{Y}=\boldsymbol{A}\sin t-\boldsymbol{B}\cos t.$$

注意 微分方程式

$$\frac{d^2\boldsymbol{X}}{dt^2}=-\boldsymbol{X}$$

も $\boldsymbol{X}=a\boldsymbol{i}+b\boldsymbol{j}+c\boldsymbol{k}$ とおけば a, b, c の各々に関する微分方程式となるから容易に解けて一般解 $\boldsymbol{X}=\boldsymbol{A}\cos t+\boldsymbol{B}\sin t$ を得る. a, b, c, d が定数のときの連立方程式

$$\frac{d\boldsymbol{X}}{dt} = a\boldsymbol{X} + b\boldsymbol{Y}, \quad \frac{d\boldsymbol{Y}}{dt} = c\boldsymbol{X} + d\boldsymbol{Y}$$

も連立微分方程式

$$\frac{dx}{dt} = ax + by, \quad \frac{dy}{dt} = cx + dy$$

の解法を用いて解くことができる.

§2. 空間曲線の性質

空間曲線と媒介変数　点 P(t) の位置ベクトルを $\boldsymbol{r}(t)$ とするとき, $\boldsymbol{r}(t)$ が連続微分可能すなわち導ベクトルをもちそれが連続ならば, 点 P(t) は t の変化とともに滑らかに動く. しかしその軌跡である空間曲線の方は, 導ベクトルが零ベクトルになる点では滑らかとかぎらない (例えば $t \leqq 0$ では $\boldsymbol{r}(t) = t^2\boldsymbol{j}$, $t \geqq 0$ では $\boldsymbol{r}(t) = t^2\boldsymbol{k}$ で与えられる点の軌跡は, $\boldsymbol{r}(t)$ が滑らかなベクトル関数であるのに直交する半直線からできている). これを避けるため, このようなことのおこらないベクトル関数 $\boldsymbol{r}(t)$ で表わされる滑らかな曲線のみを考える. このとき

$$\frac{d\boldsymbol{r}(t)}{dt}$$

が点 P(t) における曲線の接線に平行なベクトルであることは3-1図から明らかである (そこで $\boldsymbol{A}$ とあるのを $\boldsymbol{r}$ になおせばよい). このとき $\boldsymbol{r} = \boldsymbol{r}(t)$ を**媒介変数** t で表わされた曲線の方程式という.

たとえば, 連続微分可能な関数 $y = f(x)$, $z = g(x)$ は空間曲線を定める. x を媒介変数と見なせば $\boldsymbol{r}(x) = x\boldsymbol{i} + f(x)\boldsymbol{j} + g(x)\boldsymbol{k}$, $d\boldsymbol{r}/dx = \boldsymbol{i} + f'(x)\boldsymbol{j} + g'(x)\boldsymbol{k}$ であるから, $d\boldsymbol{r}/dx = \boldsymbol{0}$ となることはない. これに反し, たとえば $-1 \leqq t \leqq 1$ において $\boldsymbol{r}(t) = t^2\boldsymbol{i} + 2t^2\boldsymbol{j} + t^3\boldsymbol{k}$ で表わされる曲線では, $t = 0$ で $d\boldsymbol{r}/dt = \boldsymbol{0}$ となるので, このような曲線は考えない.

さて, 空間曲線 C に向きと, C 上の1点 P_0 とを定めれば, C 上の点 P は向きのついた弧 $\widehat{\mathrm{P_0P}}$ の長さ s を与えればきまる. この点を P(s), その位置ベクトルを $\boldsymbol{r}(s) = \overrightarrow{\mathrm{OP}(s)}$ と書く. このとき $\boldsymbol{r} = \boldsymbol{r}(s)$ を, **曲線の長さ**(あるいは**弧長**) s **を媒介変数とする曲線の方程式**という. ここでは主としてこの形の方程式を用いて曲線を考える.

接線と接線ベクトル　C が滑らかなら

$$\frac{d\boldsymbol{r}}{ds} = \lim_{\Delta s \to 0} \frac{\boldsymbol{r}(s + \Delta s) - \boldsymbol{r}(s)}{\Delta s} = \lim_{\Delta s \to 0} \frac{\overrightarrow{\mathrm{P}(s)\mathrm{P}(s + \Delta s)}}{\Delta s}$$

を得るが，これは P(s) における C の接線に平行である．このとき弦 $\overline{\mathrm{P}(s)\mathrm{P}(s+\varDelta s)}$ と，曲線の P(s) から P(s + Δs) までの弧の長さ $|\varDelta s|$ との比の極限は 1 であるから，$d\boldsymbol{r}/ds$ は単位ベクトルで，s が増す方を向く．これを P(s) における C の **接線ベクトル** あるいは **単位接線ベクトル** といい，次のように書く：

$$\frac{d\boldsymbol{r}}{ds} = \boldsymbol{t}(s). \tag{1}$$

P(s) における **接線** の方程式は，$\boldsymbol{X}$ を接線上の動点の位置ベクトルとして

$$\boldsymbol{X} = \boldsymbol{r}(s) + \alpha \boldsymbol{t}(s)$$

と書かれる．ここに α は変数で，接点から動点へ向って測った向きのついた長さである．

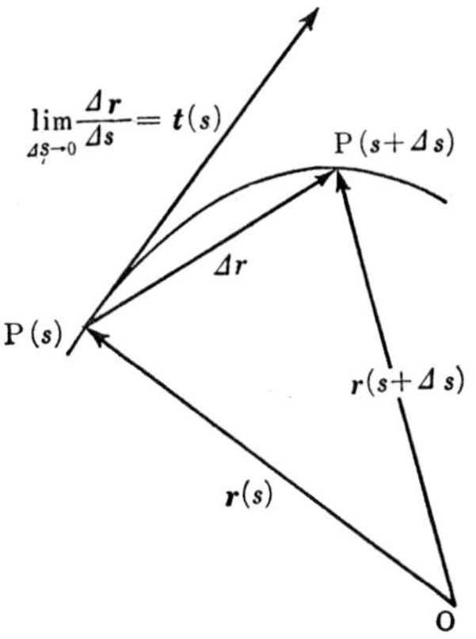

3-3 図

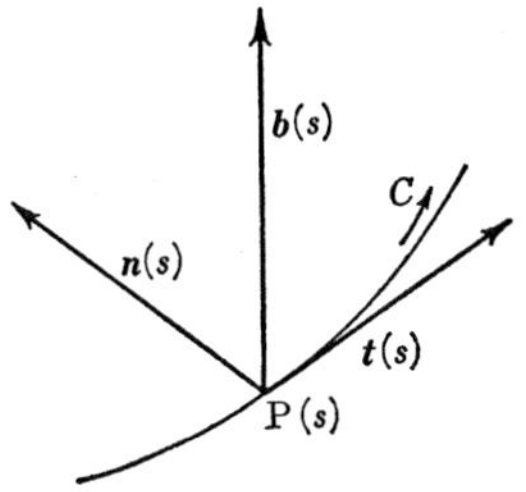

3-4 図

法平面 点 P(s) を通り，P(s) における接線に垂直な平面を P(s) における **法平面** という．法平面上の動点の位置ベクトルを $\boldsymbol{X}$ とすれば，次の式は法平面のベクトル方程式である：

$$\boldsymbol{t}(s)\cdot(\boldsymbol{X} - \boldsymbol{r}(s)) = 0.$$

今後導ベクトルはみな微分可能と仮定する．また点 P(s) で考えていることが明らかなときは $\boldsymbol{r}(s)$, $\boldsymbol{t}(s)$ 等を単に $\boldsymbol{r}$, $\boldsymbol{t}$ などと書くことにする．

主法線ベクトル，曲率，曲率半径および主法線 dt/ds は，点 P が C 上を動くときに，接線ベクトル $\boldsymbol{t}$ が変化する率を示すベクトルである．$\boldsymbol{t}\cdot\boldsymbol{t} = 1$ であるから $d\boldsymbol{t}/ds$ は $\boldsymbol{t}$ に垂直である．

$$\left|\frac{d\boldsymbol{t}}{ds}\right| = \kappa$$

と書くとき

(2)
$$\frac{d\boldsymbol{t}}{ds} = \kappa \boldsymbol{n}$$

で定められる単位ベクトル $\boldsymbol{n}$ を曲線の**主法線ベクトル**あるいは**単位主法線ベクトル**，κ を**曲率**という[1]．曲率の逆数 $\rho = 1/\kappa$ を**曲率半径**という．Pを通り $\boldsymbol{n}$ の方向を含む直線を**主法線**という．その方程式は $\boldsymbol{X}$ を主法線上の動点として

$$\boldsymbol{X} = \boldsymbol{r}(s) + \beta \boldsymbol{n}(s)$$

と書かれる．β は変数である．

従法線ベクトルと従法線　曲線 C 上のそれぞれの点で $\boldsymbol{t}$ は $\boldsymbol{n}$ と直交するから，ベクトル

(3)
$$\boldsymbol{b} = \boldsymbol{t} \times \boldsymbol{n}$$

も単位ベクトルで，これを**従法線ベクトル**という．Pを通り $\boldsymbol{b}$ に平行な直線を**従法線**という．

捩率　(3) から

$$\frac{d\boldsymbol{b}}{ds} = \frac{d}{ds}(\boldsymbol{t} \times \boldsymbol{n}) = \frac{d\boldsymbol{t}}{ds} \times \boldsymbol{n} + \boldsymbol{t} \times \frac{d\boldsymbol{n}}{ds}$$
$$= (\kappa \boldsymbol{n}) \times \boldsymbol{n} + \boldsymbol{t} \times \frac{d\boldsymbol{n}}{ds}$$
$$= \boldsymbol{t} \times \frac{d\boldsymbol{n}}{ds},$$

したがって $d\boldsymbol{b}/ds$ は $\boldsymbol{t}$ に垂直である．また $\boldsymbol{b}\cdot\boldsymbol{b} = 1$ から $\boldsymbol{b}\cdot(d\boldsymbol{b}/ds) = 0$，したがって $d\boldsymbol{b}/ds$ は $\boldsymbol{b}$ とも垂直である．よって $d\boldsymbol{b}/ds$ は $\boldsymbol{n}$ に平行で，これを

(4)
$$\frac{d\boldsymbol{b}}{ds} = -\tau \boldsymbol{n}$$

と書く．この τ を**捩率**という．曲率 κ は負になることはないが，捩率は (4) できまるゆえ曲線によっては負の値をとる．

フレネ・セレーの公式　3つの単位ベクトル $\boldsymbol{t}, \boldsymbol{n}, \boldsymbol{b}$ は (3) が示すようにこの順序で右手系であるから，$\boldsymbol{n} = \boldsymbol{b} \times \boldsymbol{t}$，よって

$$\frac{d\boldsymbol{n}}{ds} = \frac{d\boldsymbol{b}}{ds} \times \boldsymbol{t} + \boldsymbol{b} \times \frac{d\boldsymbol{t}}{ds} = -(\tau \boldsymbol{n}) \times \boldsymbol{t} + \boldsymbol{b} \times (\kappa \boldsymbol{n})$$
$$= -\tau(\boldsymbol{n} \times \boldsymbol{t}) + \kappa(\boldsymbol{b} \times \boldsymbol{n}) = \tau \boldsymbol{b} - \kappa \boldsymbol{t}$$

を得る．以上の結果をまとめたものが次の**フレネ・セレーの公式**である：

---

1)　この本では法線ベクトルなどというとき一般に単位ベクトルをとることにしておく．

$$
(5)\qquad \begin{cases} \dfrac{d\boldsymbol{t}}{ds} = \qquad \kappa\boldsymbol{n}, \\[2mm] \dfrac{d\boldsymbol{n}}{ds} = -\kappa\boldsymbol{t} \qquad + \tau\boldsymbol{b}, \\[2mm] \dfrac{d\boldsymbol{b}}{ds} = \qquad -\tau\boldsymbol{n}. \end{cases}
$$

Pを通り，$\boldsymbol{t}, \boldsymbol{n}$ に平行な平面は**接触平面**，Pを通り，$\boldsymbol{t}, \boldsymbol{b}$ に平行な平面は**展直平面**という．これらのベクトル方程式はそれぞれ次のとおりである：

$$\boldsymbol{b}\cdot(\boldsymbol{X}-\boldsymbol{r})=0, \qquad \boldsymbol{n}\cdot(\boldsymbol{X}-\boldsymbol{r})=0.$$

一般の媒介変数 t と曲線の長さ s との関係　曲線 C が $\boldsymbol{r}=\boldsymbol{r}(t)$ で表わされているとき，$\boldsymbol{r}(t_0)$ を P_0 とし，P_0 から $P(t)$ までの曲線の弧の長さを s とすれば，s は積分

$$(6)\qquad s=\int_{t_0}^{t}\left|\frac{d\boldsymbol{r}}{dt}\right|dt$$

で表わされる．ただし曲線の向きは s が t とともに増すようにとったものとする．(6) の直接の証明は第5章にあるが，ここではこれによらずに t と s の関係を考えよう．t を s の関数として $t=t(s)$ と書けば，$\boldsymbol{r}=\boldsymbol{r}(t)$ に $t=t(s)$ を代入して得る $\boldsymbol{r}=\boldsymbol{r}(t(s))$ は $\boldsymbol{r}$ が s の関数であることを示す．したがって $t(s)$ が微分可能なら

$$\frac{d\boldsymbol{r}}{ds}=\frac{d\boldsymbol{r}}{dt}\frac{dt}{ds}, \qquad \left|\frac{d\boldsymbol{r}}{ds}\right|=1$$

から

$$\left|\frac{d\boldsymbol{r}}{dt}\right|\left|\frac{dt}{ds}\right|=1$$

となる．s を t とともに増すようにとれば，これから

$$(7)\qquad \frac{ds}{dt}=\left|\frac{d\boldsymbol{r}}{dt}\right|$$

を得るから，積分して (6) を得る（ここでわれわれは $\boldsymbol{r}(t)$ が連続微分可能である上に $t(s)$ も微分可能と仮定しているが，第5章ではこの仮定をおかずに証明する）．

例3． 曲線 C の方程式 $y=f(x)$, $z=g(x)$ で，関数 f, g は $[0, a]$ を含む x の区間で連続な導関数 f', g' をもつとする．x が0から a まで変化するときの C の弧の長さ l を求めよ．

［解］ $\boldsymbol{r}=x\boldsymbol{i}+f(x)\boldsymbol{j}+g(x)\boldsymbol{k}$ であるから

$$\frac{d\boldsymbol{r}}{ds}=(\boldsymbol{i}+f'(x)\boldsymbol{j}+g'(x)\boldsymbol{k})\frac{dx}{ds},$$

したがって $\sqrt{1+(f'(x))^2+(g'(x))^2}\,dx/ds=1$ から

$$\frac{ds}{dx} = \sqrt{1 + (f'(x))^2 + (g'(x))^2},$$

これを積分して

$$l = \int_0^a \sqrt{1 + (f'(x))^2 + (g'(x))^2}\, dx.$$

例 4.　曲線上の3点 P_0, P_1, P_2 について3角形 $P_0P_1P_2$ の面積ベクトルを $\boldsymbol{S}(P_0P_1P_2)$ とする．$P_1 \to P_0$, $P_2 \to P_0$ の極限を lim と書けば

$$\lim \frac{\boldsymbol{S}(P_0P_1P_2)}{\overline{P_0P_1}\ \overline{P_0P_2}\ \overline{P_1P_2}} = \frac{1}{4}\kappa_0 \boldsymbol{b}_0$$

である．ただし右辺の κ_0 および $\boldsymbol{b}_0$ は，P_0 における κ および $\boldsymbol{b}$ とする．

［解］　$\overrightarrow{OP_0} = \boldsymbol{r}(s)$，$\overrightarrow{OP_1} = \boldsymbol{r}(s+h)$，$\overrightarrow{OP_2} = \boldsymbol{r}(s+h+k)$ とすれば

$$\boldsymbol{S}(P_0P_1P_2) = \frac{1}{2}\{\boldsymbol{r}(s) \times \boldsymbol{r}(s+h) + \boldsymbol{r}(s+h) \times \boldsymbol{r}(s+h+k) + \boldsymbol{r}(s+h+k) \times \boldsymbol{r}(s)\},$$

$$\boldsymbol{r}(s+h) = \boldsymbol{r}(s) + h\boldsymbol{r}'(s) + \frac{1}{2}h^2\boldsymbol{r}''(s) + \frac{1}{6}h^3\boldsymbol{r}'''(s) + \cdots,$$

$$\boldsymbol{r}(s+h+k) = \boldsymbol{r}(s) + (h+k)\boldsymbol{r}'(s) + \frac{1}{2}(h+k)^2\boldsymbol{r}''(s) + \frac{1}{6}(h+k)^3\boldsymbol{r}'''(s) + \cdots$$

である．h, k について3次の項まで考えると

$$\boldsymbol{S}(P_0P_1P_2) = \frac{1}{4}hk(h+k)\boldsymbol{r}'(s) \times \boldsymbol{r}''(s)$$

となるが，$\widehat{P_0P_1}/\overline{P_0P_1}$ 等の極限は1であるから

$$\lim \frac{hk(h+k)}{\overline{P_0P_1}\ \overline{P_0P_2}\ \overline{P_1P_2}} = 1,$$

また $\boldsymbol{r}' = \boldsymbol{t}$，$\boldsymbol{r}'' = \boldsymbol{t}' = \kappa\boldsymbol{n}$ であるから

$$\lim \frac{\boldsymbol{S}(P_0P_1P_2)}{\overline{P_0P_1}\ \overline{P_0P_2}\ \overline{P_1P_2}} = \frac{1}{4}\kappa_0 \boldsymbol{b}_0.$$

例 5.　次の等式をみたす $\boldsymbol{w}$ を求めよ．

$$\frac{d\boldsymbol{t}}{ds} = \boldsymbol{w} \times \boldsymbol{t}, \qquad \frac{d\boldsymbol{n}}{ds} = \boldsymbol{w} \times \boldsymbol{n}, \qquad \frac{d\boldsymbol{b}}{ds} = \boldsymbol{w} \times \boldsymbol{b}.$$

［解］　このような $\boldsymbol{w}$ があることは $\boldsymbol{t} \times \boldsymbol{n} = \boldsymbol{b}$, $\boldsymbol{n} \times \boldsymbol{b} = \boldsymbol{t}$, $\boldsymbol{b} \times \boldsymbol{t} = \boldsymbol{n}$ と例2から明らかである．　$[\boldsymbol{w}\ \boldsymbol{n}\ \boldsymbol{b}] = [\boldsymbol{b}\ \boldsymbol{w}\ \boldsymbol{n}] = \boldsymbol{b}\cdot(\boldsymbol{w} \times \boldsymbol{n}) = \boldsymbol{b}\cdot(d\boldsymbol{n}/ds)$ に (5) を用いて $[\boldsymbol{w}\ \boldsymbol{n}\ \boldsymbol{b}] = \tau$．同様に $[\boldsymbol{w}\ \boldsymbol{b}\ \boldsymbol{t}] = \boldsymbol{t}\cdot(\boldsymbol{w} \times \boldsymbol{b}) = \boldsymbol{t}\cdot(d\boldsymbol{b}/ds) = 0$，$[\boldsymbol{w}\ \boldsymbol{t}\ \boldsymbol{n}] = \boldsymbol{n}\cdot(\boldsymbol{w} \times \boldsymbol{t}) = \boldsymbol{n}\cdot(d\boldsymbol{t}/ds) = \kappa$．また $[\boldsymbol{w}\ \boldsymbol{n}\ \boldsymbol{b}] = \boldsymbol{w}\cdot(\boldsymbol{n} \times \boldsymbol{b}) = \boldsymbol{w}\cdot\boldsymbol{t}$，$[\boldsymbol{w}\ \boldsymbol{b}\ \boldsymbol{t}] = \boldsymbol{w}\cdot\boldsymbol{n}$，$[\boldsymbol{w}\ \boldsymbol{t}\ \boldsymbol{n}] = \boldsymbol{w}\cdot\boldsymbol{b}$ であるから $\boldsymbol{w}\cdot\boldsymbol{t} = \tau$，$\boldsymbol{w}\cdot\boldsymbol{n} = 0$，$\boldsymbol{w}\cdot\boldsymbol{b} = \kappa$，したがって

$$\boldsymbol{w} = \tau\boldsymbol{t} + \kappa\boldsymbol{b}.$$

例 6.　t を媒介変数とする空間曲線

$$x = a\cos t,\qquad y = a\sin t,\qquad z = ct\qquad (a>0,\ c>0)$$

について接線ベクトル $\boldsymbol{t}$, 主法線ベクトル $\boldsymbol{n}$, 曲率 κ, 捩率 τ を求めよ．ただし弧長は z の増す向きを正とする．

［**解**］ 弧長 s と媒介変数 t の関係を $t=t(s)$ と書くと

$$\frac{dx}{ds}=\frac{dx}{dt}\frac{dt}{ds},\qquad \frac{dy}{ds}=\frac{dy}{dt}\frac{dt}{ds},\qquad \frac{dz}{ds}=\frac{dz}{dt}\frac{dt}{ds},$$

$$\frac{d\boldsymbol{r}}{ds}=\frac{dx}{ds}\boldsymbol{i}+\frac{dy}{ds}\boldsymbol{j}+\frac{dz}{ds}\boldsymbol{k}$$

であるから

$$\boldsymbol{t}=\frac{d\boldsymbol{r}}{ds}=\frac{dt}{ds}\{(-a\sin t)\boldsymbol{i}+(a\cos t)\boldsymbol{j}+c\boldsymbol{k}\}$$

を得る．したがって $|\boldsymbol{t}|=1$ から

$$\frac{dt}{ds}=\frac{1}{\sqrt{(-a\sin t)^2+(a\cos t)^2+c^2}}=\frac{1}{\sqrt{a^2+c^2}}$$

を得る．これから

$$\boldsymbol{t}=\frac{1}{\sqrt{a^2+c^2}}(-a\sin t\ \boldsymbol{i}+a\cos t\ \boldsymbol{j}+c\boldsymbol{k}),$$

$$\kappa\boldsymbol{n}=\frac{d\boldsymbol{t}}{ds}=\frac{d\boldsymbol{t}}{dt}\frac{dt}{ds}=\frac{1}{a^2+c^2}(-a\cos t\ \boldsymbol{i}-a\sin t\ \boldsymbol{j}),$$

したがって

$$\kappa=|\kappa\boldsymbol{n}|=\frac{a}{a^2+c^2},$$

$$\boldsymbol{n}=-\cos t\ \boldsymbol{i}-\sin t\ \boldsymbol{j}.$$

また (5) から $\tau=\boldsymbol{b}\cdot(d\boldsymbol{n}/ds)$ であるが $\boldsymbol{b}=\boldsymbol{t}\times\boldsymbol{n}$,

$$\frac{d\boldsymbol{n}}{ds}=\frac{1}{\sqrt{a^2+c^2}}\frac{d\boldsymbol{n}}{dt}=\frac{1}{\sqrt{a^2+c^2}}(\sin t\ \boldsymbol{i}-\cos t\ \boldsymbol{j})$$

であるから

$$\tau=\begin{vmatrix}\dfrac{\sin t}{\sqrt{a^2+c^2}} & -\dfrac{\cos t}{\sqrt{a^2+c^2}} & 0\\[2ex] \dfrac{-a\sin t}{\sqrt{a^2+c^2}} & \dfrac{a\cos t}{\sqrt{a^2+c^2}} & \dfrac{c}{\sqrt{a^2+c^2}}\\[2ex] -\cos t & -\sin t & 0\end{vmatrix}=\frac{c}{a^2+c^2}.$$

問　題

1. 次の空間曲線の $t=0$ から $t=1$ までの長さを求めよ：

$$\boldsymbol{r}(t)=(1+t^2)\boldsymbol{i}+\left(t+\frac{t^3}{3}\right)\boldsymbol{j}+\left(2+t-\frac{t^3}{3}\right)\boldsymbol{k}.$$

2. 曲線 $\boldsymbol{r}=\boldsymbol{r}(t)$ について

$$\frac{d\boldsymbol{r}}{dt} = \boldsymbol{v}, \qquad \frac{d^2\boldsymbol{r}}{dt^2} = \boldsymbol{a}$$

で $\boldsymbol{v}(t)$, $\boldsymbol{a}(t)$ を定義すれば曲率 κ は次の式で与えられる：

$$\kappa^2 = \frac{(\boldsymbol{v}\cdot\boldsymbol{v})(\boldsymbol{a}\cdot\boldsymbol{a}) - (\boldsymbol{v}\cdot\boldsymbol{a})^2}{(\boldsymbol{v}\cdot\boldsymbol{v})^3}.$$

3. 曲線 $\boldsymbol{r} = \boldsymbol{r}(t)$ において振率 τ は次の式で与えられる：

$$\tau = \frac{\left[\dfrac{d\boldsymbol{r}}{dt}\ \dfrac{d^2\boldsymbol{r}}{dt^2}\ \dfrac{d^3\boldsymbol{r}}{dt^3}\right]}{\left(\dfrac{d\boldsymbol{r}}{dt}\cdot\dfrac{d\boldsymbol{r}}{dt}\right)\left(\dfrac{d^2\boldsymbol{r}}{dt^2}\cdot\dfrac{d^2\boldsymbol{r}}{dt^2}\right) - \left(\dfrac{d\boldsymbol{r}}{dt}\cdot\dfrac{d^2\boldsymbol{r}}{dt^2}\right)^2}.$$

4. 空間曲線

$$\boldsymbol{r}(t) = (1+t^2)\boldsymbol{i} + \left(t + \frac{t^3}{3}\right)\boldsymbol{j} + \left(2 + t - \frac{t^3}{3}\right)\boldsymbol{k}$$

の曲率，振率を求めよ．

[解　　答]

1. $\sqrt{(2t)^2 + (1+t^2)^2 + (1-t^2)^2} = \sqrt{2}\,(1+t^2)$ ゆえ

$$l = \sqrt{2}\int_0^1 (1+t^2)dt = \frac{4\sqrt{2}}{3}.$$

2.

$$\frac{dt}{ds} = \frac{1}{\sqrt{\boldsymbol{v}\cdot\boldsymbol{v}}}, \qquad \boldsymbol{t} = \frac{\boldsymbol{v}}{\sqrt{\boldsymbol{v}\cdot\boldsymbol{v}}},$$

$$\frac{d\boldsymbol{t}}{ds} = \frac{d}{dt}\left(\frac{\boldsymbol{v}}{\sqrt{\boldsymbol{v}\cdot\boldsymbol{v}}}\right)\frac{dt}{ds} = \frac{\boldsymbol{a}}{\boldsymbol{v}\cdot\boldsymbol{v}} - \frac{(\boldsymbol{v}\cdot\boldsymbol{a})\boldsymbol{v}}{(\boldsymbol{v}\cdot\boldsymbol{v})^{3/2}}\frac{dt}{ds} = \frac{\boldsymbol{a}}{\boldsymbol{v}\cdot\boldsymbol{v}} - \frac{(\boldsymbol{v}\cdot\boldsymbol{a})\boldsymbol{v}}{(\boldsymbol{v}\cdot\boldsymbol{v})^2}$$

であるから

$$\kappa^2 = (\kappa\boldsymbol{n})\cdot(\kappa\boldsymbol{n}) = \frac{d\boldsymbol{t}}{ds}\cdot\frac{d\boldsymbol{t}}{ds} = \frac{(\boldsymbol{v}\cdot\boldsymbol{v})(\boldsymbol{a}\cdot\boldsymbol{a}) - (\boldsymbol{v}\cdot\boldsymbol{a})^2}{(\boldsymbol{v}\cdot\boldsymbol{v})^3}.$$

3.

$$\begin{aligned}
\frac{d\boldsymbol{r}}{dt} &= \frac{ds}{dt}\boldsymbol{t},\\
\frac{d^2\boldsymbol{r}}{dt^2} &= \frac{d^2s}{dt^2}\boldsymbol{t} + \left(\frac{ds}{dt}\right)^2\frac{d\boldsymbol{t}}{ds}\\
&= \frac{d^2s}{dt^2}\boldsymbol{t} + \left(\frac{ds}{dt}\right)^2\kappa\boldsymbol{n},\\
\frac{d^3\boldsymbol{r}}{dt^3} &= \frac{d^3s}{dt^3}\boldsymbol{t} + 3\frac{d^2s}{dt^2}\frac{ds}{dt}\frac{d\boldsymbol{t}}{ds} + \left(\frac{ds}{dt}\right)^3\frac{d^2\boldsymbol{t}}{ds^2}\\
&= \frac{d^3s}{dt^3}\boldsymbol{t} + 3\frac{d^2s}{dt^2}\frac{ds}{dt}\kappa\boldsymbol{n}\\
&\quad + \left(\frac{ds}{dt}\right)^3\left\{\frac{d\kappa}{ds}\boldsymbol{n} + \kappa(-\kappa\boldsymbol{t} + \tau\boldsymbol{b})\right\}\\
&= (*)\boldsymbol{t} + (*)\boldsymbol{n} + \left(\frac{ds}{dt}\right)^3\kappa\tau\boldsymbol{b},
\end{aligned}$$

したがって

$$\left[\frac{d\boldsymbol{r}}{dt}\ \frac{d^2\boldsymbol{r}}{dt^2}\ \frac{d^3\boldsymbol{r}}{dt^3}\right]=\begin{vmatrix}\dfrac{ds}{dt} & 0 & 0\\ * & \left(\dfrac{ds}{dt}\right)^2\kappa & 0\\ * & * & \left(\dfrac{ds}{dt}\right)^3\kappa\tau\end{vmatrix}[\boldsymbol{t}\ \boldsymbol{n}\ \boldsymbol{b}]$$

$$=\left(\frac{ds}{dt}\right)^6\kappa^2\tau$$

$$=\left(\frac{d\boldsymbol{r}}{dt}\cdot\frac{d\boldsymbol{r}}{dt}\right)^3\kappa^2\tau$$

であるからこれから得る（* と印した部分は計算に関係しない）.

4.
$$\frac{d\boldsymbol{r}}{dt}=2t\boldsymbol{i}+(1+t^2)\boldsymbol{j}+(1-t^2)\boldsymbol{k},$$

$$\frac{d^2\boldsymbol{r}}{dt^2}=2\boldsymbol{i}+2t\boldsymbol{j}-2t\boldsymbol{k},$$

$$\frac{d^3\boldsymbol{r}}{dt^3}=2\boldsymbol{j}-2\boldsymbol{k}$$

であるから問2，問3の結果を用いて

$$\kappa=\frac{1}{(1+t^2)^2},\qquad \tau=\frac{1}{(1+t^2)^2}.$$

§3. 質点の運動

速度と加速度　質点Pが運動するとき，位置ベクトル $\overrightarrow{\mathrm{OP}}=\boldsymbol{r}$ は時刻 t の関数であるから $\boldsymbol{r}=\boldsymbol{r}(t)$ と書くと

$$\boldsymbol{v}(t)=\frac{d\boldsymbol{r}}{dt}$$

は質点の**速度**を表わすベクトルである．P がえがく空間曲線 C について弧の長さを s とすれば，s は t の関数で，

$$\frac{d\boldsymbol{r}}{dt}=\frac{d\boldsymbol{r}}{ds}\frac{ds}{dt}=\frac{ds}{dt}\boldsymbol{t}$$

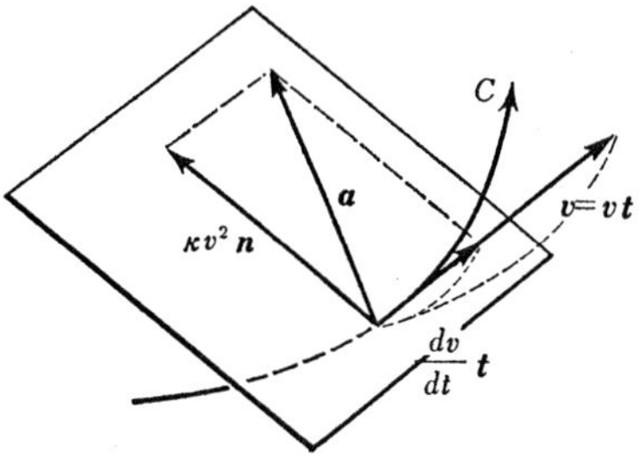

3-5 図

であるから，速度 $\boldsymbol{v}$ の大きさすなわち**速さ**を v と書くと

(1)
$$\boldsymbol{v}=v\boldsymbol{t},\qquad v=\frac{ds}{dt}$$

である．運動が滑らかで $\boldsymbol{v}$ の導ベクトルも存在するならば，これを**加速度**といい，$\boldsymbol{a}$ で表わす．すなわち

$$\boldsymbol{a}=\frac{d\boldsymbol{v}}{dt}=\frac{d^2\boldsymbol{r}}{dt^2}$$

である．また (1) から

$$\boldsymbol{a}=\frac{d}{dt}(v\boldsymbol{t})=\frac{dv}{dt}\boldsymbol{t}+v\frac{d\boldsymbol{t}}{ds}\frac{ds}{dt}=\frac{dv}{dt}\boldsymbol{t}+v^2\frac{d\boldsymbol{t}}{ds},$$

これに (2.2) を用いて次の式を得る：

$$\boldsymbol{a}=\frac{dv}{dt}\boldsymbol{t}+\kappa v^2\boldsymbol{n}=\frac{dv}{dt}\boldsymbol{t}+\frac{v^2}{\rho}\boldsymbol{n}. \tag{2}$$

これは**加速度を接線方向と法線方向に分解**した式である．

$\boldsymbol{r}\times\boldsymbol{v}$ は点Oのまわりの**速度のモーメント**で，$\dfrac{1}{2}\boldsymbol{r}\times\boldsymbol{v}$ は**面積速度**という．質点の質量が m なら，$m\boldsymbol{v}$ を**運動量**，$\boldsymbol{r}\times(m\boldsymbol{v})$ すなわち $m(\boldsymbol{r}\times\boldsymbol{v})$ を**運動量のモーメント**または**角運動量**という．

例 7. 質点Pが定点Oに向う力の作用を受けて運動するとき，面積速度は一定である．

［解］ $\overrightarrow{\mathrm{OP}}=\boldsymbol{r}$ としPに作用する力を $\boldsymbol{F}$ とすれば，$\boldsymbol{F}=f\boldsymbol{r}$ と書かれる．この f は質点の位置や速度等によるが，$m\boldsymbol{a}=\boldsymbol{F}=f\boldsymbol{r}$ から

$$\frac{d^2\boldsymbol{r}}{dt^2}=\frac{1}{m}f\boldsymbol{r}$$

を得る．これを

$$\frac{d}{dt}\left(\frac{1}{2}\left(\boldsymbol{r}\times\frac{d\boldsymbol{r}}{dt}\right)\right)=\frac{1}{2}\left(\frac{d\boldsymbol{r}}{dt}\times\frac{d\boldsymbol{r}}{dt}+\boldsymbol{r}\times\frac{d^2\boldsymbol{r}}{dt^2}\right)=\frac{1}{2}\boldsymbol{r}\times\frac{d^2\boldsymbol{r}}{dt^2}$$

に代入すれば $\boldsymbol{0}$ となるから，面積速度は定ベクトルである．

例 8. 質点の質量を m とする．質点に作用する力が定ベクトル $\boldsymbol{K}$ と質点の速度 $\boldsymbol{v}$ との外積 $\boldsymbol{K}\times\boldsymbol{v}$ であるとき，質点の運動を調べよ．

［解］ 運動の方程式は

$$m\frac{d^2\boldsymbol{r}}{dt^2}=\boldsymbol{K}\times\frac{d\boldsymbol{r}}{dt} \tag{3}$$

であるから，座標系を $\boldsymbol{K}=h\boldsymbol{k}$ となるようにとれば，$\boldsymbol{r}=x\boldsymbol{i}+y\boldsymbol{j}+z\boldsymbol{k}$ を代入して

$$\frac{d^2x}{dt^2}=-\frac{h}{m}\frac{dy}{dt},\qquad \frac{d^2y}{dt^2}=\frac{h}{m}\frac{dx}{dt},\qquad \frac{d^2z}{dt^2}=0 \tag{4}$$

を得る．したがってまず x について

$$\frac{d^3x}{dt^3}=-\frac{h^2}{m^2}\frac{dx}{dt},$$

これを解いて

$$\frac{dx}{dt}=a\cos\frac{h}{m}t+b\sin\frac{h}{m}t,$$

$$x=\frac{m}{h}\left(a\sin\frac{h}{m}t-b\cos\frac{h}{m}t\right)+D_x$$

を得る．ただし a, b, D_x は任意定数である．これを (4) の第1式に代入すれば

$$\frac{dy}{dt}=a\sin\frac{h}{m}t-b\cos\frac{h}{m}t,$$

$$y=\frac{m}{h}\left(-a\cos\frac{h}{m}t-b\sin\frac{h}{m}t\right)+D_y$$

を得る．これと $z=ct+D_z$ とで (4)，したがって (3) はみたされる．R および t_0 を適当にとればこの結果は

$$x=R\cos\frac{h}{m}(t-t_0)+D_x,\qquad y=R\sin\frac{h}{m}(t-t_0)+D_y,\qquad z=ct+D_z$$

と書かれる．ここで改めて R, t_0, c, D_x, D_y, D_z は任意定数である．すなわち質点の軌跡は $\boldsymbol{K}$ に平行な軸をもつ常螺旋で，特別な場合円になる．(3) から

$$\frac{d\mathbf{r}}{dt}\cdot\frac{d^2\mathbf{r}}{dt^2}=\frac{1}{2}\frac{d}{dt}v^2=0$$

であるから，速さは一定である．

例 9. 位置ベクトルが $\overrightarrow{\mathrm{OP}}=\mathbf{r}$ である質点Pに $-mc^2\mathbf{r}$ なる力が作用するときの運動を調べよ．ただし m は質量，c は正の定数とする．

［解］ 運動の方程式は $d^2\mathbf{r}/dt^2=-c^2\mathbf{r}$ となるから §1 問題10の注意からわかるように $\boldsymbol{A}$, $\boldsymbol{B}$ を任意の定ベクトルとして

$$\mathbf{r}=\boldsymbol{A}\cos ct+\boldsymbol{B}\sin ct$$

なる一般解を得る．この軌跡は一般に図のような楕円であるが，特別な場合には，円または線分となる．$|\boldsymbol{A}\cos ct+\boldsymbol{B}\sin ct|$ の極大値を与える t の条件は

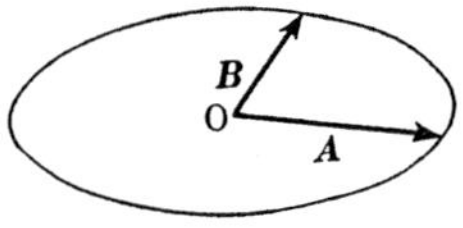

3-6 図

$$\frac{d}{dt}(\boldsymbol{A}\cdot\boldsymbol{A}\cos^2 ct+2\boldsymbol{A}\cdot\boldsymbol{B}\cos ct\sin ct+\boldsymbol{B}\cdot\boldsymbol{B}\sin^2 ct)=0,$$

したがって

$$(-\boldsymbol{A}\cdot\boldsymbol{A}+\boldsymbol{B}\cdot\boldsymbol{B})\cos ct\sin ct+\boldsymbol{A}\cdot\boldsymbol{B}(\cos^2 ct-\sin^2 ct)=0$$

となる．この t を t_0 と書けば

$$\boldsymbol{A}_0=\boldsymbol{A}\cos ct_0+\boldsymbol{B}\sin ct_0,\qquad \boldsymbol{B}_0=-\boldsymbol{A}\sin ct_0+\boldsymbol{B}\cos ct_0$$

で与えられるベクトル $\boldsymbol{A}_0$, $\boldsymbol{B}_0$ は $\boldsymbol{A}_0\cdot\boldsymbol{B}_0=0$ をみたす．このとき

$$\mathbf{r}=\boldsymbol{A}_0\cos c(t-t_0)+\boldsymbol{B}_0\sin c(t-t_0)$$

となり，$2|\boldsymbol{A}_0|$, $2|\boldsymbol{B}_0|$ はそれぞれ楕円の長軸または短軸の長さである．面積速度は $\frac{1}{2}c\boldsymbol{A}_0$

$\times \boldsymbol{B}_0$, 運動エネルギー T と位置エネルギー U は

$$T = \frac{1}{2}mv^2 = \frac{1}{2}m\boldsymbol{v}\cdot\boldsymbol{v}$$

$$= \frac{mc^2}{2}\{|\boldsymbol{A}_0|^2 \sin^2 c(t-t_0) + |\boldsymbol{B}_0|^2 \cos^2 c(t-t_0)\},$$

$$U = \int_0^r mc^2 r dr = \frac{1}{2}mc^2r^2 = \frac{1}{2}mc^2\boldsymbol{r}\cdot\boldsymbol{r}$$

$$= \frac{mc^2}{2}\{|\boldsymbol{A}_0|^2 \cos^2 c(t-t_0) + |\boldsymbol{B}_0|^2 \sin^2 c(t-t_0)\}$$

で与えられ，$T + U = \dfrac{mc^2}{2}(|\boldsymbol{A}_0|^2 + |\boldsymbol{B}_0|^2)$ となる．

例 10.　加速度が

$$\boldsymbol{a} = -\frac{c\boldsymbol{r}}{r^3} \qquad (c > 0)$$

で与えられる質点の運動を調べよ．

［解］ 質点に作用する力 $\boldsymbol{F}$ は位置ベクトル $\boldsymbol{r}$ に平行であるから面積速度は一定である．これが $\boldsymbol{k}$ に平行なように座標系をとれば $\boldsymbol{r}$, $\boldsymbol{v}$, $\boldsymbol{a}$ は $\boldsymbol{k}$ に垂直であるから， さらに質点が xy 平面内を運動するように座標系をとることができる．このとき

$$x = r\cos\theta, \qquad y = r\sin\theta$$

とおけば $\boldsymbol{a} = -c\boldsymbol{r}/r^3$ は

$$\frac{d^2r}{dt^2}\cos\theta - 2\frac{dr}{dt}\frac{d\theta}{dt}\sin\theta - r\frac{d^2\theta}{dt^2}\sin\theta - r\left(\frac{d\theta}{dt}\right)^2\cos\theta = -\frac{c\cos\theta}{r^2},$$

$$\frac{d^2r}{dt^2}\sin\theta + 2\frac{dr}{dt}\frac{d\theta}{dt}\cos\theta + r\frac{d^2\theta}{dt^2}\cos\theta - r\left(\frac{d\theta}{dt}\right)^2\sin\theta = -\frac{c\sin\theta}{r^2}$$

となる．この第1式に $\cos\theta$，第2式に $\sin\theta$ を乗じたものを加えあわせれば

(5)
$$\frac{d^2r}{dt^2} - r\left(\frac{d\theta}{dt}\right)^2 = -\frac{c}{r^2},$$

また第1式に $-\sin\theta$，第2式に $\cos\theta$ を乗じたものを加えあわせれば

$$2\frac{dr}{dt}\frac{d\theta}{dt} + r\frac{d^2\theta}{dt^2} = 0,$$

積分して

(6)
$$r^2\frac{d\theta}{dt} = k \quad (k \text{ は定数})$$

を得る．(5) と (6) から

$$\frac{d}{d\theta}\left(\frac{1}{r}\right) = \frac{d}{dt}\left(\frac{1}{r}\right)\bigg/\frac{d\theta}{dt} = -\frac{dr}{dt}\bigg/\left(r^2\frac{d\theta}{dt}\right) = -\frac{1}{k}\frac{dr}{dt},$$

$$\frac{d^2}{d\theta^2}\left(\frac{1}{r}\right) = \frac{d}{dt}\left(-\frac{1}{k}\frac{dr}{dt}\right)\bigg/\frac{d\theta}{dt} = -\frac{1}{k}\frac{d^2r}{dt^2}\bigg/\frac{d\theta}{dt}$$

$$= -\frac{1}{k}\left\{r\left(\frac{d\theta}{dt}\right)^2 - \frac{c}{r^2}\right\}\bigg/\frac{d\theta}{dt}$$

$$= -\frac{1}{r} + \frac{c}{k^2},$$

したがって

$$\frac{d^2}{d\theta^2}\left(\frac{1}{r} - \frac{c}{k^2}\right) = -\left(\frac{1}{r} - \frac{c}{k^2}\right),$$

これを解いて任意定数 A, B を含んだ解

$$\frac{1}{r} = A\cos\theta + B\sin\theta + \frac{c}{k^2}$$

を得る．これは位置ベクトルの始点Oを焦点とする２次曲線の極方程式（極座標 r, θ を使った方程式）である．すなわち質点はこのような２次曲線上を (6) が表わすように一定の面積速度で運動する．

問　　題

1. $\boldsymbol{r}(t) = \boldsymbol{i}\sin t + \boldsymbol{j}\sin 2t + \boldsymbol{k}\cos 3t$ のとき $t = 0$ における加速度を接線方向と法線方向に分解し，かつ曲率半径を求めよ．

2. $\boldsymbol{r}(t) = \boldsymbol{A}\cos ct + \boldsymbol{B}\sin ct$ において $\boldsymbol{A}, \boldsymbol{B}$ は互いに直交する定ベクトル，c は正の定数とする．加速度 $\boldsymbol{a}$ の接線成分を求めよ．

3. 質点の運動が微分方程式

$$\boldsymbol{a} = \frac{\boldsymbol{r} \times \boldsymbol{v}}{r^3}$$

で与えられ，$r(t)$ の極小値が $r(0) = c > 0$ であるとする．$r(t)$ を求めよ．

［解　　答］

1.

$$\boldsymbol{v} = \boldsymbol{i}\cos t + 2\boldsymbol{j}\cos 2t - 3\boldsymbol{k}\sin 3t,$$
$$\boldsymbol{a} = -\boldsymbol{i}\sin t - 4\boldsymbol{j}\sin 2t - 9\boldsymbol{k}\cos 3t$$

ゆえ $t = 0$ では $\boldsymbol{v}\cdot\boldsymbol{a} = 0$．したがって接線成分は 0，法線成分は $-9\boldsymbol{k}$，曲率半径は $\rho = 5/9$．

2. $\boldsymbol{v} = c(-\boldsymbol{A}\sin ct + \boldsymbol{B}\cos ct)$,　　$v = c\sqrt{|\boldsymbol{A}|^2\sin^2 ct + |\boldsymbol{B}|^2\cos^2 ct}$,

$$\boldsymbol{t} = \frac{-\boldsymbol{A}\sin ct + \boldsymbol{B}\cos ct}{\sqrt{|\boldsymbol{A}|^2\sin^2 ct + |\boldsymbol{B}|^2\cos^2 ct}}, \qquad \frac{dv}{dt} = \frac{c^2(|\boldsymbol{A}|^2 - |\boldsymbol{B}|^2)\cos ct\sin ct}{\sqrt{|\boldsymbol{A}|^2\sin^2 ct + |\boldsymbol{B}|^2\cos^2 ct}}$$

から接線成分は

$$\frac{c^2(|\boldsymbol{A}|^2 - |\boldsymbol{B}|^2)\cos ct\sin ct(-\boldsymbol{A}\sin ct + \boldsymbol{B}\cos ct)}{|\boldsymbol{A}|^2\sin^2 ct + |\boldsymbol{B}|^2\cos^2 ct}.$$

3.

$$\frac{d\boldsymbol{r}}{dt}\cdot\frac{d^2\boldsymbol{r}}{dt^2} = \boldsymbol{v}\cdot\boldsymbol{a} = 0$$

から $v = c_1$（c_1 は任意定数）である．$\boldsymbol{r}\cdot\boldsymbol{a} = 0$ から $d(\boldsymbol{r}\cdot\boldsymbol{v})/dt = (c_1)^2$，したがって $\boldsymbol{r}\cdot\boldsymbol{v} = (c_1)^2 t + c_2$，$\boldsymbol{r}\cdot\boldsymbol{r} = (c_1 t)^2 + 2c_2 t + c_3$．$r(0) = c$ から $c_3 = c^2$．$t = 0$ で $\boldsymbol{r}\cdot\boldsymbol{r}$ が極小ゆえ $c_2 = 0$．したがって

$$r(t) = \sqrt{(c_1)^2t^2 + c^2}.$$

§4. 剛体の回転と回転座標軸

剛体に1定点Oおよび座標軸Oξ, Oη, Oζ を固定し，これについて基本ベクトル $\boldsymbol{i}^*$, $\boldsymbol{j}^*$, $\boldsymbol{k}^*$ をとると，これらは剛体とともに動き，時刻 t の関数であるから，O(t), $\boldsymbol{i}^*(t)$, $\boldsymbol{j}^*(t)$, $\boldsymbol{k}^*(t)$ と表わされる．座標軸の，したがって剛体の運動は，点 O(t) の運動で代表される並進と，$\boldsymbol{i}^*(t)$, $\boldsymbol{j}^*(t)$, $\boldsymbol{k}^*(t)$ の変化で代表される回転とに分けて考えることができる．

回転座標軸と静止座標軸　特にOが動かないときOξ, Oη, Oζ を**回転座標軸**という．これに対し，空間に固定されている普通の座標軸 Ox, Oy, Oz を**静止座標軸**という．Oξ, Oη, Oζ は**回転座標系**の座標軸，Ox, Oy, Oz は**静止座標系**あるいは**絶対座標系**の座標軸ともいう．

定理4.1（回転座標軸の定理）　ベクトル $\boldsymbol{A}(t)$ を

(1) $$\boldsymbol{A}(t) = A_\xi(t)\boldsymbol{i}^*(t) + A_\eta(t)\boldsymbol{j}^*(t) + A_\zeta(t)\boldsymbol{k}^*(t)$$

と書けば

$$\frac{d\boldsymbol{A}}{dt} = \frac{dA_\xi}{dt}\boldsymbol{i}^* + \frac{dA_\eta}{dt}\boldsymbol{j}^* + \frac{dA_\zeta}{dt}\boldsymbol{k}^* + A_\xi\frac{d\boldsymbol{i}^*}{dt} + A_\eta\frac{d\boldsymbol{j}^*}{dt} + A_\zeta\frac{d\boldsymbol{k}^*}{dt}$$

であるから，これに例2の結果である

$$\frac{d\boldsymbol{i}^*}{dt} = \boldsymbol{w} \times \boldsymbol{i}^*, \qquad \frac{d\boldsymbol{j}^*}{dt} = \boldsymbol{w} \times \boldsymbol{j}^*, \qquad \frac{d\boldsymbol{k}^*}{dt} = \boldsymbol{w} \times \boldsymbol{k}^*$$

を代入すれば

(2) $$\frac{d\boldsymbol{A}}{dt} = \frac{dA_\xi}{dt}\boldsymbol{i}^* + \frac{dA_\eta}{dt}\boldsymbol{j}^* + \frac{dA_\zeta}{dt}\boldsymbol{k}^* + \boldsymbol{w} \times \boldsymbol{A}$$

を得る．この式で

(3) $$\frac{d^*\boldsymbol{A}}{dt} = \frac{dA_\xi}{dt}\boldsymbol{i}^* + \frac{dA_\eta}{dt}\boldsymbol{j}^* + \frac{dA_\zeta}{dt}\boldsymbol{k}^*$$

はベクトル $\boldsymbol{A}$ の，剛体に固定された座標軸に対する相対的変化の速度で，これを用いて (2) は

(4) $$\frac{d\boldsymbol{A}}{dt} = \frac{d^*\boldsymbol{A}}{dt} + \boldsymbol{w} \times \boldsymbol{A}$$

と書かれる．これを**回転座標軸の定理**という．

$\boldsymbol{w}$ は回転の状態を示すベクトルであるが，その幾何学的意味を調べよう．

剛体の１点Oは動かないとし，剛体の任意の１点Pをとると，$\boldsymbol{r} = \overrightarrow{\mathrm{OP}}$ は定数 a^*, b^*, c^* をとって

$$\boldsymbol{r} = a^*\boldsymbol{i}^*(t) + b^*\boldsymbol{j}^*(t) + c^*\boldsymbol{k}^*(t)$$

と書かれる．したがってこれを微分すれば

$$\frac{d^*\boldsymbol{r}}{dt} = 0, \qquad \boldsymbol{v} = \boldsymbol{w} \times \boldsymbol{r}$$

を得る．また

$$\boldsymbol{r} \times \boldsymbol{v} = \boldsymbol{r} \times (\boldsymbol{w} \times \boldsymbol{r}) = r^2\boldsymbol{w} - (\boldsymbol{r}\cdot\boldsymbol{w})\boldsymbol{r}$$

である．特に $\boldsymbol{w}$ が定ベクトルのときは

$$\frac{d}{dt}(\boldsymbol{w}\cdot\boldsymbol{r}) = \boldsymbol{w}\cdot\boldsymbol{v} = \boldsymbol{w}\cdot(\boldsymbol{w} \times \boldsymbol{r}) = 0$$

であるから $\boldsymbol{r}\cdot\boldsymbol{w}$ は定数となる．$\boldsymbol{r}\cdot(\boldsymbol{w}/|\boldsymbol{w}|)$ も定数であるからPは $\overrightarrow{\mathrm{OQ}} = \boldsymbol{w}/|\boldsymbol{w}|$ に垂直な１つの定平面の上にある．また $d(\boldsymbol{r}\cdot\boldsymbol{r})/dt = 2\boldsymbol{r}\cdot\boldsymbol{v} = 2\boldsymbol{r}\cdot(\boldsymbol{w} \times \boldsymbol{r}) = 0$ から r も定数，したがって点PはOを中心とするある球面の上にある．このことから点Pは直線OQを軸とする回転運動をすることがわかる．さらに

$$\boldsymbol{v} = \boldsymbol{w} \times \boldsymbol{r} = \boldsymbol{w} \times \left(\boldsymbol{r} - \frac{\boldsymbol{r}\cdot\boldsymbol{w}}{\boldsymbol{w}\cdot\boldsymbol{w}}\boldsymbol{w}\right)$$

からわかるように点Pの速さは

$$v = |\boldsymbol{w}|\left|\boldsymbol{r} - \frac{\boldsymbol{r}\cdot\boldsymbol{w}}{\boldsymbol{w}\cdot\boldsymbol{w}}\boldsymbol{w}\right|$$

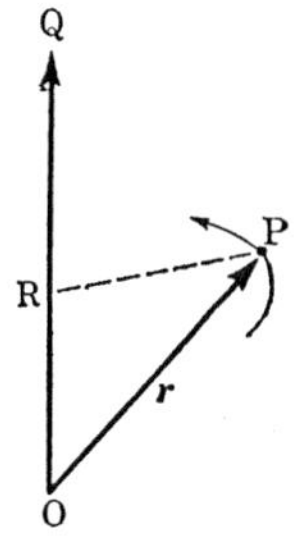

3-7 図

であるが，Pがえがく円の半径 $\rho = \mathrm{RP}$ を使えばこの式は $v = |\boldsymbol{w}|\rho$ となる．したがって回転の速さを角の変化で表わした式は $|d\theta/dt| = |\boldsymbol{w}|$ となる．回転の向きを考えて $\boldsymbol{w}$ を **回転速度**（回転の **角速度**）のベクトルという．

$\boldsymbol{w}$ が定ベクトルでないときは $\boldsymbol{w}(t)$ は剛体の瞬間的回転速度を表わすベクトルである．

回転速度のベクトルはベクトルとして当然加法を行うことができる．次の定理はこの加法の幾何学的な意味を示す．

定理 4.2 回転直交座標軸 S_1 および S_2 があり，S_1 に対して S_2 は相対的に $\boldsymbol{w}^*$ なる回転速度をもち，S_1 は $\boldsymbol{w}_1$ なる回転速度（単に回転速度といえば静止系に対する回転速度である）をもつならば，S_2 の回転速度 $\boldsymbol{w}_2$ は $\boldsymbol{w}_2 = \boldsymbol{w}^* + \boldsymbol{w}_1$ で与えられる．すなわち回転速度のベクトルはこの意味で加法を行うことができる．

［証明］ S_1 の基本ベクトルを $\boldsymbol{i}_1^*(t)$, $\boldsymbol{j}_1^*(t)$, $\boldsymbol{k}_1^*(t)$, S_2 の基本ベクトルを $\boldsymbol{i}_2^*(t)$, $\boldsymbol{j}_2^*(t)$, $\boldsymbol{k}_2^*(t)$ とし, S_2 の基本ベクトルの S_1 に対する相対変化の速度を d^*/dt で表わす. このとき $d^*\boldsymbol{i}_2^*/dt$, $d^*\boldsymbol{j}_2^*/dt$, $d^*\boldsymbol{k}_2^*/dt$ を $\boldsymbol{i}_2^*$, $\boldsymbol{j}_2^*$, $\boldsymbol{k}_2^*$ の1次結合で

$$\frac{d^*\boldsymbol{i}_2^*}{dt}=a_{11}^*\boldsymbol{i}_2^*+a_{12}^*\boldsymbol{j}_2^*+a_{13}^*\boldsymbol{k}_2^*,$$

$$\frac{d^*\boldsymbol{j}_2^*}{dt}=a_{21}^*\boldsymbol{i}_2^*+a_{22}^*\boldsymbol{j}_2^*+a_{23}^*\boldsymbol{k}_2^*,$$

$$\frac{d^*\boldsymbol{k}_2^*}{dt}=a_{31}^*\boldsymbol{i}_2^*+a_{32}^*\boldsymbol{j}_2^*+a_{33}^*\boldsymbol{k}_2^*$$

と書けば, $\boldsymbol{i}_2^*$, $\boldsymbol{j}_2^*$, $\boldsymbol{k}_2^*$ が互いに直交する単位ベクトルであることから例2と同様の考え方にしたがって

$$a_{11}^*=a_{22}^*=a_{33}^*=0,$$

$$a_{23}^*+a_{32}^*=a_{31}^*+a_{13}^*=a_{12}^*+a_{21}^*=0$$

を得る. したがってまた

$$\frac{d^*\boldsymbol{i}_2^*}{dt}=\gamma^*\boldsymbol{j}_2^*-\beta^*\boldsymbol{k}_2^*,$$

$$\frac{d^*\boldsymbol{j}_2^*}{dt}=-\gamma^*\boldsymbol{i}_2^*+\alpha^*\boldsymbol{k}_2^*,$$

$$\frac{d^*\boldsymbol{k}_2^*}{dt}=\beta^*\boldsymbol{i}_2^*-\alpha^*\boldsymbol{j}_2^*$$

とおくことができ, これは

$$\frac{d^*\boldsymbol{i}_2^*}{dt}=(\alpha^*\boldsymbol{i}_2^*+\beta^*\boldsymbol{j}_2^*+\gamma^*\boldsymbol{k}_2^*)\times\boldsymbol{i}_2^*,$$

$$\frac{d^*\boldsymbol{j}_2^*}{dt}=(\alpha^*\boldsymbol{i}_2^*+\beta^*\boldsymbol{j}_2^*+\gamma^*\boldsymbol{k}_2^*)\times\boldsymbol{j}_2^*,$$

$$\frac{d^*\boldsymbol{k}_2^*}{dt}=(\alpha^*\boldsymbol{i}_2^*+\beta^*\boldsymbol{j}_2^*+\gamma^*\boldsymbol{k}_2^*)\times\boldsymbol{k}_2^*$$

と同値である. ここで

$$\boldsymbol{w}^*=\alpha^*\boldsymbol{i}_2^*+\beta^*\boldsymbol{j}_2^*+\gamma^*\boldsymbol{k}_2^*$$

とおけば

$$\frac{d^*\boldsymbol{i}_2^*}{dt}=\boldsymbol{w}^*\times\boldsymbol{i}_2^*,\qquad \frac{d^*\boldsymbol{j}_2^*}{dt}=\boldsymbol{w}^*\times\boldsymbol{j}_2^*,\qquad \frac{d^*\boldsymbol{k}_2^*}{dt}=\boldsymbol{w}^*\times\boldsymbol{k}_2^*$$

を得るからこれが定理でいう $\boldsymbol{w}^*$ である. さて $\boldsymbol{i}_2^*$ の静止座標系に対する変化の速度を S_1 に対する相対変化と S_1 の回転による分に分けて考えれば,

$$\frac{d\boldsymbol{i}_2^*}{dt} = \frac{d^*\boldsymbol{i}_2^*}{dt} + \boldsymbol{w}_1 \times \boldsymbol{i}_2^* = \boldsymbol{w}^* \times \boldsymbol{i}_2^* + \boldsymbol{w}_1 \times \boldsymbol{i}_2^*$$

である．また S_2 の回転によって考えれば

$$\frac{d\boldsymbol{i}_2^*}{dt} = \boldsymbol{w}_2 \times \boldsymbol{i}_2^*$$

である． この2つの式から $(\boldsymbol{w}_2 - \boldsymbol{w}^* - \boldsymbol{w}_1) \times \boldsymbol{i}_2^* = \boldsymbol{0}$ を得る． 同様の式が $\boldsymbol{j}_2^*$, $\boldsymbol{k}_2^*$ についても成り立つから $\boldsymbol{w}_2 = \boldsymbol{w}^* + \boldsymbol{w}_1$ を得る．

定理4.3（コリオリの定理） 空間に固定してある直交座標軸 Ox, Oy, Oz と，これと原点を共有し，角速度 $\boldsymbol{w}$ で動く直交座標軸 $O\xi$, $O\eta$, $O\zeta$ とがある．動点 $P(t)$ の，前者に対する速度，加速度を $\boldsymbol{v}$, $\boldsymbol{a}$, 後者に対する相対的速度，相対的加速度を $\boldsymbol{v}^*$, $\boldsymbol{a}^*$ で表わすと，次の等式が成立する：

$$\boldsymbol{a} = \boldsymbol{a}^* + 2(\boldsymbol{w} \times \boldsymbol{v}^*) + \frac{d\boldsymbol{w}}{dt} \times \boldsymbol{r} + \boldsymbol{w} \times (\boldsymbol{w} \times \boldsymbol{r}). \tag{5}$$

［証明］ (4) において $\boldsymbol{A}$ の代りに $\boldsymbol{r}$ とおけば $\boldsymbol{v} = \boldsymbol{v}^* + \boldsymbol{w} \times \boldsymbol{r}$, これを微分すれば

$$\boldsymbol{a} = \frac{d\boldsymbol{v}^*}{dt} + \frac{d\boldsymbol{w}}{dt} \times \boldsymbol{r} + \boldsymbol{w} \times \boldsymbol{v},$$

ここに

$$\boldsymbol{a}^* = \frac{d^*\boldsymbol{v}^*}{dt}, \qquad \frac{d\boldsymbol{v}^*}{dt} = \frac{d^*\boldsymbol{v}^*}{dt} + \boldsymbol{w} \times \boldsymbol{v}^*$$

および $\boldsymbol{w} \times \boldsymbol{v} = \boldsymbol{w} \times (\boldsymbol{v}^* + \boldsymbol{w} \times \boldsymbol{r})$ を用いれば (5) をうる．

例 11. 平面内で動直線 g は一定点 O を通り， かつこれを中心にして一定の角速度 $\boldsymbol{w}$ で回転する． g 上を動く点 P の位置ベクトルを $\overrightarrow{OP} = \boldsymbol{r}(t)$, 点 P の加速度 $\boldsymbol{a}$ はつねに g すなわち $\boldsymbol{r}$ に対して垂直とする．P の運動を求めよ．

［解］ g とともに動く回転座標系の基本ベクトルを $\boldsymbol{i}^*$, $\boldsymbol{j}^*$, $\boldsymbol{k}^*$ とする． ただし $\boldsymbol{i}^*$ は g に平行で $\boldsymbol{k}^* = \boldsymbol{k}$ は平面の法線ベクトルとする．このとき

$$\boldsymbol{r} = r\boldsymbol{i}^*, \qquad \boldsymbol{v}^* = (dr/dt)\boldsymbol{i}^*, \qquad \boldsymbol{a}^* = (d^2r/dt^2)\boldsymbol{i}^*$$

となる．$\boldsymbol{w} = c\boldsymbol{k} = c\boldsymbol{k}^*$ (c は定数) であるから (5) は

$$\boldsymbol{a} = (d^2r/dt^2)\boldsymbol{i}^* + 2c(dr/dt)\boldsymbol{j}^* - c^2r\boldsymbol{i}^*,$$

したがって $\boldsymbol{a}\cdot\boldsymbol{i}^* = 0$ から $d^2r/dt^2 = c^2r$ を得るが，この解は A, B を任意定数として

$$r(t) = Ae^{ct} + Be^{-ct}$$

である． $t = 0$ で $\boldsymbol{i}$ と $\boldsymbol{i}^*$ が一致するとすれば $\boldsymbol{i}^* = \boldsymbol{i}\cos ct + \boldsymbol{j}\sin ct$ であるから $\boldsymbol{r}(t)$ は次の式で与えられる：

$$\boldsymbol{r}(t) = (Ae^{ct} + Be^{-ct})(\boldsymbol{i}\cos ct + \boldsymbol{j}\sin ct).$$

問　　題

1. 座標軸を Ox, Oy, Oz とする静止座標系 Σ に対して，座標軸を Oξ, Oη, Oζ とする回転座標系 Σ^* は次の関係にあるとする．Oζ はつねに Oz と一致している．xy 平面と $\xi\eta$ 平面もつねに一致しているが，ξ 軸と η 軸とは一定の速さで回転し，その結果 Σ^* の角速度は $c\boldsymbol{k}$ である（c は定数）．このとき剛体 R の Σ^* に対する相対的運動は，O をとおりかつ Σ^* に対して相対的に静止している直線 C を軸として一定の角速度 $\boldsymbol{w}^*$ をもつ回転であるとする．C が z 軸となす角を $\theta\,(0<\theta<\pi/2)$ とし，直線 C の方程式が $x\cos\theta = z\sin\theta$，$y=0$ である時刻を $t=0$ とするとき，剛体 R の角速度 $\boldsymbol{w}(t)$ を求めよ．

2. Σ と Σ^* は問題 1 と同様とし，O を中心とする半径 R の球は Σ^* とともに回転すると仮定する．この球面に固定された大円上を一定の速さで動く質点 P の加速度 $\boldsymbol{a}$ を $\boldsymbol{r}$, $\boldsymbol{v}^*$, R, c で表わせ．

3. 静止座標系 Σ に対して動座標系 Σ^* は次のような運動をする．Σ^* の原点 O* の位置ベクトル $\overrightarrow{\mathrm{OO^*}} = \boldsymbol{r}_0$ は $\boldsymbol{r}_0(t)$ にしたがって変化する．O* の動きによる並進運動を除けば，Σ^* は回転速度 $\boldsymbol{w}(t)$ で回転する．このとき動点 P の速度 $\boldsymbol{v}$，加速度 $\boldsymbol{a}$，点 O* の速度 $\boldsymbol{v}_0$，加速度 $\boldsymbol{a}_0$，P の Σ^* に対する相対速度 $\boldsymbol{v}^*$，相対加速度 $\boldsymbol{a}^*$ の関係を求めよ．ただし，$\boldsymbol{v}^*$, $\boldsymbol{a}^*$ は $\boldsymbol{r} = \overrightarrow{\mathrm{OP}}$ とするとき $\boldsymbol{r}^* = \boldsymbol{r} - \boldsymbol{r}_0$ の Σ^* に対する相対変化として考える．

[解　　答]

1. R は Σ^* に対して $\boldsymbol{w}^*$，Σ^* は Σ に対して $c\boldsymbol{k}$ なる角速度をもつから，R は Σ に対して $\boldsymbol{w} = \boldsymbol{w}^* + c\boldsymbol{k}$ なる角速度をもつ．直線 C 上にとった単位ベクトルを $\boldsymbol{C}$ とすれば $\boldsymbol{w}^* = b\boldsymbol{C}$（$b$ は定数），$\boldsymbol{C} = \boldsymbol{i}\sin\theta\cos ct + \boldsymbol{j}\sin\theta\sin ct + \boldsymbol{k}\cos\theta$ であるから，$\boldsymbol{w}(t) = (b\sin\theta\cos ct)\boldsymbol{i} + (b\sin\theta\sin ct)\boldsymbol{j} + (b\cos\theta + c)\boldsymbol{k}$.

2. $\boldsymbol{w} = c\boldsymbol{k}$ ゆえ (5) から $\boldsymbol{a} = \boldsymbol{a}^* + 2c\boldsymbol{k}\times\boldsymbol{v}^* + c^2\{(\boldsymbol{k}\cdot\boldsymbol{r})\boldsymbol{k} - \boldsymbol{r}\}$．P の相対運動の条件から

$$\boldsymbol{a}^* = -\frac{(v^*)^2}{R^2}\boldsymbol{r}.$$

したがって

$$\boldsymbol{a} = -\frac{(v^*)^2}{R^2}\boldsymbol{r} + 2c\boldsymbol{k}\times\boldsymbol{v}^* + c^2\{(\boldsymbol{k}\cdot\boldsymbol{r})\boldsymbol{k} - \boldsymbol{r}\}.$$

3. $\boldsymbol{r} = \boldsymbol{r}^* + \boldsymbol{r}_0$，$\boldsymbol{v} = \boldsymbol{v}^* + \boldsymbol{w}\times\boldsymbol{r}^* + \boldsymbol{v}_0$ から

$$\boldsymbol{v} = \boldsymbol{v}^* + \boldsymbol{w}\times(\boldsymbol{r} - \boldsymbol{r}_0) + \boldsymbol{v}_0,$$

$$\boldsymbol{a} = \frac{d^2\boldsymbol{r}^*}{dt^2} + \frac{d^2\boldsymbol{r}_0}{dt^2}$$
$$= \boldsymbol{a}^* + 2\boldsymbol{w}\times\boldsymbol{v}^* + \frac{d\boldsymbol{w}}{dt}\times\boldsymbol{r}^* + \boldsymbol{w}\times(\boldsymbol{w}\times\boldsymbol{r}^*) + \boldsymbol{a}_0$$
$$= \boldsymbol{a}^* + \boldsymbol{a}_0 + 2\boldsymbol{w}\times\boldsymbol{v}^* + \frac{d\boldsymbol{w}}{dt}\times(\boldsymbol{r}-\boldsymbol{r}_0) + \boldsymbol{w}\times(\boldsymbol{w}\times(\boldsymbol{r}-\boldsymbol{r}_0)).$$

§5. 曲面の性質

曲面の媒介変数と曲面のベクトル方程式　媒介変数 t を用いて曲線がベクトル方程式 $\boldsymbol{r}=\boldsymbol{r}(t)$ で表わされるように，曲面は2個の媒介変数 u, v を用いてベクトル方程式

(1)　$$\boldsymbol{r}=\boldsymbol{r}(u, v)$$

で表わされる．すなわち，曲面の点を示す位置ベクトル $\boldsymbol{r}$ は2個の変数 u, v の関数である．曲面が滑らかであるために，$\boldsymbol{r}(u, v)$ は u と v について微分可能で，偏導関数

$$\boldsymbol{r}_u = \frac{\partial \boldsymbol{r}}{\partial u}, \qquad \boldsymbol{r}_v = \frac{\partial \boldsymbol{r}}{\partial v}$$

は連続，かつこの2つのベクトルは曲面の各点で1次独立と考える．

特に曲面が

(2)　$$z=f(x, y)$$

で与えられた場合，媒介変数 u としては x 自身，v としては y 自身をとって次のように考えることができる：

(3)　$$\boldsymbol{r}(u, v) = u\boldsymbol{i} + v\boldsymbol{j} + f(u, v)\boldsymbol{k}.$$

座標曲線と曲線座標　(1) において v を一定にして u のみを変化させれば曲面上の曲線ができる．これを **u 曲線** という．u を一定にして v のみを変化させてできる曲線を **v 曲線** という．媒介変数 u, v の組 (u, v) は曲面上の点をきめるから曲面における座標と考えることができ，これを曲面の **曲線座標** とよぶ．u 曲線，v 曲線はあわせて **座標曲線** とよぶ．

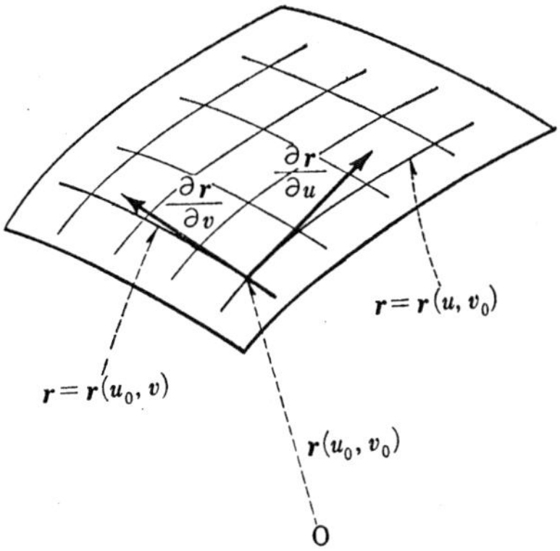

3-8 図

接平面と法線ベクトル　$\boldsymbol{r}_u$ は u 曲線に接するベクトル，$\boldsymbol{r}_v$ は v 曲線に接す

るベクトルである．各点 P(u, v) で $a\boldsymbol{r}_u + b\boldsymbol{r}_v$ は P における接平面に含まれるベクトルである．これを曲面の**接ベクトル**という．$\boldsymbol{r}_u \times \boldsymbol{r}_v$ は接平面に垂直なベクトルで，これを**曲面の法線ベクトル**という．点 P(u, v) における単位法線ベクトル $\boldsymbol{n}(u, v)$ は

$$(4)\qquad \boldsymbol{n}(u, v) = \frac{\boldsymbol{r}_u \times \boldsymbol{r}_v}{|\boldsymbol{r}_u \times \boldsymbol{r}_v|}$$

で与えられる．ただし，これは媒介変数 u, v の順序から自然に向きをきめたものである．

接平面のベクトル方程式は $\boldsymbol{X}$ を接平面上の動点の位置ベクトルとして

$$(\boldsymbol{X} - \boldsymbol{r})\cdot(\boldsymbol{r}_u \times \boldsymbol{r}_v) = 0$$

である．もちろんこのとき，u, v としては考えている曲面上の点に対応するものをとる．

曲面の第1基本量および第2基本量　$\boldsymbol{r}_u, \boldsymbol{r}_v$ から作るスカラー

$$(5)\qquad E = \boldsymbol{r}_u\cdot\boldsymbol{r}_u,\quad F = \boldsymbol{r}_u\cdot\boldsymbol{r}_v,\quad G = \boldsymbol{r}_v\cdot\boldsymbol{r}_v$$

を曲面 (1) の**第1基本量**という．また

$$\boldsymbol{r}_{uu} = \frac{\partial^2\boldsymbol{r}}{\partial u^2},\quad \boldsymbol{r}_{uv} = \frac{\partial^2\boldsymbol{r}}{\partial u\partial v},\quad \boldsymbol{r}_{vv} = \frac{\partial^2\boldsymbol{r}}{\partial v^2}$$

とするとき

$$(6)\qquad L = \frac{[\boldsymbol{r}_u\,\boldsymbol{r}_v\,\boldsymbol{r}_{uu}]}{|\boldsymbol{r}_u \times \boldsymbol{r}_v|},\quad M = \frac{[\boldsymbol{r}_u\,\boldsymbol{r}_v\,\boldsymbol{r}_{uv}]}{|\boldsymbol{r}_u \times \boldsymbol{r}_v|},\quad N = \frac{[\boldsymbol{r}_u\,\boldsymbol{r}_v\,\boldsymbol{r}_{vv}]}{|\boldsymbol{r}_u \times \boldsymbol{r}_v|}$$

を曲面 (1) の**第2基本量**という．

線素と面積素　曲面上の2点 P(u, v), Q$(u + du, v + dv)$ をむすぶベクトル $\overrightarrow{\mathrm{PQ}} = \boldsymbol{r}(u + du, v + dv) - \boldsymbol{r}(u, v)$ は，du, dv について1次の項までを考えれば $\boldsymbol{r}_u du + \boldsymbol{r}_v dv$ である．この大きさを ds と書けば $ds^2 = (\boldsymbol{r}_u du + \boldsymbol{r}_v dv)\cdot(\boldsymbol{r}_u du + \boldsymbol{r}_v dv)$ から

$$(7)\qquad ds^2 = Edu^2 + 2Fdudv + Gdv^2$$

となる．ds を**曲面の線素**という．線素は $ds = |d\boldsymbol{r}|$ とも書かれ，$d\boldsymbol{r} = \boldsymbol{r}_u du + \boldsymbol{r}_v dv$ は**ベクトル線素**である．曲面上の接近した2個の u 曲線，接近した2個の v 曲線によりできる曲線4角形の頂点を $\mathrm{P}_0(u, v)$, $\mathrm{P}_1(u + du, v)$, $\mathrm{P}_2(u + du, v + dv)$, $\mathrm{P}_3(u, v + dv)$ とし，この4角形

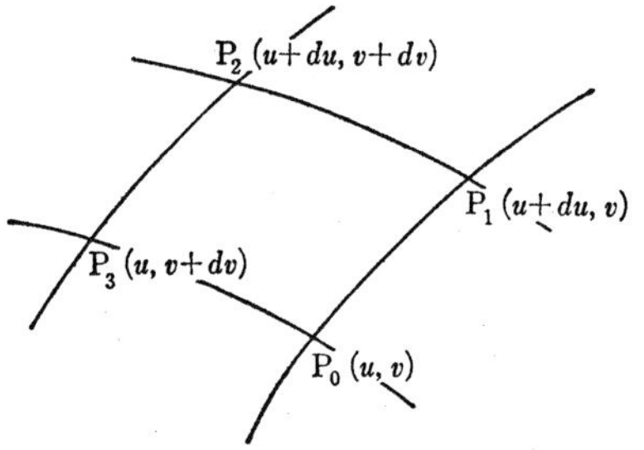

3-9 図

$\mathrm{P}_0\mathrm{P}_1\mathrm{P}_2\mathrm{P}_3$ を近似的に平面上の4角形あるいはむしろ平行4辺形とみなすと，その面積ベクトルは $\overrightarrow{\mathrm{P}_0\mathrm{P}_1} \times \overrightarrow{\mathrm{P}_0\mathrm{P}_3}$, したがって du, dv について2次の項までを考えて $(\boldsymbol{r}_u du) \times (\boldsymbol{r}_v dv)$

となる．これを

(8) $$d\boldsymbol{S}=\boldsymbol{r}_u\times\boldsymbol{r}_v\,dudv$$

と書いて曲面の**ベクトル面積素**という．

$$(\boldsymbol{r}_u\times\boldsymbol{r}_v)\cdot(\boldsymbol{r}_u\times\boldsymbol{r}_v)=(\boldsymbol{r}_u\cdot\boldsymbol{r}_u)(\boldsymbol{r}_v\cdot\boldsymbol{r}_v)-(\boldsymbol{r}_u\cdot\boldsymbol{r}_v)^2$$
$$=EG-F^2$$

であるから，$dS=|d\boldsymbol{S}|$ と書けば

(9) $$dS=|\boldsymbol{r}_u\times\boldsymbol{r}_v|dudv=\sqrt{EG-F^2}\,dudv$$

となる．これを曲面の**面積素**という．

曲面の面積　変数 u, v が u, v を直交座標としてもつ平面上の領域 D を動くとき，これに対応する曲面 $\boldsymbol{r}(u, v)$ の部分の面積 S は積分

(10) $$S=\iint_D\sqrt{EG-F^2}\,dudv$$

で与えられる．

例 12.　単位球面

$$\boldsymbol{r}=\cos u\sin v\boldsymbol{i}+\sin u\sin v\boldsymbol{j}+\cos v\boldsymbol{k}$$

の第1基本量を求め，これを用いて球面の面積を計算せよ．

［解］　まず u, v の平面で (u, v) の動く領域は $0<u<2\pi,\ \ 0<v<\pi$ である（特別な点を除いた）．

$$\boldsymbol{r}_u=-\sin u\sin v\boldsymbol{i}+\cos u\sin v\boldsymbol{j},$$
$$\boldsymbol{r}_v=\cos u\cos v\boldsymbol{i}+\sin u\cos v\boldsymbol{j}-\sin v\boldsymbol{k}$$

であるから

$$E=\sin^2 v,\qquad F=0,\qquad G=1,\qquad \sqrt{EG-F^2}=\sin v,$$
$$S=\iint_D\sin v\,dudv=2\pi\int_0^\pi\sin v\,dv=4\pi.$$

注意　曲面によっては，その全体の面積を1つの積分で表わすことができず，部分に分けて求める場合がある．

曲面上の曲線　曲面 $\boldsymbol{r}=\boldsymbol{r}(u, v)$ 上に滑らかな曲線 C があるとき，C は u, v をその弧長 s の関数として $\boldsymbol{r}=\boldsymbol{r}(u(s), v(s))$ で表わされる．この曲線の単位接線ベクトルは

$$\boldsymbol{t}=\frac{d\boldsymbol{r}}{ds}=\boldsymbol{r}_u\frac{du}{ds}+\boldsymbol{r}_v\frac{dv}{ds}$$

である．この $\boldsymbol{t}$ が単位ベクトルである条件

$$\left(\boldsymbol{r}_u\frac{du}{ds}+\boldsymbol{r}_v\frac{dv}{ds}\right)\cdot\left(\boldsymbol{r}_u\frac{du}{ds}+\boldsymbol{r}_v\frac{dv}{ds}\right)=1$$

は

$$E\left(\frac{du}{ds}\right)^2 + 2F\frac{du}{ds}\frac{dv}{ds} + G\left(\frac{dv}{ds}\right)^2 = 1$$

となるから，$u(s)$, $v(s)$ はこれを満足していなければならない．この式の両辺に ds^2 を乗じて

$$Edu^2 + 2Fdudv + Gdv^2 = ds^2$$

と書けば (7) と一致する．線素の意味と，弧長を表わす媒介変数 s の意味から，これは当然である．

曲面上の曲線の曲率 $\boldsymbol{n}_c$ を曲線 C: $\boldsymbol{r}(u(s), v(s))$ の主法線ベクトル，κ を C の曲率とすれば

$$\frac{d\boldsymbol{t}}{ds} = \kappa \boldsymbol{n}_c$$

であるから

$$\kappa \boldsymbol{n}_c = \boldsymbol{r}_u \frac{d^2u}{ds^2} + \boldsymbol{r}_v \frac{d^2v}{ds^2} + \boldsymbol{r}_{uu}\left(\frac{du}{ds}\right)^2 + 2\boldsymbol{r}_{uv}\frac{du}{ds}\frac{dv}{ds} + \boldsymbol{r}_{vv}\left(\frac{dv}{ds}\right)^2$$

を得る．また曲面の単位法線ベクトル $\boldsymbol{n}$ が $\boldsymbol{r}_u \cdot \boldsymbol{n} = \boldsymbol{r}_v \cdot \boldsymbol{n} = 0$ をみたすことを考えると

(11) $$\kappa \boldsymbol{n}_c \cdot \boldsymbol{n} = (\boldsymbol{r}_{uu} \cdot \boldsymbol{n})\left(\frac{du}{ds}\right)^2 + 2(\boldsymbol{r}_{uv} \cdot \boldsymbol{n})\frac{du}{ds}\frac{dv}{ds} + (\boldsymbol{r}_{vv} \cdot \boldsymbol{n})\left(\frac{dv}{ds}\right)^2$$

を得る．一方 (4) と (6) から第２基本量は

(12) $$L = \boldsymbol{r}_{uu} \cdot \boldsymbol{n}, \quad M = \boldsymbol{r}_{uv} \cdot \boldsymbol{n}, \quad N = \boldsymbol{r}_{vv} \cdot \boldsymbol{n}$$

とも書かれる．そこで C の１点Ｐにおいて $\boldsymbol{n}_c$ と $\boldsymbol{n}$ のなす角を θ，曲線の曲率半径を ρ とすれば，(11) から点Ｐにおける関係として

(13) $$\frac{\cos\theta}{\rho} = L\left(\frac{du}{ds}\right)^2 + 2M\frac{du}{ds}\frac{dv}{ds} + N\left(\frac{dv}{ds}\right)^2$$

を得る．(7) により (13) はまた

(14) $$\frac{\cos\theta}{\rho} = \frac{Ldu^2 + 2Mdudv + Ndv^2}{Edu^2 + 2Fdudv + Gdv^2}$$

と書かれる．曲線が $v = v(u)$ の形に与えられた場合にはこれはまた $v' = dv/du$ を用いて

(15) $$\frac{\cos\theta}{\rho} = \frac{L + 2Mv' + N(v')^2}{E + 2Fv' + G(v')^2}$$

となる．特に点Ｐにおける曲面の法線を含む平面で曲面を切断してできる切口の曲線については，$\theta = 0$ または π であるからこれに応じてその曲率半径は

$$(16)\qquad \pm\frac{1}{\rho}=\frac{Ldu^2+2Mdudv+Ndv^2}{Edu^2+2Fdudv+Gdv^2}$$

で与えられる. (14), (15) は点Pにおいて接線方向が与えられ, かつ主法線と曲面の法線とのなす角 θ も与えられた曲面上の曲線は, Pにおいてすべて同じ曲率半径 ρ をもつことを示し, また θ が変るときの θ と ρ の関係を与える. (16) はPにおける接線方向が与えられたときこれに接し, かつPにおいて主法線が曲面の法線と一致する曲面上の曲線の曲率半径を与える. (16) の右辺をこの接線方向における曲面の **法曲率** といい $1/R$ で表わす.

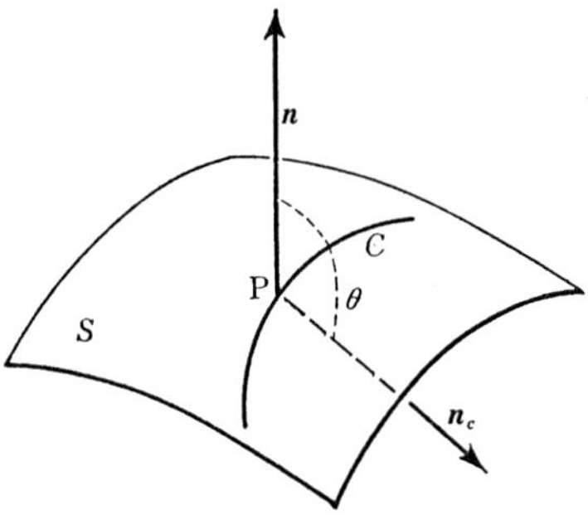

3-10 図

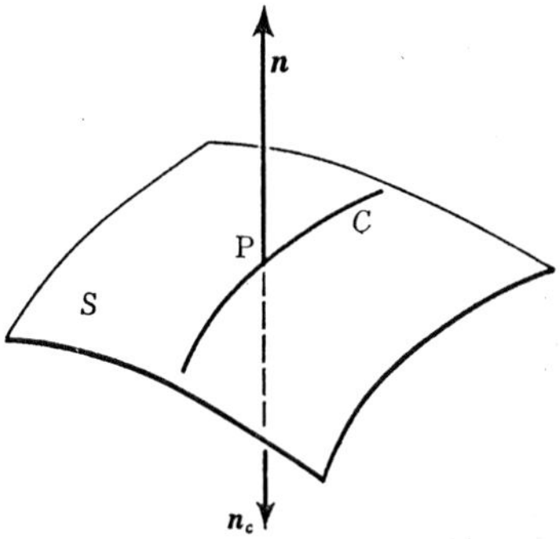

3-11 図

主曲率と主曲率方向　法曲率は (16) の右辺で与えられ, これは比 dv/du で定まる. いまこの比を t と書けば R は t の関数で,

$$\frac{1}{R(t)}=\frac{L+2Mt+Nt^2}{E+2Ft+Gt^2},$$

したがって

$$(17)\qquad E+2Ft+Gt^2-R(t)(L+2Mt+Nt^2)=0$$

となる. t が変るときの法曲率の極値およびこれを与える t を調べよう. 極値を与える t は $R'(t)=0$ をみたすから, (17) を t に関して微分して $R'(t)=0$ とおくと

$$(18)\qquad F+Gt-R(t)(M+Nt)=0,$$

これと (17) から

$$(19)\qquad E+Ft-R(t)(L+Mt)=0$$

を得る. (18), (19) から $R(t)$ を消去した式は

$$FL-EM+(GL-EN)t+(GM-FN)t^2=0$$

であるが，これは $R(t)$ の極大値，極小値を与える t を定める方程式である．もとにもどってこれを

$$(FL-EM)du^2+(GL-EN)dudv+(GM-FN)dv^2=0$$

と書くことができる．曲面の接線方向で du, dv がこれをみたすものを**主曲率方向**という．次に，(18)，(19) を $R(t)$ が与えられたときの t に関する1次連立方程式とみなせば，解が存在する条件として

$$\begin{vmatrix} E-LR(t) & F-MR(t) \\ F-MR(t) & G-NR(t) \end{vmatrix}=0$$

すなわち

(20)　$$(EG-F^2)\frac{1}{R^2}-(GL+EN-2FM)\frac{1}{R}+LN-M^2=0$$

を得る．これは $R(t)$ の極値を与える2次方程式である．$R(t)$ の極値を R_1, R_2 とするとき，その逆数 $1/R_1$, $1/R_2$ を曲面の**主曲率**という．

平均曲率と全曲率

$$H=\frac{1}{2}\left(\frac{1}{R_1}+\frac{1}{R_2}\right)$$

を**平均曲率**，

$$K=\frac{1}{R_1R_2}$$

を**全曲率**あるいは**ガウスの曲率**という．(20) から

(21)　$$H=\frac{1}{2}\frac{GL-2FM+EN}{EG-F^2},$$

(22)　$$K=\frac{LN-M^2}{EG-F^2}$$

を得る．

測地線　曲面上の曲線 C の各点で $\boldsymbol{n}_c$ が $\boldsymbol{n}$ と共線，したがって $\boldsymbol{n}_c=\pm\boldsymbol{n}$ であるとき，C を曲面の**測地線**という．測地線の曲率は次の式で与えられる：

(23)　$$\kappa=\frac{|Ldu^2+2Mdudv+Ndv^2|}{Edu^2+2Fdudv+Gdv^2}.$$

例 13.　$\boldsymbol{r}_u=\boldsymbol{r}_1$,　$\boldsymbol{r}_v=\boldsymbol{r}_2$,　$\boldsymbol{r}_{uu}=\boldsymbol{r}_{11}$,　$\boldsymbol{r}_{uv}=\boldsymbol{r}_{vu}=\boldsymbol{r}_{12}=\boldsymbol{r}_{21}$,　$\boldsymbol{r}_{vv}=\boldsymbol{r}_{22}$ と書き，$\boldsymbol{r}_{ji}$ $(i,\ j=1,\ 2)$ を $\boldsymbol{r}_1$, $\boldsymbol{r}_2$, $\boldsymbol{n}$ の1次結合として表わす式を

$$\boldsymbol{r}_{ji}=\sum_{h=1,2}\begin{Bmatrix} h \\ ji \end{Bmatrix}\boldsymbol{r}_h+H_{ji}\boldsymbol{n}$$

とすれば，$H_{11}=L$, $H_{12}=H_{21}=M$, $H_{22}=N$ である．また測地線は $\boldsymbol{r}(u(s)),\ v(s))$ における u,v を $u=u^1$, $v=u^2$ と書くとき，方程式

$$\frac{d^2u^h}{ds^2}+\sum_{i,j=1,2}\left\{\begin{matrix}h\\ ji\end{matrix}\right\}\frac{du^j}{ds}\frac{du^i}{ds}=0 \quad (h=1,2) \tag{24}$$

を満足する．

［解］ $H_{ji}=\boldsymbol{r}_{ji}\cdot\boldsymbol{n}$ であるから，H_{11}, H_{12}, H_{22} がそれぞれ L, M, N に等しいことは (12) から明らかである．測地線では $\boldsymbol{n}_c=\pm\boldsymbol{n}$ であるから，これを

$$\begin{aligned}\kappa\boldsymbol{n}_c&=\sum_{i=1,2}\boldsymbol{r}_i\frac{d^2u^i}{ds^2}+\sum_{i,j=1,2}\boldsymbol{r}_{ji}\frac{du^j}{ds}\frac{du^i}{ds}\\ &=\left[\frac{d^2u^1}{ds^2}+\sum_{i,j=1,2}\left\{\begin{matrix}1\\ ji\end{matrix}\right\}\frac{du^j}{ds}\frac{du^i}{ds}\right]\boldsymbol{r}_1\\ &\quad+\left[\frac{d^2u^2}{ds^2}+\sum_{i,j=1,2}\left\{\begin{matrix}2\\ ji\end{matrix}\right\}\frac{du^j}{ds}\frac{du^i}{ds}\right]\boldsymbol{r}_2\\ &\quad+\sum_{i,j=1,2}H_{ji}\frac{du^j}{ds}\frac{du^i}{ds}\boldsymbol{n}\end{aligned}$$

に用いれば $\boldsymbol{r}_1$, $\boldsymbol{r}_2$ の係数は0とならねばならない．したがって (23), (24) を得る．

例 14. 曲面

$$\boldsymbol{r}(u,v)=f(v)\cos u\,\boldsymbol{i}+f(v)\sin u\,\boldsymbol{j}+g(v)\boldsymbol{k} \quad (f(v)\geqq 0)$$

の主曲率，主曲率方向，平均曲率，全曲率を求めよ．

［解］

$$\begin{aligned}\boldsymbol{r}_u&=-f\sin u\,\boldsymbol{i}+f\cos u\,\boldsymbol{j},\\ \boldsymbol{r}_v&=f'\cos u\,\boldsymbol{i}+f'\sin u\,\boldsymbol{j}+g'\boldsymbol{k},\\ \boldsymbol{r}_{uu}&=-f\cos u\,\boldsymbol{i}-f\sin u\,\boldsymbol{j},\\ \boldsymbol{r}_{uv}&=-f'\sin u\,\boldsymbol{i}+f'\cos u\,\boldsymbol{j},\\ \boldsymbol{r}_{vv}&=f''\cos u\,\boldsymbol{i}+f''\sin u\,\boldsymbol{j}+g''\boldsymbol{k}\end{aligned}$$

であるから

$$E=f^2,\qquad F=0,\qquad G=(f')^2+(g')^2,$$
$$|\boldsymbol{r}_u\times\boldsymbol{r}_v|=f\sqrt{(f')^2+(g')^2},$$

$$L=\frac{1}{f\sqrt{(f')^2+(g')^2}}\begin{vmatrix}-f\sin u & f\cos u & 0\\ f'\cos u & f'\sin u & g'\\ -f\cos u & -f\sin u & 0\end{vmatrix}=\frac{-fg'}{\sqrt{(f')^2+(g')^2}},$$

$$M=\frac{1}{f\sqrt{(f')^2+(g')^2}}\begin{vmatrix}-f\sin u & f\cos u & 0\\ f'\cos u & f'\sin u & g'\\ -f'\sin u & f'\cos u & 0\end{vmatrix}=0$$

$$N=\frac{1}{f\sqrt{(f')^2+(g')^2}}\begin{vmatrix}-f\sin u & f\cos u & 0\\ f'\cos u & f'\sin u & g'\\ f''\cos u & f''\sin u & g''\end{vmatrix}=\frac{f''g'-f'g''}{\sqrt{(f')^2+(g')^2}}.$$

主曲率方向をきめる方程式は $F=0$, $M=0$ のため $dudv=0$ となるから，主曲率方向は座標曲線に接する方向である．主曲率はこの E, F, G, L, M, N から

$$-\frac{g'}{f\sqrt{(f')^2+(g')^2}}, \qquad \frac{f''g'-f'g''}{\{(f')^2+(g')^2\}^{3/2}}$$

となり，H と K は次の式で与えられる：

$$H=\frac{1}{2}\left[\frac{-g'}{f\sqrt{(f')^2+(g')^2}}+\frac{f''g'-f'g''}{\{(f')^2+(g')^2\}^{3/2}}\right],$$

$$K=-\frac{g'(f''g'-f'g'')}{f\{(f')^2+(g')^2\}^2}.$$

問　　題

1. 曲面 $z=z(x, y)$ の上向き（$\boldsymbol{k}$ との内積が正）の単位法線ベクトルを求めよ.

2. 曲面 $2z=3x^2+4xy-3y^2$ の原点における主曲率半径および主曲率方向を求めよ.

3. 曲面

$$x=u+v, \qquad y=u-v, \qquad z=uv$$

について $x^2+y^2 \leqq 1$ なる部分の面積 S を求めよ.

[解　　答]

1. $x=u$, $y=v$ とおくと $\boldsymbol{r}=u\boldsymbol{i}+v\boldsymbol{j}+z(u, v)\boldsymbol{k}$ であるから，$\partial z/\partial x=p$, $\partial z/\partial y=q$ とすれば $\boldsymbol{r}_u=\boldsymbol{i}+p\boldsymbol{k}$, $\boldsymbol{r}_v=\boldsymbol{j}+q\boldsymbol{k}$, これから

$$\boldsymbol{n}=\frac{-p\boldsymbol{i}-q\boldsymbol{j}+\boldsymbol{k}}{\sqrt{1+p^2+q^2}}.$$

2. $x=u$, $y=v$ とおくと

$$\boldsymbol{r}(u, v)=u\boldsymbol{i}+v\boldsymbol{j}+\frac{1}{2}(3u^2+4uv-3v^2)\boldsymbol{k},$$

$$\boldsymbol{r}_u=\boldsymbol{i}+(3u+2v)\boldsymbol{k}, \qquad \boldsymbol{r}_v=\boldsymbol{j}+(2u-3v)\boldsymbol{k},$$

$$\boldsymbol{r}_{uu}=3\boldsymbol{k}, \qquad \boldsymbol{r}_{uv}=2\boldsymbol{k}, \qquad \boldsymbol{r}_{vv}=-3\boldsymbol{k},$$

原点では

$$E=1, \quad F=0, \quad G=1, \quad L=3, \quad M=2, \quad N=-3,$$

主曲率は $\pm\sqrt{13}$，主曲率方向は $-2du^2+6dudv+2dv^2=0$ から

$$du:dv=\frac{3\pm\sqrt{13}}{2},$$

主曲率と主曲率方向の関係は (18) から

$$\frac{1}{R}(Fdu+Gdv)-(Mdu+Ndv)=0$$

であるから複号は同順.

3. $x^2+y^2=2u^2+2v^2$ であるから u, v については $u^2+v^2 \leqq \dfrac{1}{2}$，これが D である.

$EG - F^2 = 4 + 2u^2 + 2v^2$ ゆえ

$$S = \iint_D \sqrt{4 + 2u^2 + 2v^2}\, dudv,$$

積分をして

$$S = \frac{\pi}{3}(5^{\frac{3}{2}} - 4^{\frac{3}{2}}).$$

練習問題

1. $\boldsymbol{A}, \boldsymbol{B}, \boldsymbol{C}$ が定ベクトルのとき，$\boldsymbol{r}(t) = \boldsymbol{A}\cos t + \boldsymbol{B}\sin t + \boldsymbol{C}$ が $\boldsymbol{r}\cdot d\boldsymbol{r}/dt = 0$ をみたすための必要十分な条件は $|\boldsymbol{A}| = |\boldsymbol{B}|$, $\boldsymbol{A}\cdot\boldsymbol{B} = \boldsymbol{A}\cdot\boldsymbol{C} = \boldsymbol{B}\cdot\boldsymbol{C} = 0$ である.

2. $\boldsymbol{A}, \boldsymbol{B}$ が $\boldsymbol{A}\cdot\boldsymbol{B} > 0$, $|\boldsymbol{A}| > |\boldsymbol{B}|$ なる定ベクトルのとき，$\boldsymbol{r}(t) = \boldsymbol{A}\cos t + \boldsymbol{B}\sin t$ の大きさの極大，極小を求めよ.

3. 連立微分方程式

$$\frac{d\boldsymbol{X}}{dt} = -4\boldsymbol{Y}, \qquad \frac{d\boldsymbol{Y}}{dt} = \boldsymbol{X}$$

をみたし，$t = 0$ で $\boldsymbol{X} = \boldsymbol{A}$, $\boldsymbol{Y} = \boldsymbol{B}$ であるベクトル $\boldsymbol{X}(t)$, $\boldsymbol{Y}(t)$ を求めよ.

4. 空間曲線 $\boldsymbol{r}(t) = \boldsymbol{i}\cos t + \boldsymbol{j}\sin t + \boldsymbol{k}\cos 2t$ について次の問に答えよ. (i) 捩率が 0 となる点をすべて求めよ. (ii) 曲率の最大値と最小値を求めよ.

5. 中心が $\boldsymbol{C}$, 半径が R なる球面 S の方程式は

$$S: (\boldsymbol{X} - \boldsymbol{C})\cdot(\boldsymbol{X} - \boldsymbol{C}) - R^2 = 0$$

である. $\boldsymbol{r} = \boldsymbol{r}(s)$ で表わされる空間曲線 K があるとき，S の方程式の左辺において $\boldsymbol{X}$ を $\boldsymbol{r}$ でおきかえれば $f(s) = (\boldsymbol{r}(s) - \boldsymbol{C})\cdot(\boldsymbol{r}(s) - \boldsymbol{C}) - R^2$ は一般に 0 とならない（これが恒等的に 0 なら K は S の上にある). 曲線の 1 点において $f(s) = 0$, $f'(s) = 0$, $f''(s) = 0$, $f'''(s) = 0$ が同時に成立するような球面 S を，その点における曲線 K の**接触球**という. 接触球 $S(s)$ の中心 $\boldsymbol{C}(s)$ および半径 $R(s)$ はそれぞれ次の式で与えられることを証明せよ:

$$\boldsymbol{C} = \boldsymbol{r} + \rho\boldsymbol{n} + \frac{\rho'}{\tau}\boldsymbol{b}, \qquad R = \sqrt{\rho^2 + \left(\frac{\rho'}{\tau}\right)^2}.$$

6. 質点の運動において曲率半径は次の式で表わされる:

$$\rho = \frac{v^3}{|\boldsymbol{v} \times \boldsymbol{a}|}.$$

7. A, B, C および a が正の定数で

$$\boldsymbol{r}(t) = Ae^{-at}\sin t\,\boldsymbol{i} + B\cos t\,\boldsymbol{j} + Ce^{t}\boldsymbol{k}$$

のとき，$t=0$ における加速度の接線成分の大きさ，法線成分の大きさを求めよ．

8. 例11における質点の運動を回転座標系を用いずに調べよ．ただし平面は xy 平面，Oは原点とする．

9. 次の等式を証明せよ：

$$\boldsymbol{a}^* = \boldsymbol{a} - 2\boldsymbol{w}\times\boldsymbol{v} - \frac{d\boldsymbol{w}}{dt}\times\boldsymbol{r} + \boldsymbol{w}\times(\boldsymbol{w}\times\boldsymbol{r}).$$

10. 原点Oを中心にする半径 R の球面が z 軸を軸として一定の速度 $\boldsymbol{w}=w\boldsymbol{k}$ で回転している．質点 $\boldsymbol{r}(t)$ がこの球面上を運動し，その加速度 $\boldsymbol{a}$ が球面の法線に平行で中心Oに向くとき，球面に対して固定されている観測者にとっての見かけ上の加速度 $\boldsymbol{a}^*$ は次の式で与えられる：

$$\boldsymbol{a}^* = -\frac{v^2}{R^2}\boldsymbol{r} + 2w\boldsymbol{v}\times\boldsymbol{k} - w^2(x\boldsymbol{i}+y\boldsymbol{j})$$

$$= -\frac{v^2}{R^2}\boldsymbol{r} + 2w\boldsymbol{v}^*\times\boldsymbol{k} + w^2(x\boldsymbol{i}+y\boldsymbol{j}).$$

11. 曲面上で $L:M:N=E:F:G$ が成り立つ点を**臍点**という．これについて次の問に答えよ．(i) 臍点では $K=H^2$ である．(ii) 球面の点はすべて臍点である．(iii) 曲面

$$\boldsymbol{r} = u\boldsymbol{i} + v\boldsymbol{j} + \left(\frac{1}{2}u^2 + g(v)\right)\boldsymbol{k}$$

において曲線 $v=0$ 上の点がすべて臍点であるために $g(v)$ がみたすべき微分方程式を求めよ．

[解　　答]

1. $d\boldsymbol{r}/dt = -\boldsymbol{A}\sin t + \boldsymbol{B}\cos t$ であるから

$$\boldsymbol{r}\cdot\frac{d\boldsymbol{r}}{dt} = (\boldsymbol{A}\cdot\boldsymbol{B})(\cos^2 t - \sin^2 t) + (\boldsymbol{B}\cdot\boldsymbol{B} - \boldsymbol{A}\cdot\boldsymbol{A})\cos t\sin t$$
$$+ (\boldsymbol{B}\cdot\boldsymbol{C})\cos t - (\boldsymbol{A}\cdot\boldsymbol{C})\sin t$$
$$= (\boldsymbol{A}\cdot\boldsymbol{B})\cos 2t + \frac{1}{2}(\boldsymbol{B}\cdot\boldsymbol{B} - \boldsymbol{A}\cdot\boldsymbol{A})\sin 2t$$
$$+ (\boldsymbol{B}\cdot\boldsymbol{C})\cos t - (\boldsymbol{A}\cdot\boldsymbol{C})\sin t.$$

これが恒等的に0であるためには $\boldsymbol{A}\cdot\boldsymbol{B} = \boldsymbol{B}\cdot\boldsymbol{B} - \boldsymbol{A}\cdot\boldsymbol{A} = \boldsymbol{B}\cdot\boldsymbol{C} = \boldsymbol{A}\cdot\boldsymbol{C} = 0$ が必要十分である．

2. $\boldsymbol{r}\cdot\boldsymbol{r} = (\boldsymbol{A}\cdot\boldsymbol{A})\cos^2 t + 2(\boldsymbol{A}\cdot\boldsymbol{B})\cos t\sin t + (\boldsymbol{B}\cdot\boldsymbol{B})\sin^2 t$ であるから極値は

$$-(\boldsymbol{A}\cdot\boldsymbol{A} - \boldsymbol{B}\cdot\boldsymbol{B})\sin 2t + 2(\boldsymbol{A}\cdot\boldsymbol{B})\cos 2t = 0$$

をみたす t でおこる．したがって

$$\frac{1}{\sqrt{2}}\sqrt{\boldsymbol{A}\cdot\boldsymbol{A}+\boldsymbol{B}\cdot\boldsymbol{B}\pm\sqrt{(\boldsymbol{A}\cdot\boldsymbol{A}-\boldsymbol{B}\cdot\boldsymbol{B})^2+4(\boldsymbol{A}\cdot\boldsymbol{B})^2}}.$$

3. $\boldsymbol{Y}$を消去すれば $d^2\boldsymbol{X}/dt^2=-4\boldsymbol{X}$, これの解は $\boldsymbol{X}=\boldsymbol{C}_1\cos 2t+\boldsymbol{C}_2\sin 2t$, これから $\boldsymbol{Y}=-\frac{1}{2}\boldsymbol{C}_2\cos 2t+\frac{1}{2}\boldsymbol{C}_1\sin 2t$. $t=0$ とおいて $\boldsymbol{C}_1=\boldsymbol{A}$, $\boldsymbol{C}_2=-2\boldsymbol{B}$.

4.

（i）$$\left[\frac{d\boldsymbol{r}}{dt}\ \frac{d^2\boldsymbol{r}}{dt^2}\ \frac{d^3\boldsymbol{r}}{dt^3}\right]=\begin{vmatrix}-\sin t & \cos t & -2\sin 2t\\ -\cos t & -\sin t & -4\cos 2t\\ \sin t & -\cos t & 8\sin 2t\end{vmatrix}=6\sin 2t$$ であるから

$\tau=0$ は $t=\frac{n}{2}\pi$ $(n=0,\ \pm1,\ \cdots)$ でおこる. したがって $(1,\ 0,\ 1)$, $(0,\ 1,\ -1)$, $(-1,\ 0,\ 1)$, $(0,\ -1,\ -1)$.

（ii）$\boldsymbol{v}\cdot\boldsymbol{v}=1+4\sin^2 2t$, $\boldsymbol{v}\cdot\boldsymbol{a}=8\sin 2t\cos 2t$, $\boldsymbol{a}\cdot\boldsymbol{a}=1+16\cos^2 2t$ であるから $\kappa^2=(5+12\cos^2 2t)/(1+4\sin^2 2t)^3$, したがって κ の最大は $\sqrt{17}$, 最小は $1/5$.

5. $\boldsymbol{t},\ \boldsymbol{n},\ \boldsymbol{b}$ は1次独立であるから, 考えている点でベクトル $\boldsymbol{C}-\boldsymbol{r}$ を $\boldsymbol{C}-\boldsymbol{r}=\alpha\boldsymbol{t}+\beta\boldsymbol{n}+\gamma\boldsymbol{b}$ とおくことができる. $f'=0$ から $(\boldsymbol{r}-\boldsymbol{C})\cdot\boldsymbol{t}=0$, したがって $\alpha=0$. $f''=0$ から $\boldsymbol{t}\cdot\boldsymbol{t}+(\boldsymbol{r}-\boldsymbol{C})\cdot\kappa\boldsymbol{n}=0$, したがって $1+(-\beta\kappa)=0$, $\beta=\rho$. $f'''=0$ からは $(\boldsymbol{r}-\boldsymbol{C})\cdot\{\kappa'\boldsymbol{n}+\kappa(-\kappa\boldsymbol{t}+\tau\boldsymbol{b})\}=0$, したがって $\rho\kappa'+\gamma\kappa\tau=0$, $\kappa=1/\rho$ を代入して $\gamma=\rho'/\tau$. これから求める式を得る.

6. $v^2=\boldsymbol{v}\cdot\boldsymbol{v}$, $|\boldsymbol{v}\times\boldsymbol{a}|^2=(\boldsymbol{v}\times\boldsymbol{a})\cdot(\boldsymbol{v}\times\boldsymbol{a})=(\boldsymbol{v}\cdot\boldsymbol{v})(\boldsymbol{a}\cdot\boldsymbol{a})-(\boldsymbol{v}\cdot\boldsymbol{a})^2$ である. 質点の運動において t をその軌跡である曲線の媒介変数とみなし, $\kappa=1/\rho$ に注意すれば, §2 問題2の解を用いてこの式を得る.

7. 接線成分は $\dfrac{|-2aA^2+C^2|}{\sqrt{A^2+C^2}}$, 法線成分は $\sqrt{\dfrac{(2a+1)^2A^2C^2}{A^2+C^2}+B^2}$.

8. $\boldsymbol{r}=r\cos\theta\boldsymbol{i}+r\sin\theta\boldsymbol{j}$ において $r=r(t)$, $\theta=ct$ であるから

$$\boldsymbol{v}=\left(\frac{dr}{dt}\cos\theta-cr\sin\theta\right)\boldsymbol{i}+\left(\frac{dr}{dt}\sin\theta+cr\cos\theta\right)\boldsymbol{j},$$

$$\boldsymbol{a}=\left(\frac{d^2r}{dt^2}\cos\theta-2c\frac{dr}{dt}\sin\theta-c^2r\cos\theta\right)\boldsymbol{i}$$
$$+\left(\frac{d^2r}{dt^2}\sin\theta+2c\frac{dr}{dt}\cos\theta-c^2r\sin\theta\right)\boldsymbol{j}.$$

これに $\boldsymbol{a}\cdot\boldsymbol{r}=0$ を用いて $\dfrac{d^2r}{dt^2}-c^2r=0$, したがって

$$r=Ae^{ct}+Be^{-ct}.$$

9. (4.5) に $\boldsymbol{v}^*=\boldsymbol{v}-\boldsymbol{w}\times\boldsymbol{r}$ を代入して移項すればよい.

10. 球面上の運動であるから $\boldsymbol{r}\cdot\boldsymbol{r}=R^2$, $\boldsymbol{v}\cdot\boldsymbol{r}=0$, $\boldsymbol{a}\cdot\boldsymbol{r}+\boldsymbol{v}\cdot\boldsymbol{v}=0$. これに $\boldsymbol{a}=-f(t)\boldsymbol{r}$ を代入して $f(t)\boldsymbol{r}\cdot\boldsymbol{r}=\boldsymbol{v}\cdot\boldsymbol{v}$, したがって $f(t)=v^2/R^2$ である. これを用いて

$$\boldsymbol{a}^*=\boldsymbol{a}-2\boldsymbol{w}\times\boldsymbol{v}-\frac{d\boldsymbol{w}}{dt}\times\boldsymbol{r}+\boldsymbol{w}\times(\boldsymbol{w}\times\boldsymbol{r})$$
$$=-\frac{v^2}{R^2}\boldsymbol{r}+2w\boldsymbol{v}\times\boldsymbol{k}+(\boldsymbol{w}\cdot\boldsymbol{r})\boldsymbol{w}-(\boldsymbol{w}\cdot\boldsymbol{w})\boldsymbol{r}$$

から式を得る.

11. (i)は(5.21), (5.22)から明らか. (ii) 球面 $\boldsymbol{r}=R\cos u\sin v\boldsymbol{i}+R\sin u\sin v\boldsymbol{j}+R\cos v\boldsymbol{k}$ では $E=R^2\sin^2 v$, $F=0$, $G=R^2$, $L=R\sin^2 v$, $M=0$, $N=R$ となるから, すべての点で $E:F:G=L:M:N$. (iii) $E=1+u^2$, $F=ug'(v)$, $G=1+(g'(v))^2$,

$$L=\frac{1}{\sqrt{1+u^2+(g')^2}},\qquad M=0,\qquad N=\frac{g''}{\sqrt{1+u^2+(g')^2}}$$

であるから $u=0$ とおくとき $E:F:G=L:M:N$ となるためには $g''=1+(g')^2$.

4　スカラー場，ベクトル場と微分

この章ではスカラー場およびベクトル場について述べ，またこれらを微分することによって導かれるスカラー場およびベクトル場，すなわち勾配ベクトル場，発散および回転について述べる．

§1. スカラー場とベクトル場

スカラー場，ベクトル場と領域　空間のある区域に属する各点に，スカラーまたはベクトルが一意に対応して，点の位置の1価の関数となっているとき，この関数が定義されている区域と関数とを含めた概念を**スカラー場**または**ベクトル場**という．場が空間全体におよぶこともある．例えば，空間は，一定点からの距離というスカラーの場である．温度，電位等についてもそれぞれスカラー場が考えられる．また重力場，電場，磁場等はベクトル場である．点の関数としてスカラー $f=f(x,\ y,\ z)$ やベクトル $\boldsymbol{A}=\boldsymbol{A}(x,\ y,\ z)$ を考えるとき，空間全体にわたってこれができる場合もあるが，空間のある区域に限って考えることもある．これらの関数に不連続な点や微分可能でない点があると，そこでは特別な扱い方を要するが，われわれはなるべくそういうことを避けて，扱う関数が連続的微分可能で，かつ1価と考えたいので，そのためにも関数の定義域を限定する必要がある．このとき定義域としては連結な開集合を考えるのが便利である．このような区域を**領域**とよぶ．これはここでは閉曲面で囲まれた1つの区域で，境界である閉曲面の点を除いたものと考えよう．簡単な領域の例としては球面の内部，円環面の内部などがある．

ここではこのように領域において定義されたスカラー場やベクトル場を主として考えるのであるが，不連続あるいは微分可能でない点をもつスカラー関数やベクトル関数についても数個の例をあげておこう．これらは物理学上重要である．

（i）xy 平面に密度 ω なる電気二重層があれば，ε を誘電率として電位は xy 平面の正の側と負の側とで，$4\pi\omega/\varepsilon$ だけの差がある．すなわち電位はこの平面上では定められず，この平面をはさんで不連続である．

（ii） 真空において原点Oを中心とする半径 R の球面上に密度 σ なる電荷が分布されていれば，点 $\boldsymbol{r}$ における電場のベクトル $\boldsymbol{E}$ は

$$|\boldsymbol{r}|>R \quad \text{では} \quad \frac{4\pi\sigma R^2}{r^3}\boldsymbol{r}, \qquad |\boldsymbol{r}|<R \quad \text{では} \quad 0$$

で与えられる．したがって $\boldsymbol{E}$ はこの球面上で定められず，仮にどう定めても不連続である．電位は球面上でも連続であるが，微分可能ではない．

（iii） 原点Oを中心とする半径 R の球内に一様な密度 ρ で物質が分布されているとき，これによって生ずる万有引力の場のベクトルは，万有引力定数を γ とすると，点の位置 $\boldsymbol{r}$ が $r>R$ なら $-(4\pi/3)\rho\gamma(R/r)^3\boldsymbol{r}$ で，$r<R$ なら $-(4\pi/3)\rho\gamma\boldsymbol{r}$ である．したがって球面上で微分可能でない．

スカラー場の等位面 スカラー f の場（これをスカラー場 f とよぶ）において任意の1点 $P_0(x_0, y_0, z_0)$ をとるとき，$f(x, y, z)=f(x_0, y_0, z_0)$ なる点の軌跡を点 P_0 を含む**等位面**という．一般に定数 c を与えたとき，$f(x, y, z)=c$ なる点の軌跡を等位面という．空間のある領域において $f(x, y, z)=\text{const}$ であると，ここでは等位面は存在しない．等温面，等電位面は等位面の例である．

ベクトル場の流線 ベクトル場 $\boldsymbol{A}$ においてベクトル $\boldsymbol{A}(x, y, z)$ の成分 A_x, A_y, A_z は x, y, z の関数である．これについて，接線が点 (x, y, z) においてつねに

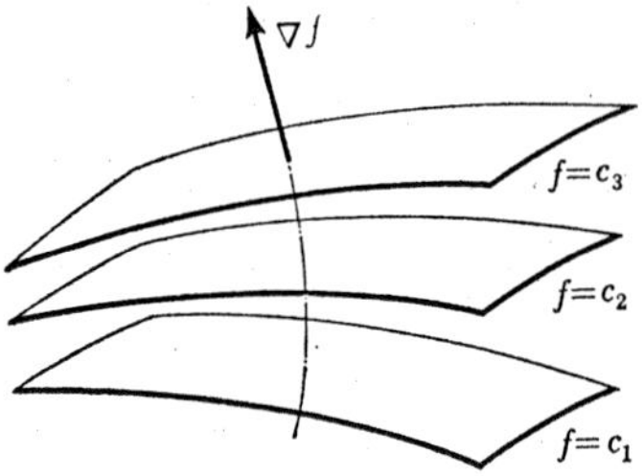

4-1 図

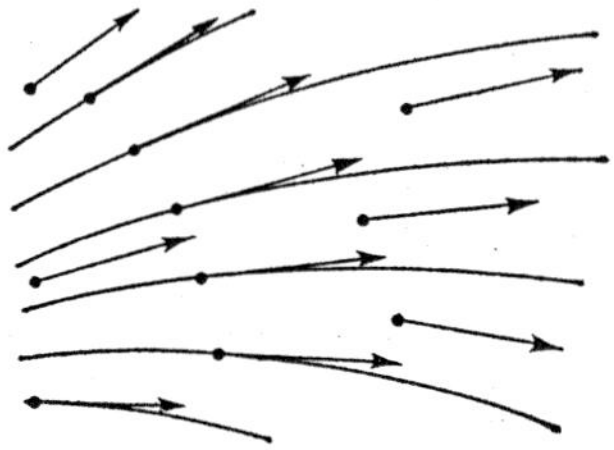

4-2 図

$\boldsymbol{A}(x, y, z)$ の方向に向かう曲線，すなわち微分方程式

$$\frac{dx}{A_x}=\frac{dy}{A_y}=\frac{dz}{A_z}$$

の解である曲線を，ベクトル場 $\boldsymbol{A}$ の**流線**または**ベクトル線**という．$\boldsymbol{A}\neq 0$ なるとこ

ろでは各点を通って必ず1本の流線があり，流線によって $\boldsymbol{A}$ の方向が示される.

例 1. ベクトル関数

$$\boldsymbol{A} = \begin{cases} CR^3 \dfrac{\boldsymbol{r}}{r^3} & (R \leqq r) \\ C\boldsymbol{r} & (0 \leqq r < R) \end{cases}$$

の $r = R$ における連続性，微分可能性を調べよ.

［解］ $r \to R + 0$ では

$$\boldsymbol{A} = CR^3 \frac{\boldsymbol{r}}{r^3} \longrightarrow CR^3 \frac{\boldsymbol{r}}{R^3} = C\boldsymbol{r}$$

であるから $r \to R - 0$ の極限値と一致し，$\boldsymbol{A}$ は連続である．微分可能性を調べるために $\boldsymbol{r} = x\boldsymbol{i}$，すなわち $y = z = 0$ の場合を考え，$\boldsymbol{A}(x, y, z)$ を $\boldsymbol{A}(x)$ と書けば，このとき $\varDelta x > 0$ なら

$$A_x(R + \varDelta x) - A_x(R) = CR^3 \left\{ \frac{1}{(R + \varDelta x)^2} - \frac{1}{R^2} \right\},$$

$$\lim_{\varDelta x \to +0} \frac{A_x(R + \varDelta x) - A_x(R)}{\varDelta x} = -2C,$$

また $\varDelta x < 0$ なら

$$A_x(R + \varDelta x) - A_x(R) = C(R + \varDelta x - \mathrm{R}) = C\varDelta x,$$

$$\lim_{\varDelta x \to -0} \frac{A_x(R + \varDelta x) - A_x(R)}{\varDelta x} = C,$$

したがって $\boldsymbol{A}$ は微分可能ではない.

例 2. ベクトル場 $\boldsymbol{A} = \boldsymbol{r} \times \boldsymbol{k}$ の流線の様子を xy 平面内で図に書け.

［解］ $\boldsymbol{A} = y\boldsymbol{i} - x\boldsymbol{j}$ であるから，原点を中心とする円でできる.

注意 1点においてこの点を通る流線が無いか，または1つより多いとき，この点を**特異点**という．例2のベクトル場では z 軸上の点がすべて特異点である.

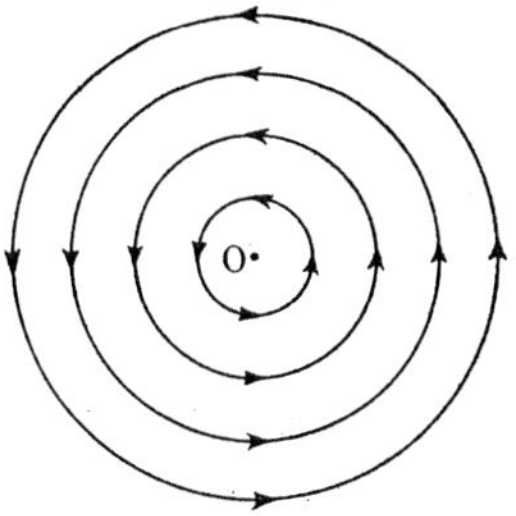

4-3 図

問　　題

1. 次のベクトル場について流線を求め，かつ特異点を調べよ．ただし e は定数とする.

$$\text{(i)} \quad \boldsymbol{A} = \frac{e\boldsymbol{r}}{r^3}, \qquad \text{(ii)} \quad \boldsymbol{A} = \boldsymbol{r}$$

［解　　答］

1. (i) も (ii) も流線の微分方程式は

$$\frac{dx}{x} = \frac{dy}{y} = \frac{dz}{z}$$

であるから原点を通る直線または原点を端点とする半直線である．(i) では原点は $\boldsymbol{A}$ の場に属さない．(ii) では原点が $\boldsymbol{A}$ の場に属すが $\boldsymbol{A}=\boldsymbol{0}$ となって，ここを通る流線は1つではない．したがって原点は特異点である．原点以外に特異点はない．

§2. スカラー場の微分と勾配ベクトル

勾配ベクトル　スカラー場 f から導びかれる次のベクトルを**勾配ベクトル**という．

$$\operatorname{grad} f=\frac{\partial f}{\partial x}\boldsymbol{i}+\frac{\partial f}{\partial y}\boldsymbol{j}+\frac{\partial f}{\partial z}\boldsymbol{k}.$$

微分可能性に関する関数の級　上に述べた勾配ベクトルができるためには f は微分可能でなければならないが，さらに f が連続微分可能な領域では連続な勾配ベクトル場ができる．一般に領域 D において連続な関数を D における **C^0 級の関数**，連続微分可能な関数を **C^1 級の関数**という．k 回連続微分可能な関数，すなわち座標 x, y, z に関する k 階の偏微分係数がすべて存在してそれが連続な関数を，D における **C^k 級の関数**という．ベクトル場については，ベクトルの成分がすべて C^k 級なら，そのベクトル場を **C^k 級のベクトル場**という．C^{k+1} 級の関数はもちろん C^k 級でもある．この本では偏微分をする場合，その階数に応じてもとの関数は，別にことわってなくても，C^1 級，C^2 級，$\cdots$ であるものとする．そのために特別な点を領域から除く必要が生ずることもある．例えば $(x^2+y^2+z^2)^{3/2}$ は空間全体では C^2 級にすぎないが，原点を除いた領域では C^∞ 級である．したがって3階またはそれ以上の偏微分係数を扱うときは原点を除いた領域を考える．

ハミルトンの演算子　微分演算子 $\partial/\partial x, \partial/\partial y, \partial/\partial z$ と基本ベクトル $\boldsymbol{i}, \boldsymbol{j}, \boldsymbol{k}$ とを組み合わせた演算子

$$(1)\qquad \nabla=\boldsymbol{i}\frac{\partial}{\partial x}+\boldsymbol{j}\frac{\partial}{\partial y}+\boldsymbol{k}\frac{\partial}{\partial z}$$

を**ハミルトンの演算子**といい，記号 ∇ は**ナブラ**とよむ．これを用いれば勾配ベクトルは ∇f と書かれる．勾配ベクトルの成分は $\nabla_x f$, $\operatorname{grad}_x f$ などと書き，したがって

$$\nabla_x f=\operatorname{grad}_x f=\frac{\partial f}{\partial x},\qquad \nabla_y f=\operatorname{grad}_y f=\frac{\partial f}{\partial y},$$

$$\nabla_z f=\operatorname{grad}_z f=\frac{\partial f}{\partial z}$$

である．

ポテンシャル ベクトル場 $\boldsymbol{A}=\boldsymbol{A}(x, y, z)$ に対して $\boldsymbol{A}=-\nabla f$ なるスカラー場 f があれば，$\boldsymbol{A}$ は**ポテンシャルをもつ**といい，f を $\boldsymbol{A}$ の**ポテンシャル**，あるいは**スカラー・ポテンシャル**という.

定理 2.1 ∇ について次の等式が成立する：

$$\nabla(f+g)=\nabla f+\nabla g,\quad \nabla(fg)=(\nabla f)g+f(\nabla g),$$

$$\nabla(f(g))=f'(g)\nabla g \quad (f' \text{ は } f \text{ の導関数}).$$

特に定数 c については $\nabla c=\boldsymbol{0}$, $\nabla(cf)=c\nabla f$.

この他のおもな公式を次に述べよう．まず $f=x$ の場合を考えると

$$\frac{\partial x}{\partial x}=1,\qquad \frac{\partial x}{\partial y}=0,\qquad \frac{\partial x}{\partial z}=0$$

であるから $\nabla x=\boldsymbol{i}$ となる．同様にして次の公式を得る

(2) $$\nabla x=\boldsymbol{i},\quad \nabla y=\boldsymbol{j},\quad \nabla z=\boldsymbol{k}.$$

スカラー f の全微分は

$$df=\frac{\partial f}{\partial x}dx+\frac{\partial f}{\partial y}dy+\frac{\partial f}{\partial z}dz$$

であるから，$\boldsymbol{r}=x\boldsymbol{i}+y\boldsymbol{j}+z\boldsymbol{k}$ とするとき $d\boldsymbol{r}=dx\boldsymbol{i}+dy\boldsymbol{j}+dz\boldsymbol{k}$ を用いて

(3) $$df=(\nabla f)\cdot d\boldsymbol{r}$$

と書くことができる.

例 3. $\boldsymbol{r}=x\boldsymbol{i}+y\boldsymbol{j}+z\boldsymbol{k}$, $r=|\boldsymbol{r}|$ とすると，原点以外では次の等式が成り立つ

(4) $$\nabla r=\frac{\boldsymbol{r}}{r},\quad \nabla\left(\frac{1}{r}\right)=-\frac{\boldsymbol{r}}{r^3},\quad \nabla f(r)=f'(r)\frac{\boldsymbol{r}}{r}.$$

[解] $\partial\sqrt{x^2+y^2+z^2}/\partial x=x/\sqrt{x^2+y^2+z^2}$ 等から

$$\frac{\partial r}{\partial x}=\frac{x}{r},\qquad \frac{\partial r}{\partial y}=\frac{y}{r},\qquad \frac{\partial r}{\partial z}=\frac{z}{r},$$

したがって

$$\nabla r=\frac{\partial r}{\partial x}\boldsymbol{i}+\frac{\partial r}{\partial y}\boldsymbol{j}+\frac{\partial r}{\partial z}\boldsymbol{k}=\frac{\boldsymbol{r}}{r}.$$

その他は定理 2.1 における $f(g)$ の式から導かれる.

方向微分係数 スカラー場 f において，1点Pを始点とする単位ベクトル $\boldsymbol{a}$ を考える．$\overrightarrow{\mathrm{PP'}}=(\Delta s)\boldsymbol{a}$ なる点 P′ をとり，P, P′ における f の値をそれぞれ $f(\mathrm{P})$, $f(\mathrm{P'})$ と書くとき，

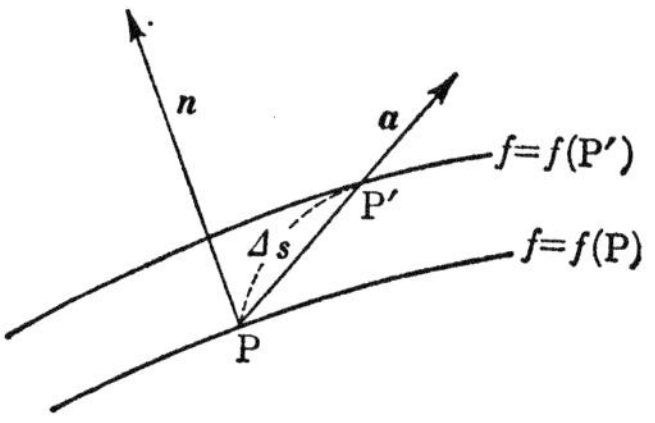

4-4 図

$$\lim_{\Delta s \to 0} \frac{f(\mathrm{P}') - f(\mathrm{P})}{\Delta s} = \frac{\partial f}{\partial s}$$

で定義される量 $\partial f/\partial s$ をスカラー場 f の，P における，$\boldsymbol{a}$ の方向への**方向微分係数**（または**方向微係数**）という．特に $\boldsymbol{a}$ が P における等位面の法線ベクトル $\boldsymbol{n}$ であるときは，これを $\partial f/\partial n$ と書く[1]．方向微分係数については次の等式が成立する．

(5) (i) $\dfrac{\partial f}{\partial s} = \boldsymbol{a}\cdot\nabla f$, (ii) $\nabla f = \dfrac{\partial f}{\partial n}\boldsymbol{n}$

［証明］ (i) $x + a_x\Delta s,\ y + a_y\Delta s,\ z + a_z\Delta s$ をそれぞれ x', y', z' と書けば

$$\begin{aligned} &f(x', y', z') - f(x, y, z) \\ &\quad = \{f(x', y', z') - f(x, y', z')\} + \{f(x, y', z') - f(x, y, z')\} \\ &\qquad + \{f(x, y, z') - f(x, y, z)\} \end{aligned}$$

であるから

$$\begin{aligned} \frac{\partial f}{\partial s} &= \lim_{\Delta s \to 0} \frac{f(x+a_x\Delta s,\ y+a_y\Delta s,\ z+a_z\Delta s) - f(x, y, z)}{\Delta s} \\ &= \lim_{\Delta s \to 0} \frac{f(x+a_x\Delta s,\ y',\ z') - f(x, y', z')}{a_x\Delta s} a_x \\ &\quad + \lim_{\Delta s \to 0} \frac{f(x,\ y+a_y\Delta s,\ z') - f(x, y, z')}{a_y\Delta s} a_y \\ &\quad + \lim_{\Delta s \to 0} \frac{f(x,\ y,\ z+a_z\Delta s) - f(x, y, z)}{a_z\Delta s} a_z \\ &= \frac{\partial f}{\partial x}a_x + \frac{\partial f}{\partial y}a_y + \frac{\partial f}{\partial z}a_z = \boldsymbol{a}\cdot\nabla f \end{aligned}$$

(ii) $\boldsymbol{a}$ として $\boldsymbol{n}$ に垂直な，すなわち等位面に接するベクトルをとれば，そのときの $\boldsymbol{a}\cdot\nabla f = \partial f/\partial s$ は明らかに 0 であるから ∇f は $\boldsymbol{n}$ に平行で，$\nabla f = \alpha\boldsymbol{n}$ と書くことができる．次に $\boldsymbol{a}$ として $\boldsymbol{n}$ をとれば (i) から $\partial f/\partial n = \boldsymbol{n}\cdot\nabla f = \alpha$ したがって (ii) を得る．

この結果を用いて曲面の法線ベクトルを求めることができる．曲面 $z = g(x, y)$ の上向きの法線ベクトルを求めるため，スカラー場 $f(x, y, z)$ を $f(x, y, z) = z - g(x, y)$ で定めれば，与えられた曲面は f の等位面の1つ，$f(x, y, z) = 0$ である．$\partial g/\partial x = p$, $\partial g/\partial y = q$ と書けば

$$\frac{\partial f}{\partial x} = -p, \quad \frac{\partial f}{\partial y} = -q, \quad \frac{\partial f}{\partial z} = 1$$

---

1) しかし後の章では等位面にかぎらず与えられた曲面の法線方向への方向微分係数の意味に使う．

であるから $-p\boldsymbol{i}-q\boldsymbol{j}+\boldsymbol{k}$ が各等位面の法線ベクトルに平行，したがって求めるベクトルは $f=0$ の点における

$$\frac{-p}{\sqrt{p^2+q^2+1}}\boldsymbol{i}+\frac{-q}{\sqrt{p^2+q^2+1}}\boldsymbol{j}+\frac{1}{\sqrt{p^2+q^2+1}}\boldsymbol{k}$$

である．曲面が他の形の式で与えられたときにも応用することができる．

例 4.　曲面 $xye^z+(x+y)z=0$ 上の点

$$\left(1,\ -\frac{1}{e+1},\ 1\right)$$

における法線ベクトル $\boldsymbol{n}$ を求めよ．

［解］　$f=xye^z+(x+y)z$ の等位面を考えると，与えられた点では

$$\nabla_x f=ye^z+z=\frac{1}{e+1},\quad \nabla_y f=xe^z+z=e+1,$$
$$\nabla_z f=xye^z+x+y=0,$$

したがって

$$\boldsymbol{n}=\pm\frac{\boldsymbol{i}+(e+1)^2\boldsymbol{j}}{\sqrt{1+(e+1)^4}}$$

問　　題

1.　直線 $\boldsymbol{r}(t)=(1-2t)\boldsymbol{i}+(3+2t)\boldsymbol{j}+(2-t)\boldsymbol{k}$ 上の点 P(3, 1, 3)において，この直線の t が増す方向へのスカラー $f(x,y,z)=yz+zx+xy$ の方向微分係数を求めよ．

2.　定数でないスカラー場 f について $\nabla f=\mathbf{0}$ をみたす点を**臨界点**という．臨界点Pにおいて A,B,C に関する２次形式

$$\frac{\partial^2 f}{\partial x^2}A^2+\frac{\partial^2 f}{\partial y^2}B^2+\frac{\partial^2 f}{\partial z^2}C^2$$
$$+2\frac{\partial^2 f}{\partial y\partial z}BC+2\frac{\partial^2 f}{\partial z\partial x}CA+2\frac{\partial^2 f}{\partial x\partial y}AB$$

が正値なら f はPにおいて極小値，負値なら極大値をとる．これを証明せよ．

注意　正値とは A,B,C に $A=B=C=0$ 以外のいかなる実数を与えても式の値が正であること，負値とは同じ場合に負であることをいう．

3.　$f=\dfrac{1}{2}(x^2+y^2-z^2-2yz+4zx-2xy-2x+4y)$ について （i） 臨界点Pを求めよ．(ii)　$f(\mathrm{P})$ は極大あるいは極小といえるか．

［解　　答］

1.　$d\boldsymbol{r}/dt=-2\boldsymbol{i}+2\boldsymbol{j}-\boldsymbol{k}$ であるから方向を示す単位ベクトルは $\boldsymbol{a}=-\dfrac{2}{3}\boldsymbol{i}+\dfrac{2}{3}\boldsymbol{j}-\dfrac{1}{3}\boldsymbol{k}$．Pにおける ∇f は $4\boldsymbol{i}+6\boldsymbol{j}+4\boldsymbol{k}$ であるから方向微分係数は 0.

2.　点Pでは $\nabla f=\mathbf{0}$ すなわち $\partial f/\partial x=\partial f/\partial y=\partial f/\partial z=0$ である．Pを (a,b,c) と

し，$x=a+h,\ y=b+k,\ z=c+l$ として $f(x,\ y,\ z)$ をPで展開すれば

$$
\begin{aligned}
f(x,\ y,\ z)&=f(a,\ b,\ c)\\
&\quad+\frac{1}{2}\left\{\left(\frac{\partial^2 f}{\partial x^2}\right)_{\mathrm{P}}h^2+\left(\frac{\partial^2 f}{\partial y^2}\right)_{\mathrm{P}}k^2+\left(\frac{\partial^2 f}{\partial z^2}\right)_{\mathrm{P}}l^2\right.\\
&\quad\left.+2\left(\frac{\partial^2 f}{\partial y\partial z}\right)_{\mathrm{P}}kl+2\left(\frac{\partial^2 f}{\partial z\partial x}\right)_{\mathrm{P}}lh+2\left(\frac{\partial^2 f}{\partial x\partial y}\right)_{\mathrm{P}}hk\right\}+R
\end{aligned}
$$

で，R は $h,\ k,\ l$ に関する2次の無限小と比較して無視される．したがって $f(x,\ y,\ z)-f(a,\ b,\ c)$ の符号は2次形式がPにおいて正値または負値の場合は，点 $\mathrm{Q}(x,\ y,\ z)$ が $\mathrm{P}(a,\ b,\ c)$ と一致しないかぎりそれぞれ正または負である．したがって $f(\mathrm{P})$ は正値に対しては極小値，負値に対しては極大値となる．

3. (i)　$x-y+2z-1=0,\ -x+y-z+2=0,\ 2x-y-z=0$
を解いてPは $(-4,\ -7,\ -1)$.

(ii)　2次形式は $A^2+B^2-C^2-2BC+4CA-2AB$ で，これは $A=1,\ B=C=0$ では1，また $C=1,\ A=B=0$ では -1，
したがって $f(\mathrm{P})$ は極大でも極小でもない．

§3. ベクトル場の発散と回転

ベクトル場の微分と方向微分　ベクトル場 $\boldsymbol{A}=\boldsymbol{A}(x,\ y,\ z)$ の点 $\mathrm{P}(x,\ y,\ z)$ において単位ベクトル $\boldsymbol{a}=a_x\boldsymbol{i}+a_y\boldsymbol{j}+a_z\boldsymbol{k}$ が与えられたとき，$\boldsymbol{a}$ の方向への方向微分係数は

$$\lim_{\Delta s\to 0}\frac{\boldsymbol{A}(x+a_x\Delta s,\ y+a_y\Delta s,\ z+a_z\Delta s)-\boldsymbol{A}(x,\ y,\ z)}{\Delta s}$$

で定義される．したがってこれは次のベクトルである：

$$\frac{\partial\boldsymbol{A}}{\partial s}=\frac{\partial\boldsymbol{A}}{\partial x}a_x+\frac{\partial\boldsymbol{A}}{\partial y}a_y+\frac{\partial\boldsymbol{A}}{\partial z}a_z.$$

この式で $\partial\boldsymbol{A}/\partial x,\ \partial\boldsymbol{A}/\partial y,\ \partial\boldsymbol{A}/\partial z$ はそれぞれベクトルで，$\boldsymbol{A}$ の成分を $A_x,\ A_y,\ A_z$ とすれば

$$
(1)\qquad
\left\{
\begin{aligned}
\frac{\partial\boldsymbol{A}}{\partial x}&=\frac{\partial A_x}{\partial x}\boldsymbol{i}+\frac{\partial A_y}{\partial x}\boldsymbol{j}+\frac{\partial A_z}{\partial x}\boldsymbol{k}\\
\frac{\partial\boldsymbol{A}}{\partial y}&=\frac{\partial A_x}{\partial y}\boldsymbol{i}+\frac{\partial A_y}{\partial y}\boldsymbol{j}+\frac{\partial A_z}{\partial y}\boldsymbol{k}\\
\frac{\partial\boldsymbol{A}}{\partial z}&=\frac{\partial A_x}{\partial z}\boldsymbol{i}+\frac{\partial A_y}{\partial z}\boldsymbol{j}+\frac{\partial A_z}{\partial z}\boldsymbol{k}
\end{aligned}
\right.
$$

と書かれる．この右辺にある9個の係数のつくる行列

$$(2)\qquad \begin{bmatrix} \dfrac{\partial A_x}{\partial x} & \dfrac{\partial A_y}{\partial x} & \dfrac{\partial A_z}{\partial x} \\ \dfrac{\partial A_x}{\partial y} & \dfrac{\partial A_y}{\partial y} & \dfrac{\partial A_z}{\partial y} \\ \dfrac{\partial A_x}{\partial z} & \dfrac{\partial A_y}{\partial z} & \dfrac{\partial A_z}{\partial z} \end{bmatrix}$$

は一般に対称でないが，特に $\boldsymbol{A}$ が勾配ベクトル場，すなわち $\boldsymbol{A}=\nabla f$ のときは

$$(3)\qquad \begin{bmatrix} \dfrac{\partial^2 f}{\partial x^2} & \dfrac{\partial^2 f}{\partial x\partial y} & \dfrac{\partial^2 f}{\partial x\partial z} \\ \dfrac{\partial^2 f}{\partial y\partial x} & \dfrac{\partial^2 f}{\partial y^2} & \dfrac{\partial^2 f}{\partial y\partial z} \\ \dfrac{\partial^2 f}{\partial z\partial x} & \dfrac{\partial^2 f}{\partial z\partial y} & \dfrac{\partial^2 f}{\partial z^2} \end{bmatrix}$$

となって対称行列である．

発散　行列 (2) の対角線上の要素の和すなわちトレースをベクトル場 $\boldsymbol{A}$ の **発散** といい div $\boldsymbol{A}$ で表わす：

$$(4)\qquad \operatorname{div}\boldsymbol{A}=\frac{\partial A_x}{\partial x}+\frac{\partial A_y}{\partial y}+\frac{\partial A_z}{\partial z}.$$

演算子 ∇ を使えば

$$\nabla\cdot\boldsymbol{A}=\left(\boldsymbol{i}\frac{\partial}{\partial x}+\boldsymbol{j}\frac{\partial}{\partial y}+\boldsymbol{k}\frac{\partial}{\partial z}\right)\cdot(A_x\boldsymbol{i}+A_y\boldsymbol{j}+A_z\boldsymbol{k})=\frac{\partial}{\partial x}A_x+\frac{\partial}{\partial y}A_y+\frac{\partial}{\partial z}A_z$$

であるから発散は $\nabla\cdot\boldsymbol{A}$ とも書く．これは ∇ と $\boldsymbol{A}$ との内積の形をしているが，∇ は演算子であるから発散を $\boldsymbol{A}\cdot\nabla$ と書くことはできない．$\boldsymbol{A}\cdot\nabla$ は次の意味をもつ演算子である：

$$\boldsymbol{A}\cdot\nabla=A_x\frac{\partial}{\partial x}+A_y\frac{\partial}{\partial y}+A_z\frac{\partial}{\partial z}.$$

定理3.1　$\nabla\cdot$ について次の等式が成立する．ただし f はスカラー場とする：

$$\nabla\cdot(\boldsymbol{A}+\boldsymbol{B})=\nabla\cdot\boldsymbol{A}+\nabla\cdot\boldsymbol{B},$$

$$\nabla\cdot(f\boldsymbol{A})=(\nabla f)\cdot\boldsymbol{A}+f(\nabla\cdot\boldsymbol{A}).$$

[証明]　$\nabla\cdot(\boldsymbol{A}+\boldsymbol{B})$ は $\partial(A_x+B_x)/\partial x=\partial A_x/\partial x+\partial B_x/\partial x$ 等から $\nabla\cdot\boldsymbol{A}+\nabla\cdot\boldsymbol{B}$ に等しくなる．$\nabla\cdot(f\boldsymbol{A})$ は $\partial(fA_x)/\partial x=(\partial f/\partial x)A_x+f\partial A_x/\partial x$ 等から $(\nabla f)\cdot\boldsymbol{A}+f(\nabla\cdot\boldsymbol{A})$ に等しい．

ラプラス演算子　スカラー場 f から作った勾配ベクトル場 ∇f の発散，すなわち

div grad f，また $\nabla\cdot(\nabla f)$ を $\nabla^2 f$ または Δf と書き，演算子

$$\nabla^2 = \Delta = \frac{\partial^2}{\partial x^2} + \frac{\partial^2}{\partial y^2} + \frac{\partial^2}{\partial z^2}$$

を**ラプラス演算子**または**ラプラシアン**という．Δ は**デルタ**とよむ．Δf は行列(3)のトレースである．

ラプラスの方程式と調和関数　偏微分方程式 $\nabla^2 f = 0$ を**ラプラスの方程式**，これを満足する関数を**調和関数**という．

演算子 ∇^2 をベクトルに作用さすときは次の意味にとる：

$$\nabla^2 \boldsymbol{A} = (\nabla^2 A_x)\boldsymbol{i} + (\nabla^2 A_y)\boldsymbol{j} + (\nabla^2 A_z)\boldsymbol{k}$$

$\boldsymbol{A}\cdot\nabla$ がベクトル場 $\boldsymbol{B}$ に作用した結果は次のようになる：

$$\begin{aligned}(\boldsymbol{A}\cdot\nabla)\boldsymbol{B} &= \left(A_x\frac{\partial}{\partial x} + A_y\frac{\partial}{\partial y} + A_z\frac{\partial}{\partial z}\right)(B_x\boldsymbol{i} + B_y\boldsymbol{j} + B_z\boldsymbol{k})\\ &= \left(A_x\frac{\partial B_x}{\partial x} + A_y\frac{\partial B_x}{\partial y} + A_z\frac{\partial B_x}{\partial z}\right)\boldsymbol{i}\\ &\quad + \left(A_x\frac{\partial B_y}{\partial x} + A_y\frac{\partial B_y}{\partial y} + A_z\frac{\partial B_y}{\partial z}\right)\boldsymbol{j}\\ &\quad + \left(A_x\frac{\partial B_z}{\partial x} + A_y\frac{\partial B_z}{\partial y} + A_z\frac{\partial B_z}{\partial z}\right)\boldsymbol{k}.\end{aligned}$$

ベクトル場の回転　ベクトル場 $\boldsymbol{A}$ に対して，ベクトル

$$(5)\qquad \left(\frac{\partial A_z}{\partial y} - \frac{\partial A_y}{\partial z}\right)\boldsymbol{i} + \left(\frac{\partial A_x}{\partial z} - \frac{\partial A_z}{\partial x}\right)\boldsymbol{j} + \left(\frac{\partial A_y}{\partial x} - \frac{\partial A_x}{\partial y}\right)\boldsymbol{k}$$

$$\equiv \begin{vmatrix} \boldsymbol{i} & \boldsymbol{j} & \boldsymbol{k} \\ \dfrac{\partial}{\partial x} & \dfrac{\partial}{\partial y} & \dfrac{\partial}{\partial z} \\ A_x & A_y & A_z \end{vmatrix}$$

を $\boldsymbol{A}$ の**回転**とよび rot $\boldsymbol{A}$ または curl $\boldsymbol{A}$ と書く．成分は $\mathrm{rot}_x \boldsymbol{A}$, $\mathrm{rot}_y \boldsymbol{A}$, $\mathrm{rot}_z \boldsymbol{A}$ と記す．演算子 ∇ を使えば，形式的には外積として rot $\boldsymbol{A} = \nabla \times \boldsymbol{A}$ と書くことができる．(5) の右辺の行列式も同じ意味である．

定理3.2　回転について次の等式が成立する．ただし f はスカラー場である：

$$\nabla \times (\boldsymbol{A} + \boldsymbol{B}) = \nabla \times \boldsymbol{A} + \nabla \times \boldsymbol{B},$$

$$\nabla \times (f\boldsymbol{A}) = (\nabla f) \times \boldsymbol{A} + f\nabla \times \boldsymbol{A}.$$

［証明］ $\nabla \times (\boldsymbol{A} + \boldsymbol{B})$ の x 成分は　$\partial(A_z + B_z)/\partial y - \partial(A_y + B_y)/\partial z = \partial A_z/\partial y$

$-\partial A_y/\partial z+\partial B_z/\partial y-\partial B_y/\partial z$ で，これは $\nabla\times\boldsymbol{A}+\nabla\times\boldsymbol{B}$ の x 成分に等しい．y 成分，z 成分についても同様ゆえ第1の等式を得る．$\nabla\times(f\boldsymbol{A})$ の x 成分は $\partial(fA_z)/\partial y-\partial(fA_y)/\partial z=(\partial f/\partial y)A_z-(\partial f/\partial z)A_y+f\partial A_z/\partial y-f\partial A_y/\partial z$ で，これは $(\nabla f)\times\boldsymbol{A}+f\nabla\times\boldsymbol{A}$ の x 成分に等しい．y 成分，z 成分についても同様ゆえ，第2の等式を得る．

例 5. 次のベクトル場について発散を求めよ．ただし e は定数とする：

$$\text{(i)}\quad \boldsymbol{A}=-\operatorname{grad}\left(\frac{e}{r}\right),\qquad \text{(ii)}\quad \boldsymbol{A}=\nabla r,\qquad \text{(iii)}\quad \boldsymbol{A}=\frac{1}{2}\nabla(r^2).$$

［解］（i）

$$\frac{\partial}{\partial x}\left(\frac{ex}{r^3}\right)=\frac{e}{r^3}-3\frac{ex^2}{x^5}$$

等の和をとれば $\nabla\cdot\boldsymbol{A}=0$.

（ii）

$$\frac{\partial}{\partial x}\left(\frac{x}{r}\right)=\frac{1}{r}-\frac{x^2}{r^3}$$

等から $\nabla\cdot\boldsymbol{A}=\dfrac{2}{r}$.

(iii) $\boldsymbol{A}=\boldsymbol{r}$ であるから $\nabla\cdot\boldsymbol{A}=3$.

例 6. a, b, c が定数のとき

$$\frac{1}{\sqrt{(x-a)^2+(y-b)^2+(z-c)^2}}$$

は調和関数である．

［解］

$$\frac{\partial}{\partial x}\left(\frac{1}{\sqrt{(x-a)^2+(y-b)^2+(z-c)^2}}\right)=\frac{-(x-a)}{\{(x-a)^2+(y-b)^2+(z-c)^2\}^{3/2}},$$

$$\frac{\partial^2}{\partial x^2}\left(\frac{1}{\sqrt{(x-a)^2+(y-b)^2+(z-c)^2}}\right)=\frac{-1}{\{(x-a)^2+(y-b)^2+(z-c)^2\}^{3/2}}+\frac{3(x-a)^2}{\{(x-a)^2+(y-b)^2+(z-c)^2\}^{5/2}}$$

であるから，y, z に関する同様の式を加えて

$$\left(\frac{\partial^2}{\partial x^2}+\frac{\partial^2}{\partial y^2}+\frac{\partial^2}{\partial z^2}\right)\left(\frac{1}{\sqrt{(x-a)^2+(y-b)^2+(z-c)^2}}\right)=0.$$

例 7. $\operatorname{rot}\boldsymbol{r}$ を計算せよ．

［解］ x 成分は $\partial z/\partial y-\partial y/\partial z=0$，同様に y 成分，z 成分も 0 であるから $\operatorname{rot}\boldsymbol{r}=\boldsymbol{0}$.

例 8. $\boldsymbol{A}$ が定ベクトルのとき $\operatorname{rot}(\boldsymbol{A}\times\boldsymbol{r})$ を求めよ．

［解］ $\boldsymbol{A}$ の成分を A_x, A_y, A_z とすると

$$\mathrm{rot}_x(\boldsymbol{A}\times\boldsymbol{r})=\frac{\partial}{\partial y}(A_x y-A_y x)-\frac{\partial}{\partial z}(A_z x-A_x z)=2A_x.$$

y 成分, z 成分も同様に計算されるから

$$\mathrm{rot}(\boldsymbol{A}\times\boldsymbol{r})=2\boldsymbol{A}.$$

例 9. $\mathrm{rot}\,\boldsymbol{A}=\boldsymbol{0}$ をみたすベクトル場

$$\boldsymbol{A}(x,y,z)=g(y)h(z)\boldsymbol{i}+h(z)f(x)\boldsymbol{j}+f(x)g(y)\boldsymbol{k}$$

において $f(x)$, $g(y)$, $h(z)$ はいずれも恒等的に0ではないとする. $\boldsymbol{A}(x, y, z)$ を求めよ.

[解] $\mathrm{rot}_x\boldsymbol{A}$ を調べて $f(x)\{g'(y)-h'(z)\}=0$, ここに $f(x)$ は0でないから $g'(y)-h'(z)=0$, したがって $g'(y)=h'(z)=k$ (定数) とおくことができる. 同様に $h'(z)=f'(x)=k$ を得るから $f(x)=k(x+a)$, $g(y)=k(y+b)$, $h(z)=k(z+c)$, ただし a, b, c は定数. よって $\boldsymbol{A}(x,y,z)=k^2\{(y+b)(z+c)\boldsymbol{i}+(z+c)(x+a)\boldsymbol{j}+(x+a)(y+b)\boldsymbol{k}\}$ となる.

問　　題

1. 成分が $v_x=z$, $v_y=0$, $v_z=0$ なるベクトル場 $\boldsymbol{v}$ について $\mathrm{div}\,\boldsymbol{v}$ および $\mathrm{rot}\,\boldsymbol{v}$ を求めよ.
2. 成分が $v_x=a_{11}x+a_{12}y+a_{13}z$, $v_y=a_{21}x+a_{22}y+a_{23}z$, $v_z=a_{31}x+a_{32}y+a_{33}z$ なるベクトル場 $\boldsymbol{v}$ が $\mathrm{div}\,\boldsymbol{v}=0$, $\mathrm{rot}\,\boldsymbol{v}=\boldsymbol{0}$ をみたすための係数 $a_{ik}(i, k=1, 2, 3)$ の条件を求めよ.
3. 成分が $v_x=-y$, $v_y=x$, $v_z=0$ なるベクトル場 $\boldsymbol{v}$ の $\mathrm{rot}\,\boldsymbol{v}$ を求め, また $\boldsymbol{v}$ の流線の略図を xy 平面において書け.
4. 成分が $v_x=x$, $v_y=-y$, $v_z=0$ なるベクトル場 $\boldsymbol{v}$ の $\mathrm{div}\,\boldsymbol{v}$, $\mathrm{rot}\,\boldsymbol{v}$ を求め, $\boldsymbol{v}$ の流線の略図を xy 平面において書け. また流線の特異点を述べよ.
5. $\nabla\cdot(f\nabla g)=f\nabla^2 g+(\nabla f)\cdot(\nabla g)$ を証明せよ.
6. u, v が調和関数なら $\nabla^2(uv)=2(\nabla u)\cdot(\nabla v)$ であることを証明せよ.
7. $f(u, v)$ は2変数の未知関数とする. ベクトル場 $\boldsymbol{A}$ が $\boldsymbol{A}(x,y,z)=f(y,z)\boldsymbol{i}+f(z,x)\boldsymbol{j}+f(x,y)\boldsymbol{k}$ の形で $\mathrm{rot}\,\boldsymbol{A}=\boldsymbol{0}$ をみたすなら, $f(u, v)$ はいかなる関数か.

[解　　答]

1. $\mathrm{div}\,\boldsymbol{v}=0$, $\mathrm{rot}\,\boldsymbol{v}=\boldsymbol{j}$.
2. $a_{11}+a_{22}+a_{33}=0$, $a_{32}-a_{23}=0$, $a_{13}-a_{31}=0$, $a_{21}-a_{12}=0$.
3. $\mathrm{rot}\,\boldsymbol{v}=2\boldsymbol{k}$. 流線は $xv_x+yv_y=0$ から原点を中心とする同心円.
4. $\mathrm{div}\,\boldsymbol{v}=0$, $\mathrm{rot}\,\boldsymbol{v}=\boldsymbol{0}$. 流線の微分方程式は

$$\frac{dx}{x}=\frac{dy}{-y}=\frac{dz}{0}$$

であるから xy 平面では $\log x+\log y=c$, すなわち $xy=\mathrm{const}$ を解とする. したがって 4-6 図のような直角双曲線および原点をとおる 2 直線. 特異点は z 軸上のすべての点.

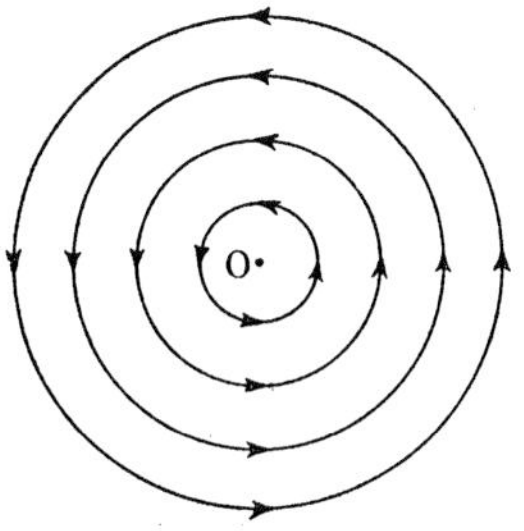

4-5 図

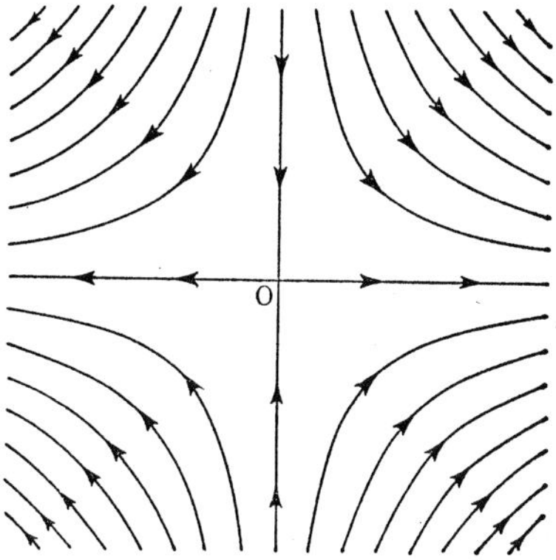

4-6 図

5. 定理 3.1 から $\nabla\cdot(f\nabla g)=(\nabla f)\cdot(\nabla g)+f\nabla\cdot(\nabla g)$.

6. $\nabla^2(uv)=\nabla\cdot(\nabla(uv))=\nabla\cdot(v\nabla u+u\nabla v)=(\nabla v)\cdot(\nabla u)+v\nabla^2 u+(\nabla u)\cdot(\nabla v)+u\nabla^2 v$. u, v は調和関数であるから $\nabla^2 u=\nabla^2 v=0$ となって求める式を得る.

7. $\partial f(u,v)/\partial u=\varphi(u,v)$, $\partial f(u,v)/\partial v=\psi(u,v)$ とすると $\mathrm{rot}\,\boldsymbol{A}=\boldsymbol{0}$ から

$$\psi(x,y)=\varphi(z,x),\quad \psi(y,z)=\varphi(x,y),\quad \psi(z,x)=\varphi(y,z),$$

したがって $\psi(x,y)=\varphi(z,x)=g(x)$ なる関数 $g(x)$ がある. よって $\partial f(x,y)/\partial y=g(x)$ から

$$f(x,y)=g(x)y+h(x)$$

を得る ($h(x)$ はまだ未知関数). また $\varphi(z,x)=g(x)$ から $\varphi(x,y)=g(y)$, したがって

$$f(x,y)=xg(y)+k(y)$$

を得る ($k(y)$ も未知関数). これで $f(x,y)$ は x についても y についても 1 次式であるから

$$f(x,y)=axy+bx+cy+d$$

とおくことができる. またこれから $g(x)=ax+c$, $g(y)=ay+b$ となるから $b=c$, すなわち,

$$f(u,v)=auv+b(u+v)+d$$

を得る.

§4. 発散の意味

ベクトル $\boldsymbol{A}$ が流れを表わすと考えて div $\boldsymbol{A}$ の意味を調べよう．流体の各点 P(x, y, z) において，その密度は $\rho(x, y, z)$，速度は $\boldsymbol{v}(x, y, z)$ とするとき，

$$\boldsymbol{A}(x, y, z) = \rho(x, y, z)\boldsymbol{v}(x, y, z) \tag{1}$$

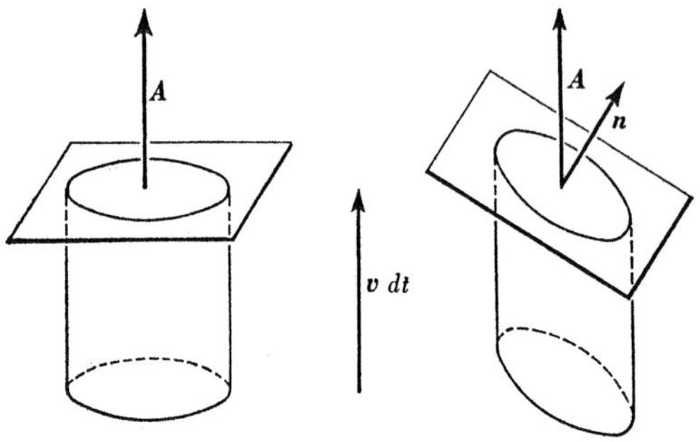

4-7 図

は次のように一定の面を通過する流体の量に関係する．

P において $\boldsymbol{A}$ に垂直な微小な面すなわち面素を考えると，これを時間 dt に通過する流体の量は，面素の面積ベクトルを $d\boldsymbol{S}$ で表わすとき，$\rho|\boldsymbol{v}dt||d\boldsymbol{S}| = |\boldsymbol{A}||d\boldsymbol{S}|dt$ である．これは $|d\boldsymbol{S}|$ を底面積，$|\boldsymbol{v}dt|$を高さとする柱体の内部にある流体が面を通過するからである．また，任意の方向を向く面素については，これを単位時間に通過する流体の量は，面素の法線ベクトル $\boldsymbol{n}$ と $\boldsymbol{A}$ の方向のなす角を θ で表わして $|\boldsymbol{A}||d\boldsymbol{S}|\cos\theta$ であるから，$\boldsymbol{A}\cdot d\boldsymbol{S}$ と書かれる．ただし $\cos\theta > 0$ なら流れは面素を法線の向きに通過する．$\cos\theta < 0$ なら流れは逆の向きに通過し，$|\boldsymbol{A}\cdot d\boldsymbol{S}|$ がその量となる．

空間の 1 点 P(x, y, z) に対して 3 点 L$(x+\Delta x, y, z)$, M$(x, y+\Delta y, z)$, N$(x, y, z+\Delta z)$ をとり，PL, PM, PN を辺にもつ直 6 面体を考える．ただし Δx, Δy, Δz は正とする．この直 6 面体で yz 平面に平行な面をF, F' とよび，P を含む面を F とする．F, F' の正しく向かいあう点 Q, Q′ において，それぞれ微小面積 dS をもつ小窓を考え，これを通過する流体の量を計算すれば，外向きの法線ベクトルが F, F' ではそれぞれ $-\boldsymbol{i}$, $\boldsymbol{i}$ であることから，これは出る量として表わして，単位時間に

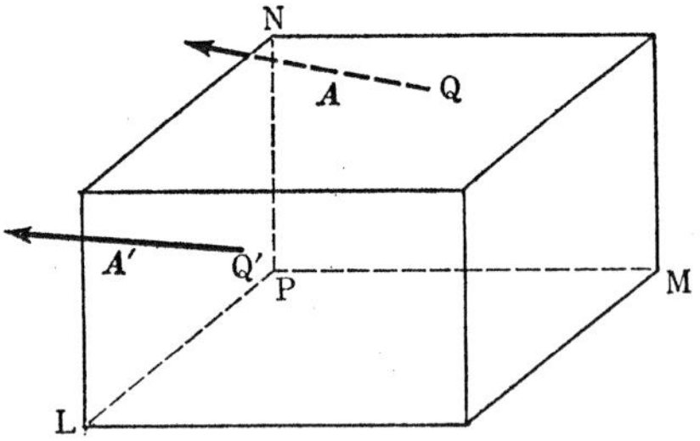

4-8 図

$$\{A_x(x+\Delta x, y', z') - A_x(x, y', z')\}dS$$

である．ただし，y', z' は点 Q の y 座標，z 座標である．Δx, Δy, Δz が小さいとすればこれは

$$\frac{\partial A_x}{\partial x}\Delta x dS,$$

よって F, F' 全体では，面を通って流出する流体の量は

$$\frac{\partial A_x}{\partial x}\Delta x\Delta y\Delta z$$

となる．同様のことを他の面でも考えると，全部で $(\mathrm{div}\,\boldsymbol{A})\Delta x\Delta y\Delta z$ なる量の流体が直6面体の内部から外部へ表面を通過して単位時間に流出することになる．こうして次のことがいえる．

div $\boldsymbol{A}$ は (1) によって運動の状態が与えられる流体について，単位体積から単位時間に流出する流体の量を表わす．

これはまた湧き出る量として考えてもよい．また水や空気の流れのように，物質の発生や消滅のない場合には，div $\boldsymbol{A}$ は各点において単位時間，単位体積について失われていく流体の量に等しい．

熱の流れについても同様のことが考えられる．すなわち，$\boldsymbol{A}$ の方向は熱の流れの方向を，またその大きさは，流れに垂直な面の単位面積を単位時間に通過する熱量を表わすとすれば，div $\boldsymbol{A}$ は単位体積から単位時間に流出する熱量を表わす．この場合 (1) は考えられないが，それはさしつかえない．電流についても同様である．

§5. 流体の運動および熱の伝導への応用

流体の運動の状態は流体の各点 P(x, y, z) における密度および速度で表わされる．これらは一般に時刻 t にもよるので $\rho(x, y, z, t)$, $\boldsymbol{v}(x, y, z, t)$ と記す．いま流体の1つの質点 C を考え，この質点の座標を $x(t)$, $y(t)$, $z(t)$ と書くと，その速度は

$$\frac{dx}{dt} = v_x(x(t),\ y(t),\ z(t),\ t),$$

$$\frac{dy}{dt} = v_y(x(t),\ y(t),\ z(t),\ t),$$

$$\frac{dz}{dt} = v_z(x(t),\ y(t),\ z(t),\ t)$$

である．このように，1つの質点をとり，それを追っていくと，その速度は2通りの意味で t による．すなわち時とともに質点の空間における位置が変化する意味で t によるほか，各点における流体の速度が時とともに変る意味でも t による．したがって，質点の加速度 $\boldsymbol{a}$ は

$$\frac{d^2x}{dt^2}=\frac{\partial v_x}{\partial x}\frac{dx}{dt}+\frac{\partial v_x}{\partial y}\frac{dy}{dt}+\frac{\partial v_x}{\partial z}\frac{dz}{dt}+\frac{\partial v_x}{\partial t},$$

$$\frac{d^2y}{dt^2}=\frac{\partial v_y}{\partial x}\frac{dx}{dt}+\frac{\partial v_y}{\partial y}\frac{dy}{dt}+\frac{\partial v_y}{\partial z}\frac{dz}{dt}+\frac{\partial v_y}{\partial t},$$

$$\frac{d^2z}{dt^2}=\frac{\partial v_z}{\partial x}\frac{dx}{dt}+\frac{\partial v_z}{\partial y}\frac{dy}{dt}+\frac{\partial v_z}{\partial z}\frac{dz}{dt}+\frac{\partial v_z}{\partial t}$$

で与えられる．右辺の式で $dx/dt,\ dy/dt,\ dz/dt$ をそれぞれ $v_x,\ v_y,\ v_z$ でおきかえれば，この結果は

(1)
$$\boldsymbol{a}=(\boldsymbol{v}\cdot\nabla)\boldsymbol{v}+\frac{\partial \boldsymbol{v}}{\partial t}$$

と書くことができる．また各時刻におけるこの質点Cの位置において流体の密度を考え，これを $\rho(t)$ と表わすと，$\rho(t)=\rho(x(t),\ y(t),\ z(t),\ t)$ であるから

(2)
$$\frac{d\rho}{dt}=\boldsymbol{v}\cdot\nabla\rho+\frac{\partial\rho}{\partial t}$$

を得る．$\rho,\ \boldsymbol{v}$ が空間の各点では t によらない場合，すなわち，$\partial\rho/\partial t=0,\ \partial\boldsymbol{v}/\partial t=\boldsymbol{0}$ の場合，流れは**定常流**であるという．(1), (2) からわかるように，このときも $d\rho/dt,\ \boldsymbol{a}$ は一般に消えない．

連続の方程式　$\rho,\ v$ が $x,\ y,\ z,\ t$ の関数であっても $\boldsymbol{A}(x,\ y,\ z,\ t)=\rho(x,\ y,\ z,\ t)\boldsymbol{v}(x,\ y,\ z,\ t)$ について $\operatorname{div}\boldsymbol{A}$ は同じ意味をもつ．したがって物質の発生や消滅がないかぎり，dt 時間に微小直6面体の面から流出した流体の量 $(\operatorname{div}\boldsymbol{A})\Delta x\Delta y\Delta z dt$ に応じて，この中の流体の量はそれだけ減じ，その結果 ρ は dt 時間に $(\operatorname{div}\boldsymbol{A})dt$ だけ減る．すなわち

(3)
$$\frac{\partial\rho}{\partial t}+\operatorname{div}(\rho\boldsymbol{v})=0$$

である．これを**連続の方程式**という．この方程式は定理3.1により

$$\frac{\partial\rho}{\partial t}+\boldsymbol{v}\cdot\nabla\rho+\rho\operatorname{div}\boldsymbol{v}=0$$

とも書かれるから，(2) により

(4)
$$\frac{d\rho}{dt}+\rho\operatorname{div}\boldsymbol{v}=0$$

となる．

(i)　非圧縮性流体では ρ は定数であるから

$$\operatorname{div}\boldsymbol{v}=0$$

となるが，これは**非圧縮性流体の連続の方程式**とよぶ．

(ii) 定常流では (3) から $\operatorname{div}(\rho \boldsymbol{v}) = 0$ を得るが，これはまた次のようにも書かれる：

$$\boldsymbol{v} \cdot \nabla \rho + \rho \operatorname{div} \boldsymbol{v} = 0.$$

例 10. 非圧縮性流体の定常流において点 $\mathrm{P}(x, y, z)$ における速度が次の方程式をみたすとする：

$$v_x = -xf(z), \quad v_y = -yf(z), \quad v_z = -c\sqrt{h-z}.$$

このとき関数 $f(z)$ を求めよ．

[解]
$$\operatorname{div} \boldsymbol{v} = -f(z) - f(z) + \frac{c}{2} \frac{1}{\sqrt{h-z}} = 0$$

であるから

$$f(z) = \frac{c}{4} \frac{1}{\sqrt{h-z}}.$$

例 11. $\rho = 1$, $v_x = x$, $v_y = -y$, $v_z = 0$ で与えられる流体の運動において質点の加速度 $\boldsymbol{a}$ を求めよ．

[解]
$$\frac{\partial v_x}{\partial x} v_x + \frac{\partial v_x}{\partial y} v_y + \frac{\partial v_x}{\partial z} v_z + \frac{\partial v_x}{\partial t} = x,$$
$$\frac{\partial v_y}{\partial x} v_x + \frac{\partial v_y}{\partial y} v_y + \frac{\partial v_y}{\partial z} v_z + \frac{\partial v_y}{\partial t} = y,$$
$$\frac{\partial v_z}{\partial x} v_x + \frac{\partial v_z}{\partial y} v_y + \frac{\partial v_z}{\partial z} v_z + \frac{\partial v_z}{\partial t} = 0$$

であるから $\boldsymbol{a} = x\boldsymbol{i} + y\boldsymbol{j}$.

熱伝導の方程式　物質内で温度が一様でなければ熱の流れがおこる．温度の変化にともなう性質の変化を無視してよいような，均一で等方性の，静止している物質内で，温度 θ が一様でなく，各点の位置の関数であるとする．温度は時刻 t にもよるので，$\theta = \theta(x, y, z, t)$ で表わされる．このとき熱量の流れのベクトル $\boldsymbol{A}$ は，温度の勾配 $\nabla\theta$ に，物質による定数 $-\lambda$ を乗じたものと考えられるから，$\boldsymbol{A} = -\lambda\nabla\theta$ である．熱の発生や吸収が物質内でおこらなければ，この結果 θ は次の偏微分方程式を満足する：

$$\frac{\partial\theta}{\partial t} = \frac{\lambda}{c\rho}\left(\frac{\partial^2\theta}{\partial x^2} + \frac{\partial^2\theta}{\partial y^2} + \frac{\partial^2\theta}{\partial z^2}\right).$$

ただし ρ は密度，c は比熱である．この方程式を**熱伝導の方程式**または**熱方程式**という．

[証明] $\operatorname{div} \boldsymbol{A} = \operatorname{div}(-\lambda\nabla\theta) = -\lambda\Delta\theta$ で，これは単位体積，単位時間について失われる熱量である．したがって $-\lambda\Delta\theta/c\rho$ は単位時間における温度の降下，すなわち温度降下の速度であるから $-\partial\theta/\partial t$ に等しい．よって上に記した方程式を得る．

例 12. 物質内の温度 θ が位置の関数としては調和関数なら，θ は t を含まない．

[解]　熱伝導の方程式で右辺が 0 となるから明らか．

問　　題

1. $v_x = f(u)x,\ v_y = -f(u)y,\ v_z = 0$（ただし $u = \sqrt{x^2 + y^2}$）が非圧縮性流体の速度を与えるような関数 $f(u)$ を求めよ．

2. 速度 $\boldsymbol{v}$ が $v_x = -f(u)y,\ v_y = f(u)x,\ v_z = 0$（ただし $u = \sqrt{x^2 + y^2}$）である流体の運動で，密度 ρ が u と t のみの関数であるなら，ρ は t によらないことを示せ．

3. 速度の場 $\boldsymbol{v}$ がスカラー場 φ の勾配であるとき，φ を**速度ポテンシャル**という．非圧縮性流体では速度ポテンシャルは調和関数であることを示せ．

4. 熱伝導の方程式は単位のとり方によって

$$\frac{\partial \theta}{\partial t} = \Delta \theta$$

と書くことができる．a が正の定数のとき次の問に答えよ．

(i)　$\theta = f(x)e^{a^2t}$ がこの方程式をみたすように $f(x)$ を定めよ．

(ii)　$\theta = f(x)e^{-a^2t}$ がこの方程式をみたすように $f(x)$ を定めよ．

[解　　答]

1. $\mathrm{div}\,\boldsymbol{v} = f(u) + f'(u)\dfrac{x^2}{u} - f(u) - f'(u)\dfrac{y^2}{u} = 0$ から $f'(u) = 0$, したがって $f(u) = \mathrm{const.}$

2. $\mathrm{div}\,\boldsymbol{v} = -f'(u)\dfrac{xy}{u} + f'(u)\dfrac{xy}{u} = 0,\ \nabla\rho = \dfrac{\partial\rho}{\partial u}\dfrac{x\boldsymbol{i} + y\boldsymbol{j}}{u}$，したがって $\boldsymbol{v}\cdot\nabla\rho = 0$ であるから連続の方程式により $\partial\rho/\partial t = 0$，すなわち ρ は t によらない．

3. $\mathrm{div}\,\boldsymbol{v} = 0$ と $\boldsymbol{v} = \nabla\varphi$ とから $\Delta\varphi = 0$ を得る．

4. (i)　$a^2 f(x) = f''(x)$ から $f(x) = Ae^{ax} + Be^{-ax}$.

(ii)　$-a^2 f(x) = f''(x)$ から $f(x) = A\cos ax + B\sin ax$（$A, B$ は任意定数）．

§6. スカラー場，ベクトル場の微分に関するおもな公式

次の公式は重要である．ことに右辺が簡単なものほど基本的である．

(i)　$$\mathrm{rot\ grad}\, f = 0,$$

(ii)　$$\mathrm{div\ rot}\, \boldsymbol{A} = 0,$$

(iii)　$$\mathrm{rot\ rot}\, \boldsymbol{A} = \nabla(\nabla\cdot\boldsymbol{A}) - \nabla^2\boldsymbol{A},$$

(iv)　$$\mathrm{div}(\boldsymbol{A}\times\boldsymbol{B}) = \boldsymbol{B}\cdot\mathrm{rot}\,\boldsymbol{A} - \boldsymbol{A}\cdot\mathrm{rot}\,\boldsymbol{B},$$

(v) $$\mathrm{grad}(\boldsymbol{A}\cdot\boldsymbol{B})=(\boldsymbol{A}\cdot\nabla)\boldsymbol{B}+(\boldsymbol{B}\cdot\nabla)\boldsymbol{A}+\boldsymbol{A}\times\mathrm{rot}\,\boldsymbol{B}+\boldsymbol{B}\times\mathrm{rot}\,\boldsymbol{A},$$

(vi) $$\mathrm{rot}(\boldsymbol{A}\times\boldsymbol{B})=(\boldsymbol{B}\cdot\nabla)\boldsymbol{A}-(\boldsymbol{A}\cdot\nabla)\boldsymbol{B}+\boldsymbol{A}\,\mathrm{div}\,\boldsymbol{B}-\boldsymbol{B}\,\mathrm{div}\,\boldsymbol{A}.$$

[(i)の証明] 左辺の x 成分は

$$\frac{\partial}{\partial y}\nabla_z f-\frac{\partial}{\partial z}\nabla_y f=\frac{\partial^2 f}{\partial y\partial z}-\frac{\partial^2 f}{\partial z\partial y}=0.$$

y 成分，z 成分も同様に消えるから (i) を得る.

[(ii)の証明] 左辺は

$$\frac{\partial}{\partial x}\left(\frac{\partial A_z}{\partial y}-\frac{\partial A_y}{\partial z}\right)+\frac{\partial}{\partial y}\left(\frac{\partial A_x}{\partial z}-\frac{\partial A_z}{\partial x}\right)+\frac{\partial}{\partial z}\left(\frac{\partial A_y}{\partial x}-\frac{\partial A_x}{\partial y}\right),$$

ここで偏微分の順序の交換を考えれば消えることがわかる.

[(iii)の証明] 左辺の x 成分は

$$\frac{\partial}{\partial y}\mathrm{rot}_z\boldsymbol{A}-\frac{\partial}{\partial z}\mathrm{rot}_y\boldsymbol{A}=\frac{\partial}{\partial y}\left(\frac{\partial A_y}{\partial x}-\frac{\partial A_x}{\partial y}\right)-\frac{\partial}{\partial z}\left(\frac{\partial A_x}{\partial z}-\frac{\partial A_z}{\partial x}\right)$$
$$=\frac{\partial}{\partial x}\left(\frac{\partial A_y}{\partial y}+\frac{\partial A_z}{\partial z}\right)-\frac{\partial^2 A_x}{\partial y^2}-\frac{\partial^2 A_x}{\partial z^2},$$

右辺の x 成分は

$$\frac{\partial}{\partial x}\left(\frac{\partial A_x}{\partial x}+\frac{\partial A_y}{\partial y}+\frac{\partial A_z}{\partial z}\right)-\frac{\partial^2 A_x}{\partial x^2}-\frac{\partial^2 A_x}{\partial y^2}-\frac{\partial^2 A_x}{\partial z^2}$$

であるから両者は一致する. y 成分，z 成分も同様であるから (iii) を得る.

[(iv)の証明] 左辺は

$$\frac{\partial}{\partial x}(A_yB_z-A_zB_y)+\frac{\partial}{\partial y}(A_zB_x-A_xB_z)+\frac{\partial}{\partial z}(A_xB_y-A_yB_x)$$
$$=B_z\frac{\partial A_y}{\partial x}+A_y\frac{\partial B_z}{\partial x}-B_y\frac{\partial A_z}{\partial x}-A_z\frac{\partial B_y}{\partial x}+B_x\frac{\partial A_z}{\partial y}+A_z\frac{\partial B_x}{\partial y}$$
$$-B_z\frac{\partial A_x}{\partial y}-A_x\frac{\partial B_z}{\partial y}+B_y\frac{\partial A_x}{\partial z}+A_x\frac{\partial B_y}{\partial z}-B_x\frac{\partial A_y}{\partial z}-A_y\frac{\partial B_x}{\partial z},$$

右辺は

$$B_x\left(\frac{\partial A_z}{\partial y}-\frac{\partial A_y}{\partial z}\right)+B_y\left(\frac{\partial A_x}{\partial z}-\frac{\partial A_z}{\partial x}\right)+B_z\left(\frac{\partial A_y}{\partial x}-\frac{\partial A_x}{\partial y}\right)$$
$$-A_x\left(\frac{\partial B_z}{\partial y}-\frac{\partial B_y}{\partial z}\right)-A_y\left(\frac{\partial B_x}{\partial z}-\frac{\partial B_z}{\partial x}\right)-A_z\left(\frac{\partial B_y}{\partial x}-\frac{\partial B_x}{\partial y}\right)$$

であるから，これが一致することは容易にわかる.

[(v)の証明] 左辺の x 成分は

$$\frac{\partial}{\partial x}(A_xB_x + A_yB_y + A_zB_z)$$
$$= B_x\frac{\partial A_x}{\partial x} + B_y\frac{\partial A_y}{\partial x} + B_z\frac{\partial A_z}{\partial x} + A_x\frac{\partial B_x}{\partial x} + A_y\frac{\partial B_y}{\partial x} + A_z\frac{\partial B_z}{\partial x},$$

右辺の x 成分は

$$(\boldsymbol{A}\cdot\nabla)B_x + (\boldsymbol{B}\cdot\nabla)A_x + A_y\,\mathrm{rot}_z\boldsymbol{B} - A_z\,\mathrm{rot}_y\boldsymbol{B} + B_y\,\mathrm{rot}_z\boldsymbol{A} - B_z\,\mathrm{rot}_y\boldsymbol{A}$$
$$= A_x\frac{\partial B_x}{\partial x} + A_y\frac{\partial B_x}{\partial y} + A_z\frac{\partial B_x}{\partial z} + B_x\frac{\partial A_x}{\partial x} + B_y\frac{\partial A_x}{\partial y} + B_z\frac{\partial A_x}{\partial z}$$
$$+ A_y\left(\frac{\partial B_y}{\partial x} - \frac{\partial B_x}{\partial y}\right) - A_z\left(\frac{\partial B_x}{\partial z} - \frac{\partial B_z}{\partial x}\right)$$
$$+ B_y\left(\frac{\partial A_y}{\partial x} - \frac{\partial A_x}{\partial y}\right) - B_z\left(\frac{\partial A_x}{\partial z} - \frac{\partial A_z}{\partial x}\right)$$

であるから整理すれば一致することがわかる．y 成分，z 成分も同様であるから（v）を得る．

［(vi) の証明］　左辺の x 成分は

$$\frac{\partial}{\partial y}(A_xB_y - A_yB_x) - \frac{\partial}{\partial z}(A_zB_x - A_xB_z)$$
$$= B_y\frac{\partial A_x}{\partial y} + A_x\frac{\partial B_y}{\partial y} - B_x\frac{\partial A_y}{\partial y} - A_y\frac{\partial B_x}{\partial y}$$
$$- B_x\frac{\partial A_z}{\partial z} - A_z\frac{\partial B_x}{\partial z} + B_z\frac{\partial A_x}{\partial z} + A_x\frac{\partial B_z}{\partial z}$$
$$= B_y\frac{\partial}{\partial y}A_x + B_z\frac{\partial}{\partial z}A_x - \left(\frac{\partial A_y}{\partial y} + \frac{\partial A_z}{\partial z}\right)B_x$$
$$- A_y\frac{\partial}{\partial y}B_x - A_z\frac{\partial}{\partial z}B_x + \left(\frac{\partial B_y}{\partial y} + \frac{\partial B_z}{\partial z}\right)A_x$$
$$= B_x\frac{\partial}{\partial x}A_x + B_y\frac{\partial}{\partial y}A_x + B_z\frac{\partial}{\partial z}A_x$$
$$- \left(\frac{\partial A_x}{\partial x} + \frac{\partial A_y}{\partial y} + \frac{\partial A_z}{\partial z}\right)B_x$$
$$- A_x\frac{\partial}{\partial x}B_x - A_y\frac{\partial}{\partial y}B_x - A_z\frac{\partial}{\partial z}B_x$$
$$+ \left(\frac{\partial B_x}{\partial x} + \frac{\partial B_y}{\partial y} + \frac{\partial B_z}{\partial z}\right)A_x$$

となるから $(\boldsymbol{B}\cdot\nabla)\boldsymbol{A} - (\nabla\cdot\boldsymbol{A})\boldsymbol{B} - (\boldsymbol{A}\cdot\nabla)\boldsymbol{B} + (\nabla\cdot\boldsymbol{B})\boldsymbol{A}$ の x 成分と一致する．y 成分，z 成分も同様であるから（vi）を得る．

次にこれらの公式を応用する例を示そう．

例 13. $\operatorname{div}(\boldsymbol{A}\times\operatorname{grad} f)=(\operatorname{grad} f)\cdot(\operatorname{rot}\boldsymbol{A})$.

［解］(iv) で $\boldsymbol{B}=\operatorname{grad} f$ とおけば (i) から明らかである．

例 14. $\operatorname{grad}((\operatorname{grad} f)\cdot(\operatorname{grad} g))=((\operatorname{grad} f)\cdot\nabla)\operatorname{grad} g+((\operatorname{grad} g)\cdot\nabla)\operatorname{grad} f$.

［解］(v) で $\boldsymbol{A}=\operatorname{grad} f$, $\boldsymbol{B}=\operatorname{grad} g$ とおけばよい．

例 15. $\boldsymbol{K}$ が定ベクトル，f が調和関数なら $\operatorname{rot}(\boldsymbol{K}\times\operatorname{grad} f)=-(\boldsymbol{K}\cdot\nabla)\operatorname{grad} f$.

［解］(vi) で $\boldsymbol{A}=\boldsymbol{K}$, $\boldsymbol{B}=\operatorname{grad} f$ とおけば右辺の第1，第4項は消え，また $\operatorname{div}\boldsymbol{B}$ は f が調和関数であるから消える．

例 16. $\boldsymbol{K}$ が定ベクトルなら $\operatorname{rot}(\boldsymbol{K}\times\operatorname{rot}\boldsymbol{A})=-(\boldsymbol{K}\cdot\nabla)\operatorname{rot}\boldsymbol{A}$.

［解］(vi) で $\boldsymbol{A}$ を $\boldsymbol{K}$ で，$\boldsymbol{B}$ を $\operatorname{rot}\boldsymbol{A}$ でおきかえれば，右辺の第1，第4項は消え，第3項は (ii) によって消える．

公式によらず，直接に計算する方がよい場合もある．

方向微分に関する次の公式もあげておこう．

ベクトル場 $\boldsymbol{X}$, $\boldsymbol{Y}$ に対してベクトル場 $[\boldsymbol{X},\boldsymbol{Y}]$ を

$$[\boldsymbol{X},\boldsymbol{Y}]=(\boldsymbol{X}\cdot\nabla)\boldsymbol{Y}-(\boldsymbol{Y}\cdot\nabla)\boldsymbol{X} \tag{1}$$

で定義すれば次の等式が成立する：

$$(\boldsymbol{X}\cdot\nabla)((\boldsymbol{Y}\cdot\nabla)f)-(\boldsymbol{Y}\cdot\nabla)((\boldsymbol{X}\cdot\nabla)f)=[\boldsymbol{X},\boldsymbol{Y}]\cdot\nabla f, \tag{2}$$

$$(\boldsymbol{X}\cdot\nabla)((\boldsymbol{Y}\cdot\nabla)\boldsymbol{A})-(\boldsymbol{Y}\cdot\nabla)((\boldsymbol{X}\cdot\nabla)\boldsymbol{A})=([\boldsymbol{X},\boldsymbol{Y}]\cdot\nabla)\boldsymbol{A}. \tag{3}$$

［証明］一般にベクトル $\boldsymbol{V}$ の x 成分，y 成分，z 成分を V_1, V_2, V_3，すなわち V_i $(i=1,2,3)$ と書き，また x, y, z による偏微分を ∂_1, ∂_2, ∂_3，すなわち ∂_i $(i=1,2,3)$ と書けば

$$\boldsymbol{X}\cdot\nabla=\sum_i X_i\partial_i$$

である．したがって

$$\begin{aligned}(\boldsymbol{X}\cdot\nabla)((\boldsymbol{Y}\cdot\nabla)f)&=\sum_j X_j\partial_j\Bigl(\sum_i Y_i\partial_i f\Bigr)\\&=\sum_{i,j}X_jY_i\partial_j\partial_i f+\sum_{i,j}X_j(\partial_jY_i)\partial_i f,\end{aligned}$$

これと $\partial_j\partial_i f=\partial_i\partial_j f$ から

$$\begin{aligned}&(\boldsymbol{X}\cdot\nabla)((\boldsymbol{Y}\cdot\nabla)f)-(\boldsymbol{Y}\cdot\nabla)((\boldsymbol{X}\cdot\nabla)f)\\&\qquad=\sum_{i,j}X_j(\partial_jY_i)\partial_i f-\sum_{i,j}Y_j(\partial_jX_i)\partial_i f\\&\qquad=\sum_i\Bigl\{\sum_j(X_j\partial_jY_i-Y_j\partial_jX_i)\Bigr\}\partial_i f\end{aligned}$$

$$= ([X, Y]\cdot\nabla)f$$

を得る．これで (2) が証明された．f の代りに A_x, A_y, A_z を考えれば (3) が証明される．

問　題

1. K が定ベクトルのとき次の等式を証明せよ：

$$\nabla\left(\boldsymbol{K}\cdot\nabla\left(\frac{1}{r}\right)\right) = -\frac{\boldsymbol{K}}{r^3} + 3\frac{\boldsymbol{K}\cdot\boldsymbol{r}}{r^5}\boldsymbol{r}.$$

2. $|\mathrm{grad}\, f| = 1$ なら grad f の流線すなわち微分方程式

$$\frac{dx}{\dfrac{\partial f}{\partial x}} = \frac{dy}{\dfrac{\partial f}{\partial y}} = \frac{dz}{\dfrac{\partial f}{\partial z}}$$

の解曲線は直線である．

3. $\mathrm{div}\, \boldsymbol{A} = f$ なら，$\boldsymbol{B}$ がいかなるベクトル場でも $\boldsymbol{U} = \boldsymbol{A} + \mathrm{rot}\, \boldsymbol{B}$ は $\mathrm{div}\, \boldsymbol{U} = f$ をみたす

4. $\boldsymbol{K}$ が定ベクトルで $\mathrm{div}\, \boldsymbol{A} = 0$, $\boldsymbol{K}\cdot\boldsymbol{A} = 0$ なら，$\mathrm{div}(\boldsymbol{K}\times \mathrm{rot}\, \boldsymbol{A}) = 0$ である．

[解　答]

1. (v) を用い，$\boldsymbol{K}$ が定ベクトルであるから

$$\nabla\left(\boldsymbol{K}\cdot\nabla\left(\frac{1}{r}\right)\right) = (\boldsymbol{K}\cdot\nabla)\nabla\left(\frac{1}{r}\right) + \boldsymbol{K}\times \mathrm{rot}\nabla\left(\frac{1}{r}\right).$$

しかし (i) により右辺の第2項は消えて

$$= (\boldsymbol{K}\cdot\nabla)\frac{-\boldsymbol{r}}{r^3} = -\left(K_x\frac{\partial}{\partial x} + K_y\frac{\partial}{\partial y} + K_z\frac{\partial}{\partial z}\right)\frac{x\boldsymbol{i} + y\boldsymbol{j} + z\boldsymbol{k}}{r^3}$$

となる．この x 成分は

$$-K_x\left(\frac{1}{r^3} - 3\frac{x^2}{r^5}\right) - K_y\left(-3\frac{xy}{r^5}\right) - K_z\left(-3\frac{xz}{r^5}\right)$$

$$= -\frac{K_x}{r^3} + 3\frac{K_x x + K_y y + K_z z}{r^5}x$$

となり，y 成分，z 成分も同様に計算されるから求める等式を得る．

2.

$$\mathrm{grad}((\mathrm{grad}\, f)\cdot(\mathrm{grad}\, f)) = 2((\mathrm{grad}\, f)\cdot\nabla)\mathrm{grad}\, f$$

(例14を参照してもよい) に $|\mathrm{grad}\, f| = 1$ を用いれば $((\mathrm{grad}\, f)\cdot\nabla)\mathrm{grad}\, f = 0$ を得る．grad f の流線の微分方程式の解を $x = x(t)$, $y = y(t)$, $z = z(t)$ と書けば

$$\frac{dx}{dt} = \frac{\partial f}{\partial x}, \quad \frac{dy}{dt} = \frac{\partial f}{\partial y}, \quad \frac{dz}{dt} = \frac{\partial f}{\partial z}$$

と考えてよく，これから

$$\frac{d^2x}{dt^2} = \frac{\partial^2 f}{\partial x^2}\frac{dx}{dt} + \frac{\partial^2 f}{\partial y\partial x}\frac{dy}{dt} + \frac{\partial^2 f}{\partial z\partial x}\frac{dz}{dt},$$

$$\frac{d^2y}{dt^2} = \frac{\partial^2 f}{\partial x \partial y}\frac{dx}{dt} + \frac{\partial^2 f}{\partial y^2}\frac{dy}{dt} + \frac{\partial^2 f}{\partial z \partial y}\frac{dz}{dt},$$

$$\frac{d^2z}{dt^2} = \frac{\partial^2 f}{\partial x \partial z}\frac{dx}{dt} + \frac{\partial^2 f}{\partial y \partial z}\frac{dy}{dt} + \frac{\partial^2 f}{\partial z^2}\frac{dz}{dt}$$

を得るが，この右辺はそれぞれ

$$\frac{\partial^2 f}{\partial x^2}\frac{\partial f}{\partial x} + \frac{\partial^2 f}{\partial y \partial x}\frac{\partial f}{\partial y} + \frac{\partial^2 f}{\partial z \partial x}\frac{\partial f}{\partial z},$$

$$\frac{\partial^2 f}{\partial x \partial y}\frac{\partial f}{\partial x} + \frac{\partial^2 f}{\partial y^2}\frac{\partial f}{\partial y} + \frac{\partial^2 f}{\partial z \partial y}\frac{\partial f}{\partial z},$$

$$\frac{\partial^2 f}{\partial x \partial z}\frac{\partial f}{\partial x} + \frac{\partial^2 f}{\partial y \partial z}\frac{\partial f}{\partial y} + \frac{\partial^2 f}{\partial z^2}\frac{\partial f}{\partial z}$$

すなわち $((\mathrm{grad} f)\cdot\nabla)\,\mathrm{grad}\,f$ の成分であることがわかる．したがって，これは $\mathbf{0}$ である．これは流線の方程式が

$$\frac{d^2x}{dt^2} = \frac{d^2y}{dt^2} = \frac{d^2z}{dt^2} = 0$$

をみたすことを表わし，したがって直線である．

3.　$\mathrm{div}\,\boldsymbol{U} = \mathrm{div}\,\boldsymbol{A} + \mathrm{div}\;\mathrm{rot}\,\boldsymbol{B}$ に（ii）を用いればよい．

4.　（iv）で $\boldsymbol{A}$ を $\boldsymbol{K}$ で，$\boldsymbol{B}$ を $\mathrm{rot}\,\boldsymbol{A}$ でおきかえれば $\mathrm{div}(\boldsymbol{K}\times\mathrm{rot}\,\boldsymbol{A}) = -\boldsymbol{K}\cdot\mathrm{rot}\;\mathrm{rot}\,\boldsymbol{A}$. これに（iii）を用いれば，$\mathrm{div}\,\boldsymbol{A} = 0$ によって $\boldsymbol{K}\cdot\nabla^2\boldsymbol{A}$ となる．しかし定ベクトル $\boldsymbol{K}$ に対しては $\boldsymbol{K}\cdot\nabla^2\boldsymbol{A} = K_x\nabla^2 A_x + K_y\nabla^2 A_y + K_z\nabla^2 A_z = \nabla^2(K_xA_x + K_yA_y + K_zA_z)$ であるから，$\boldsymbol{K}\cdot\boldsymbol{A} = 0$ によりこれは 0 となる．

練　習　問　題

1.

$$f = \frac{e^{-\lambda r}}{r} \quad (\lambda\text{ は定数})$$

について ∇f, Δf を求めよ．

2.　$|\nabla f| = 1$ なら

（1）
$$\begin{vmatrix} f_{xx} & f_{xy} & f_{xz} \\ f_{yx} & f_{yy} & f_{yz} \\ f_{zx} & f_{zy} & f_{zz} \end{vmatrix} = 0$$

であること，および

（2）
$$\begin{cases} f_xf_{xx} + f_yf_{xy} + f_zf_{xz} = 0, \\ f_xf_{yx} + f_yf_{yy} + f_zf_{yz} = 0, \\ f_xf_{zx} + f_yf_{zy} + f_zf_{zz} = 0 \end{cases}$$

であることを証明せよ．ただし f_x, f_{xx} 等は f の偏導関数を表わす．

3.　$|\boldsymbol{A}| = \mathrm{const}\,(\neq 0)$ ならば $(\boldsymbol{A}\cdot\nabla)\boldsymbol{A} = \mathbf{0}$ と $\boldsymbol{A}\times\mathrm{rot}\,\boldsymbol{A} = \mathbf{0}$ とは同値である．

4. 関数 $f(u)$ について，関数 $f(\sqrt{x^2+y^2})$ が調和関数となるように f を定めよ．

5. $A_x=\rho(x, y, z)x$, $A_y=-\rho(x, y, z)y$, $A_z=0$ なるベクトル $\boldsymbol{A}$ が $\mathrm{div}\boldsymbol{A}=0$, $\mathrm{rot}\,\boldsymbol{A}=\mathbf{0}$ をみたすなら $\rho=\mathrm{const}$ である．

6. 原点 O を中心とし座標平面に平行な面をもち，各辺の長さが a なる微小な立方体 C を考える，C を含む領域で与えられた連続微分可能なベクトル場 $\boldsymbol{A}(x, y, z)$ について，O のまわりのモーメント $\boldsymbol{r}\times\boldsymbol{A}(x, y, z)$ の C における積分を $\boldsymbol{J}(a)$ と書けば，

$$\lim_{a\to 0}\frac{\boldsymbol{J}(a)}{a^5}=\frac{1}{12}\mathrm{rot}\,\boldsymbol{A}$$

である．ただし右辺はOにおけるベクトルとする．

7. $\boldsymbol{K}$ が定ベクトルのとき次のベクトルを求めよ：

$$\mathrm{rot}\frac{\boldsymbol{K}\times\boldsymbol{r}}{r^3}.$$

8. すべての定ベクトル $\boldsymbol{K}$ に対して $\boldsymbol{K}\cdot\mathrm{grad}(\boldsymbol{K}\cdot\boldsymbol{A})=0$ をみたすベクトル $\boldsymbol{A}$ はいかなるベクトルか．

9. スカラー φ の勾配と，$\nabla\cdot\boldsymbol{U}=0$ なるベクトル $\boldsymbol{U}$ の回転とで，$\boldsymbol{F}=-\nabla\varphi+\nabla\times\boldsymbol{U}$ と表わされるベクトル $\boldsymbol{F}$ について，$\nabla\cdot\boldsymbol{F}=4\pi\rho$, $\nabla\times\boldsymbol{F}=4\pi\boldsymbol{J}$ とおけば，$\nabla^2\varphi=-4\pi\rho$, $\nabla^2\boldsymbol{U}=-4\pi\boldsymbol{J}$ である．

10. c が定数，ベクトル $\boldsymbol{H}$, $\boldsymbol{E}$ が x, y, z, t の関数で

$$\mathrm{rot}\,\boldsymbol{H}-\frac{1}{c}\frac{\partial\boldsymbol{E}}{\partial t}=\mathbf{0},\quad \mathrm{rot}\,\boldsymbol{E}+\frac{1}{c}\frac{\partial\boldsymbol{H}}{\partial t}=\mathbf{0},$$

$$\mathrm{div}\,\boldsymbol{E}=0,\qquad \mathrm{div}\,\boldsymbol{H}=0$$

を満足するならば，これらは次の波動方程式を満足する：

$$\frac{1}{c^2}\frac{\partial^2\boldsymbol{E}}{\partial t^2}-\nabla^2\boldsymbol{E}=\mathbf{0},\quad \frac{1}{c^2}\frac{\partial^2\boldsymbol{H}}{\partial t^2}-\nabla^2\boldsymbol{H}=\mathbf{0}.$$

11. c を定数とし，$\boldsymbol{E}(x, y, z, t)$, $\boldsymbol{H}(x, y, z, t)$ を未知のベクトル関数とする連立偏微分方程式

$$(1)\quad \nabla\times\boldsymbol{H}=\frac{1}{c}\frac{\partial\boldsymbol{E}}{\partial t},\qquad (2)\quad \nabla\times\boldsymbol{E}=-\frac{1}{c}\frac{\partial\boldsymbol{H}}{\partial t},$$

$$(3)\quad \nabla\cdot\boldsymbol{H}=0,\qquad (4)\quad \nabla\cdot\boldsymbol{E}=0$$

の解が

$$(5)\quad \boldsymbol{E}=-\nabla\varphi-\frac{1}{c}\frac{\partial\boldsymbol{A}}{\partial t},\quad (6)\quad \boldsymbol{H}=\nabla\times\boldsymbol{A}$$

の形に書かれて，ここに

$$(7)\quad \nabla\cdot\boldsymbol{A}+\frac{1}{c}\frac{\partial\varphi}{\partial t}=0$$

であるとすれば，φ, $\boldsymbol{A}$ は次の波動方程式を満足する：

$$(8)\quad \nabla^2\varphi-\frac{1}{c^2}\frac{\partial^2\varphi}{\partial t^2}=0,\qquad (9)\quad \nabla^2\boldsymbol{A}-\frac{1}{c^2}\frac{\partial^2\boldsymbol{A}}{\partial t^2}=\boldsymbol{0}.$$

12. $\boldsymbol{A}$ は

$$(1)\qquad x_0\leqq x\leqq x_1,\quad y_0\leqq y\leqq y_1,\quad z_0\leqq z\leqq z_1$$

を含む領域 D で与えられたベクトル場で，$\mathrm{rot}\,\boldsymbol{A}=\boldsymbol{0}$ であるとする．(1) をみたす x, y, z に対して $\boldsymbol{A}$ の成分 A_x, A_y, A_z を次のように積分して得た関数 f は $\mathrm{grad}\,f=\boldsymbol{A}$ を満足する：

$$(2)\qquad f(x,y,z)=\int_{x_0}^{x}A_x(x,y,z)dx+\int_{y_0}^{y}A_y(x_0,y,z)dy+\int_{z_0}^{z}A_z(x_0,y_0,z)dz.$$

13. $\boldsymbol{W}$ は

$$(1)\qquad x_0\leqq x\leqq x_1,\quad y_0\leqq y\leqq y_1,\quad z_0\leqq z\leqq z_1$$

を含む領域 D で与えられたベクトル場で $\mathrm{div}\,\boldsymbol{W}=0$ であるとする．(1) をみたす x, y, z に対して $\boldsymbol{W}$ の成分 W_x, W_y, W_z を次のように積分して得るベクトル $\boldsymbol{V}$ は $\mathrm{rot}\,\boldsymbol{V}=\boldsymbol{W}$ を満足する：

$$(2)\qquad V_x(x,y,z)=\int_{z_0}^{z}W_y(x,y,z)dz,$$

$$(3)\qquad V_y(x,y,z)=-\int_{z_0}^{z}W_x(x,y,z)dz+\int_{x_0}^{x}W_z(x,y,z_0)dx,$$

$$(4)\qquad V_z(x,y,z)=0.$$

14. ベクトル場 $\boldsymbol{A}$ が

$$\boldsymbol{A}=\frac{\boldsymbol{k}\times\boldsymbol{r}}{|\boldsymbol{k}\times\boldsymbol{r}|^2}$$

で与えられるとき，$x_0\leqq x\leqq x_1$, $y_0\leqq y\leqq y_1$, $z_0\leqq z\leqq z_1$ なる点 (x, y, z) をすべて含む領域において問題 12 における積分 f を求めるとする．このとき次の問に答えよ．(i) x_0, y_0, z_0, x_1, y_1, z_1 としていかなるものがゆるされるか．(ii) この積分を求めよ．

15. $\boldsymbol{W} = \nabla(1/r)$ のとき

$$\mathrm{rot}\,\boldsymbol{V} = \boldsymbol{W}$$

をみたし，$V_z = 0$ であるベクトル $\boldsymbol{V}$ を問題13の結果を用いて求めよ．ただし

（i） $z_0 = -1$，$x_0 = 0$ として $z \geqq -1$ においてのみ考える．

（ii） $z_0 = 1$，$x_0 = 0$ として $z \geqq 1$ においてのみ考える．

被積分関数の不連続な点（$\boldsymbol{W}$ の特異点）である原点を避けるため，$\boldsymbol{V}$ は $x = y = 0$ なる点をまず除外して求め，次に $x \to 0$, $y \to 0$ とするときの連続性を調べよ．

16.
$$\mathrm{rot}\,\boldsymbol{V} = \nabla\left(\frac{\boldsymbol{k}\cdot\boldsymbol{r}}{r^3}\right)$$

をみたし，$V_z = 0$ であるベクトル $\boldsymbol{V}$ を問題13の結果を用いて求め，関数 $\boldsymbol{V}$ の連続性を問題15と同様の考えで調べよ．ただし $z_0 = -1$，$x_0 = 0$ とする．

［解　　答］

1.
$$\nabla f = \frac{df}{dr}\nabla r = \left(-\lambda\frac{e^{-\lambda r}}{r} - \frac{e^{-\lambda r}}{r^2}\right)\frac{\boldsymbol{r}}{r} = -(\lambda r + 1)e^{-\lambda r}\frac{\boldsymbol{r}}{r^3},$$

$$\Delta f = \{\nabla(-(\lambda r + 1)e^{-\lambda r})\}\cdot\frac{\boldsymbol{r}}{r^3} - (\lambda r + 1)e^{-\lambda r}\nabla\cdot\frac{\boldsymbol{r}}{r^3}$$

$$= (-\lambda + (\lambda r + 1)\lambda)e^{-\lambda r}\frac{\boldsymbol{r}}{r}\cdot\frac{\boldsymbol{r}}{r^3} = \frac{\lambda^2}{r}e^{-\lambda r} = \lambda^2 f.$$

2. $(f_x)^2 + (f_y)^2 + (f_z)^2 = 1$ を微分して

$$f_x f_{xx} + f_y f_{yx} + f_z f_{zx} = 0,$$
$$f_x f_{xy} + f_y f_{yy} + f_z f_{zy} = 0,$$
$$f_x f_{xz} + f_y f_{yz} + f_z f_{zz} = 0.$$

これを f_x，f_y，f_z に関する連立1次方程式と見れば (1) を得る．$f_{xy} = f_{yx}$ 等を用いれば (2) を得る．

3. $\boldsymbol{A}$ の成分を A_x, A_y, A_z とすれば $(A_x)^2 + (A_y)^2 + (A_z)^2 = \mathrm{const}$ から

$$(1)\quad \begin{cases} A_x A_{x,x} + A_y A_{y,x} + A_z A_{z,x} = 0, \\ A_x A_{x,y} + A_y A_{y,y} + A_z A_{z,y} = 0, \\ A_x A_{x,z} + A_y A_{y,z} + A_z A_{z,z} = 0 \end{cases}$$

を得る．ただし $A_{x,x} = \partial A_x/\partial x$ 等とする．$\boldsymbol{A} \times \mathrm{rot}\,\boldsymbol{A} = \boldsymbol{0}$ なら

$$(2)\quad \begin{cases} A_y(A_{y,x} - A_{x,y}) - A_z(A_{x,z} - A_{z,x}) = 0, \\ A_z(A_{z,y} - A_{y,z}) - A_x(A_{y,x} - A_{x,y}) = 0, \\ A_x(A_{x,z} - A_{z,x}) - A_y(A_{z,y} - A_{y,z}) = 0 \end{cases}$$

であるから，(1) と (2) から

$$(3)\qquad \begin{cases} A_xA_{x,x}+A_yA_{x,y}+A_zA_{x,z}=0, \\ A_xA_{y,x}+A_yA_{y,y}+A_zA_{y,z}=0, \\ A_xA_{z,x}+A_yA_{z,y}+A_zA_{z,z}=0, \end{cases}$$

すなわち $(\boldsymbol{A}\cdot\nabla)\boldsymbol{A}=\boldsymbol{0}$ を得る．逆に (1) と (3) から (2) を得るから同値が証明された．

4.
$$\nabla f = f'(\sqrt{x^2+y^2})\left(\frac{x}{\sqrt{x^2+y^2}}\boldsymbol{i}+\frac{y}{\sqrt{x^2+y^2}}\boldsymbol{j}\right),$$
$$\begin{aligned}\nabla^2 f &= f''\left[\left(\frac{x}{\sqrt{x^2+y^2}}\right)^2+\left(\frac{y}{\sqrt{x^2+y^2}}\right)^2\right] \\ &\quad + f'\left[\frac{1}{\sqrt{x^2+y^2}}+\frac{-x^2}{(x^2+y^2)^{3/2}}+\frac{1}{\sqrt{x^2+y^2}}+\frac{-y^2}{(x^2+y^2)^{3/2}}\right] \\ &= f''+\frac{1}{\sqrt{x^2+y^2}}f'\end{aligned}$$

であるから $f(u)$ は

$$f''+\frac{1}{u}f'=0$$

をみたす．この常微分方程式の解は $f=c_1\log u+c_2$ であるから

$$f=\frac{1}{2}c_1\log(x^2+y^2)+c_2.$$

5. $\operatorname{div}\boldsymbol{A}=0$ からは

$$(1)\qquad x\frac{\partial\rho}{\partial x}-y\frac{\partial\rho}{\partial y}=0,$$

また $\operatorname{rot}\boldsymbol{A}$ の成分は $(\partial\rho/\partial z)y$, $(\partial\rho/\partial z)x$, $-(\partial\rho/\partial x)y-(\partial\rho/\partial y)x$ であるから

$$(2)\qquad x\frac{\partial\rho}{\partial z}=0,\qquad y\frac{\partial\rho}{\partial z}=0,$$

$$(3)\qquad y\frac{\partial\rho}{\partial x}+x\frac{\partial\rho}{\partial y}=0.$$

(2) から $\partial\rho/\partial z=0$, (1) と (3) から $\partial\rho/\partial x=\partial\rho/\partial y=0$, したがって $\rho=\mathrm{const}$ となる．

6. $\partial\boldsymbol{A}/\partial x$ 等はすべて原点における値とすれば，点 (x, y, z) における $\boldsymbol{A}(x, y, z)$ の展開式は x, y, z の1次の項でとめると

$$\boldsymbol{A}(x,y,z)=\boldsymbol{A}(0,0,0)+\frac{\partial\boldsymbol{A}}{\partial x}x+\frac{\partial\boldsymbol{A}}{\partial y}y+\frac{\partial\boldsymbol{A}}{\partial z}z$$

である．したがって $\boldsymbol{r}\times(\boldsymbol{A}(x,y,z)-\boldsymbol{A}(0,0,0))$ の x 成分は，x, y, z の2次の項までは

$$\begin{aligned}&y\left(\frac{\partial A_z}{\partial x}x+\frac{\partial A_z}{\partial y}y+\frac{\partial A_z}{\partial z}z\right)-z\left(\frac{\partial A_y}{\partial x}x+\frac{\partial A_y}{\partial y}y+\frac{\partial A_y}{\partial z}z\right) \\ &=\frac{\partial A_z}{\partial y}y^2-\frac{\partial A_y}{\partial z}z^2+\left(\frac{\partial A_z}{\partial z}-\frac{\partial A_y}{\partial y}\right)yz-\frac{\partial A_y}{\partial x}zx+\frac{\partial A_z}{\partial x}xy\end{aligned}$$

である．これを C において積分すれば，yz, zx, xy の積分は 0 となることから

$$(1)\qquad \left(\frac{\partial A_z}{\partial y}-\frac{\partial A_y}{\partial z}\right)\frac{a^5}{12}$$

を得る．$\boldsymbol{r}\times\boldsymbol{A}(0,0,0)$ の積分は 0 であるから，(1) から次の極限値を得る．

$$\lim_{a\to 0}\frac{J_x(a)}{a^5}=\frac{1}{12}\mathrm{rot}_x\boldsymbol{A}.$$

y 成分，z 成分も同様であるから求める式を得る．

7.

$$\mathrm{rot}\frac{\boldsymbol{K}\times\boldsymbol{r}}{r^3}=\mathrm{rot}\left(\frac{1}{r^3}(\boldsymbol{K}\times\boldsymbol{r})\right)=\nabla\left(\frac{1}{r^3}\right)\times(\boldsymbol{K}\times\boldsymbol{r})+\frac{1}{r^3}\mathrm{rot}(\boldsymbol{K}\times\boldsymbol{r})$$
$$=-\frac{3\boldsymbol{r}}{r^5}\times(\boldsymbol{K}\times\boldsymbol{r})+\frac{1}{r^3}2\boldsymbol{K}$$
$$=-\frac{3}{r^5}((\boldsymbol{r}\cdot\boldsymbol{r})\boldsymbol{K}-(\boldsymbol{K}\cdot\boldsymbol{r})\boldsymbol{r})+\frac{2}{r^3}\boldsymbol{K}$$
$$=-\frac{\boldsymbol{K}}{r^3}+3\frac{\boldsymbol{K}\cdot\boldsymbol{r}}{r^5}\boldsymbol{r}.$$

8. $\boldsymbol{K}=K_1\boldsymbol{i}+K_2\boldsymbol{j}+K_3\boldsymbol{k}$, $\boldsymbol{A}=f_1\boldsymbol{i}+f_2\boldsymbol{j}+f_3\boldsymbol{k}$ とおき，また $\partial f_1/\partial x=f_{11}$, $\partial f_1/\partial y=f_{12}$ 等と書けば

$$\boldsymbol{K}\cdot\mathrm{grad}(\boldsymbol{K}\cdot\boldsymbol{A})=\sum_{i,j=1}^{3}f_{ij}K_iK_j$$

となる．したがって，すべての定ベクトル $\boldsymbol{K}$ についてこれが 0 となるための必要十分な条件は $f_{ij}+f_{ji}$ (i も j も 1, 2, 3 をとる) が 0 となることである．f_1, f_2, f_3 が 2 回まで連続微分可能とし，$\partial f_{ij}/\partial x$ を f_{ij1} 等と書けば，さらに $f_{ijk}+f_{jik}=0$ を得る．よって $f_{ijk}=-f_{jik}$ ($i, j, k=1, 2, 3$) である．また偏微分の性質上 $f_{ijk}=f_{ikj}$ である．これらの式で i, j, k は 1, 2, 3 を任意にとることができるから次のように式を変形していくことができる： $f_{ijk}=-f_{jik}=-f_{jki}=f_{kji}=f_{kij}=-f_{ikj}=-f_{ijk}$. したがって $f_{ijk}=0$, すなわち f_{ij} は定数である．f_{ij} はまた $f_{11}=f_{22}=f_{33}=0$, $f_{23}+f_{32}=f_{31}+f_{13}=f_{12}+f_{21}=0$ により $f_{23}=-f_{32}=\alpha$, $f_{31}=-f_{13}=\beta$, $f_{12}=-f_{21}=\gamma$ だけが定数として残り，他は 0 である．したがって

$$\boldsymbol{A}=(\gamma y-\beta z+c_1)\boldsymbol{i}+(-\gamma x+\alpha z+c_2)\boldsymbol{j}+(\beta x-\alpha y+c_3)\boldsymbol{k}$$

を得る．

9. $\nabla\cdot\boldsymbol{F}=\nabla\cdot(-\nabla\varphi+\nabla\times\boldsymbol{U})=-\nabla^2\varphi+\mathrm{div\ rot}\,\boldsymbol{U}$. 第 2 項は消えるから $=-\nabla^2\varphi$, したがって $\nabla^2\varphi=-\nabla\cdot\boldsymbol{F}=-4\pi\rho$. $\nabla\times\boldsymbol{F}=\nabla\times(-\nabla\varphi+\nabla\times\boldsymbol{U})=-\mathrm{rot\ grad}\,\varphi+\mathrm{rot\ rot}\,\boldsymbol{U}$. これも §6 により $\nabla(\nabla\cdot\boldsymbol{U})-\nabla^2\boldsymbol{U}$ となり，$\nabla\cdot\boldsymbol{U}=0$ から $-\nabla^2\boldsymbol{U}$ となる．したがって $\nabla^2\boldsymbol{U}=-\nabla\times\boldsymbol{F}=-4\pi\boldsymbol{J}$

10.

$$\frac{1}{c^2}\frac{\partial^2\boldsymbol{E}}{\partial t^2}=\frac{1}{c}\frac{\partial}{\partial t}\left(\frac{1}{c}\frac{\partial\boldsymbol{E}}{\partial t}\right)=\frac{1}{c}\frac{\partial}{\partial t}(\mathrm{rot}\,\boldsymbol{H}).$$

x, y, z による偏微分と t による偏微分について順序を交換すれば

$$\frac{1}{c}\frac{\partial}{\partial t}(\mathrm{rot}\,\boldsymbol{H}) = \mathrm{rot}\left(\frac{1}{c}\frac{\partial \boldsymbol{H}}{\partial t}\right) = \mathrm{rot}(-\mathrm{rot}\,\boldsymbol{E}) = -\nabla(\nabla\cdot\boldsymbol{E}) + \nabla^2\boldsymbol{E}.$$

$\nabla\cdot\boldsymbol{E}=0$ であるから $\boldsymbol{E}$ に関する波動方程式を得る．$\boldsymbol{H}$ に関する波動方程式も同様にして証明される．

11. (5), (6) を (1) に代入すれば

$$\nabla\times(\nabla\times\boldsymbol{A}) = \frac{1}{c}\left(-\frac{\partial\nabla\varphi}{\partial t} - \frac{1}{c}\frac{\partial^2\boldsymbol{A}}{\partial t^2}\right),$$

左辺は $\nabla(\nabla\cdot\boldsymbol{A}) - \nabla^2\boldsymbol{A}$ であるから

$$\nabla(\nabla\cdot\boldsymbol{A}) + \frac{1}{c}\frac{\partial\nabla\varphi}{\partial t} - \left(\nabla^2\boldsymbol{A} - \frac{1}{c^2}\frac{\partial^2\boldsymbol{A}}{\partial t^2}\right) = 0$$

を得る．これに (7) を代入すれば (9) を得る．(4) に (5) を代入し，$\nabla\cdot(\partial\boldsymbol{A}/\partial t) = \partial(\nabla\cdot\boldsymbol{A})/\partial t$ に注意し，また (7) を用いれば (8) を得る．((2) と (3) とは (5) と (6) によって (7) の仮定がなくても満足されている．)

12. 点 (x, y, z) において

$$\frac{\partial f}{\partial x} = A_x(x, y, z)$$

は明らかである．f を y で偏微分した式

$$\frac{\partial f}{\partial y} = \frac{\partial}{\partial y}\int_{x_0}^{x} A_x(x, y, z)dx + A_y(x_0, y, z)$$

において

$$\frac{\partial}{\partial y}\int_{x_0}^{x} A_x(x, y, z)dx = \int_{x_0}^{x} \frac{\partial A_x(x, y, z)}{\partial y}dx$$

に $\mathrm{rot}\,\boldsymbol{A} = \boldsymbol{0}$ から出る関係式 $\partial A_x/\partial y = \partial A_y/\partial x$ を代入すればこの積分は

$$= \int_{x_0}^{x} \frac{\partial A_y(x, y, z)}{\partial x}dx = A_y(x, y, z) - A_y(x_0, y, z)$$

となるから

$$\frac{\partial f}{\partial y} = A_y(x, y, z)$$

である．また

$$\frac{\partial f}{\partial z} = \int_{x_0}^{x} \frac{\partial A_x(x, y, z)}{\partial z}dx + \int_{y_0}^{y} \frac{\partial A_y(x_0, y, z)}{\partial z}dy + A_z(x_0, y_0, z)$$

であるから，この右辺において $\partial A_x/\partial z = \partial A_z/\partial x$, $\partial A_y/\partial z = \partial A_z/\partial y$ に注意して積分をすれば

$$\frac{\partial f}{\partial z} = \{A_z(x, y, z) - A_z(x_0, y, z)\} + \{A_z(x_0, y, z) - A_z(x_0, y_0, z)\} + A_z(x_0, y_0, z)$$

すなわち

$$\frac{\partial f}{\partial z} = A_z(x, y, z)$$

を得る．よって $\mathrm{grad}\, f = \boldsymbol{A}$ である．

注意1. f と g が $\mathrm{grad}\, f = \boldsymbol{A}$, $\mathrm{grad}\, g = \boldsymbol{A}$ をみたせば $\mathrm{grad}(f-g) = \boldsymbol{0}$，すなわち $f-g$ を x, y, z に関して偏微分した結果は0である．したがって $f-g$ は x, y, z に対して定数である．特に $f(x_0, y_0, z_0) = g(x_0, y_0, z_0)$ なら $f=g$ である．

注意2. 積分 (2) の代りに他の形の積分をとることもできる．例えば

$$g(x, y, z) = \int_{x_0}^{x} A_x(x, y_0, z_0)dx + \int_{y_0}^{y} A_y(x, y, z_0)dy + \int_{z_0}^{z} A_z(x, y, z)dz$$

は明らかに $\mathrm{grad}\, g = \boldsymbol{A}$ をみたし，(2) とともに $f(x_0, y_0, z_0) = g(x_0, y_0, z_0) = 0$ であるから $f = g$ である．

注意3. x_0 と x_1, y_0 と y_1, z_0 と z_1 の大小関係は $x_0 < x_1$, $y_0 < y_1$, $z_0 < z_1$ にかぎらない．

13.
$$\frac{\partial V_z}{\partial y} - \frac{\partial V_y}{\partial z} = W_x(x, y, z), \quad \frac{\partial V_x}{\partial z} - \frac{\partial V_z}{\partial x} = W_y(x, y, z)$$

は明らか．また

$$\frac{\partial W_x}{\partial x} + \frac{\partial W_y}{\partial y} = -\frac{\partial W_z}{\partial z}$$

であるから

$$\begin{aligned}\frac{\partial V_y}{\partial x} - \frac{\partial V_x}{\partial y} &= -\int_{z_0}^{z} \frac{\partial W_x(x, y, z)}{\partial x}dz + W_z(x, y, z_0) - \int_{z_0}^{z} \frac{\partial W_y(x, y, z)}{\partial y}dz \\ &= \int_{z_0}^{z} \frac{\partial W_z(x, y, z)}{\partial z}dz + W_z(x, y, z_0) \\ &= \{W_z(x, y, z) - W_z(x, y, z_0)\} + W_z(x, y, z_0) \\ &= W_z(x, y, z).\end{aligned}$$

14. (i) この領域が

$$\boldsymbol{A} = \frac{-y}{x^2+y^2}\boldsymbol{i} + \frac{x}{x^2+y^2}\boldsymbol{j}$$

の定義域に含まれなければならないから，z_0 と z_1 は任意であるが，x_0, x_1, y_0, y_1 は区間 $[x_0, x_1]$, $[y_0, y_1]$ が同時に0を含まないことが必要．

(ii)
$$f = \int_{x_0}^{x} \frac{-y}{x^2+y^2}dx + \int_{y_0}^{y} \frac{x_0}{(x_0)^2+y^2}dy$$

において極座標 $x = r\cos\theta$, $y = r\sin\theta$ を用いれば

$$dx = \cos\theta\, dr - r\sin\theta\, d\theta, \quad dy = \sin\theta\, dr + r\cos\theta\, d\theta,$$
$$\sin\theta\, dx - \cos\theta\, dy = -r d\theta$$

である．$\mathrm{P} = (x_0, y_0)$, $\mathrm{Q} = (x_0, y)$, $\mathrm{R} = (x, y)$ としよう．第1の積分では y を変えないから $dy = 0$, $\sin\theta\, dx = -r d\theta$ を用いて

$$\int_{x_0}^{x} \frac{-y}{x^2+y^2}dx = \int_{\mathrm{Q}}^{\mathrm{R}} \frac{-r\sin\theta}{r^2}dx = \int_{\mathrm{Q}}^{\mathrm{R}} d\theta = \theta_{\mathrm{R}} - \theta_{\mathrm{Q}}.$$

第2の積分では $x = x_0$ であるから $\cos\theta\, dy = r d\theta$, また線分 PQ に沿って $r\cos\theta = r_0\cos\theta_0$（ただし $\theta_0 = \theta_{\mathrm{P}}$）であるから

$$\int_{y_0}^{y} \frac{x_0}{(x_0)^2 + y^2} dy = \int_{\mathrm{P}}^{\mathrm{Q}} \frac{r\cos\theta}{r^2} \frac{r d\theta}{\cos\theta} = \int_{\mathrm{P}}^{\mathrm{Q}} d\theta = \theta_{\mathrm{Q}} - \theta_{\mathrm{P}}.$$

したがって $f(x, y, z) = \theta - \theta_0$ を得る. θ も θ_0 もそれぞれ $2n\pi$（n は整数）だけ不定であるから, これを定める必要がある.（i）による制限があるから次のようにきめることができる. O を端点とする半直線 OP を OR に重ねるための 180° 以内の回転が正なら $0 < f < \pi$ に, 負なら $0 > f > -\pi$ にする.

15.
$$\nabla\frac{1}{r} = -\frac{x}{r^3}\boldsymbol{i} - \frac{y}{r^3}\boldsymbol{j} - \frac{z}{r^3}\boldsymbol{k},$$

$$\int \frac{dx}{(x^2+y^2+z^2)^{3/2}} = \frac{-1}{x^2+y^2+z^2+x\sqrt{x^2+y^2+z^2}}$$

であるから, まず

$$V_x = \int_{z_0}^{z} \frac{-y dz}{(x^2+y^2+z^2)^{3/2}}$$
$$= y\left[\frac{1}{x^2+y^2+z^2+z\sqrt{x^2+y^2+z^2}} - \frac{1}{x^2+y^2+{z_0}^2+z_0\sqrt{x^2+y^2+{z_0}^2}}\right],$$

$$V_y = \int_{z_0}^{z} \frac{x dz}{(x^2+y^2+z^2)^{3/2}} + \int_{x_0}^{x} \frac{-z_0 dx}{(x^2+y^2+{z_0}^2)^{3/2}}$$
$$= -x\left[\frac{1}{x^2+y^2+z^2+z\sqrt{x^2+y^2+z^2}} - \frac{1}{x^2+y^2+{z_0}^2+z_0\sqrt{x^2+y^2+{z_0}^2}}\right]$$
$$+ z_0\left[\frac{1}{x^2+y^2+{z_0}^2+x\sqrt{x^2+y^2+{z_0}^2}} - \frac{1}{{x_0}^2+y^2+{z_0}^2+x_0\sqrt{{x_0}^2+y^2+{z_0}^2}}\right],$$

$$V_z = 0$$

を得る. よって（i）では

$$V_x = y\left[\frac{1}{x^2+y^2+z^2+z\sqrt{x^2+y^2+z^2}} - \frac{1}{x^2+y^2+1-\sqrt{x^2+y^2+1}}\right],$$

$$V_y = -x\left[\frac{1}{x^2+y^2+z^2+z\sqrt{x^2+y^2+z^2}} - \frac{1}{x^2+y^2+1-\sqrt{x^2+y^2+1}}\right]$$
$$-\left[\frac{1}{x^2+y^2+1+x\sqrt{x^2+y^2+1}} - \frac{1}{y^2+1}\right],$$

（ii）では

$$V_x = y\left[\frac{1}{x^2+y^2+z^2+z\sqrt{x^2+y^2+z^2}} - \frac{1}{x^2+y^2+1+\sqrt{x^2+y^2+1}}\right],$$

$$V_y = -x\left[\frac{1}{x^2+y^2+z^2+z\sqrt{x^2+y^2+z^2}} - \frac{1}{x^2+y^2+1+\sqrt{x^2+y^2+1}}\right] + \left[\frac{1}{x^2+y^2+1+x\sqrt{x^2+y^2+1}} - \frac{1}{y^2+1}\right]$$

である．式における分母を見れば（ii）の場合 $\boldsymbol{V}$ の連続性は明らかである．（i）では $x\to 0$, $y\to 0$ の極限で 0 となる分母がある．$z<0$ では

$$\frac{1}{x^2+y^2+z^2+z\sqrt{x^2+y^2+z^2}} = \frac{1}{z^2}\frac{1}{1+\dfrac{x^2+y^2}{z^2}-\sqrt{1+\dfrac{x^2+y^2}{z^2}}} = \frac{2}{x^2+y^2}\left(1-\frac{1}{4}\frac{x^2+y^2}{z^2}+\cdots\right),$$

$$\frac{1}{x^2+y^2+1-\sqrt{x^2+y^2+1}} = \frac{2}{x^2+y^2}\left(1-\frac{1}{4}(x^2+y^2)+\cdots\right)$$

であるから $x\to 0$, $y\to 0$ では

$$\frac{1}{x^2+y^2+z^2+z\sqrt{x^2+y^2+z^2}} - \frac{1}{x^2+y^2+1-\sqrt{x^2+y^2+1}} \longrightarrow -\frac{1}{2}\left(\frac{1}{z^2}-1\right)$$

となる．すなわちここでは $\boldsymbol{V}$ は連続である．$z>0$ では

$$\frac{1}{x^2+y^2+z^2+z\sqrt{x^2+y^2+z^2}} = \frac{1}{2z^2}\left(1-\frac{3}{4}\frac{x^2+y^2}{z^2}+\cdots\right),$$

したがって $\boldsymbol{V}$ は

$$\frac{1}{x^2+y^2+1-\sqrt{x^2+y^2+1}}$$

のため $x=0$, $y=0$ で不連続である．以上述べたことから（i）では z 軸上の点は $z<0$ のほかはベクトル場 $\boldsymbol{V}$ の領域に属さない．

16.

$$\nabla\frac{\boldsymbol{k}\cdot\boldsymbol{r}}{r^3} = \frac{\boldsymbol{k}}{r^3} - 3\frac{z}{r^5}\boldsymbol{r},\quad (r=\sqrt{x^2+y^2+z^2})$$

$$\int \frac{dx}{r^5} = -\frac{1}{3}\frac{2r+x}{r^3(r+x)^2}$$

であるから

$$V_x = \int_{-1}^{z}\left(-\frac{3yz}{r^5}\right)dz = y\int_{-1}^{z}\frac{\partial r^{-3}}{\partial z}dz$$

$$= y\left[\frac{1}{(x^2+y^2+z^2)^{3/2}} - \frac{1}{(x^2+y^2+1)^{3/2}}\right],$$

$$V_y = \int_{-1}^{z}\left(\frac{3xz}{r^5}\right)dz + \int_0^x\left[\frac{1}{(x^2+y^2+1)^{3/2}} - \frac{3}{(x^2+y^2+1)^{5/2}}\right]dx$$

$$= -x\left[\frac{1}{(x^2+y^2+z^2)^{3/2}} - \frac{1}{(x^2+y^2+1)^{3/2}}\right]$$

$$+ \frac{-1}{x^2+y^2+1+x\sqrt{x^2+y^2+1}}$$

$$+ \frac{2(x^2+y^2+1)+x\sqrt{x^2+y^2+1}}{(x^2+y^2+1)(x^2+y^2+1+x\sqrt{x^2+y^2+1})^2}$$

$$+ \frac{1}{y^2+1} - \frac{2}{(y^2+1)^2}$$

を得る． 原点以外では分母は0にならないから， $z=0$ 以外では $x=y=0$ における $\boldsymbol{V}$ として $x\to 0$, $y\to 0$ のときの極限値をとれば $\boldsymbol{V}$ は連続である．

5 ベクトルの積分

この章ではベクトルの積分について述べる．ベクトルの積分としては，第3章で述べた微分の逆の演算として考えられるもののほかに，ベクトル場に関するものがある．また曲線や曲面に沿っての積分，空間の領域における積分などがある．

§1. ベクトルの不定積分と定積分

変数 t のベクトル関数 $\boldsymbol{A}(t)$ があって，その導ベクトルがベクトル $\boldsymbol{B}(t)$ であるなら，$\boldsymbol{A}(t)$ は $\boldsymbol{B}(t)$の**原始関数**で，$\boldsymbol{C}$ を任意の定ベクトルとするとき $\boldsymbol{A}(t)+\boldsymbol{C}$ もまた原始関数である．そのようなベクトル関数をまた $\boldsymbol{B}(t)$ の**不定積分**とよび

$$\int \boldsymbol{B}(t)dt \tag{1}$$

で表わす．$\boldsymbol{A}(t)$ が $\boldsymbol{B}(t)$ の原始関数の1つならば，一般の不定積分は任意の定ベクトル $\boldsymbol{C}$ を用いて

$$\int \boldsymbol{B}(t)dt = \boldsymbol{A}(t) + \boldsymbol{C}$$

と書かれる．$\boldsymbol{A}$, $\boldsymbol{B}$, $\boldsymbol{C}$ の成分を用いてこの関係を書けば普通の不定積分の式

$$\int B_x(t)dt = A_x(t) + C_x, \quad \int B_y(t)dt = A_y(t) + C_y, \tag{2}$$

$$\int B_z(t)dt = A_z(t) + C_z$$

となる．

ベクトルの定積分も普通の関数の定積分と同様に定義される．

$\boldsymbol{F}(t)$ は t の区間 $[a, b]$ において1価連続なベクトル関数とする．$[a, b]$ を $a_0\,(=a)$, $a_1, \cdots, a_{n-1}, a_n\,(=b)$ によって n 個の小区間に分けて，$a_{i-1} \leqq t_i \leqq a_i$ $(i=1, \cdots, n)$ なる t_i をとり，和

(3) $$\sum_{i=1}^{n} \boldsymbol{F}(t_i)\Delta t_i \quad (\Delta t_i = a_i - a_{i-1})$$

を作ると，$n \to \infty$ とともに各 $\Delta t_i \to 0$ となるような分割に対して和(3) は極限値をもつ．これを**定積分**

(4) $$\int_a^b \boldsymbol{F}(t)dt$$

とよぶ．この定積分の存在は各成分

$$\int_a^b F_x(t)dt, \quad \int_a^b F_y(t)dt, \quad \int_a^b F_z(t)dt$$

について考えるとき普通の関数に関する定積分と同様である．

またベクトル関数の定積分の性質も，微分積分学における普通の関数の定積分の性質と同様である．特に区間 $[a, t]$ における $\boldsymbol{B}(t)$ の定積分

$$\int_a^t \boldsymbol{B}(t)dt \quad \text{すなわち} \quad \int_a^t \boldsymbol{B}(u)du$$

は t の関数で，

$$\frac{d}{dt}\int_a^t \boldsymbol{B}(u)du = \boldsymbol{B}(t)$$

であるから，$\boldsymbol{B}(t)$ の原始関数の 1 つである．

ベクトルのこのような積分，定積分は，各成分について考えればわかるように，普通の関数の積分，定積分とくらべてあまり特徴のあるものではない．次にベクトル解析において特に重要なベクトル場における積分について述べる．

§2. 層状ベクトル場と管状ベクトル場

スカラー場 f およびベクトル場 $\boldsymbol{V}$ についてつねに rot grad $f = 0$, div rot $\boldsymbol{V} = 0$ であるから，f を未知スカラーとする方程式

(1) $$\text{grad}\, f = \boldsymbol{A}$$

および $\boldsymbol{V}$ を未知ベクトルとする方程式

(2) $$\text{rot}\, \boldsymbol{V} = \boldsymbol{W}$$

が解をもつための必要条件は，それぞれ rot $\boldsymbol{A} = 0$ および div $\boldsymbol{W} = 0$ である．しかし解の定義域を適当に制限するつもりならば，これはまた十分条件でもある．すなわち，rot$\boldsymbol{A}$ $= 0$ なら grad $f = \boldsymbol{A}$ なるスカラー関数 f があり，div $\boldsymbol{W} = 0$ なら rot $\boldsymbol{V} = \boldsymbol{W}$ なるベクトル関数 $\boldsymbol{V}$ がある（第 4 章練習問題 12, 13).

$f = g_1$, $f = g_2$ がともに (1) の解ならば，明らかに $\mathrm{grad}(g_2 - g_1) = 0$ である．これから (1) の解は 1 つの積分定数を除いてきまることがわかる (第 4 章練習問題 12，注意 1)．

$\boldsymbol{V} = \boldsymbol{U}_1$, $\boldsymbol{V} = \boldsymbol{U}_2$ がともに (2) の解ならば，明らかに $\mathrm{rot}(\boldsymbol{U}_2 - \boldsymbol{U}_1) = 0$ である．したがって $\mathrm{grad}\, f = \boldsymbol{U}_2 - \boldsymbol{U}_1$ となる関数 f がある．また $\boldsymbol{V} = \boldsymbol{U}_1$ が (2) の解なら，任意の C^2 級の関数 f について $\boldsymbol{U}_2 = \boldsymbol{U}_1 + \mathrm{grad}\, f$ なるベクトル $\boldsymbol{U}_2$ を作れば，$\boldsymbol{V} = \boldsymbol{U}_2$ も(2) の解である．すなわち，(2) の解は 1 つの任意の勾配ベクトルを除いてきまる．

定義 ベクトル場 $\boldsymbol{A}$ においていたるところ $\mathrm{rot}\, \boldsymbol{A} = 0$ ならば，$\boldsymbol{A}$ は**層状**，**非回転的**，**ラメラー**，あるいは**渦なし**であるという．ベクトル場 $\boldsymbol{W}$ においていたるところ $\mathrm{div}\, \boldsymbol{W} = 0$ ならば，$\boldsymbol{W}$ は**湧き出しなし**，**管状**，あるいは**回転的**であるという．

さきに述べたことから次の定理を得る．

定理 2.1 層状ベクトル場 $\boldsymbol{A}$ はあるスカラー f の勾配として表わされる．ただし f は 1 つの任意定数を除いてきまる．管状ベクトル場 $\boldsymbol{W}$ はあるベクトル $\boldsymbol{V}$ の回転として表わされる．ただし $\boldsymbol{V}$ は任意のスカラーの勾配だけ不定である．

スカラー・ポテンシャルとベクトル・ポテンシャル ベクトル場 $\boldsymbol{V}$ に対して

$$\boldsymbol{V} = -\,\mathrm{grad}\, \varphi + \mathrm{rot}\, \boldsymbol{p}$$

となるスカラー場 φ およびベクトル場 $\boldsymbol{p}$ があるとき，φ を $\boldsymbol{V}$ の**スカラー・ポテンシャル**，$\boldsymbol{p}$ を $\boldsymbol{V}$ の**ベクトル・ポテンシャル**という．

定理 2.1 から次の系を得る．

系 ベクトル場 $\boldsymbol{A}$ がスカラー・ポテンシャルのみをもつための必要十分な条件は，$\boldsymbol{A}$ が層状ベクトル場なることである．ベクトル場 $\boldsymbol{W}$ がベクトル・ポテンシャルのみをもつための必要十分な条件は，$\boldsymbol{W}$ が管状ベクトル場なることである．

さて，層状ベクトルとそのスカラー・ポテンシャル，また管状ベクトルとそのベクトルポテンシャルの間で，それらの場の関係はどうであろうか．例えば層状ベクトル場 $\boldsymbol{A}$ に対して $\mathrm{grad}\, f = \boldsymbol{A}$ をみたすスカラー場 f をとれば，f の定義域は $\boldsymbol{A}$ の定義域に属することは明らかである．しかし両者の定義域は一致しないこと，あるいはむしろ一致させることができないこともある．これについて次に考えよう．

§3. 層状ベクトル場とそのポテンシャル

層状ベクトル場 $\boldsymbol{A}$ の定義域のなかで，V を 6 個の平面 $x = x_0$, $x = x_1$, $y = y_0$, $y = y_1$, $z = z_0$, $z = z_1$ で囲まれた区域とすれば，V において積分

$$(1)\qquad f(x, y, z)=\int_{x_0}^{x} A_x(x, y, z)dx + \int_{y_0}^{y} A_y(x_0, y, z)dy + \int_{z_0}^{z} A_z(x_0, y_0, z)dz + c$$

はスカラー場を与え，grad $f = \boldsymbol{A}$ である．$\boldsymbol{A}$ の定義域が V に限らないとき，f の定義域をどのように広げることができるであろうか．

V の1点 $P_0(a_0, b_0, c_0)$ を V の1点 $P_1(a_1, b_1, c_1)$ に結ぶ V の曲線を

$$x=x(t),\quad y=y(t),\quad z=z(t)$$

$$(x(t_0)=a_0,\ y(t_0)=b_0,\ z(t_0)=c_0,\ x(t_1)=a_1,\ y(t_1)=b_1,\ z(t_1)=c_1)$$

とすれば，$f(x(t), y(t), z(t))$は t の関数で

$$\begin{aligned}\frac{df}{dt}&=\frac{\partial f}{\partial x}(x(t), y(t), z(t))\frac{dx(t)}{dt}\\&\quad+\frac{\partial f}{\partial y}(x(t), y(t), z(t))\frac{dy(t)}{dt}\\&\quad+\frac{\partial f}{\partial z}(x(t), y(t), z(t))\frac{dz(t)}{dt}\\&=A_x(x(t), y(t), z(t))\frac{dx(t)}{dt}+A_y(x(t), y(t), z(t))\frac{dy(t)}{dt}\\&\quad+A_z(x(t), y(t), z(t))\frac{dz(t)}{dt}\end{aligned}$$

である．これを t について t_0 から t_1 まで積分すれば，左辺は

$$\begin{aligned}\int_{t_0}^{t_1}\frac{df}{dt}dt&=f(x(t_1), y(t_1), z(t_1))-f(x(t_0), y(t_0), z(t_0))\\&=f(a_1, b_1, c_1)-f(a_0, b_0, c_0)\end{aligned}$$

となるから

$$\begin{aligned}\int_{t_0}^{t_1}\Big[A_x(x(t), y(t), z(t))\frac{dx(t)}{dt}&+A_y(x(t), y(t), z(t))\frac{dy(t)}{dt}\\&+A_z(x(t), y(t), z(t))\frac{dz(t)}{dt}\Big]dt\\&=f(a_1, b_1, c_1)-f(a_0, b_0, c_0)\end{aligned}$$

を得る．右辺は点 P_0 における f の価を点 P_1 における f の価から減じたもので，これは P_0 を P_1 に結ぶ曲線Cのとり方および媒介変数 t のとり方にはよらないから，左辺の積分も同様である．すなわち，P_0, P_1 を結ぶ曲線が5-1図の C_1 であっても C_2 であっても，

また媒介変数 t のとり方によって P_0 を表わす t の価 t_0, P_1 を表わす t の価 t_1 が何であっても，積分

$$(2)\qquad \int_{t_0}^{t}\Big[A_x(x(t),\ y(t),\ z(t))\frac{dx(t)}{dt}+A_y(x(t),\ y(t),\ z(t))\frac{dy(t)}{dt}+A_z(x(t),\ y(t),\ z(t))\frac{dz(t)}{dt}\Big]dt$$

は同じ価 $f(P_1)-f(P_0)$ を与える.

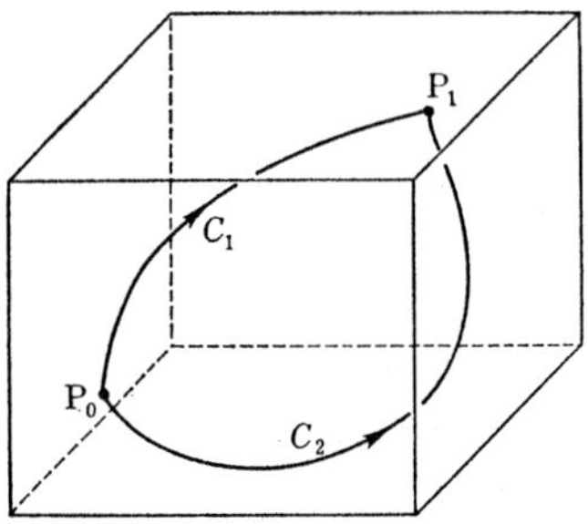

5-1 図

次に V のほかに $\boldsymbol{A}$ の定義域に属する直6面体 $\bar{V}$ をとり，$\bar{V}$ の面は $x=\bar{x}_0, x=\bar{x}_1, y=\bar{y}_0, y=\bar{y}_1, z=\bar{z}_0, z=\bar{z}_1$ で与えられ，V と $\bar{V}$ の共通部分 $V\cap\bar{V}$ は空ではないとする（5-2図は理解をたすけるため平面すなわち2次元の図として書いてある）. V の点 P_0 と $\bar{V}$ の点 P_1 を結ぶ $V\cup\bar{V}$ の曲線 C を $x=x(t), y=y(t), z=z(t)$, その媒介変数 t は t_0 が P_0 を，t_1 が P_1 を表わすとすれば，この曲線 C についてとった積分 (2) も C のとり方によらないことが次のようにして示される（媒介変数のとり方によらないことはほとんど明らかであろう）.

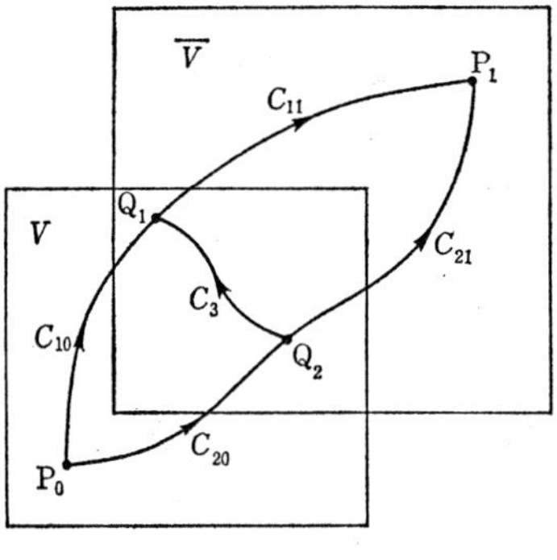

5-2 図

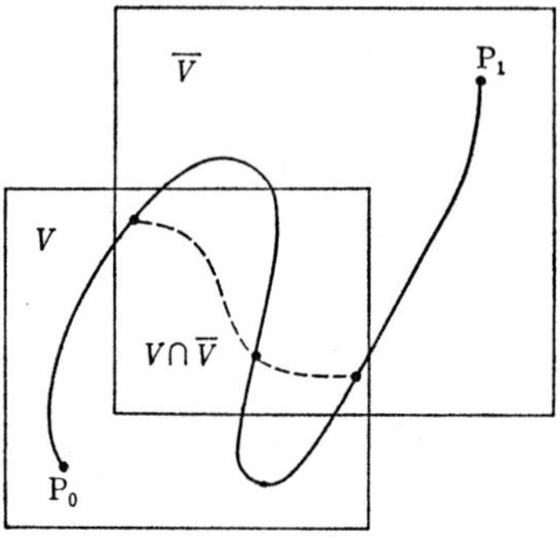

5-3 図

5-2図のように P_0, P_1 を結ぶ曲線として C_1, C_2 をとる. C_1 はその P_0 からはじまる部分 C_{10}(すなわち P_0Q_1) が V に，P_1 でおわる部分 C_{11}（すなわち Q_1P_1) が $\bar{V}$ に属すとする. C_1 がもっと複雑な形をもつこともある（5-3図）が，その場合でも単純な形になおすことができるから，この仮定によって話を進める. C_2 についても同様の仮定をする.

曲線 C_1 に沿っての積分 (2) を $I(C_1)$ と書く．同様に積分 (2) を5-2図の他の曲線についてとった結果をそれぞれ $I(C_2)$, $I(C_{10})$, $I(C_{11})$, $I(C_{20})$, $I(C_{21})$, $I(C_3)$ とよぶ．C_3 は Q_2 を Q_1 に結ぶ $V\cap\bar{V}$ の曲線である．そうすれば V および $\bar{V}$ におけるこれらの積分の間の関係として

$$I(C_{10}) = I(C_{20}) + I(C_3),$$
$$I(C_{21}) = I(C_3) + I(C_{11})$$

を得る．これから $I(C_3)$ を消去すれば

$$I(C_{10}) + I(C_{11}) = I(C_{20}) + I(C_{21})$$

となり，これは $I(C_1) = I(C_2)$ であることを示す．

この結果は P_0 と P_1 を結ぶ $V\cup\bar{V}$ の曲線 C に対して $I(C)$ が C の途中によらず，始点 P_0 と終点 P_1 のみの関数であることを示している．特に P_0 を固定すれば，$I(C)$ は P_1 のみの関数であるから，$I(C) = f(a_1, b_1, c_1)$ で $f(x, y, z)$ を定義することができる．そうしてこれは明らかに V において，$c = 0$ のときの (1) に一致し，$\bar{V}$ においても $\mathrm{grad} f = \boldsymbol{A}$ を満足する．

こうして $\mathrm{grad}\, f = \boldsymbol{A}$ をみたすスカラー場 f の領域を，はじめの V から $V\cup\bar{V}$ に広げることができた．このような方法で f の領域をさらに広げることができる．5-4図も書きやすくする目的で平面の図としてあるが，$\boldsymbol{A}$ の領域にある点 P の近傍で定められたスカラー場 f を点 Q の近傍までひろげる方法を示している．

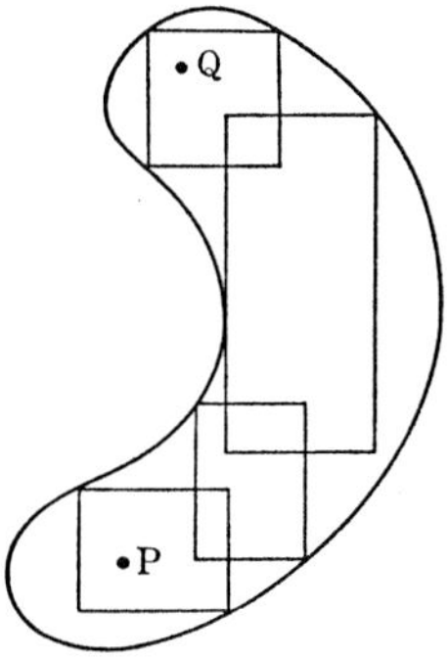

5-4 図

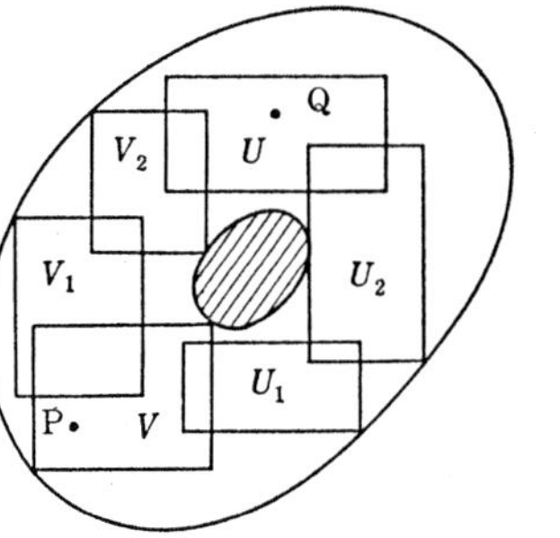

5-5 図

このようにしてスカラー場 f の領域をはじめの V から外へひろげるとき，$\boldsymbol{A}$ の領域全体におよぼすことが可能な場合と，そうでない場合とがある．いま $\boldsymbol{A}$ の領域の2点 P, Q

をとり，P の近傍の直 6 面体 V と Q の近傍の直 6 面体 U とを結ぶ直 6 面体の 2 つの列

$$U_0(=V),\ U_1,\ \cdots,\ U_{m-1},\ U_m(=U),$$
$$V_0(=V),\ V_1,\ \cdots,\ V_{n-1},\ V_n(=U)$$

をとってみる（5-5 図）．V における関数 f から出発して U における関数 f が列 U_0, $U_1,\cdots, U_m$ によってきまるが，これと同様に列 $V_0,\ V_1,\ \cdots,\ V_n$ によってもきまる．しかし，こうして定めた関数 f は次の例のように，列のとり方によってことなるかもしれない．

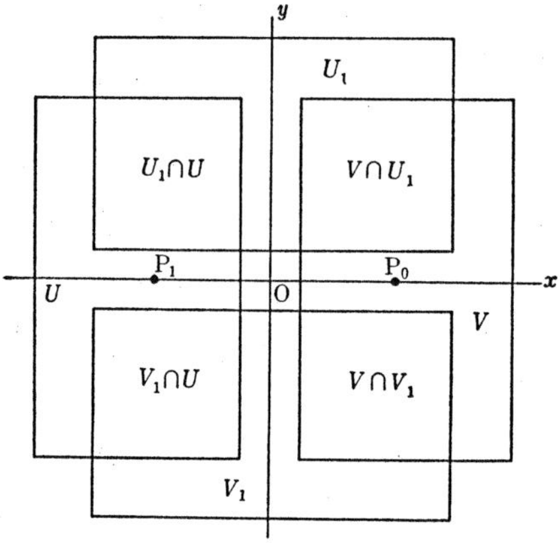

5-6 図

例 1.　　$A = \dfrac{\boldsymbol{k}\times\boldsymbol{r}}{|\boldsymbol{k}\times\boldsymbol{r}|^2}$

に対して $\mathrm{grad}\, f = A$ となる f を，領域 V $(x>0)$ に対しては

$$x = \rho\cos\theta,\quad y = \rho\sin\theta,$$
$$\rho = \sqrt{x^2+y^2},\ -\frac{\pi}{2} < \theta < \frac{\pi}{2}$$

で定めた θ を用いて

$$f(x,\ y,\ z) = \theta$$

ととる（第 4 章練習問題 14 参照）．この f を領域 U_1 $(y>0)$，領域 U $(x<0)$ によって領域 $V\cup U_1\cup U$ へひろげるときに得る U における関数を f_1 とする．また，領域 V_1 $(y<0)$，領域 $U(x<0)$ によって領域 $V\cup V_1\cup U$ へ広げるときに得る U における関数を f_2 とする．f_1, f_2 を求めよ．

［解］ f_1 は $V\cup U_1\cup U$ の曲線に沿って (2) を積分すれば求められる．それは

$$\int_{t_0}^{t_1}\left(\frac{-y}{x^2+y^2}\frac{dx}{dt} + \frac{x}{x^2+y^2}\frac{dy}{dt}\right)dt$$

に $x(t) = r(t)\cos\theta(t)$, $y(t) = r(t)\sin\theta(t)$ を代入して

$$= \int_{t_0}^{t_1}\frac{d\theta}{dt}dt = \theta(t_1) - \theta(t_0)$$

となることからわかるように

$$f_1(x,\ y,\ z) = \theta,$$

ここに

$$x = \rho\cos\theta,\qquad y = \rho\sin\theta,\qquad \rho = \sqrt{x^2+y^2},$$
$$\frac{\pi}{2} < \theta < \frac{3\pi}{2}$$

である．曲線を xy 平面に正射影したものは原点を正の向きにまわり，θ は増加するからである．f_2 は $V\cup V_1\cup U$ の曲線に沿って (2) を積分すれば求められる．これも

$$f_2(x, y, z)=\theta,$$

$$x=\rho\cos\theta,\quad y=\rho\sin\theta,\quad \rho=\sqrt{x^2+y^2}$$

ではあるが，このとき θ は減小するため

$$-\frac{3\pi}{2}<\theta<-\frac{\pi}{2}$$

である．したがって f_1 と f_2 の関係は次のようになる：

$$f_1(x, y, z)-f_2(x, y, z)=2\pi.$$

この例の場合 $\mathrm{grad}\,f=\boldsymbol{A}$ をみたす関数 f は $\boldsymbol{A}$ の定義域全体にわたって1価ではない．f は $\arctan(y/x)+c$ の形で考えることもできるから，$c=0$ の場合をとって，例えば5-7図において P(1, 0, 1) における f の価として $x=1$, $y=0$ に対する $\arctan(y/x)$ の1つの価である0をとろう．一方 Q(−1, 0, 1) における f の価としては，$x=-1$, $y=0$ に対する $\arctan(y/x)$ の価 $m\pi$（m は整数）が考えられる．しかし，はじめに点 P にあった動点 R(x, y, z) が点 Q に移動するとき，R における f の価 f(R) が R とともに連続的に変化すると仮定すれば，R の動き方によって終点 Q に達したときの f の価はことなることがわかる．すなわち，図のような道をえがいて R が動くとき，道が C_1 なら f(Q) は π，道が C_2 なら f(Q) は $-\pi$ である．また，もし R が P を出てから z 軸を n 回正の向きにまわった後 Q に到達したとすれば，そのときの f(Q) は $\pi+2n\pi$ である．このようにして価を定めるとき，関数 f は多価（しかも無限多価）の連続関数である．スカラー場は，その領域において1価の連続関数であることを条件とするから，$\boldsymbol{A}$ の領域全体にわたって f はスカラー場であるとはいえない．

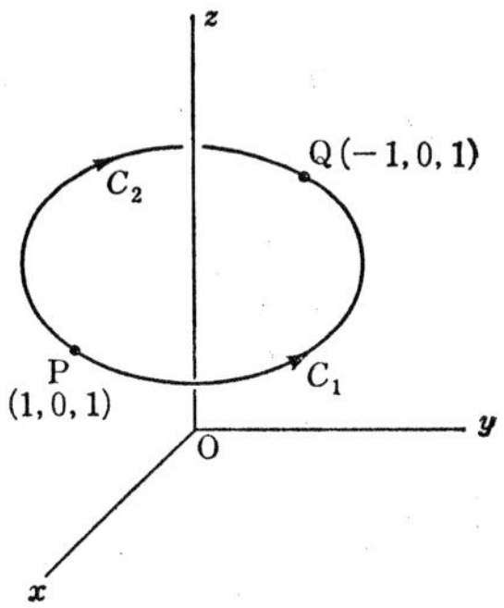

5-7 図

次に f の価をたとえば $\tan\theta=y/x$, $-\dfrac{\pi}{2}\leqq\theta<\dfrac{\pi}{2}$ なる θ を用いて $f(x, y, z)=\theta$ ときめるならば，f はたしかに1価関数である．しかし今度は $x=0$ のとき θ は不連続であるから，f は $\boldsymbol{A}$ の領域全体では連続関数でなく，やはりスカラー場であるとはいえない．

このようなことは，関数 f の定義域としてベクトル場 $\boldsymbol{A}$ の領域全体をとろうとするからおこったことである．f の定義域として別に適当な領域を定めるならば，f をスカラー

場と考えることができる．そのような領域として代表的なものは次に述べる単連結領域である．

§4. 単連結領域とポテンシャル

曲線および閉曲線　われわれは曲線弧，すなわち始点Pおよび終点Qをもつ曲線として，滑らかな曲線をまず考えるのであるが，滑らかな曲線弧を有限個つないだ曲線も考えることにする．特に始点Pと終点Qが一致する曲線を**閉曲線**とよび，5-8図のNのような点のない閉曲線は**単一閉曲線**とよぶ．

単連結領域　領域D内にあるどの閉曲線も，D内で連続的変形により1点に収縮することができるとき，Dは**単連結**であるという．球の内部，2個の同心球面にはさまれた空間の部分などは単連結であるが，球の内部から中心を通る1直線上の点をすべて除いたものや，円環面の内部などは単連結ではない．

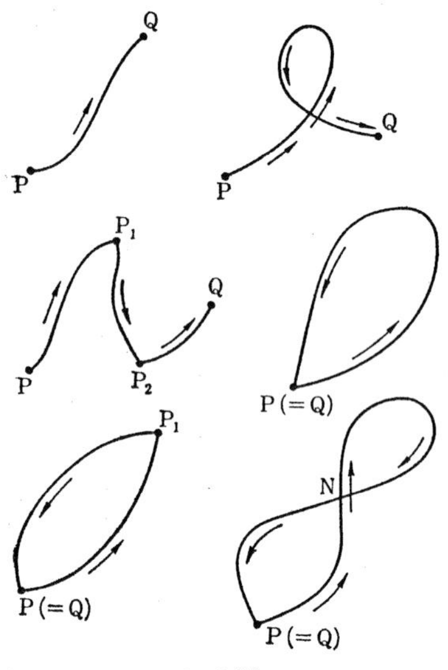

5-8 図

単連結領域は次のように定義することもできる．

Dを領域とする．Dの点Pを始点，Dの点Qを終点とするD内の曲線C_1, C_2を任意（P, Qも任意である）にとるとき，C_2をD内で，始点および終点をそれぞれ固定したまま連続的に変形することによって，C_1と一致させることができるならば，Dは単連結であるという．

単連結領域の2つの定義が同値なことは5-9図から容易にわかるであろう．

単連結領域の第2の定義を用いると次の定理を得る．

定理4.1　層状ベクトル場$\boldsymbol{A}$が与えられた領域内に単連結領域Dをとるならば，Dを定義域として，$\mathrm{grad}\, f = \boldsymbol{A}$を満足するスカラー場$f$が存在する．

［証明］ D内に1点Pを固定し，Pにおけるfの価f(P)を任意に定める．D内に任意に1点Qをとり，PとQを結ぶ2個の曲線C_0, C_1を任意にとると，Dは単連結であるから，C_1をD内で連続的に変形してC_0と一致させることができる．このとき途中の曲

線を C_t $(0 < t < 1)$ とよぶ. $\varepsilon = t_2 - t_1 > 0$ が十分小さいなら, 曲線 C_{t_1}, C_{t_2} に対して次のような直6面体の列 V_0, V_1, …, V_n (n は適当な自然数とする) をとることができる (5-10図).

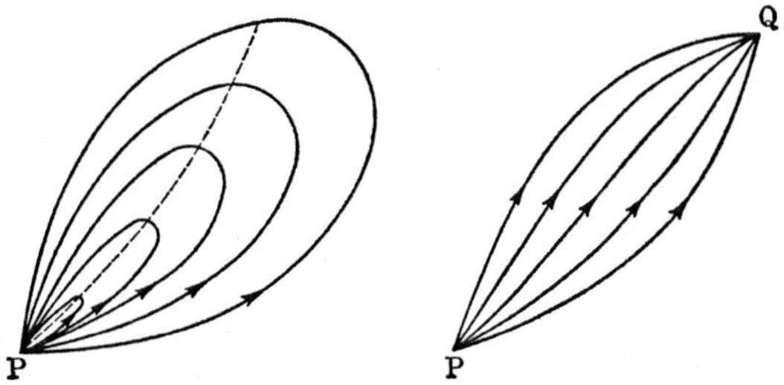

5-9 図

V_0, V_1, …, V_n はいずれも D 内にある.

曲線 C_{t_1}, C_{t_2} の各々を $n+1$ 個の部分に分割するとき, 分割を適当にとることによって $i+1$ 番目 $(i = 0, \cdots, n)$ の部分はともに V_i の内部に属す.

このとき§3で述べた結果から, (3.2) の積分は C_{t_1} に沿ってとっても, C_{t_2} に沿ってとっても, 同じ値を与える. したがって C_0 に沿ってとっても, C_1 に沿ってとっても, 同じ値を与える. これはまた, Qにおける f の値がPとQを結ぶ曲線によらないことを示すから, f は1価である.

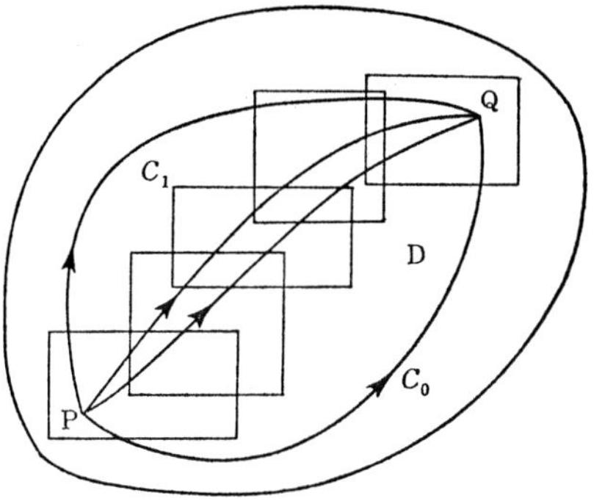

5-10 図

例1で述べた $\boldsymbol{A}$ に対して $\mathrm{grad}\, f = \boldsymbol{A}$ をみたすスカラー場 f の領域としては, いろいろなものが考えられる. 全空間から $x \geqq 0$, $y = 0$ なる点 (x, y, z) をすべて除いたものなどは1つの代表的な例である. しかし5-11図のような単連結領域も考えられる.

例 2. 空間から $x^2 + y^2 = 1$, $z = 0$ なる円周 C 上の点をすべて除いて得る領域を D とする. D は単連結であるか. また D 内の単連結領域の例をあげよ.

［解］ 与えられた領域が単連結でないことは，Cとからみあう閉曲線C'があることでわかる．D内の単連結領域としてはCを縁とする曲面Sを任意にとり，空間からSを除

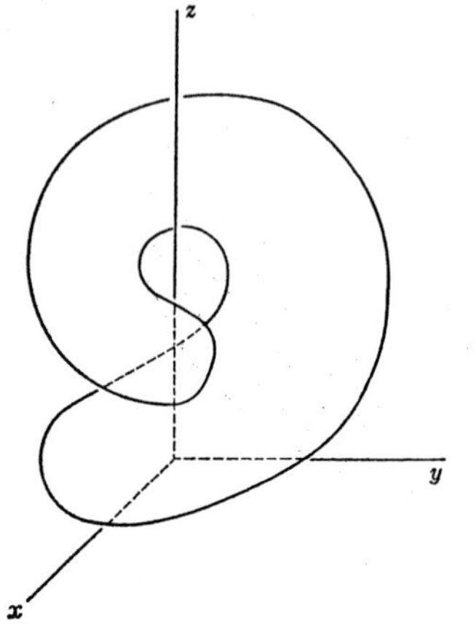

5-11 図

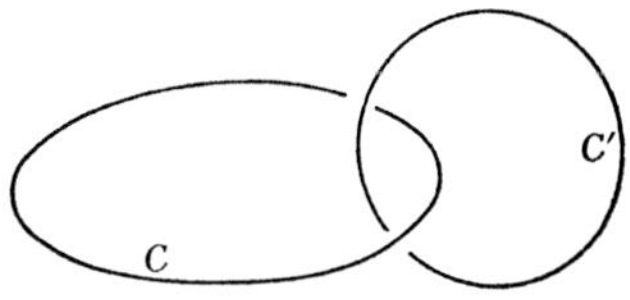

5-12 図

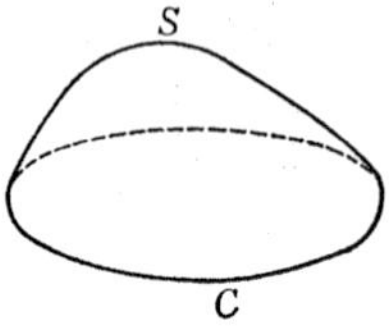

5-13 図

いた領域を考えればよい．

問　　題

1. 層状ベクトル場

$$\boldsymbol{A} = \frac{2xy}{(x^2+y^2)^2}\boldsymbol{i} + \frac{-x^2+y^2}{(x^2+y^2)^2}\boldsymbol{j}$$

のスカラー・ポテンシャルφとその領域を調べよ．

［解　　答］

1.

$$\int_{x_0}^{x} \frac{2xy}{(x^2+y^2)^2}dx = y\left[-\frac{1}{x^2+y^2}+\frac{1}{x_0{}^2+y^2}\right],$$

$$\int_{y_0}^{y} \frac{-x_0{}^2+y^2}{(x_0{}^2+y^2)^2}dy = \frac{-y}{x_0{}^2+y^2}+\frac{y_0}{x_0{}^2+y_0{}^2}$$

であるから

$$\varphi(x,\ y,\ z) = \frac{-y}{x^2+y^2}+c \quad (c\ は任意定数)$$

を得る．この式のもとである積分の路から，この式を直接に用いることのできる$(x,\ y)$の領域はx_0やy_0の符号によってことなる（原点を通過する積分はゆるされないことに注意）．すなわち$x_0>0$ならこの式は$x>0$（yの方は$-\infty<y<\infty$）に対してのみ用いてよい．$y_0>0$なら$y>0$（xの方は$-\infty<x<\infty$）に対してのみ用いてよい．したがって例えば$x_0=1,\ y_0=1$とするとき，この式は$x>0$か$y>0$かのいずれかがみたされる$(x,\ y)$に対して用いることができる（$x\leqq 0$かつ$y\leqq 0$なる$(x,\ y)$

に対してだけ用いられない). このとき $\varphi(x, y, z)$ として $c=0$ のものをとったとしよう. これに対し, $x_0=-1$, $y_0=-1$ として作った積分では $c \neq 0$ のものをとったとすると $\varphi(x, y, z)$ の値が $x=1$, $y=-1$ で一致しない. これが一致するように c として x_0, y_0 によらずに一定の数をとれば関数 $\varphi(x, y, z)$ は z 軸を除いた全空間で1価の関数となり, したがってここにおいて $\boldsymbol{A}$ のスカラー・ポテンシャルである.

注意　このスカラー・ポテンシャルの領域は単連結でない. しかし z 軸をひとまわりする曲線, 例えば $x=\cos t$, $y=\sin t$ $(0 \leq t \leq 2\pi)$, $z=0$ に対して

$$\int_0^{2\pi}\left[A_x(x(t), y(t), 0)\frac{dx}{dt}+A_y(x(t), y(t), 0)\frac{dy}{dt}\right]dt=0$$

であることは容易にわかるであろう.

§5. 管状ベクトル場とそのベクトル・ポテンシャル

管状ベクトル場 $\boldsymbol{W}$ が与えられたとき, $\boldsymbol{W}$ の領域内に直6面体 V を考えれば, V の点 (x, y, z) に対して

$$V_x(x, y, z)=\int_{z_0}^{z} W_y(x, y, z)dz,$$

$$V_y(x, y, z)=-\int_{z_0}^{z} W_x(x, y, z)dz+\int_{x_0}^{x} W_z(x, y, z_0)dx,$$

$$V_z(x, y, z)=0$$

で与えられるベクトル場 $\boldsymbol{V}(x, y, z)$ が $\mathrm{rot}\,\boldsymbol{V}=\boldsymbol{W}$ をみたすことは第4章練習問題13にあるとおりである. この考えをすこし変えて次のようなベクトル場 $\boldsymbol{V}(x, y, z)$ を作ることもできる.

$$(1)\qquad \begin{cases} V_x(x, y, z)=\displaystyle\int_{z_0}^{z} W_y(x, y, z)dz+f(x, y), \\ V_y(x, y, z)=-\displaystyle\int_{z_0}^{z} W_x(x, y, z)dz \\ \qquad\qquad\qquad +\displaystyle\int_{x_0}^{x} W_z(x, y, z_0)dx+g(x, y), \\ V_z(x, y, z)=0 \end{cases}$$

ただし f, g は

$$\frac{\partial f(x, y)}{\partial y}=\frac{\partial g(x, y)}{\partial x}$$

をみたすとする.

直6面体の代りに, 母線が z 軸に平行で, 底面が $z=z_0$ および $z=z_1$ である柱体の場

合にも，同様の考えを応用することができる．この柱体を V とし，xy 平面上に正射影した像を V' とする．簡単のため V' の形は x 軸に平行な直線が V' の境界である閉曲線とはたかだか2点で交わるごときものとする．$x_1(y)$, $x_2(y)$ を，不等式

$$x_1(y) \leqq x \leqq x_2(y)$$

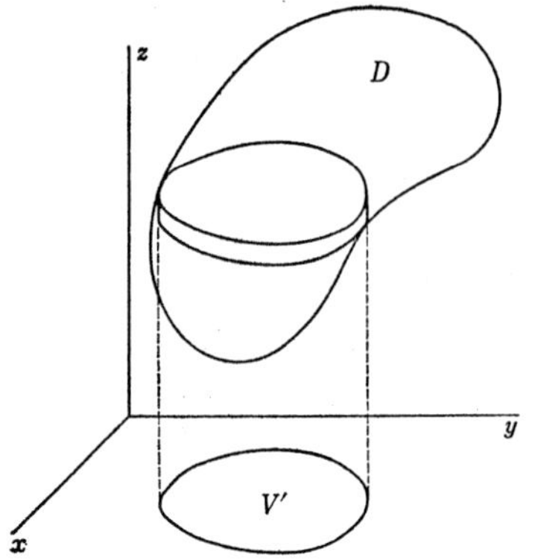

5-14 図

が点 $(x,\ y)$ が V' の点であることを表わすようにとるならば，(1) の積分において $x_1(y)$ を x_0 の代りにとったものがやはり rot $\boldsymbol{V}=\boldsymbol{W}$ を満足することは容易にわかる．

さて $\boldsymbol{W}$ の定義域 D を xy 平面に平行な平面で切って薄片を作り，各薄片の中で上に述べたようなことを考えれば，$\boldsymbol{W}$ のベクトル・ポテンシャル $\boldsymbol{V}$ を得るが，隣接する薄片の間でベクトル場 $\boldsymbol{V}$ が滑らかにつながることが必要である．それには1つの薄片から出発して隣接する薄片へと，ベクトル場 $\boldsymbol{V}$ をきめてゆけばよい．そのとき f, g が役に立ち，D の形が都合よい場合は $\boldsymbol{V}$ が定まる．しかし平面 $z=\text{const}$ による D の切り口は連結でない場合もあって，このような方法で D を領域とするベクトル・ポテンシャルを求めることはそう簡単ではない．管状ベクトル場のベクトル・ポテンシャルの理論はこのような考えよりもむしろ微分形式の理論の一部に含まれた形で説明されるのが普通である．ここには特別な場合のベクトル・ポテンシャルの式を書いておこう．これもやはり $V_z=0$ としておく．

管状ベクトル場 $\boldsymbol{W}$ の領域 D に含まれる領域 V をとり，V を囲む閉曲面 S も D に含まれるとする．S は z 軸に平行な直線とはたかだか2点で交わり，V の xy 平面上の正射影 V' の境界である閉曲線も x 軸に平行な直線とはたかだか2点で交わるとする．特に xy 平面上に2曲線 $x=x_1(y)$, $x=x_2(y)$ があって V' は $x_1(y)<x<x_2(y)$ なる点 $(x,\ y)$ の集合，空間に2曲面 $z=z_1(x,\ y)$, $z=z_2(x,\ y)$ があって V は $z_1(x,\ y)<z<z_2(x,\ y)$ なる点 $(x,\ y,\ z)$ の集合であるとしよう．このときVにおいて

$$V_x(x,\ y,\ z)=\int_{z_1(x,y)}^{z} W_y(x,\ y,\ z)dz,$$

$$V_y(x,\ y,\ z)=-\int_{z_1(x,y)}^{z} W_x(x,\ y,\ z)dz+\int_{x_1(y)}^{x} W_z(x,\ y,\ z_1(x,\ y))dx$$

$$-\int_{z_1(y)}^{x}\Big[W_y(x,\ y,\ z_1(x,\ y))\frac{\partial z_1}{\partial y}$$

$$+W_x(x,\ y,\ z_1(x,\ y))\frac{\partial z_1}{\partial x}\Big]dx,$$

$$V_z(x,\ y,\ z)=0$$

は $\boldsymbol{W}$ のベクトル・ポテンシャルの1つをきめる. これの証明は次の式から容易である:

$$\frac{\partial V_x}{\partial y}=\int_{z_1(x,y)}^{z}\frac{\partial W_y}{\partial y}dz-W_y(x,\ y,\ z_1(x,\ y))\frac{\partial z_1}{\partial y},$$

$$\frac{\partial V_y}{\partial x}=-\int_{z_1(x,y)}^{z}\frac{\partial W_x}{\partial x}dz+W_x(x,\ y,\ z_1(x,\ y))\frac{\partial z_1}{\partial x}$$

$$+W_z(x,\ y,\ z_1(x,\ y))-W_y(x,\ y,\ z_1(x,\ y))\frac{\partial z_1}{\partial y}$$

$$-W_x(x,\ y,\ z_1(x,\ y))\frac{\partial z_1}{\partial x}.$$

層状ベクトル場では，その領域の中に単連結な領域をとれば，そこではスカラー・ポテンシャルが存在した. 管状ベクトル場では，その領域 D の中に単連結な領域をとっても，一般にはその全域にわたるベクトル・ポテンシャルは存在しない. D の中の連結領域 V として V におけるすべての閉曲面が V 内における連続的な変形によって1点に収縮できるものをとるなら，V におけるベクトル・ポテンシャルが存在することが知られている. しかし $\boldsymbol{W}$ が与えられている場合，これは十分条件であって必要条件ではない. 例えば原点を除いて全空間にわたる管状ベクトル場 $\boldsymbol{W}$ が与えられたとき，同じ領域において $\boldsymbol{W}$ のベクトル・ポテンシャルが存在する場合がある. 第4章練習問題の問16における $\boldsymbol{W}$ もそのようなものの1つである（第6章§2問題2の注意参照).

例 3. $\boldsymbol{K}$ が定ベクトルのとき

$$\boldsymbol{W}=\frac{\boldsymbol{K}\times(\boldsymbol{k}\times\boldsymbol{r})}{|\boldsymbol{k}\times\boldsymbol{r}|^2}$$

で与えられるベクトル場 $\boldsymbol{W}$ につき，そのベクトル・ポテンシャルを求めよ.

[解] $W_x=\dfrac{-K_zx}{x^2+y^2},\quad W_y=\dfrac{-K_zy}{x^2+y^2},\quad W_z=\dfrac{K_xx+K_yy}{x^2+y^2}$

であるから $\operatorname{div}\boldsymbol{W}=0$ で，$\boldsymbol{W}$ は管状である. 任意のスカラー f をとり，

$$\boldsymbol{V}=-\varphi\boldsymbol{K}+\operatorname{grad}f,\qquad \varphi=\arctan\frac{y}{x}$$

とおけば，$\operatorname{rot}\boldsymbol{V}=-\operatorname{rot}(\varphi\boldsymbol{K})=-\nabla\varphi\times\boldsymbol{K}=\boldsymbol{K}\times\nabla\varphi$ で，

$$\nabla\varphi=\frac{\boldsymbol{k}\times\boldsymbol{r}}{|\boldsymbol{k}\times\boldsymbol{r}|^2}$$

であるから rot $\boldsymbol{V}=\boldsymbol{W}$, すなわち $\boldsymbol{V}$ は $\boldsymbol{W}$ のベクトル・ポテンシャルである．そのベクトル場としては空間から $x=y=0$ なる点を除いた領域における単連結領域をとればよい．

問　　題

1． V_1 は $0\leqq x\leqq 1$, $0\leqq y\leqq 2$, $0\leqq z\leqq 1$ なる区域，V_2 は $0\leqq x\leqq 1$, $1\leqq y\leqq 3$, $1\leqq z\leqq 2$ なる区域，$\boldsymbol{W}$ は V_1, V_2 を含んだ領域 D で定義された管状ベクトル場とする．V_1 では

$$V_x=\int_0^z W_y(x,\ y,\ z)dz,$$

$$V_y=-\int_0^z W_x(x,\ y,\ z)dz+\int_0^x W_z(x,\ y,\ 0)dx,$$

$$V_z=0,$$

V_2 では

$$V_x=\int_1^z W_y(x,\ y,\ z)dz+f(x,\ y),$$

$$V_y=-\int_1^z W_x(x,\ y,\ z)dz+\int_0^x W_z(x,\ y,\ 1)dx+g(x,\ y),$$

$$V_z=0,$$

で与えられるベクトル場 $\boldsymbol{V}$ が $V_1\cup V_2$ において $\boldsymbol{W}$ のベクトル・ポテンシャルであるためには，f, g をいかにとればよいか．

[解　　答]

1． $z=1$ でベクトル場 $\boldsymbol{V}$ が滑らかにつながるには

$$\int_0^1 W_y(x,\ y,\ z)dz=f(x,\ y),$$

$$-\int_0^1 W_x(x,\ y,\ z)dz+\int_0^x W_z(x,\ y,\ 0)dx$$
$$=\int_0^x W_z(x,\ y,\ 1)dx+g(x,\ y)$$

が $0\leqq x\leqq 1$, $1\leqq y\leqq 2$ で成立すればよい．これは f, g をきめる．次に $\partial f/\partial y=\partial g/\partial x$ が成立する必要がある．これは

$$\int_0^1 \frac{\partial W_y(x,\ y,\ z)}{\partial y}dz+\int_0^1 \frac{\partial W_x(x,\ y,\ z)}{\partial x}dz$$
$$-W_z(x,\ y,\ 0)+W_z(x,\ y,\ 1)$$

が div $\boldsymbol{W}=0$ のため消えることでみたされる．したがって，上の式で f, g をきめればよい．

§6. 曲線の長さ

空間の2点 A, B を結ぶ滑らかな曲線，すなわち媒介変数 t ($a \leqq t \leqq b$) で

$$\boldsymbol{r}(t) = x(t)\boldsymbol{i} + y(t)\boldsymbol{j} + z(t)\boldsymbol{k}$$

のように表わすとき，$\boldsymbol{r}(t)$ が連続微分可能で，いたるところ

$$\left|\frac{d\boldsymbol{r}}{dt}\right| > 0$$

である曲線を考えよう．区間 $[a, b]$ を

$$t_0(=a),\ t_1,\ \cdots,\ t_{n-1},\ t_n(=b)$$

により n 個の小区間に分割すれば，曲線 AB も $\overrightarrow{\mathrm{OA}_i} = \boldsymbol{r}(t_i)$ ($i = 0, 1, \cdots, n$) なる点 $\mathrm{A}_0(=\mathrm{A})$, A_1, $\cdots$, A_{n-1}, $\mathrm{A}_n(=\mathrm{B})$ により n 個の小さな弧に分割される．

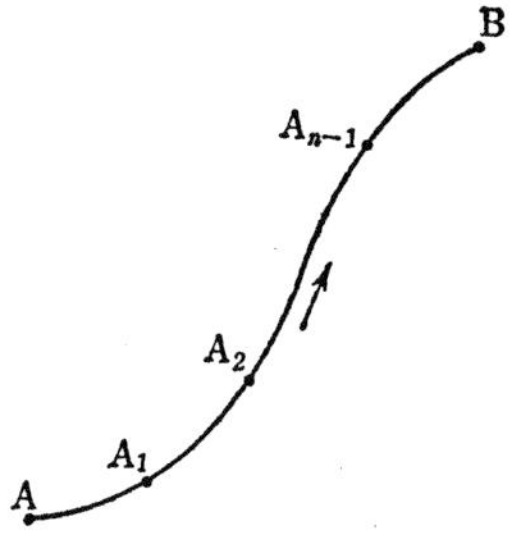

5-15 図

$$t_i - t_{i-1} = \Delta_i$$

と書こう．弦 $\mathrm{A}_{i-1}\mathrm{A}_i$ の長さを l_i とすれば

$$(1)\qquad l_i = \sqrt{(x(t_i)-x(t_{i-1}))^2 + (y(t_i)-y(t_{i-1}))^2 + (z(t_i)-z(t_{i-1}))^2}$$

であるが，区間 $[t_{i-1}, t_i]$ に属する適当な数を α_i, β_i, γ_i とすれば，平均値の定理から

$$x(t_i)-x(t_{i-1}) = x'(\alpha_i)\Delta_i,\ y(t_i)-y(t_{i-1}) = y'(\beta_i)\Delta_i,\ z(t_i)-z(t_{i-1}) = z'(\gamma_i)\Delta_i$$

とおくことができる．

式を簡単にするため

$$(K_i)^2 = (x'(\alpha_i))^2 + (y'(\beta_i))^2 + (z'(\gamma_i))^2, \qquad (K_i \geqq 0),$$
$$(L_i)^2 = (x'(t_i))^2 + (y'(t_i))^2 + (z'(t_i))^2 \qquad (L_i > 0)$$

と書けば

$$(2)\qquad |l_i - L_i\Delta_i| = |K_i - L_i|\Delta_i = \frac{|(K_i)^2-(L_i)^2|}{K_i+L_i}\Delta_i$$

である．また

$$\frac{|(x'(\alpha_i))^2-(x'(t_i))^2|}{K_i+L_i} = \frac{|x'(\alpha_i)+x'(t_i)|}{K_i+L_i}|x'(\alpha_i)-x'(t_i)|$$

において $|x'(\alpha_i)| \leqq K_i$, $|x'(t_i)| \leqq L_i$, したがって

$$\frac{|x'(\alpha_i)+x'(t_i)|}{K_i+L_i} \leqq 1$$

であるから

$$\frac{|(x'(\alpha_i))^2-(x'(t_i))^2|}{K_i+L_i} \leqq |x'(\alpha_i)-x'(t_i)|$$

となる．同様の関係が y', z' についても成り立つ．また

$$|(K_i)^2-(L_i)^2| \leqq |(x'(\alpha_i))^2-(x'(t_i))^2|+|(y'(\beta_i))^2-(y'(t_i))^2| + |(z'(\gamma_i))^2-(z'(t_i))^2|$$

であるから，(2) から

$$|l_i-L_i\varDelta_i| \leqq \{|x'(\alpha_i)-x'(t_i)|+|y'(\beta_i)-y'(t_i)|+|z'(\gamma_i)-z'(t_i)|\}\varDelta_i$$

を得る．

任意の正の数 ε に対して区間 $[a, b]$ の分割を十分こまかにとれば

$$|x'(\alpha_i)-x'(t_i)|<\varepsilon, \quad |y'(\beta_i)-y'(t_i)|<\varepsilon, \quad |z'(\gamma_i)-z'(t_i)|<\varepsilon$$

とすることができ，

$$|l_i-L_i\varDelta_i|<3\varepsilon\varDelta_i$$

となる．したがって

$$\left|\sum_{i=1}^n l_i-\sum_{i=1}^n L_i\varDelta_i\right| \leqq \sum_{i=1}^n |l_i-L_i\varDelta_i| < 3\varepsilon(b-a)$$

を得る．これは分割をこまかにとるときの極限として

$$\lim \sum_{i=1}^n l_i = \lim \sum_{i=1}^n L_i\varDelta_i$$

であることを示す．

一方，$x(t)$, $y(t)$, $z(t)$ が連続微分可能なことから，積分

$$\int_a^b \sqrt{\left(\frac{dx}{dt}\right)^2+\left(\frac{dy}{dt}\right)^2+\left(\frac{dz}{dt}\right)^2}\,dt \tag{3}$$

は存在し，それは分割をこまかにするときの極限

$$\lim \sum_{i=1}^n L_i\varDelta_i$$

として定義される．したがって次の結果を得る．

曲線の長さ　滑らかな曲線弧を分割し，分点を順に結ぶ弦の長さの和をとれば，分割をこまかにするときこの和は曲線に特有な値に収束する．それは積分 (3) と一致し，これを**曲線の長さ**という．

(3) において b を変数と考え，これを改めて t と書けば，媒介変数が a から t まで変るときの曲線の長さ s は t の関数である．この関数を $s(t)$ と書けば，(3) から

$$\frac{ds}{dt}=\sqrt{\left(\frac{dx}{dt}\right)^2+\left(\frac{dy}{dt}\right)^2+\left(\frac{dz}{dt}\right)^2}$$

すなわち

$$\frac{ds}{dt}=\left|\frac{d\boldsymbol{r}}{dt}\right|$$

を得る．特に媒介変数として曲線の長さ s 自身をとれば，

$$\left|\frac{d\boldsymbol{r}}{ds}\right|=1$$

となり，この媒介変数 s は第3章§2で述べたものと一致する．

§7. 線　積　分

スカラー場 $f(x, y, z)$ において，2点 A, B を結ぶ滑らかな曲線弧 $\widehat{\mathrm{AB}}=C$ を考える．弦長 s を媒介変数にとって C の点を位置ベクトル $\boldsymbol{r}(s)$ $(s_{\mathrm{A}} \leqq s \leqq s_{\mathrm{B}})$ で表わすと，端点 A, B はそれぞれ $\boldsymbol{r}(s_{\mathrm{A}})$，$\boldsymbol{r}(s_{\mathrm{B}})$ で表わされる（曲線の長さを測る原点としてAをとるとはかぎらない）．C を分点 $\mathrm{A}_1, \cdots, \mathrm{A}_{n-1}$ により n 個の小さな弧 $\widehat{\mathrm{A}_0\mathrm{A}_1}$, $\widehat{\mathrm{A}_1\mathrm{A}_2}$, $\cdots$, $\widehat{\mathrm{A}_{n-1}\mathrm{A}_n}$（ただし $\mathrm{A}_0=\mathrm{A}$, $\mathrm{A}_n=\mathrm{B}$）に分割し，その長さを Δs_1, $\Delta s_2, \cdots, \Delta s_n$，その上に1つずつとった任意の点を P_1, $\mathrm{P}_2, \cdots, \mathrm{P}_n$ とする．点 P における f の値を $f(\mathrm{P})$ と書いて和

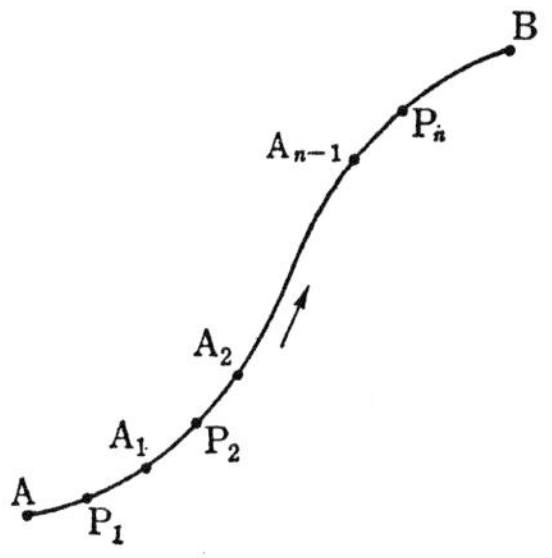

5-16 図

(1)
$$\sum_{i=1}^{n} f(\mathrm{P}_i)\Delta s_i$$

を作ると，$\Delta s_i \to 0$（このとき同時に $n\to\infty$）に対するこの和の極限値は，曲線 $x=x(s)$，$y=y(s)$，$z=z(s)$ に沿って考えた s の関数 $\varphi(s)=f(x(s), y(s), z(s))$ の積分

(2)
$$\int_{s_{\mathrm{A}}}^{s_{\mathrm{B}}} f(x(s), y(s), z(s))ds$$

である．これは，点 A_i を $\boldsymbol{r}(s_i)$（ただし $s_0=s_{\mathrm{A}}$, $s_n=s_{\mathrm{B}}$）で表わし，点 P_i を $\boldsymbol{r}(\sigma_i)$ で表わせば，$s_{i-1}\leqq\sigma_i\leqq s_i$ であるから，積分の定義から $\varphi(s)$ の積分は

$$\lim\sum_{i=1}^{n}\varphi(\sigma_i)\Delta s_i \quad \text{すなわち} \quad \lim\sum_{i=1}^{n} f(\mathrm{P}_i)\Delta s_i$$

で与えられるからである．この積分 (2) を曲線 C に沿ってとったスカラー f の**線積分**

とよぶ．この線積分は

$$\int_C f ds, \qquad \int_{AB} f ds, \qquad \int_{\widehat{AB}} f ds$$

などとも書き，Cが閉曲線なら

$$\oint_C f ds$$

と書くこともある．線積分の値を実際に調べるには（2）を用いるとよい．

例 4. 曲線 C が媒介変数 t で $x=x(t)$, $y=y(t)$, $z=z(t)$ （$t_A \leqq t \leqq t_B$）と表わされたとき，上に述べた線積分は

$$\int_{t_A}^{t_B} f(x(t),\ y(t),\ z(t))\sqrt{\left(\frac{dx}{dt}\right)^2+\left(\frac{dy}{dt}\right)^2+\left(\frac{dz}{dt}\right)^2}\,dt$$

で与えられる．

［解］
$$ds=\sqrt{\left(\frac{dx}{dt}\right)^2+\left(\frac{dy}{dt}\right)^2+\left(\frac{dz}{dt}\right)^2}\,dt$$

を用いて変数 s から変数 t へ変換を行なえばよい．

例 5. 曲線 $x=a\cos t$, $y=a\sin t$, $z=ct$

（a, c は定数，$0 \leqq t \leqq 2\pi$）

を C とする．$f=z$ のとき線積分 $\int_C f ds$ を求めよ：

［解］
$$\int_C f ds=\int_0^{2\pi} z\sqrt{a^2+c^2}\ dt=2\pi^2 c\sqrt{a^2+c^2}.$$

上に述べた和（1）において，Δs_i の代りにベクトル $\overrightarrow{A_{i-1}A_i}$ の x 成分 Δx_i をおいた

$$\sum_{i=1}^{n} f(P_i)\Delta x_i$$

を考えれば，極限として

$$\int_{s_A}^{s_B}\left\{f(x(s),\ y(s),\ z(s))\frac{dx}{ds}\right\}ds \tag{3}$$

を得る．これはまた

$$\int_C f(x,\ y,\ z)dx, \qquad \int_{\widehat{AB}} f dx$$

などとも書く．同様に積分

$$\int_{\widehat{AB}} f dy, \qquad \int_{\widehat{AB}} f dz$$

も定義される．$\boldsymbol{dr}=dx\boldsymbol{i}+dy\boldsymbol{j}+dz\boldsymbol{k}$ であるから上に述べた線積分を成分とするベクト

ルもまた線積分

(4)
$$\int_{\widehat{AB}} f d\boldsymbol{r} \quad \text{すなわち} \quad \int_C f d\boldsymbol{r}$$

と書くことができる．これはまた和

$$\sum_{i=1}^{n} f(\mathrm{P}_i)\overrightarrow{\mathrm{A}_{i-1}\mathrm{A}_i}$$

の $n\to\infty$, $\overrightarrow{\mathrm{A}_{i-1}\mathrm{A}_i}\to 0$ における極限値である．

曲線 C の接線ベクトル

$$\boldsymbol{t}(s)=\frac{d\boldsymbol{r}}{ds}$$

の方向余弦を $\cos\alpha$, $\cos\beta$, $\cos\gamma$ とすれば，(4) の 3 つの成分は

(5)
$$\int_C f\cos\alpha\, ds, \quad \int_C f\cos\beta\, ds, \quad \int_C f\cos\gamma\, ds$$

と書かれる．(4) はまた

(6)
$$\int_C f\boldsymbol{t}ds$$

とも書かれる．

曲線の媒介変数として一般に t をとれば，(3) の代りに

$$\int_{t_A}^{t_B}\left\{f(x(t),\ y(t),\ z(t))\frac{dx}{dt}\right\}dt$$

を得る．特に曲線 $y=y(x)$, $z=z(x)$ に対してこれは

$$\int_{x_A}^{x_B} f(x,\ y(x),\ z(x))dx$$

となる．(4) の y 成分，z 成分についても同様のことができる．

例 6. 曲線 C: $x=a\cos t$, $y=a\sin t$, $z=ct$ (a, c は定数，$0\leqq t\leqq 2\pi$) について，$f=x$ の場合の $\int_C f d\boldsymbol{r}$ を求めよ．

[解]
$$\int_0^{2\pi} x\frac{dx}{dt}dt=-\int_0^{2\pi} a^2\cos t\sin t\, dt=0,$$
$$\int_0^{2\pi} x\frac{dy}{dt}dt=\int_0^{2\pi} a^2\cos^2 t\, dt=\pi a^2,$$
$$\int_0^{2\pi} x\frac{dz}{dt}dt=\int_0^{2\pi} ac\cos t\, dt=0$$

であるから $\pi a^2\boldsymbol{j}$ となる．

いくつかの滑らかな曲線をつないでできるかどのある曲線については，和 $\sum f(\mathrm{P}_i)\Delta s_i$ あるいは $\sum f(\mathrm{P}_i)\Delta x_i$ などの極限はこのような積分の和で表わすことができる．例えば 5-17 図のような曲線 AC については，これを AB と BC に分けて

$$\int_{\widehat{\mathrm{AB}}} + \int_{\widehat{\mathrm{BC}}}$$

を得る．

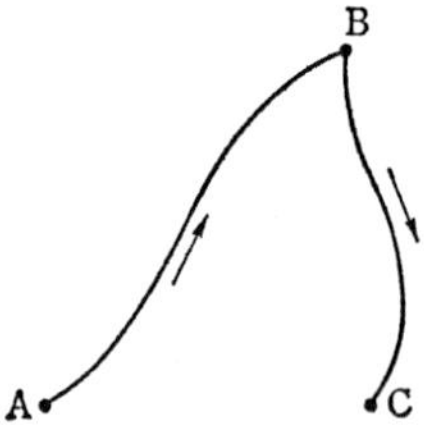

5-17 図

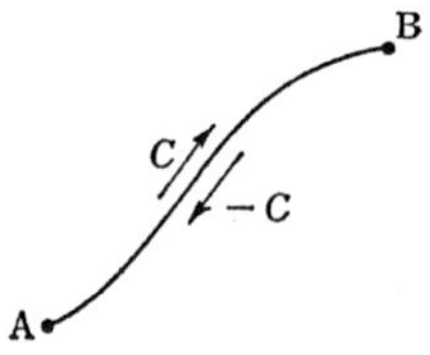

5-18 図

線積分 $\int_C f ds$ は曲線 $\widehat{\mathrm{AB}} = C$ を反対の向きに，すなわち B から A に向かう曲線 $\widehat{\mathrm{BA}} = -C$ についてなすときも同じ値をもつ．これは向きを変えるとき s のとり方も変るためである．これに反し，線積分 (3), (4) は曲線の向きを反対にすると符号が逆になる．これらのことは

$$\int_{-C} f ds = \int_C f ds, \qquad \int_{-C} f d\boldsymbol{r} = -\int_C f d\boldsymbol{r}, \qquad \int_{-C} f\boldsymbol{t} ds = -\int_C f\boldsymbol{t} ds$$

のようにまとめることができる．

以上で述べたことはスカラー場と曲線とからできる線積分であった．今度はベクトル場について考えよう．

曲線 $\widehat{\mathrm{AB}} = C$ を含んで与えられたベクトル場 $\boldsymbol{A}$ について，積分

$$\int_{s_\mathrm{A}}^{s_\mathrm{B}} \Big[A_x(x(s), y(s), z(s)) \frac{dx}{ds} + A_y(x(s), y(s), z(s)) \frac{dy}{ds} + A_z(x(s), y(s), z(s)) \frac{dz}{ds} \Big] ds$$

を

$$(7) \qquad \int_{\widehat{\mathrm{AB}}} \boldsymbol{A} \cdot \boldsymbol{t} ds, \qquad \int_{\widehat{\mathrm{AB}}} \boldsymbol{A} \cdot d\boldsymbol{r}, \qquad \int_{\widehat{\mathrm{AB}}} (A_x dx + A_y dy + A_z dz)$$

などと書き，$\boldsymbol{A}$ の曲線 $\widehat{\mathrm{AB}}$ に沿っての線積分という．

$\boldsymbol{A}(x, y, z)$ が力の場なら，上の積分は，質点が A から B まで $\widehat{\mathrm{AB}}$ に沿って動くとき力 $\boldsymbol{A}$ がなす仕事を表わす．$\boldsymbol{A}$ が場所にはよるが時刻にはよらない，すなわち定常的な場であるなら，仕事は質点のえがく曲線 $\widehat{\mathrm{AB}}$ だけできまり，その上での動き方（速さ）にはよらない．

流体において，速度ベクトル $\boldsymbol{v}$ の場の中で，閉曲線 C に沿ってとった線積分

$$\int_C \boldsymbol{v}\cdot d\boldsymbol{r} \quad \text{すなわち} \quad \oint_C \boldsymbol{v}\cdot d\boldsymbol{r}$$

は**循環**とよばれる.

次の線積分も考えられる：

(8)
$$\int_C \boldsymbol{A} ds,$$

(9)
$$\int_C \boldsymbol{A} \times d\boldsymbol{r}.$$

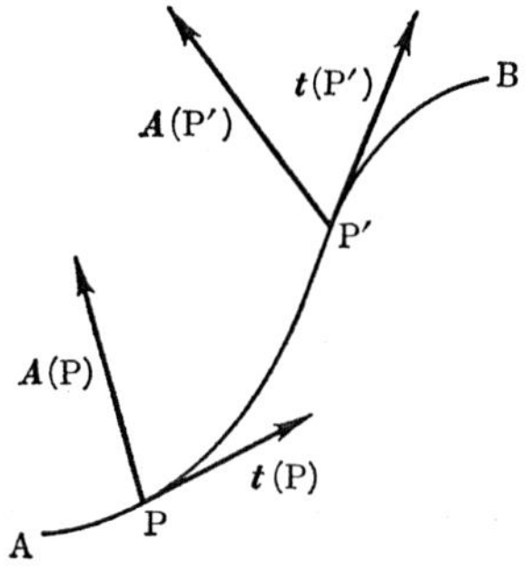

5-19 図

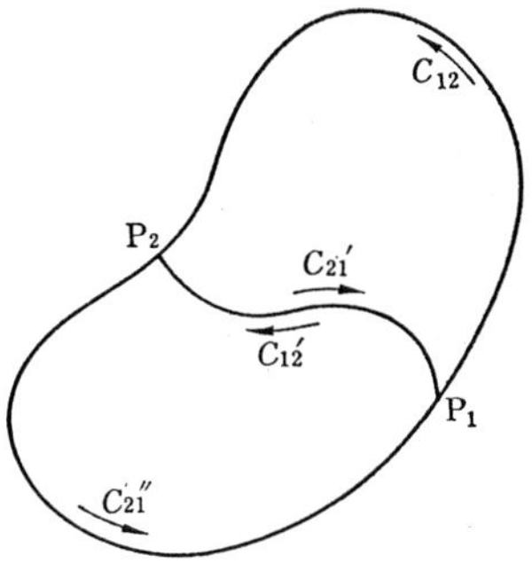

5-20 図

これらの線積分において，これまで被積分関数 f や $\boldsymbol{A}$ は曲線 C を含むある領域において与えられたと考えたが，C に沿ってのみ与えられていてもよい.

積分 (7) および (9) は積分 (4) と同様，曲線の向きを逆にとると符号を変える．5-20図のように閉曲線 C の 2 点 P_1，P_2 を結ぶ曲線 $\widehat{\mathrm{P}_1\mathrm{P}_2} = C_{12}'$ を考え，その逆向き $\widehat{\mathrm{P}_2\mathrm{P}_1}$ を $-C_{12}' = C_{21}'$ と書く．C をその向きのまま P_1 から P_2 に向かう弧 C_{12} と，P_2 から P_1 に向かう弧 C_{21}'' とに分けるとき，$C_{12} + C_{21}'$ および $C_{12}' + C_{21}''$ もそれぞれ閉曲線であるから，これを C_1, C_2 と書こう．ベクトル場 $\boldsymbol{A}$ の定義域がこれらの曲線を含むならば，次の等式が成立する

(10)
$$\oint_C = \oint_{C_1} + \oint_{C_2}.$$

$\boldsymbol{A}$ が特に勾配 ∇f のとき，

$$\boldsymbol{A}\cdot d\boldsymbol{r} = (\nabla f)\cdot d\boldsymbol{r} = \frac{\partial f}{\partial x}dx + \frac{\partial f}{\partial y}dy + \frac{\partial f}{\partial z}dz$$

は f の完全微分である．これについて次の定理を得る：

定理 7.1　スカラー場 f について次の等式が成立する：

(11) $$\int_{\widehat{AB}} (\nabla f)\cdot d\boldsymbol{r} = f(\mathrm{B}) - f(\mathrm{A}).$$

特に閉曲線については次のようになる：

(12) $$\oint_C (\nabla f)\cdot d\boldsymbol{r} = 0.$$

層状ベクトル場と線積分 スカラー場 f に対して $\boldsymbol{A} = \nabla f$ なら

(13) $$\int_{\widehat{AB}} \boldsymbol{A}\cdot d\boldsymbol{r} = f(\mathrm{B}) - f(\mathrm{A})$$

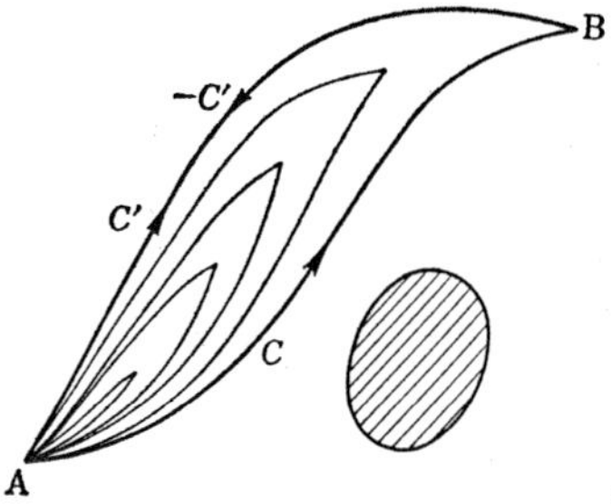

5-21 図

である．しかし f が多価関数なら右辺の $f(\mathrm{A})$ や $f(\mathrm{B})$ がとる値には注意がいる．$\boldsymbol{A}$ の定義域の中に単連結な領域 D を考えるならば，その1点 A で $f(\mathrm{A})$ の値をその1つにきめるとき，D 内の任意の点 B における f の値 $f(\mathrm{B})$ はむしろ (13) によってきまる．このとき曲線 $C = \widehat{\mathrm{AB}}$ は D 内の曲線であるかぎり途中の路によらずに $f(\mathrm{B})$ に対して同じ値を与える．これは§3，§4ですでに述べたことであるが，次のように考えることもできる．D が単連結であるから，D 内に A と B を結ぶ2つの曲線 C, C' を考えると，C と $-C'$ とが作る閉曲線 C'' は，D 内での連続的変形によって1点に収縮できる．

$$\oint_{C''} \boldsymbol{A}\cdot d\boldsymbol{r}$$

が仮りに0ではないとしても，これは多価関数 f の A における2つの値の差 $f_\mu(\mathrm{A}) - f_\nu(\mathrm{A})$ である．1点で多価関数のとる値は飛び飛びの値しかないから C'' が連続的に変形してもこの差は変るはずがない．ところが C'' は1点 A に収縮できるのであるから，実は $f_\mu(\mathrm{A}) - f_\nu(\mathrm{A}) = 0$，よって

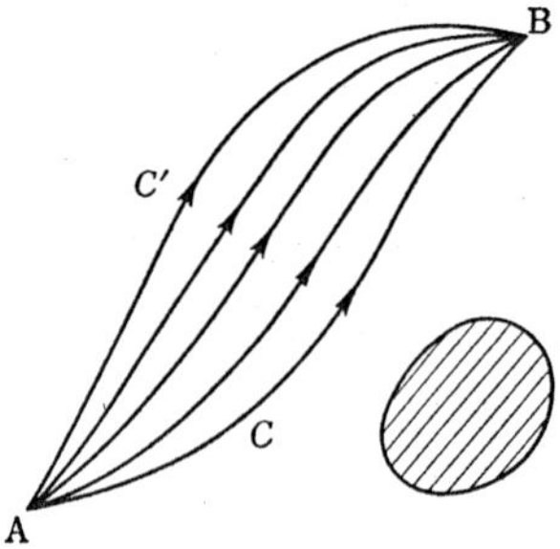

5-22 図

$$\int_C \boldsymbol{A}\cdot d\boldsymbol{r} = \int_{C'} \boldsymbol{A}\cdot d\boldsymbol{r}$$

となり，C も C' も $f(\mathrm{B})$ に対して同じ値をきめる．こうして単連結領域 D では多価関数 f の1つの分枝だけを考えて，f を1価関数として扱うことができ，積分 (13) は端

点 A, B のみできまる． また f が1価関数なら D として単連結領域をとる必要がないことはすでに定理7.1に示されている． f が多価で， 領域 D が単連結でなければ， 積分は路によって値を異にするが， 5-22図のように D 内でこの路を端点を固定しながら連続的に変形するかぎりでは値は変らない．

さらに次の定理が成り立つ．

定理 7.2 ベクトル場 $\boldsymbol{A}$ 内の任意の曲線 $\overset{\frown}{\mathrm{AB}}$ について積分

$$\int_{\overset{\frown}{\mathrm{AB}}} \boldsymbol{A}\cdot d\boldsymbol{r}$$

が， 曲線 $\overset{\frown}{\mathrm{AB}}$ の， ベクトル場 $\boldsymbol{A}$ 内における端点を動かさない連続的変形で不変であるための必要十分な条件は， $\boldsymbol{A}$ が層状ベクトル場であることである．

［**証 明**］ 十分条件はすでに述べたことから明らかであるから， 必要条件のみを考える． $\boldsymbol{A}$ の場の中に単連結な領域 D を任意に定める． D 内に1点 A を固定し， $\overset{\frown}{\mathrm{AB}}$ を任意にとれば， $\int_{\overset{\frown}{\mathrm{AB}}} \boldsymbol{A}\cdot d\boldsymbol{r}$ は仮定により点 $\mathrm{B}(x, y, z)$ の関数であるから， これを $f(x, y, z)$ と書く． 点 $\mathrm{B}'(x+dx,\ y+dy,\ z+dz)$ をとって $\overset{\frown}{\mathrm{AB}}$ および微小な弧 $\overset{\frown}{\mathrm{BB'}}$ をつないだ曲線 $\overset{\frown}{\mathrm{AB'}}$ を考えれば

$$f(x+dx,\ y+dy,\ z+dz) - f(x, y, z)$$
$$= \int_{\overset{\frown}{\mathrm{AB'}}} \boldsymbol{A}\cdot d\boldsymbol{r} - \int_{\overset{\frown}{\mathrm{AB}}} \boldsymbol{A}\cdot d\boldsymbol{r} = \int_{\overset{\frown}{\mathrm{BB'}}} \boldsymbol{A}\cdot d\boldsymbol{r} = \boldsymbol{A}\cdot d\boldsymbol{r}$$

($d\boldsymbol{r} = dx\boldsymbol{i} + dy\boldsymbol{j} + dz\boldsymbol{k}$ における dx, dy, dz は B' と B との座標の差)，

また左辺は $(\nabla f)\cdot d\boldsymbol{r}$ であるから $(\nabla f - \boldsymbol{A})\cdot d\boldsymbol{r} = 0$ を得る． dx, dy, dz は任意にとれるから， これは $\boldsymbol{A} = \nabla f$， すなわち層状ベクトルであることを示す．

これから容易に次の系を得る．

系 ベクトル場 $\boldsymbol{A}$ 内の任意の閉曲線 C について等式

$$\oint_C \boldsymbol{A}\cdot d\boldsymbol{r} = 0$$

が， C がベクトル場 $\boldsymbol{A}$ の中での連続的変形によって1点に収縮しうるかぎり成立するならば， $\boldsymbol{A}$ は層状ベクトル場である．

例 7. $\boldsymbol{a}, \boldsymbol{b}, \boldsymbol{c}$ を定ベクトル， c_0 を定数として閉曲線 C およびスカラー場 f が

$$\boldsymbol{r} = \boldsymbol{a}\cos\frac{s}{\rho} + \boldsymbol{b}\sin\frac{s}{\rho}, \qquad f = \boldsymbol{c}\cdot\boldsymbol{r} + c_0$$

で与えられている． ただし $\boldsymbol{a}\cdot\boldsymbol{b} = 0$, $|\boldsymbol{a}| = |\boldsymbol{b}| = \rho$, また $s_{\mathrm{A}} = 0$, $s_{\mathrm{B}} = 2\pi\rho$ である． 次の

線積分を求めよ：

$$\oint_C f ds, \quad \oint_C f d\boldsymbol{r}.$$

［解］

$$f = (\boldsymbol{a}\cdot\boldsymbol{c})\cos\frac{s}{\rho} + (\boldsymbol{b}\cdot\boldsymbol{c})\sin\frac{s}{\rho} + c_0$$

であるから

$$\oint_C f ds = 2\pi c_0 \rho.$$

$$d\boldsymbol{r} = \left(-\frac{\boldsymbol{a}}{\rho}\sin\frac{s}{\rho} + \frac{\boldsymbol{b}}{\rho}\cos\frac{s}{\rho}\right)ds$$

であるから

$$\begin{aligned} f d\boldsymbol{r} = \Big[& (\boldsymbol{a}\cdot\boldsymbol{c})\frac{\boldsymbol{b}}{\rho}\cos^2\frac{s}{\rho} - (\boldsymbol{b}\cdot\boldsymbol{c})\frac{\boldsymbol{a}}{\rho}\sin^2\frac{s}{\rho} \\ & + \left\{(\boldsymbol{b}\cdot\boldsymbol{c})\frac{\boldsymbol{b}}{\rho} - (\boldsymbol{a}\cdot\boldsymbol{c})\frac{\boldsymbol{a}}{\rho}\right\}\sin\frac{s}{\rho}\cos\frac{s}{\rho} \\ & + c_0\left(-\frac{\boldsymbol{a}}{\rho}\sin\frac{s}{\rho} + \frac{\boldsymbol{b}}{\rho}\cos\frac{s}{\rho}\right)\Big] ds, \end{aligned}$$

$$\oint_C f d\boldsymbol{r} = \pi\{(\boldsymbol{a}\cdot\boldsymbol{c})\boldsymbol{b} - (\boldsymbol{b}\cdot\boldsymbol{c})\boldsymbol{a}\}.$$

例 8.　a, b, c を定数とするとき円　$\boldsymbol{r} = (a+\cos s)\boldsymbol{i} + (b+\sin s)\boldsymbol{j} + c\boldsymbol{k}$　$(0 \leqq s \leqq 2\pi)$ について次の線積分を求めよ：

$$\oint \boldsymbol{r} \times d\boldsymbol{r}.$$

［解］
$$d\boldsymbol{r} = (-\sin s\,\boldsymbol{i} + \cos s\,\boldsymbol{j})ds,$$
$$\boldsymbol{r} \times d\boldsymbol{r} = \{-c\cos s\,\boldsymbol{i} - c\sin s\,\boldsymbol{j} + (a\cos s + \cos^2 s + b\sin s + \sin^2 s)\boldsymbol{k}\}ds$$

であるから，s について 0 から 2π まで積分すると $2\pi\boldsymbol{k}$，よって

$$\oint \boldsymbol{r} \times d\boldsymbol{r} = 2\pi\boldsymbol{k}.$$

問　　題

1.　曲線 C: $x = a\cos t,\ y = a\sin t,\ z = ct$ (a, c は正の定数，$0 \leqq t \leqq 2\pi$)，$f(x, y, z) = z$ について次の線積分を求めよ：

$$\int_C f d\boldsymbol{r}.$$

2.　$\boldsymbol{A} = y\boldsymbol{i} + z\boldsymbol{j} + x\boldsymbol{k}$ なるとき問題 1 と同じ曲線 C について次の線積分を求めよ：

$$\text{(i)}\ \int_C \boldsymbol{A}\cdot d\boldsymbol{r}, \qquad \text{(ii)}\ \int_C \boldsymbol{A} \times d\boldsymbol{r}.$$

3. $f(x, y, z) = x^2 - 2yz + y$ とする．次の線分について線積分

$$\int_C f ds$$

を求めよ：

（i） C は $(1, 1, 0)$ から $(1, 1, 1)$ にいたる線分，

（ii） C は $(0, 0, 0)$ から $(1, 1, 1)$ にいたる線分．

4. $\boldsymbol{A} = (x + 2y - z)\boldsymbol{i} + (2x + y)\boldsymbol{j} + (-y - 2z)\boldsymbol{k}$ で，C は $(1, 0, 1)$ から $(1, 1, 1)$ にいたる線分とする．次の線積分を求めよ

$$\text{(i)}\ \int_C \boldsymbol{A}\cdot d\boldsymbol{r}, \qquad \text{(ii)}\ \int_C \boldsymbol{A} \times d\boldsymbol{r}.$$

5. $\oint_C \boldsymbol{A}\cdot d\boldsymbol{r}$ において C は点 $(0, 0, 0)$, $(a, 0, 0)$, $(a, a, 0)$, $(0, a, 0)$, $(0, 0, 0)$ をこの順に結んで正方形を一周する路である．次の極限値を求めよ：

$$\lim_{a\to 0} \frac{1}{a^2} \oint_C \boldsymbol{A}\cdot d\boldsymbol{r}.$$

［解　答］

1. $\int_0^{2\pi} f \frac{dx}{dt} dt = -ac\int_0^{2\pi} t \sin t\, dt = 2\pi ac$, $\int_0^{2\pi} f \frac{dy}{dt} dt = ac\int_0^{2\pi} t \cos t\, dt = 0$, $\int_0^{2\pi} f \frac{dz}{dt} dt = c^2\int_0^{2\pi} t dt = 2\pi^2 c^2$ であるから $2\pi ac\boldsymbol{i} + 2\pi^2 c^2 \boldsymbol{k}$.

2. （i） $\boldsymbol{A}\cdot d\boldsymbol{r} = (-a^2 \sin^2 t + act \cos t + ac \cos t)dt$ であるから $-\pi a^2$. （ii） $\boldsymbol{A} \times d\boldsymbol{r}$ の x 成分は $(c^2 t - a^2 \cos^2 t)dt$, y 成分は $(-a^2 \cos t \sin t - ac \sin t)dt$, z 成分は $(a^2 \cos t \sin t + act \sin t)dt$ であるから積分は

$$(2\pi^2 c^2 - \pi a^2)\boldsymbol{i} - 2\pi ac\boldsymbol{k}.$$

3. （i） C は $x = 1$, $y = 1$, $z = s$ $(0 \leqq s \leqq 1)$ であるから $f(x(s), y(s), z(s)) = 2 - 2s$, よって積分は 1. (ii) C は $x = \frac{s}{\sqrt{3}}$, $y = \frac{s}{\sqrt{3}}$, $z = \frac{s}{\sqrt{3}}$ $(0 \leqq s \leqq \sqrt{3})$ であるから $f(x(s), y(s), z(s)) = -\frac{s^2}{\sqrt{3}} + \frac{s}{\sqrt{3}}$, よって積分は $\sqrt{3}/6$.

4. C は $x = 1, y = s, z = 1$ $(0 \leqq s \leqq 1)$ であるから（i）は $\int_0^1 (2 + s)ds = \frac{5}{2}$. (ii) x 成分は $\int_0^1 (s + 2)ds = \frac{5}{2}$, y 成分は 0, z 成分は $\int_0^1 2s ds = 1$, したがって $\frac{5}{2}\boldsymbol{i} + \boldsymbol{k}$.

5.

$$\begin{aligned}\oint_C \boldsymbol{A}\cdot d\boldsymbol{r} &= \int_0^a A_x(x, 0, 0)dx + \int_0^a A_y(a, y, 0)dy \\ &\quad + \int_a^0 A_x(x, a, 0)dx + \int_a^0 A_y(0, y, 0)dy \\ &= \int_0^a \{A_x(x, 0, 0) - A_x(x, a, 0)\}dx\end{aligned}$$

$$+\int_0^a \{A_y(a,\ y,\ 0)-A_y(0,\ y,\ 0)\}dy$$

であるから a について2次の無限小までをとって

$$\oint_C \boldsymbol{A}\cdot d\boldsymbol{r}=\left(\frac{\partial A_y}{\partial x}-\frac{\partial A_x}{\partial y}\right)_0 a^2,$$

したがって求める極限値は原点における $\mathrm{rot}_z \boldsymbol{A}$ である.

§8. 面　積　分

スカラー場 $f(x,\ y,\ z)$ の中に，閉曲線 C で囲まれた滑らかな曲面 S があるとする．S を曲線の網で小片に細分して番号をつけ，その小片の面積を ΔS_i とする．また各小片上に任意に1点 P_i をとり，和 $\sum f(\mathrm{P}_i)\Delta S_i$ を作る．この和は，細分がこまかくなって，すべての ΔS_i が0に向かうとともに一定の値に収束する．これを

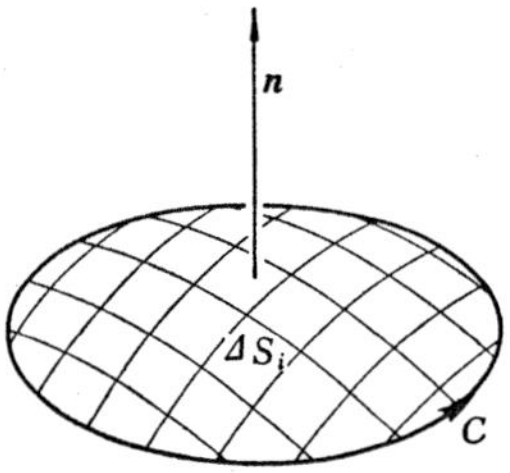

5-23 図

(1)　$$\iint_S f(x,\ y,\ z)dS$$

と書き，曲面 S における f の **面 積 分** とよぶ．

$f=1$ のとき，この面積分は曲面 S の面積である．

第3章 §5で，媒介変数 $u,\ v$ を用いて曲面を

(2)　$$\boldsymbol{r}=\boldsymbol{r}(u,\ v)$$

と表わすことを述べた．しかし，(2) について，曲面上の点と $u,\ v$ の値の組 $(u,\ v)$ とが1対1に対応すること，およびベクトル関数 $\boldsymbol{r}(u,\ v)$ が連続微分可能で，しかもベクトル $\partial\boldsymbol{r}/\partial u,\ \partial\boldsymbol{r}/\partial v$ が1次独立であることなどの条件をつけて考えると，一般の曲面をこのような1つの式で全体にわたって表わすことはできない．それゆえ与えられた曲面を媒介変数で表わすには，曲面をいくつかの部分に分けて，その各部分について (2) のような式を考える必要がある．しかしここでは簡単のためただ1つの式 (2) で表わされる曲面についてまず調べる．この場合曲面 S の細分には u-曲線 および v-曲線 が作る網を使うことができるから，(1) は2重積分

(3)　$$\iint_D f(x(u,\ v),\ y(u,\ v),\ z(u,\ v))\sqrt{EG-F^2}\,dudv$$

で表わされる．ただし D は曲面 S を表わすために媒介変数 $u,\ v$ が動く区域である．

例 9.　S が $x=u+v,\ y=v-u,\ z=uv,\ x^2+y^2\leqq 1$ で与えられ，$f(x,\ y,\ z)=x^2$ なるときの面積分 (1) を求めよ．

［解］ $EG-F^2=4+2u^2+2v^2$, D は $u^2+v^2\leqq\dfrac{1}{2}$ であるから面積分 I は

$$\iint_D \sqrt{4+2u^2+2v^2}\,(u^2+2uv+v^2)dudv$$

となる．しかし $\sqrt{4+2u^2+2v^2}\ uv$ の積分は消えるから

$$I=\iint_D \sqrt{4+2u^2+2v^2}\,(u^2+v^2)dudv$$

となり，これに変数の変換 $u=\rho\cos\theta$, $v=\rho\sin\theta$ を用いて次の結果を得る：

$$I=\left(-\frac{5^{3/2}}{6}+\frac{2^5}{15}\right)\pi.$$

曲面 S に表裏を定めて，法線ベクトル $\boldsymbol{n}$ の向きをこれに応じてきめておけば，$\boldsymbol{n}$ の方向余弦 $\cos\alpha$, $\cos\beta$, $\cos\gamma$ は曲面上の点 P の連続関数である．f をまた P の連続関数とするとき，積分

$$(4)\qquad \iint_S f(\mathrm{P})\cos\alpha\, dS,\qquad \iint_S f(\mathrm{P})\cos\beta\, dS,\qquad \iint_S f(\mathrm{P})\cos\gamma\, dS$$

を考えることができ，これも面積分という．これは面素の面積ベクトル $d\boldsymbol{S}$ を含む積分

$$(5)\qquad \iint_S f d\boldsymbol{S}$$

の成分と考えてよい．積分 (4) はまた

$$(6)\qquad \iint_S f(x,\,y,\,z)dydz,\qquad \iint_S f(x,\,y,\,z)dzdx,$$

$$\iint_S f(x,\,y,\,z)dxdy$$

とも書くが，これは普通の２重積分ではない．

実際に (6) を普通の２重積分の形にして求める方法を述べよう．曲面が媒介変数で (2) によって与えられ，曲面の法線方向が $\boldsymbol{r}_u\times\boldsymbol{r}_v$ と同じ向きをもつなら，(5) は

$$(7)\qquad \iint_D f(x(u,\,v),\,y(u,\,v),\,z(u,\,v))\boldsymbol{r}_u\times\boldsymbol{r}_v dudv$$

と書かれる（第３章 (5.8) 参照)．したがってその x 成分，y 成分，z 成分はそれぞれ

$$(8)\qquad \iint_D f\frac{\partial(y,\,z)}{\partial(u,\,v)}dudv,\qquad \iint_D f\frac{\partial(z,\,x)}{\partial(u,\,v)}dudv,$$

$$\iint_D f\frac{\partial(x,\,y)}{\partial(u,\,v)}dudv$$

で与えられる．特に曲面が方程式 $z=\chi(x,\,y)$ で与えられたなら，これは $x=u$, $y=v$, $z=\chi(u,\,v)$ と考えてよい．このとき

$$\frac{\partial(y,\ z)}{\partial(x,\ y)}=-\frac{\partial\chi}{\partial x},\qquad \frac{\partial(z,\ x)}{\partial(x,\ y)}=-\frac{\partial\chi}{\partial y},\qquad \frac{\partial(x,\ y)}{\partial(x,\ y)}=1$$

であるから

(9)　$$\iint_S f\cos\alpha\,dS=\iint_S f(x,\ y,\ z)dydz=-\iint_{S_z} f(x,\ y,\ \chi(x,\ y))\frac{\partial\chi}{\partial x}dxdy,$$

(10)　$$\iint_S f\cos\beta\,dS=\iint_S f(x,\ y,\ z)dzdx=-\iint_{S_z} f(x,\ y,\ \chi(x,\ y))\frac{\partial\chi}{\partial y}dxdy,$$

(11)　$$\iint_S f\cos\gamma\,dS=\iint_S f(x,\ y,\ z)dxdy=\iint_{S_z} f(x,\ y,\ \chi(x,\ y))dxdy$$

を得る．ただし S_z は xy 平面上にできる S の正射影である．この式によって面積分を求めるとき，符号上の誤りを避けるため次の注意がいる．(7) について述べるとき，曲面の法線について約束がしてある．それによれば (9)，(10)，(11) では法線の向きとして

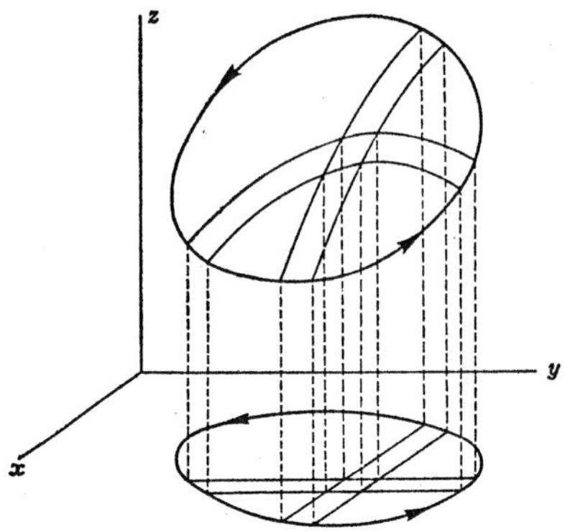

5-24 図

$$\boldsymbol{r}_x\times\boldsymbol{r}_y$$
$$=\left(\boldsymbol{i}+\frac{\partial\chi}{\partial x}\boldsymbol{k}\right)\times\left(\boldsymbol{j}+\frac{\partial\chi}{\partial y}\boldsymbol{k}\right)$$
$$=-\frac{\partial\chi}{\partial x}\boldsymbol{i}-\frac{\partial\chi}{\partial y}\boldsymbol{j}+\boldsymbol{k},$$

すなわち z 成分が正であるものをとっている．z 成分が負である向きをとるなら符号を変える必要がある．また，曲面上で法線ベクトルを連続的に考えているとき（(5) については当然そうしなければならないが)，その法線ベクトルの z 成分の符号が変る部分をいっしょにして積分することはできない．したがってこの式を用いるときは一般に曲面をいくつかの部分に分けて考える必要がある．

曲面が $x=\varphi(y,\ z)$ や $y=\phi(z,\ x)$ で与えられた場合にも (9)，(10)，(11) に相当する式を作ることができ，符号についての注意も同様である．

曲面の向きづけ　曲面において連続的に法線の向きを定めるとき，これと曲面に表裏をつけることとは同値である．また曲面に小さい円を書き，この円をひと回りする向きを定めれば，右ねじの約束で法線の向きがきまる．曲面全体について矛盾なく表裏がつけられるとき，その曲面は**向きがつけられる**という．球面や円環面のように，有界な

領域の境界となっている曲面を閉曲面という．これにはそれを囲む，すなわち縁である閉曲線がないし，また向きをつけることができる．しかし，縁のある曲面のうちには，メービウスの帯（5-26図）のように向きのつけられないものもある．このようなものを扱うことはすくない．

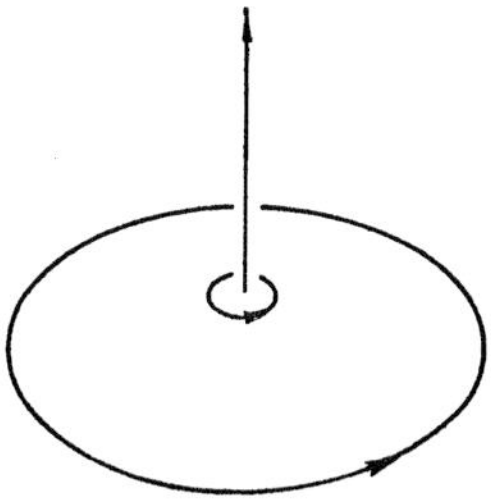

5-25 図

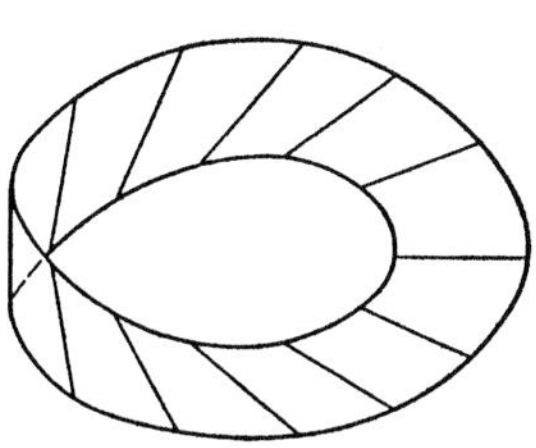

5-26 図

Sは法線に一定の向きを定めた曲面とし，これに対して法線の向きを逆にした曲面を$-S$と書くことにすれば，両曲面の積分について次の等式が成立する：

$$\iint_S f d\boldsymbol{S} = -\iint_{-S} f d\boldsymbol{S}.$$

さて，面積分（1）および（5）について，曲面Sの形によってはS全体を1つの式$\boldsymbol{r} = \boldsymbol{r}(u, v)$で表わせない場合がある．このときは$S$をいくつかの部分に分けてそれぞれについてこれまでに述べた方法を用いればよい．またSとしてはこれまで滑らかな曲面を考えたが，滑らかな曲面を有限個つないでできたものをSとして考えることもできる．これも各部分について積分をすればよい．

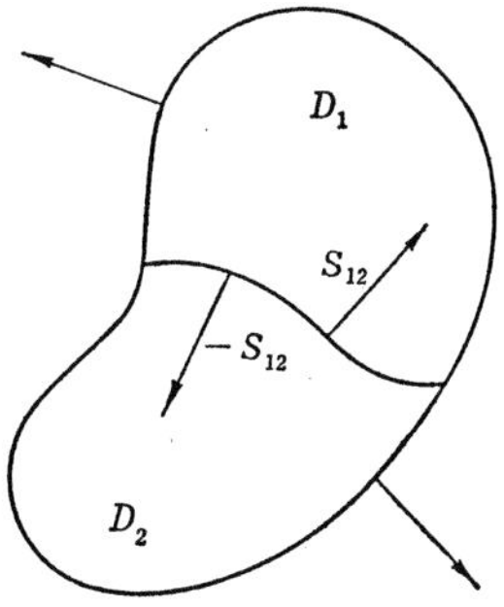

5-27 図

空間において，領域Dの境界をSとし，Dを2つの部分D_1, D_2に分けたとき，そのおのおのの境界をS_1, S_2とおよび，閉曲面S, S_1, S_2はそれぞれ外向きの法線をもつとする．このときDおよびSを含む領域で定義された任意のスカラー場fについて次の等式が成立する：

(12)
$$\iint_S f d\boldsymbol{S} = \iint_{S_1} f d\boldsymbol{S} + \iint_{S_2} f d\boldsymbol{S}.$$

これは，S_1およびS_2における積分を，DをD_1とD_2に分ける境界であるS_{12}における積分と，残りの部分とに分けるとき，S_{12}については

$$\iint_{S_{12}} f d\boldsymbol{S} + \iint_{-S_{12}} f d\boldsymbol{S} = 0$$

が成立するからである．このような考えを用いれば，Dを都合よい形に分割して面積分を考えることができる．

次にベクトル場に関する面積分を述べよう．ベクトル場 $\boldsymbol{A}$ の中に曲面 S があり，その法線ベクトルを $\boldsymbol{n}$ とする．このとき内積 $\boldsymbol{A}\cdot\boldsymbol{n}$ の面積分は次のような式のいずれでも与えられる：

(13)
$$\iint_S \boldsymbol{A}\cdot\boldsymbol{n}\, dS = \iint_S \boldsymbol{A}\cdot d\boldsymbol{S} = \iint_S (A_x \cos\alpha + A_y \cos\beta + A_z \cos\gamma) dS$$
$$= \iint_S (A_x dydz + A_y dzdx + A_z dxdy).$$

$\boldsymbol{A}$ がベクトル場でなく，S においてだけ与えられた1価連続なベクトル関数であってもよい．(13) の最後の式も2重積分そのものではない． 2重積分として表わすには媒介変数を用いて

(14)
$$\iint_D \left[A_x(x, y, z)\frac{\partial(y, z)}{\partial(u, v)} + A_y(x, y, z)\frac{\partial(z, x)}{\partial(u, v)} + A_z(x, y, z)\frac{\partial(x, y)}{\partial(u, v)} \right] dudv,$$

あるいは

$$\iint_D \begin{vmatrix} A_x & A_y & A_z \\ x_u & y_u & z_u \\ x_v & y_v & z_v \end{vmatrix} dudv$$

としなければならない．

第4章§4のように $\boldsymbol{A}$ を考えると，(13) は面 S を単位時間に通過する流体の量である．$\boldsymbol{A}$ が電流の密度なら，(13) は面Sを単位時間に通過する電気量である．このような意味があるので (13) を**ベクトル流**という．

曲面に沿っては，この他に次の面積分が考えられる：

(15)　　(i) $\displaystyle\iint_S \boldsymbol{A} dS$,　(ii) $\displaystyle\iint_S \boldsymbol{A} \times d\boldsymbol{S}$.

(13) および (15) の (ii) についても (12) と類似の関係が

$$\iint_S = -\iint_{-S}$$

によって成り立つ．

例 10. 曲面Sが原点を中心とする半径1の球面で，外側を表とするとき，(9)，(10)，(11) を用いて積分 (5) を求めよ．

［解］ 球面を$z=\chi(x, y)$の形で表わすには，球面を2つの部分S_1, S_2に分けて

$$S_1: z=\sqrt{1-x^2-y^2},\quad S_2: z=-\sqrt{1-x^2-y^2}$$

とする．(9) はS_1については

$$\iint_{S_z} f(x, y, \sqrt{1-x^2-y^2})\frac{x}{\sqrt{1-x^2-y^2}}dxdy,$$

S_2については

$$-\iint_{S_z} f(x, y, -\sqrt{1-x^2-y^2})\frac{x}{\sqrt{1-x^2-y^2}}dxdy$$

となるが，これは法線ベクトルのz成分が正のときの式である．S_1についてはこれでよいが，S_2では外向きの法線ベクトルはz成分が負であるから，この間に対しては符号を変える必要がある．したがって

$$\iint_S f(x, y, z)dydz$$
$$=\iint_{S_z}\{f(x, y, \sqrt{1-x^2-y^2})+f(x, y, -\sqrt{1-x^2-y^2})\}$$
$$\frac{x}{\sqrt{1-x^2-y^2}}dxdy$$

を得る．同様に (10) からは

$$\iint_S f(x, y, z)dzdx$$
$$=\iint_{S_z}\{f(x, y, \sqrt{1-x^2-y^2})+f(x, y, -\sqrt{1-x^2-y^2})\}$$
$$\frac{y}{\sqrt{1-x^2-y^2}}dxdy,$$

(11) からは

$$\iint_S f(x, y, z)dxdy$$
$$=\iint_{S_z}\{f(x, y, \sqrt{1-x^2-y^2})-f(x, y, -\sqrt{1-x^2-y^2})\}dxdy$$

を得る．ただしS_zはxy平面における$x^2+y^2\leqq 1$なる区域である：

例 11. 任意の閉曲面Sについて次の等式が成立する：

$$\iint_S d\boldsymbol{S}=\boldsymbol{0}.$$

［解］ まずz成分

$$\iint_S \cos\gamma\, dS$$

について考える．Sが囲む区域 V を平面 $x=x_0,\ x=x_0+\varepsilon,\cdots,\ x=x_0+m\varepsilon$ と平面 $y=y_0,\ y=y_0+\varepsilon,\ \cdots,\ y=y_0+n\varepsilon$ で切って，V を z 軸に平行な細い角柱に分割する．

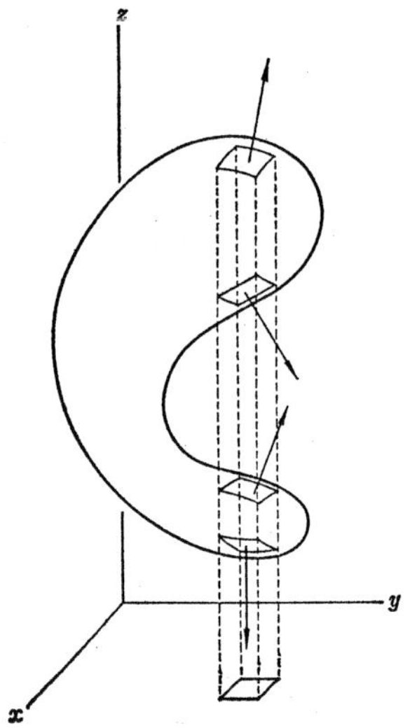

5-28 図

Sは閉曲面であるから，曲面の法線が xy 平面とある程度小さな角をなす点，すなわちある正の数 δ に対して $|\cos\gamma|<\delta$ である点を含む角柱を別にすれば，各角柱についてSには必ず偶数個の小片ができて，その $\cos\gamma$ の符号は交互である．この小片の1つ Δ について $\iint_S dS$ への寄与を求めるため，(11) において $f=1$ とおいた積分を考えると

$$\iint_\Delta \cos\gamma\, dS=\iint_{\Delta_*} dxdy=\varepsilon^2$$

である．しかし (11) は法線ベクトルの z 成分を正にとったときの式であるから，面積分 $\iint_S dS$ に寄与する積分としては符号を交互に変えたものをとる必要がある．その結果このような角柱からの面積分への寄与は0である．残りは $|\cos\gamma|<\delta$ なる点をもつ角柱による分であるが，曲面 S が滑らかであるか，滑らかな曲面を有限個つないだものであると，これは ε とともに δ を小にえらぶことによって，いくらでも0に近くすることができ，

$$\iint_S \cos\gamma\, dS=0$$

を得る．x 成分，y 成分についても同様であるから求める等式を得る．

例 12.　球面 $x^2+y^2+z^2=1$ の媒介変数表示を

(i)　$$x=\xi_1,\quad y=\eta_1,\quad z=\sqrt{1-(\xi_1)^2-(\eta_1)^2},$$

(ii)　$$x=\xi_2,\quad y=\eta_2,\quad z=-\sqrt{1-(\xi_2)^2-(\eta_2)^2},$$

(iii)　$$x=\sin\theta\cos\varphi,\quad y=\sin\theta\sin\varphi,\quad z=\cos\theta$$

の3通り考える．これらが用いられる球面の部分および媒介変数の変域を調べ，また法線ベクトル

$$\frac{\boldsymbol{r}_u\times\boldsymbol{r}_v}{|\boldsymbol{r}_u\times\boldsymbol{r}_v|}\qquad\left(\boldsymbol{r}_u=\frac{\partial\boldsymbol{r}}{\partial u},\ \boldsymbol{r}_v=\frac{\partial\boldsymbol{r}}{\partial v}\right)$$

が外に向くようにするには，u, v として上のいずれの媒介変数をとるべきかを (i), (ii), (iii) のおのおのについて決定せよ．

[解]　(i) では

$$\frac{\partial x}{\partial \xi_1}=1,\quad \frac{\partial y}{\partial \xi_1}=0,\quad \frac{\partial z}{\partial \xi_1}=\frac{-\xi_1}{\sqrt{1-(\xi_1)^2-(\eta_1)^2}},$$
$$\frac{\partial x}{\partial \eta_1}=0,\quad \frac{\partial y}{\partial \eta_1}=1,\quad \frac{\partial z}{\partial \eta_1}=\frac{-\eta_1}{\sqrt{1-(\xi_1)^2-(\eta_1)^2}}$$

であるから

$$\frac{\partial(x,\ y)}{\partial(\xi_1,\ \eta_1)}=1$$

で，したがって $\partial \boldsymbol{r}/\partial\xi_1$, $\partial \boldsymbol{r}/\partial\eta_1$ はつねに1次独立である．よって $1-(\xi_1)^2-(\eta_1)^2=0$ すなわち $z=0$ を境界として $z>0$ なる部分に（i）は用いられる．ξ_1, η_1 の変域は $(\xi_1)^2+(\eta_1)^2<1$ である．同様に（ii）は $z<0$ に対して用いられ，ξ_2, η_2 の変域は $(\xi_2)^2+(\eta_2)^2<1$ である．（iii）では

$$\frac{\partial x}{\partial \theta}=\cos\theta\cos\varphi,\qquad \frac{\partial y}{\partial \theta}=\cos\theta\sin\varphi,\qquad \frac{\partial z}{\partial \theta}=-\sin\theta,$$
$$\frac{\partial x}{\partial \varphi}=-\sin\theta\sin\varphi,\qquad \frac{\partial y}{\partial \varphi}=\sin\theta\cos\varphi,\qquad \frac{\partial z}{\partial \varphi}=0,$$
$$\frac{\partial(y,\ z)}{\partial(\theta,\ \varphi)}=\sin^2\theta\cos\varphi,\qquad \frac{\partial(z,\ x)}{\partial(\theta,\ \varphi)}=\sin^2\theta\sin\varphi,\qquad \frac{\partial(x,\ y)}{\partial(\theta,\ \varphi)}=\sin\theta\cos\theta,$$

したがって $\theta=0,\ \pi$ でこの3つの関数行列式は0となる．（iii）の関数はすべて3角関数であるから $\theta=0,\ \pi$ すなわち $x=y=0$ なる点を除いて（iii）は用いられる．変数 $\theta,\ \varphi$ の変域は $0<\theta<\pi$, $0\leqq\varphi<2\pi$ と考えてよい．（i）では $\dfrac{\partial \boldsymbol{r}}{\partial\xi_1}\times\dfrac{\partial \boldsymbol{r}}{\partial\eta_1}$ の z 成分は1で，したがって $u=\xi_1$, $v=\eta_1$ とすれば法線は上，すなわち外向きとなる．（ii）では外向きの法線ベクトルの z 成分は $z<0$ に応じて負であるから $u=\eta_2$, $v=\xi_2$ とする．（iii）では $\boldsymbol{r}_\theta\times\boldsymbol{r}_\varphi$ の z 成分は $\sin\theta\cos\theta$ で，$0<\theta<\pi$ ではこれの符号は z と一致するから $u=\theta$, $v=\varphi$ で外向きとなる

問　題

1. 曲面 S が z 軸に平行な直線とはたかだか1点でしか交わらないならば，次の等式が成立する：

(1)
$$\iint_S \boldsymbol{A}\cdot\boldsymbol{n}\,dS=\iint_{S_1}\boldsymbol{A}\cdot\boldsymbol{n}\frac{dxdy}{|\boldsymbol{n}\cdot\boldsymbol{k}|}.$$

ただし右辺の被積分関数では曲面の方程式 $z=\chi(x,\ y)$ にしたがって z を $\chi(x,\ y)$ でおきかえるものとする．

2. 外向きの法線を立てた球面 $x^2+y^2+z^2=1$ を S とするとき次の面積分を求めよ．

$$\iint_S \boldsymbol{A}\cdot d\boldsymbol{S}\quad \text{ただし}\quad \text{(i)}\ \boldsymbol{A}=z\boldsymbol{k},\qquad \text{(ii)}\ \boldsymbol{A}=z^2\boldsymbol{k}.$$

3. S は問題2と同じとして次の面積分を求めよ：

$$\iint_S \boldsymbol{A}\times d\boldsymbol{S}\quad \text{ただし}\quad \boldsymbol{A}=y\boldsymbol{i}-x\boldsymbol{j}+z\boldsymbol{k}.$$

4.　4点 O(0, 0, 0), P(1, 0, 0), Q(0, 1, 0), R(0, 0, 1) を頂点とする4面体において法線を外向きにとる．この4面体の表面を S, $\boldsymbol{A} = x\boldsymbol{i} + y\boldsymbol{j} - 2z\boldsymbol{k}$ とするとき次の面積分を求めよ：

$$\iint_S \boldsymbol{A}\cdot d\boldsymbol{S}.$$

［解　　答］

1.　$dS = |d\boldsymbol{S}| = |\boldsymbol{r}_x \times \boldsymbol{r}_y|dxdy$ において $\boldsymbol{r}_x \times \boldsymbol{r}_y = -p\boldsymbol{i} - q\boldsymbol{j} + \boldsymbol{k}$ であるから $dS = \sqrt{1+p^2+q^2}\,dxdy$. また

$$\boldsymbol{n}\cdot\boldsymbol{k} = \cos\gamma = \pm\frac{1}{\sqrt{1+p^2+q^2}}$$

であるから

$$dS = \frac{dxdy}{|\boldsymbol{n}\cdot\boldsymbol{k}|}$$

となって (1) を得る.

2.　この球面上の点 (x, y, z) では $\boldsymbol{n} = x\boldsymbol{i} + y\boldsymbol{j} + z\boldsymbol{k}$ であるから $|\boldsymbol{n}\cdot\boldsymbol{k}| = |z|$. $\boldsymbol{A}\cdot\boldsymbol{n}$ は (i) では z^2, (ii) では z^3 で，ここに $z = \sqrt{1-x^2-y^2}$ ($z \geqq 0$ のとき) および $z = -\sqrt{1-x^2-y^2}$ ($z \leqq 0$ のとき) であるから S_z すなわち $x^2+y^2 \leqq 1$ において2重積分を求めると，(i) では $z^2/|z| = |z|$ に注意して

$$2\iint_{S_z}\sqrt{1-x^2-y^2}\,dxdy = \frac{4\pi}{3},$$

(ii) では $z^3/|z|$ が $z>0$ と $z<0$ とで消しあうため積分は0となる.

3.　$\boldsymbol{A}\times\boldsymbol{n} = -(x+y)z\boldsymbol{i} + (x-y)z\boldsymbol{j} + (x^2+y^2)\boldsymbol{k}$ であるから半球面について

$$\iint_{S_z}\frac{-(x+y)z}{|z|}dxdy = 0, \qquad \iint_{S_z}\frac{(x-y)z}{|z|}dxdy = 0,$$

$$\iint_{S_z}\frac{x^2+y^2}{|z|}dxdy = 2\pi\int_0^1\frac{\rho^3 d\rho}{\sqrt{1-\rho^2}} = \frac{4\pi}{3},$$

したがって球面についての面積分は $\dfrac{8\pi}{3}\boldsymbol{k}$

4.　$\boldsymbol{A}\cdot\boldsymbol{n}$ は △ORQ では $-x$, △OPR では $-y$, △OQP では $2z$, △PQR では $(x+y-2z)/\sqrt{3}$ である．また △ORQ では $x=0$, △OPR では $y=0$, △OQP では $z=0$ であるからこの3つの3角形は積分に寄与しない．しかし △PQR では x, y を変数として $z = 1-x-y$ で，x, y は $x \geqq 0$, $y \geqq 0$, $x+y \leqq 1$ を動く．また $\cos\gamma = 1/\sqrt{3}$ であるから

$$\iint_S \boldsymbol{A}\cdot d\boldsymbol{S} = \iint_{S_z}(3(x+y)-2)dxdy$$

$$= \int_0^1 dy\int_0^{1-y}(3(x+y)-2)dx = 0.$$

練 習 問 題

1. $f(z)$, $g(z)$ が連続微分可能なるとき，曲線 $x=f(z)$, $y=g(z)$ について線積分

$$\int_{\mathrm{A}}^{\mathrm{B}} ds$$

を求めよ．ただし点 A, B の z 座標はそれぞれ 0, 1 とする．

2. 成分が

$$W_x=\frac{xz}{(x^2+z^2)^2},\qquad W_y=\frac{x^2-z^2}{2(x^2+z^2)^2},\qquad W_z=\frac{z^2-x^2}{2(x^2+z^2)^2}$$

なるベクトル場 $\boldsymbol{W}$ に対して $\mathrm{rot}\,\boldsymbol{V}=\boldsymbol{W}$, $V_x(x,\ y,\ 1)=0$, $V_y(0,\ y,\ 1)=\varphi(y)$, $V_z(x,y,z)=0$ なるベクトル場 $\boldsymbol{V}(x,y,z)$ を求めよ．またその領域を調べよ．

3. 前問と同じ $\boldsymbol{W}$ に対して $\mathrm{rot}\,\boldsymbol{V}=\boldsymbol{W}$, $V_z(x,y,z)=0$, また $x>0$ では $V_x(x,y,0)=0$, $V_y(1,\ y,\ 0)=\varphi(y)$, $x<0$ では $V_x(x,y,0)=0$, $V_y(-1,\ y,\ 0)=\phi(y)$ をみたすベクトル場 $\boldsymbol{V}(x,y,z)$ を求めよ．またこの $\boldsymbol{V}(x,y,z)$ が yz 平面（ただし y 軸上を除く）において連続となるための $\varphi(y)$, $\phi(y)$ の関係を調べよ．

4. $\boldsymbol{A}=\boldsymbol{k}\times\boldsymbol{r}$ なるとき曲線 $x=f(s)$, $y=g(s)$, $z=h(s)$, $s_{\mathrm{A}}\leqq s\leqq s_{\mathrm{B}}$ について次の線積分を求めよ：

(i) $\displaystyle\int_{\mathrm{A}}^{\mathrm{B}}\boldsymbol{A}ds$,　(ii) $\displaystyle\int_{\mathrm{A}}^{\mathrm{B}}\boldsymbol{A}\cdot d\boldsymbol{r}$,　(iii) $\displaystyle\int_{\mathrm{A}}^{\mathrm{B}}\boldsymbol{A}\times d\boldsymbol{r}$,　(iv) $\displaystyle\int_{\mathrm{A}}^{\mathrm{B}}[\boldsymbol{k}\,\boldsymbol{A}\,d\boldsymbol{r}]$.

5. 閉曲線 C について次の等式を証明せよ，ただし (ii) では C を含む単連結領域で f が与えられているとする：

(i) $\displaystyle\oint_C\boldsymbol{r}\cdot d\boldsymbol{r}=0$,　(ii) $\displaystyle\oint_C f d\boldsymbol{r}=-\oint_C\boldsymbol{r}(\nabla f\cdot d\boldsymbol{r})$

6. 2点 P_1, P_2 の位置ベクトルを $\boldsymbol{r}_1$, $\boldsymbol{r}_2$ とし，$\boldsymbol{r}_{12}=\boldsymbol{r}_2-\boldsymbol{r}_1=-\boldsymbol{r}_{21}$ とおく．P_2 が曲線 C をえがくとき線積分

(1) $$\int_C\frac{\boldsymbol{r}_{12}\times d\boldsymbol{r}_2}{|\boldsymbol{r}_{12}|^3}$$

は重要な意味をもつ（例えば電流による磁場におけるビオ・サバールの法則）．特に C が z 軸と一致し，正の向きをもつとき，(1) を P_1 の座標 x, y, z で表わせ．

7. 円環面

$$S:\ z^2+(\sqrt{x^2+y^2}-a)^2=b^2\qquad (a>b>0)$$

の媒介変数表示

(1) $$x=(a+b\cos u)\cos v,\quad y=(a+b\cos u)\sin v,\quad z=b\sin u$$

$$(0 \leqq u \leqq 2\pi,\ 0 \leqq v \leqq 2\pi)$$

は S 全体に用いられることを示せ．また $\boldsymbol{r}_u \times \boldsymbol{r}_v$ は S に対してどちらを向くか．

8. 前問における円環面の面積を求めよ．

9. $\boldsymbol{A} = z\boldsymbol{j}$ のとき，単位球面 $x^2 + y^2 + z^2 = 1$ について原点 (0, 0, 0) のまわりのモーメントの積分

$$\iint_S \boldsymbol{r} \times \boldsymbol{A}\, dS$$

を求めよ．

10. 静止している流体の中にある物体の表面 S 上の点 P が受ける圧力の強さを $p(\mathrm{P})$ とすると，S の単位面積が受ける力は，Sの法線ベクトルを外向きにとるとき $-p(\mathrm{P})$ $\boldsymbol{n}(\mathrm{P})$ である．この力の合計は積分

(1) $$-\iint_S p\, dS$$

である．空間に1点 O を定めて，P の位置ベクトルを $\boldsymbol{r}(\mathrm{P})$ と書くと，O のまわりのモーメントの積分は次の式で与えられる：

(2) $$-\iint_S p\boldsymbol{r} \times \boldsymbol{n}\, dS.$$

p が一定のとき (2) は 0 となることを証明せよ．

11. 上述の問題の中にある積分 (1) を $p = cz$ (c は定数) のとき求めよ．ただし物体の体積を V とする．

［解　　答］

1. 弧長 s を z の関数 $s = s(z)$ とすれば

$$\frac{ds}{dz} = \sqrt{\left(\frac{dx}{dz}\right)^2 + \left(\frac{dy}{dz}\right)^2 + 1} = \sqrt{(f')^2 + (g')^2 + 1}$$

であるから

$$\int_{\mathrm{A}}^{\mathrm{B}} ds = \int_0^1 \sqrt{(f')^2 + (g')^2 + 1}\, dz.$$

2. $x_0 = 0,\ z_0 = 1$ にとり，(5.1) を用いれば

$$V_x = \int_1^z \frac{x^2 - z^2}{2(x^2 + z^2)^2} dz + f(x, y),$$

$$V_y = -\int_1^z \frac{xz}{(x^2 + z^2)^2} dz + \int_0^x \frac{-x^2 + 1}{2(x^2 + 1)^2} dx + g(x, y),$$

したがって

$$V_x = \frac{1}{2}\left(\frac{z}{x^2 + z^2} - \frac{1}{x^2 + 1}\right) + f(x, y),$$

$$V_y = \frac{1}{2}\frac{x}{x^2+z^2} + g(x, y)$$

を得る．$V_x(x, y, 1) = 0$ から $f(x, y) = 0$, $V_y(0, y, 1) = \varphi(y)$ から $g(0, y) = \varphi(y)$. また $\partial g/\partial x = \partial f/\partial y = 0$ から $g(x, y) = \varphi(y)$. したがって次のようになる：

$$\boldsymbol{V} = \frac{1}{2}\left(\frac{z}{x^2+z^2} - \frac{1}{x^2+1}\right)\boldsymbol{i} + \left(\frac{1}{2}\frac{x}{x^2+z^2} + \varphi(y)\right)\boldsymbol{j}.$$

積分は $x = 0$, $z = 0$ なる点を通ることができないから，この式は直接には $x = 0$, $z \leqq 0$ に対して用いられない．しかし $x \neq 0$, $z < 0$ なる点における $\boldsymbol{V}(x, y, z)$ にはこの式を用いてよい．しかも

$$\lim_{x\to+0}\boldsymbol{V}(x, y, z) = \lim_{x\to-0}\boldsymbol{V}(x, y, z)$$

$$= \frac{1}{2}\left(\frac{1}{z} - 1\right)\boldsymbol{i} + \varphi(y)\boldsymbol{j}$$

であるからこの結果として $x = z = 0$ 以外の全空間において用いることができる．すなわち，問題のベクトル場 $\boldsymbol{W}$ は y 軸を除く全空間におけるベクトル・ポテンシャルをもつ．

3.　$x > 0$ についてまず調べる．$x_0 = 1$, $z_0 = 0$ として (5.1) を用いれば

$$V_x = \frac{1}{2}\frac{z}{x^2+z^2} + f(x, y),$$

$$V_y = \frac{1}{2}\frac{x}{x^2+z^2} - \frac{1}{2} + g(x, y),$$

これと $V_x(x, y, 0) = 0$ から $f(x, y) = 0$, $V_y(1, y, 0) = \varphi(y)$ から $g(1, y) = \varphi(y)$を得るが，$\partial g/\partial x = \partial f/\partial y = 0$ であるから $g(x, y) = \varphi(y)$ となる．$x < 0$ における $V(x, y, z)$ を調べるため $x_0 = -1$, $z_0 = 0$ として (5.1) を用いれば

$$V_x = \frac{1}{2}\frac{z}{x^2+z^2} + f(x, y),$$

$$V_y = \frac{1}{2}\frac{x}{x^2+z^2} + \frac{1}{2} + g(x, y),$$

これと $V_x(x, y, 0) = 0$ とから $f(x, y) = 0$, $V_y(-1, y, 0) = \psi(y)$ から $g(-1, y) = \psi(y)$, したがって $g(x, y) = \psi(y)$ となる．以上の結果 $x^2 + z^2 \neq 0$ では，$z = 0$ を含めて

$$V_x = \frac{1}{2}\frac{z}{x^2+z^2},$$

$$V_y = \frac{1}{2}\frac{x}{x^2+z^2} - \frac{1}{2} + \varphi(y) \qquad (x > 0),$$

$$= \frac{1}{2}\frac{x}{x^2+z^2} + \frac{1}{2} + \psi(y) \qquad (x < 0),$$

したがって一般に V_y だけが yz 平面上（ただし y 軸は除いて）で不連続である．$\varphi(y) = 1 + \psi(y)$ なら $\boldsymbol{V}$ は y 軸以外では 1 価連続となる．

4.　$\boldsymbol{A} = -y\boldsymbol{i} + x\boldsymbol{j} = -g(s)\boldsymbol{i} + f(s)\boldsymbol{j}$ であるから

（i）
$$\int_{\mathrm{A}}^{\mathrm{B}} \boldsymbol{A}\, ds = -\int_{s_{\mathrm{A}}}^{s_{\mathrm{B}}} g(s)ds\boldsymbol{i} + \int_{s_{\mathrm{A}}}^{s_{\mathrm{B}}} f(s)ds\boldsymbol{j}.$$

（ii）$\boldsymbol{t} = f'\boldsymbol{i} + g'\boldsymbol{j} + h'\boldsymbol{k},\ \boldsymbol{A}\cdot\boldsymbol{t} = -gf' + fg'$ を用いて
$$\int_{\mathrm{A}}^{\mathrm{B}} \boldsymbol{A}\cdot d\boldsymbol{r} = \int_{s_{\mathrm{A}}}^{s_{\mathrm{B}}} (fg' - gf')ds.$$

（iii）$\boldsymbol{A}\times\boldsymbol{t} = fh'\boldsymbol{i} + gh'\boldsymbol{j} - (ff' + gg')\boldsymbol{k}$ を用いて
$$\int_{\mathrm{A}}^{\mathrm{B}} \boldsymbol{A}\times d\boldsymbol{r} = \int_{s_{\mathrm{A}}}^{s_{\mathrm{B}}} fh'ds\boldsymbol{i} + \int_{s_{\mathrm{A}}}^{s_{\mathrm{B}}} gh'ds\boldsymbol{j} - \frac{1}{2}[f^2 + g^2]_{s_{\mathrm{A}}}^{s_{\mathrm{B}}}\boldsymbol{k}.$$

（iv）
$$\int_{\mathrm{A}}^{\mathrm{B}} [\boldsymbol{k}\,\boldsymbol{A}\,d\boldsymbol{r}] = \boldsymbol{k}\cdot\int_{\mathrm{A}}^{\mathrm{B}} \boldsymbol{A}\times d\boldsymbol{r} = -\frac{1}{2}[f^2 + g^2]_{s_{\mathrm{A}}}^{s_{\mathrm{B}}}.$$

5. （i）$\boldsymbol{r} = \frac{1}{2}\nabla(r^2)$ であるから定理 7.1 によって明らか．

（ii）$\nabla(xf) = (\nabla x)f + x\nabla f = x\nabla f + f\boldsymbol{i}$ であるから
$$\oint_C \nabla(xf)\cdot d\boldsymbol{r} = \oint_C x(\nabla f\cdot d\boldsymbol{r}) + \oint_C f dx,$$
左辺は定理 7.1 により 0 となるゆえ
$$\oint_C f dx = -\oint_C x(\nabla f\cdot d\boldsymbol{r}).$$
同様の等式を y 成分，z 成分について得るから（ii）が証明された．

6. $\mathrm{P}_1 = (x, y, z)$，　$\mathrm{P}_2 = (\xi, \eta, \zeta)$ とすると
$$\boldsymbol{r}_{12}\times d\boldsymbol{r}_2 = \{(\eta - y)d\zeta - (\zeta - z)d\eta\}\boldsymbol{i} + \{(\zeta - z)d\xi - (\xi - x)d\zeta\}\boldsymbol{j} + \{(\xi - x)d\eta - (\eta - y)d\xi\}\boldsymbol{k}$$
で，C が z 軸であるから $\xi = 0,\ \eta = 0$，したがって（1）は
$$\int_{-\infty}^{\infty} \frac{-y\boldsymbol{i} + x\boldsymbol{j}}{\{x^2 + y^2 + (\zeta - z)^2\}^{3/2}} d\zeta$$
となる．$x^2 + y^2 = \rho^2$ と書くと
$$\int_{-\infty}^{\infty} \frac{d\zeta}{\{x^2 + y^2 + (\zeta - z)^2\}^{3/2}} = \int_{-\infty}^{\infty} \frac{d\zeta}{(\rho^2 + \zeta^2)^{3/2}} = \frac{2}{\rho^2}\int_0^{\infty} \frac{dt}{(1 + t^2)^{3/2}} = \frac{2}{\rho^2}$$
であるから（1）は次のようになる：
$$-\frac{2y}{x^2 + y^2}\boldsymbol{i} + \frac{2x}{x^2 + y^2}\boldsymbol{j}.$$

7. x, y, z の微分可能性は明らかであるから関数行列式を調べると
$$\frac{\partial(y, z)}{\partial(u, v)} = -(a + b\cos u)b\cos u\cos v,$$
$$\frac{\partial(z, x)}{\partial(u, v)} = -(a + b\cos u)b\cos u\sin v,$$
$$\frac{\partial(x, y)}{\partial(u, v)} = -(a + b\cos u)b\sin u$$
で，$a > b$ により，$a + b\cos u > 0$，したがってこの 3 つの関数行列式が同時に 0 とな

ることはなく，(1) は S 全体で用いられる．また $u=v=0$ のとき $x(u, v)$ は S における最大値となりこのとき $\boldsymbol{r}=(a+b)\boldsymbol{i}$，また同時に

$$\frac{\partial(y, z)}{\partial(u, v)}=-(a+b)b, \quad \frac{\partial(z, x)}{\partial(u, v)}=\frac{\partial(x, y)}{\partial(u, v)}=0$$

すなわち $\boldsymbol{r}_u \times \boldsymbol{r}_v=-(a+b)b\boldsymbol{i}$ であるから，$\boldsymbol{r}_u \times \boldsymbol{r}_v$ は円環体の内部に向いている．

8. $|\boldsymbol{r}_u \times \boldsymbol{r}_v|=(a+b\cos u)b$ であるから，これを u, v の範囲である $0 \leqq u \leqq 2\pi,\ 0 \leqq v \leqq 2\pi$ にわたって積分して S の面積 $4\pi^2 ab$ を得る．

9. $\boldsymbol{r} \times \boldsymbol{A}=-z^2\boldsymbol{i}+xz\boldsymbol{k}$ であるから

$$\iint_S z^2 dS=\iint_S x^2 dS=\iint_S y^2 dS=\frac{1}{3}\iint_S (x^2+y^2+z^2)dS$$
$$=\frac{1}{3}\iint_S dS=\frac{4\pi}{3},$$
$$\iint_S xz dS=0$$

を用いて

$$\iint_S \boldsymbol{r} \times \boldsymbol{A} dS=-\frac{4\pi}{3}\boldsymbol{i}.$$

10. O を原点とすると $\iint_S \boldsymbol{r} \times d\boldsymbol{S}$ の x 成分は

$$\iint_S (y\cos\gamma - z\cos\beta)dS$$

である．例 11 と同様 z 軸に平行な細い角柱を考えるとこれに沿って y は定数で，またこれが S から切りとる偶数個の曲面の細片では $\cos\gamma$ の符号は交互である．このことから

$$\iint_S y\cos\gamma\, dS=0$$

を得る．y 軸に平行な角柱を考えれば

$$\iint_S z\cos\beta\, dS=0,$$

よって x 成分は 0 となる．他の成分についても同様に考えて (2) は 0 となる．

11. x 成分は

$$-c\iint_S z\cos\alpha\, dS$$

であるから上の問題と同様に考えて 0 となる．y 成分も同様である．z 成分は

$$-c\iint_S z dx dy$$

であるから (8.11) を用いて

$$-c\iint_{S_1} h(x, y) dx dy$$

となる．ただし $h(x, y)$ は z 軸に平行な直線（点 $(x, y, 0)$ をとおるもの）の V に含

まれる部分の長さである．したがって次のようになる：

$$-\iint_S p\,d\boldsymbol{S} = -cV\boldsymbol{k}.$$

6 発散定理，ストークスの定理，その他の定理

この章では，体積分，面積分，線積分の関係からはじめて，発散定理，ストークスの定理など，およびポテンシャルに関するスカラー場，ベクトル場の重要な性質を述べる．

§1. 体積分，面積分，線積分の関係

ここでは次の２つの定理を証明する．

定理 1.1 領域 D で与えられた C^1 級の１価関数 $f(x, y, z)$，$g(x, y, z)$，$h(x, y, z)$ について，D の内部に滑らかな境界面 S をもつ D の部分 V を考えると，V および S に関する積分の間に次の等式が成立する；ただし $\boldsymbol{n} = \cos\alpha\,\boldsymbol{i} + \cos\beta\,\boldsymbol{j} + \cos\gamma\,\boldsymbol{k}$ は S の外向きの法線ベクトルである：

$$
(1)\quad \begin{cases}
\displaystyle\iiint_V \frac{\partial f}{\partial x}dxdydz = \iint_S f dydz = \iint_S f\cos\alpha\, dS, \\
\displaystyle\iiint_V \frac{\partial g}{\partial y}dxdydz = \iint_S g dzdx = \iint_S g\cos\beta\, dS, \\
\displaystyle\iiint_V \frac{\partial h}{\partial z}dxdydz = \iint_S h dxdy = \iint_S h\cos\gamma\, dS.
\end{cases}
$$

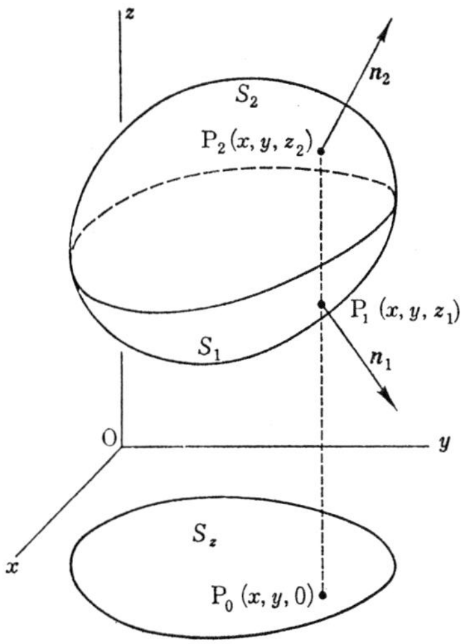

6-1 図

［証明］ この３つの等式は同様の内容のものであるから，第３の等式について証明する．まず z 軸に平行な直線は S とたかだか２点でし

か交わらないとする．S の xy 平面への正射影を S_z として，S_z 内の点 $P_0(x, y, 0)$ を通り z 軸に平行な直線が S と交わる点を $P_1(x, y, z_1)$, $P_2(x, y, z_2)$ とする．ただし $z_1 < z_2$ とし，これらは x, y の関数ゆえ $z_1(x, y)$, $z_2(x, y)$ と書く．P_0 が動けば P_1, P_2 はそれぞれ曲面 S_1：$z = z_1(x, y)$ および S_2：$z = z_2(x, y)$ をえがく．そこで

$$\int_{z_1}^{z_2} \frac{\partial h}{\partial z} dz = \Big[h(x, y, z) \Big]_{z_1}^{z_2}$$

を x, y について S_z の範囲で積分すれば

$$\iiint_V \frac{\partial h}{\partial z} dxdydz = \iint_{S_z} h(x, y, z_2(x, y))dxdy$$
$$-\iint_{S_z} h(x, y, z_1(x, y))dxdy$$

を得る．外向きの法線は S_2 では $\cos\gamma > 0$, S_1 では $\cos\gamma < 0$ であるから，右辺を S_2 および S_1 における面積分になおせば

$$= \iint_{S_2} hdxdy + \iint_{S_1} hdxdy = \iint_S h\cos\gamma\, dS$$

すなわち (1) を得る．S が z 軸に平行な直線と 2 点より多くの点で交わる場合には，V を適当に $V_1, \cdots, V_n$ に分割し，そのおのおの，すなわち V_i の表面 S_i は z 軸に平行な直線とたかだか 2 点でしか交わらないようにする．このとき V_i と S_i については (1) が成立する．これに第 5 章 (8.12) に関して述べた結果をくりかえして用いれば，

$$\iint_S = \Sigma \iint_{S_i}$$

を得る．しかし体積分の方は当然

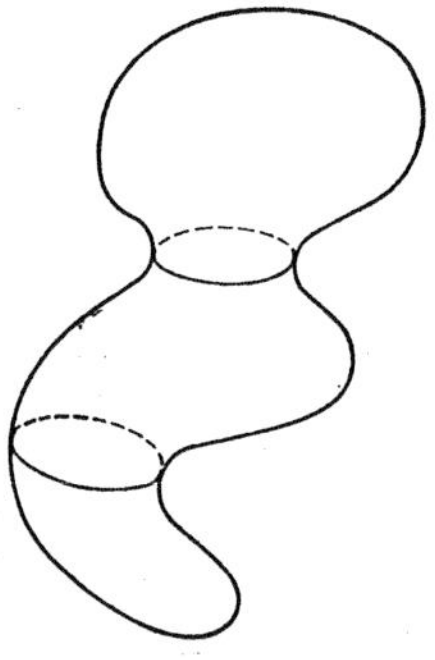

6-2 図

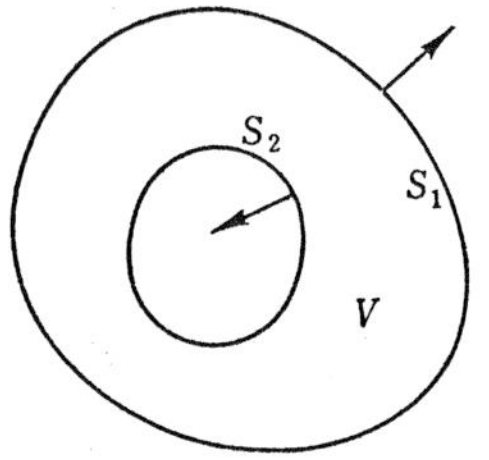

6-3 図

$$\iiint_V = \Sigma \iiint_{V_i}$$

であるから，(1) はこの V と S の間にも成立する．また例えば V が 2 つの閉曲面 S_1 と S_2 にはさまれた領域で，S_1 が S_2 に対して外方にあるとき，V に対して外向きの法線は S_1 ではその内部に対して外向きの法線であるが，S_2 ではその内部に向く．このことを考えに入れて S_1 と S_2 をあわせたものを S とすればやはり (1) が成立する．

注意 1.　このように V を分割するとき生ずる V_i の表面 S_i はかどをもっている．しかし (1) は面 S が有限個の滑かな曲線に沿って折れていても成立することは明らかである．

注意 2.　V の境界面のうち，法線が z 軸に垂直な部分 S' では $\cos\gamma=0$ であるから，この S' は面積分（(1) の第 3 式の）に寄与しない．

定理 1.2　閉曲線 C で囲まれ，z 軸に平行な直線とはたかだか 1 点で交わる曲面 S: $z=\chi(x, y)$ を考え，その法線ベクトル $\boldsymbol{n}$ は上向きにとる（C の進む向きはこの法線ベクトルにあわせる）．$\boldsymbol{n}$ の成分は $p=\partial\chi/\partial x$, $q=\partial\chi/\partial y$ を用いて

$$\cos\alpha=\frac{-p}{\sqrt{1+p^2+q^2}},\qquad \cos\beta=\frac{-q}{\sqrt{1+p^2+q^2}},\qquad \cos\gamma=\frac{1}{\sqrt{1+p^2+q^2}}$$

である．このとき S を含む領域で与えられた C^1 級の 1 価関数 $f(x, y, z)$ について次の等式が成立する：

$$\iint_S\left(\frac{\partial f}{\partial z}\cos\beta-\frac{\partial f}{\partial y}\cos\gamma\right)dS=\oint_C f dx. \tag{2}$$

［証 明］　S の xy 平面上の正射影 S_z を囲む閉曲線を K とする．

$$\cos\beta=\frac{\cos\beta}{\cos\gamma}\cos\gamma=-q\cos\gamma$$

であるから (2) の左辺は

$$-\iint_S\left(\frac{\partial f}{\partial z}\frac{\partial z}{\partial y}+\frac{\partial f}{\partial y}\right)dxdy$$

となる．$F(x, y)=f(x, y, \chi(x, y))$ とおけば

$$\frac{\partial F}{\partial y}=\frac{\partial f}{\partial z}\frac{\partial z}{\partial y}+\frac{\partial f}{\partial y}$$

が z を $\chi(x, y)$ でおきかえるとき成立するから，面積分を x, y に関する 2 重積分で

$$-\iint_{S_z}\frac{\partial F}{\partial y}dxdy$$

と表わすことができる．一方右辺の線積分は $z=\chi(x, y)$ により xy 平面上の線積分

$$\oint_K F(x, y)dx$$

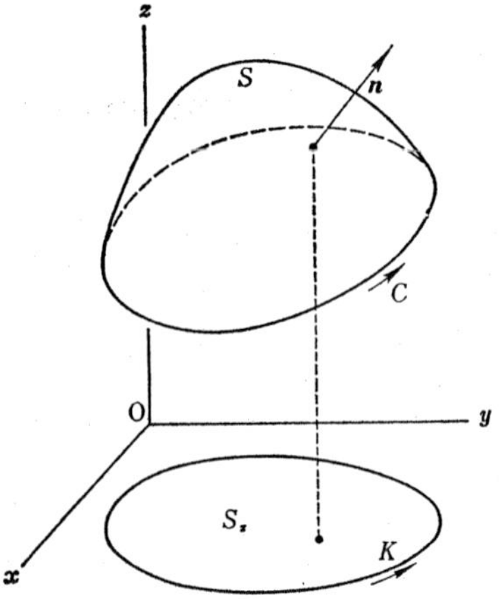

6-4 図

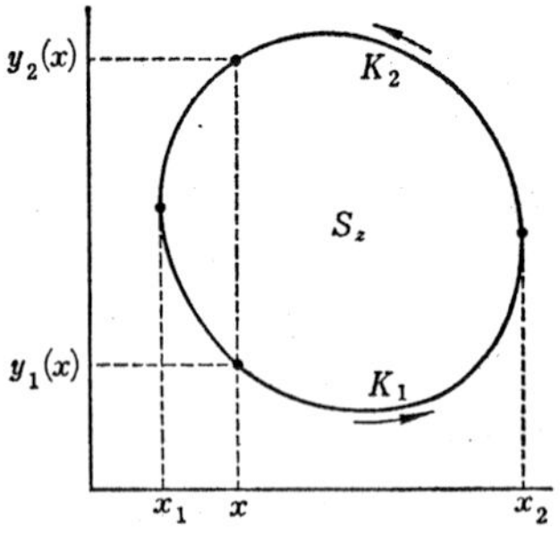

6-5 図

となるから，(2) は微分積分学でよく知られた次の等式に帰着する：

$$(3)\qquad -\iint_{S_z}\frac{\partial F}{\partial y}dxdy=\oint_K Fdx.$$

注意1. (3) の証明は定理 1.1 と同様の理由で，K が y 軸に平行な直線とたかだか 2 点で交わる場合についてすればよい．K を y 軸に平行な接線をもつ 2 点で分けて，6-5 図のように K_1，K_2 とする．左辺の積分を，まず x を一定にして y についてし，次に x についてすると

$$\begin{aligned}&\int_{x_1}^{x_2}\{F(x,y_1(x))-F(x,y_2(x))\}dx\\&=\int_{x_1}^{x_2}F(x,y_1(x))dx+\int_{x_2}^{x_1}F(x,y_2(x))dx\\&=\int_{K_1}Fdx+\int_{K_2}Fdx\end{aligned}$$

となって右辺に一致する．

注意2. 閉曲線 C および曲面 S は最初は滑らかと考えるのであるが，C は有限個の点で折れていてもよいことは明らかである．また S もその中をよこぎる有限個の曲線に沿って折れていてよい．さらに S は z 軸に平行な直線といくつの点で交わってもよい．例えば S が S_1 と S_2 に分けられ，S_1 はかどのある閉曲線 C_1, S_2 はかどのある閉曲線 C_2 を縁とするならば，

$$\iint_S=\iint_{S_1}+\iint_{S_2}$$

また第 5 章 (7.10) により

$$\oint_C=\oint_{C_1}+\oint_{C_2}$$

であるから，この場合も S_1, S_2 に関する等式 (2) すなわち

$$\iint_{S_1}=\int_{C_1},\quad \iint_{S_2}=\oint_{C_2}$$

から S に関する等式 (2) を得る．このような分割を有限回くりかえしてよいから，次の注意 3 および

注意4にしたがって考えるとき，(2) は上に述べたような曲面についても，また曲面の接平面が z 軸と平行な点が正の面積を占める場合についても用いることができる．

注意3. (2) は法線ベクトルを下向きにとっても成立する．ただし閉曲線 C のまわり方も，これに応じて変えるものとする．

注意4. 曲面 S のいたるところで法線が z 軸に垂直なら証明すべき等式 (2) は

$$\iint_S \frac{\partial f}{\partial z}\cos\beta\, dS = \oint_C f dx$$

となり，S の xy 平面上の正射影は S の縁である閉曲線 C の正射影とおなじ曲線となる．C が z 軸に平行な直線とはたかだか2点で交わるのみならば，C を C_1 と C_2 に分けて C_1 は $z = z_1(x, y)$，C_2 は $z = z_2(x, y)$，$z_2(x, y) \geqq z_1(x, y)$ とできる．C_1 の正射影 K_1, C_2 の正射影 K_2 は互いに向きの逆な同一の曲線である．面積分

$$\iint_S \frac{\partial f}{\partial z}\cos\beta\, dS = \iint_S \frac{\partial f}{\partial z} dz dx$$

を z と x に関する2重積分になおすため，曲面 S を $y = y(z, x)$ と表わすと，これは今の場合 $y = y(x)$ であるから上の面積分は

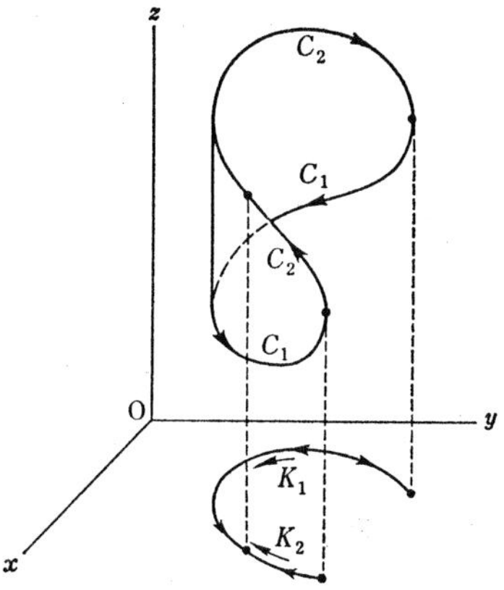

6-6 図

$$= \iint_{S_y}\left[\frac{\partial}{\partial z}f(x, y(x), z)\right]dz dx$$

$$= \int_{K_2}[f(x, y(x), z_2(x, y(x))) - f(x, y(x), z_1(x, y(x)))]dx$$

$$= \int_{K_2} f(x, y, z_2(x, y))dx + \int_{K_1} f(x, y, z_1(x, y))dx$$

$$= \oint_K f dx$$

となり，この場合にも (2) が正しいことがわかる．曲線 C がもっと一般の場合でも同様の結果を得る．

例 1. $f(x, y, z) = x^2 + y^2 + z^2 - yz - zx - xy$,

S: $x^2 + y^2 + (z-1)^2 = 1, \quad z \geqq 1$ （$\boldsymbol{n}$ は上向き），

C: $x = \cos t, \quad y = \sin t, \quad z = 1$ （t は0から 2π まで増す）

のとき，(2) の左辺および右辺をそれぞれ直接に求めて，(2) が成立することを示せ．

［解］ (2) の左辺は

$$\iint_S (2z - x - y)dz dx - \iint_S (2y - x - z)dx dy,$$

ここに S: $z = 1 + \sqrt{1 - x^2 - y^2}$，$S_z$: $x^2 + y^2 \leqq 1$ であるから (2) の左辺は

$$= -\iint_{S_z}(2 + 2\sqrt{1 - x^2 - y^2} - x - y)\frac{-y}{\sqrt{1 - x^2 - y^2}}dx dy$$

$$-\iint_{S_1}(2y-x-1-\sqrt{1-x^2-y^2})dxdy$$
$$=\iint_{S_1}\frac{2y-xy-y^2}{\sqrt{1-x^2-y^2}}dxdy+\iint_{S_1}2ydxdy$$
$$-\iint_{S_1}(2y-x)dxdy+\iint_{S_1}(1+\sqrt{1-x^2-y^2})dxdy$$
$$=-\iint_{S_1}\frac{y^2}{\sqrt{1-x^2-y^2}}dxdy+\iint_{S_1}(1+\sqrt{1-x^2-y^2})dxdy$$
$$=-\pi\int_0^1\frac{\rho^3}{\sqrt{1-\rho^2}}d\rho+2\pi\int_0^1(1+\sqrt{1-\rho^2})\rho d\rho=\pi$$

となる．右辺は

$$\oint_C fdx=-\int_0^{2\pi}(2-\sin t-\cos t-\sin t\cos t)\sin t\,dt=\pi$$

となるから左辺と一致する．

§2. 発散定理，ストークスの定理およびこれに類する定理

発散定理 領域 D でベクトル場 $\boldsymbol{A}$ が定義されていれば，(1.1) において f, g, h を $\boldsymbol{A}$ の成分 A_x, A_y, A_z にとり，3式を加えた結果は

(1) $$\iiint_V \mathrm{div}\,\boldsymbol{A}\,dV=\iint_S \boldsymbol{A}\cdot\boldsymbol{n}\,dS$$

となる．ただし $dV=dxdydz$ である．これを**ガウスの定理**または**発散定理**という．すなわち

定理2.1 領域 V およびその境界である閉曲面 S を含むベクトル場 $\boldsymbol{A}$ については，S の法線ベクトル $\boldsymbol{n}$ を V から外へ向けてとるとき (1) が成立する．すなわち S におけるベクトル流は V における発散の積分に等しい．

(1) に関連して直交座標系とベクトルの関係について考えよう．ベクトルのうちには $\boldsymbol{i}, \boldsymbol{j}, \boldsymbol{k}$ のように座標系によるものもあるが，むしろ座標系に関係せずに与えられるものが多い．このようなベクトルは座標系を変えても変わらない，すなわち座標系に対して不変なベクトルである．スカラーもまた同様で，われわれは多くの場合座標系に対して不変なスカラーを考える．しかし第4章§3で発散を定義するとき，座標を使って微分をした．このためベクトル $\boldsymbol{A}$ が座標系に対して不変であっても，スカラー $\mathrm{div}\,\boldsymbol{A}$ は座標系のとり方によるかもしれないという心配がある．ところで，領域 V とベクトル $\boldsymbol{A}$ が座標系によらずに与えられていれば，(1) の右辺はたしかに座標系によらない．左辺を V の体積で除し，V を小さくとった極限を考えれば，$\mathrm{div}\,\boldsymbol{A}$ が座標系のとり方によらないスカラーで

あることがこれによってわかる（第7章§2参照).

(1) はまた発散の積分における意味を示している.

次の定理も定理1.1から導びかれる.

定理2.2 定理2.1と同じ条件の下で次の等式が成立する：

(2) $$\iiint_V \mathrm{rot}\,\boldsymbol{A}\,dV=\iint_S \boldsymbol{n}\times\boldsymbol{A}\,dS,$$

(3) $$\iiint_V \nabla f\,dV=\iint_S f\boldsymbol{n}\,dS.$$

［証明］ (1.1) の第2，第3式で $g=A_z$, $h=-A_y$ とおいて和をとれば

$$\iiint_V\left(\frac{\partial A_z}{\partial y}-\frac{\partial A_y}{\partial z}\right)dxdydz=\iint_S(A_z\cos\beta-A_y\cos\gamma)dS$$

を得る．これで (2) が x 成分については証明された．y 成分，z 成分についても同様にして証明される．(3) を得るには (1.1) において $g=h=f$ とおけばよい.

(2) から次のように $\mathrm{rot}\,\boldsymbol{A}$ の意味を示す式が導かれる．ただし V は領域 V の体積である：

$$\mathrm{rot}\,\boldsymbol{A}=\lim_{V\to 0}\frac{1}{V}\iint_S(d\boldsymbol{S}\times\boldsymbol{A}).$$

例えば V として半径 r の球体をとれば，$\boldsymbol{n}=\boldsymbol{r}/r$ であるから次の式を得る：

$$\mathrm{rot}\,\boldsymbol{A}=\frac{3}{4\pi}\lim_{r\to 0}\frac{\iint_S \boldsymbol{r}\times\boldsymbol{A}\,dS}{r^4}.$$

V および $\boldsymbol{A}$ が座標系によらずに与えられれば，(2) の右辺は座標系によらない．上に記した極限値を考えれば，$\mathrm{rot}\,\boldsymbol{A}$ も座標系によらないことがわかる.

ストークスの定理 定理1.2と同様の条件の下で次の等式を得る（ただし定理1.2のあとの注意にしたがって考える)：

(4) $$\begin{cases}\displaystyle\iint_S\left(\frac{\partial g}{\partial x}\cos\gamma-\frac{\partial g}{\partial z}\cos\alpha\right)dS=\oint_C g\,dy,\\ \displaystyle\iint_S\left(\frac{\partial h}{\partial y}\cos\alpha-\frac{\partial h}{\partial x}\cos\beta\right)dS=\oint_C h\,dz.\end{cases}$$

これを用いて次の**ストークスの定理**を得る.

定理2.3 ベクトル場 $\boldsymbol{A}$ が閉曲線 C およびこれに囲まれた曲面 S を含んで与えられれば，次の等式が成り立つ：

(5)
$$\oint_C \boldsymbol{A}\cdot\boldsymbol{t}\,ds = \iint_S (\mathrm{rot}\,\boldsymbol{A})\cdot\boldsymbol{n}\,dS.$$

［証 明］ (1.2) および上述の (4) において $f = A_x,\ g = A_y,\ h = A_z$ とおいて和をとればよい.

次の定理も定理 1.2 から導かれる.

定理 2.4 定理 2.3 と同じ条件の下で次の等式が成り立つ：

(6)
$$\oint_C f\boldsymbol{t}\,ds = \iint_S (\boldsymbol{n}\times\nabla f)dS,$$

(7)
$$\oint_C (\nabla f)\times d\boldsymbol{r} = \iint_S \{(\Delta f)\boldsymbol{n} - (\boldsymbol{n}\cdot\nabla)\nabla f\}dS.$$

ただし (6) では f は S を含んだ領域で C^1 級，(7) では C^2 級とする.

［証 明］ (1.2) および (4) において $g = h = f$ とおいたものは (6) を各成分について書いたものであるから (6) が証明された. (4) において $g = -\partial f/\partial z,\ h = \partial f/\partial y$ とおき，和をとれば

$$\oint_C \left(\frac{\partial f}{\partial y}dz - \frac{\partial f}{\partial z}dy\right)$$
$$= \iint_S \left[\left(\frac{\partial^2 f}{\partial y^2} + \frac{\partial^2 f}{\partial z^2}\right)\cos\alpha - \frac{\partial^2 f}{\partial x\partial y}\cos\beta - \frac{\partial^2 f}{\partial x\partial z}\cos\gamma\right]dS$$
$$= \iint_S \left[(\Delta f)\cos\alpha - \left(\cos\alpha\frac{\partial}{\partial x} + \cos\beta\frac{\partial}{\partial y} + \cos\gamma\frac{\partial}{\partial z}\right)\frac{\partial f}{\partial x}\right]dS,$$

すなわち (7) の両辺の x 成分が一致することがわかる. y 成分，z 成分についても同様ゆえ (7) が証明された.

例 2. f, g が V とその境界 S を含む領域で C^2 級の 1 価関数なら，$\partial f/\partial n,\ \partial g/\partial n$ を S の外向き法線ベクトル $\boldsymbol{n}$ の方向への方向微分係数とするとき次の等式が成り立つ：

(8)
$$\iiint_V \Delta f\,dV = \iint_S \frac{\partial f}{\partial n}dS,$$

(9)
$$\iiint_V \mathrm{div}(f\nabla g)dV = \iint_S f\frac{\partial g}{\partial n}dS.$$

［解］ $\Delta f = \mathrm{div}\,\mathrm{grad}\,f,\ (\mathrm{grad}\,f)\cdot\boldsymbol{n} = \partial f/\partial n$ から (8) は明らかである. (9) も $(f\nabla g)\cdot\boldsymbol{n} = f\partial g/\partial n$ から明らかである.

例 3. 閉曲面 S 上の点を P，$\overrightarrow{\mathrm{OP}} = \boldsymbol{r}$ とするとき

(10)
$$\iint_S \frac{\boldsymbol{r}\cdot d\boldsymbol{S}}{r^3}$$

はOが S の内部にあれば 4π，S の外部にあれば0，S 上にあれば 2π である．

［解］ S が領域 V の境界であるとし，(1) において $\boldsymbol{A}=\boldsymbol{r}/r^3$ とおけば

$$\iiint_V \nabla\cdot\left(\frac{\boldsymbol{r}}{r^3}\right)dV=\iint_S \frac{\boldsymbol{r}\cdot d\boldsymbol{S}}{r^3}$$

であるが，これはベクトル場 $\boldsymbol{r}/r^3$ の特異点 $r=0$ を V と S が含まないことを条件とする．点O以外では $\nabla\cdot(\boldsymbol{r}/r^3)=0$ であるから，Oが外部にある場合にかぎり

$$\iint_S \frac{\boldsymbol{r}\cdot d\boldsymbol{S}}{r^3}=0$$

となる．点Oが V の内部にある場合にはOを中心にして半径 ρ の球面 S_0 を作り，ρ を十分小にして S_0 を境界とする球体 V_0 が V に含まれるようにする．このとき $V-V_0$ なる領域を考えると

$$\iiint_{V-V_0} \nabla\cdot\left(\frac{\boldsymbol{r}}{r^3}\right)dV=\iint_{S-S_0} \frac{\boldsymbol{r}\cdot d\boldsymbol{S}}{r^3}$$

を得る．$V-V_0$ の境界は S と S_0 であるが，面積分の区域を $S-S_0$ と書くわけは，S_0 では $V-V_0$ の外へ向かう法線が球面 S_0 に対しては内向きとなるからである．左辺の体積分は0であるから

$$\iint_S \frac{\boldsymbol{r}\cdot d\boldsymbol{S}}{r^3}=\iint_{S_0} \frac{\boldsymbol{r}\cdot d\boldsymbol{S}}{r^3}$$

を得るが，この右辺では $\boldsymbol{r}/r^3=\boldsymbol{n}/\rho^2$ であるから右辺は

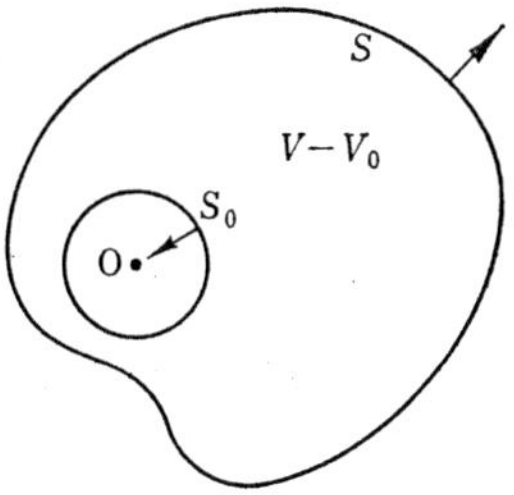

6-7 図

$$\iint_{S_0} \frac{\boldsymbol{n}\cdot\boldsymbol{n}}{\rho^2}dS=\frac{1}{\rho^2}\iint_{S_0} dS=\frac{4\pi\rho^2}{\rho^2}=4\pi,$$

よってOが閉曲面 S の内部にあれば

$$\iint_S \frac{\boldsymbol{r}\cdot d\boldsymbol{S}}{r^3}=4\pi$$

となる．Oが S 上にあるときはOを中心とする十分小さい球面 S_0 を書き，その半径 ρ を $\to 0$ とすると，球面 S_0 のうち V に属す部分 S_0' は $\rho\to 0$ とともに半球面とみなされる．S_0 の内部にあって V に属す部分を V_0 とし，$V-V_0$ における体積分とその境界の面積分の関係を考える．この境界は S の大部分 S' と S_0 の半分 S_0' とから成り，体積分は0ゆえ

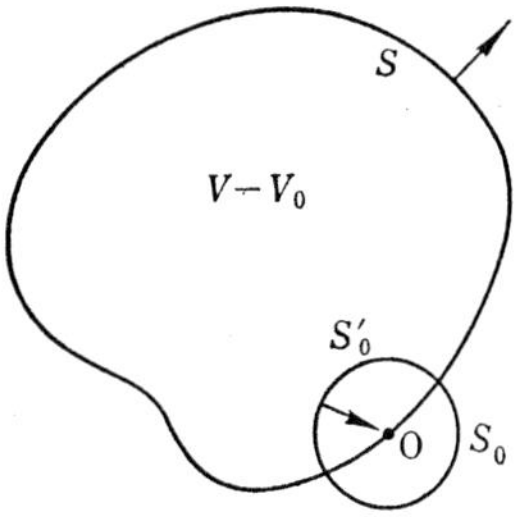

6-8 図

$$\iint_{S'} \frac{\boldsymbol{r}\cdot d\boldsymbol{S}}{r^3}=\iint_{S_0'} \frac{\boldsymbol{r}\cdot d\boldsymbol{S}}{r^3}=\iint_{S_0'} \frac{dS}{\rho^2}$$

となる．右辺は $\rho\to 0$ に対して S_0' を球面の半分として確定値 2π をもつ．したがって左辺も $\rho\to 0$ に対して 2π に収束する．これがOが S の上にあるときの式

$$\iint_S \frac{\boldsymbol{r}\cdot d\boldsymbol{S}}{r^3}=2\pi$$

の証明である．

注意　点Oが S の上にあるときには積分 (10) はここに述べたような極限値としてしか定義されない．

問　題

1.　点A, Bの座標をそれぞれ (x_A, y_A, z_A)，(x_B, y_B, z_B) とする．μ_A, μ_B が定数のとき

$$f = \frac{\mu_A}{\sqrt{(x-x_A)^2+(y-y_A)^2+(z-z_A)^2}} + \frac{\mu_B}{\sqrt{(x-x_B)^2+(y-y_B)^2+(z-z_B)^2}}$$

に対して

(i)　AもBも V に含まれず，その境界 S の上にもない，

(ii)　Aは V の内部にあり，Bは V にも S にも含まれない，

(iii)　AもBも V の内部にある，

(iv)　AもBも境界 S の上にある，

の4つの場合について次の積分を求めよ：

$$\iint_S \nabla f \cdot d\boldsymbol{S}.$$

2.　閉曲面 S および S が囲む領域 V において与えられたベクトル場 $\boldsymbol{A}$ について

$$\iint_S (\mathrm{rot}\,\boldsymbol{A})\cdot d\boldsymbol{S} = 0$$

であることを，(i) (1) を用いて証明せよ，(ii) (5) を用いて証明せよ．

注意　(ii) の証明は $\boldsymbol{A}$ が S が囲む領域全体で与えられていない場合にも正しい．したがって次のことが成り立つ：

管状ベクトル場 $\boldsymbol{W}$ に対して $\boldsymbol{W}$ の領域 D を領域とするベクトル・ポテンシャルがあるならば，D における任意の閉曲面 S について

$$\iint_S \boldsymbol{W}\cdot d\boldsymbol{S} = 0 \tag{11}$$

である．

これは逆も正しいことが知られている：管状ベクトル場 $\boldsymbol{W}$ の領域 D に属する領域 D_1（これは境界として閉曲面をもたなくてもよい，すなわち，有界でなくてもよい）におけるすべての閉曲面 S について (11) が成り立てば，D_1 において $\boldsymbol{W}$ のベクトル・ポテンシャルが存在する（特別な場合について§6参照）．

3.　f は単連結領域で与えられたスカラー場とする．線積分

$$\int_A^B f d\boldsymbol{r}$$

が端点A, Bのみで一意に定まるならば，f はいかなるスカラー場か．

4. fは単連結領域で与えられたスカラー場とする．

$$\int_A^B (\nabla f)\times d\boldsymbol{r}$$

が端点 A, B のみで一意に定まるとすれば，f はいかなるスカラー場か．

[解　　答]

1. $f=f_A+f_B$ に分けて考える．

$$\iint_S \nabla f_A\cdot d\boldsymbol{S}$$

についていえば，$\boldsymbol{r}_A=(x-x_A)\boldsymbol{i}+(y-y_A)\boldsymbol{j}+(z-z_A)\boldsymbol{k}$ とおくと $\nabla f_A=-\mu_A\boldsymbol{r}_A/(r_A)^3$ であるから，例3にしたがって（i）では0,（ii）と（iii）では $-4\pi\mu_A$,（iv）では $-2\pi\mu_A$ となる．同様のことを f_B についても考えて次の結果を得る．（i）では0,（ii）では $-4\pi\mu_A$,（iii）では $-4\pi(\mu_A+\mu_B)$,（iv）では $-2\pi(\mu_A+\mu_B)$.

注意　AやBが S の上にあるときは積分は例3で述べた意味での極限値として解釈するものとする．

2.（i）$\mathrm{div}\,\mathrm{rot}\,\boldsymbol{A}=0$ を用いればよい．（ii）S は閉曲面である．S を2つの部分 S_1, S_2 に分ける閉曲線を C とし，S, S_1, S_2 はみな外向きの法線をとる．C のまわり方を S_1 の向きにあわせると，S_2 の向きにあう C のまわり方は逆向きである．したがって（5）から

$$\oint_C=\iint_{S_1},\qquad -\oint_C=\iint_{S_2}$$

の形の等式を得る．したがって

$$\iint_S(\mathrm{rot}\,\boldsymbol{A})\cdot d\boldsymbol{S}=\iint_{S_1}+\iint_{S_2}=\oint_C-\oint_C=0.$$

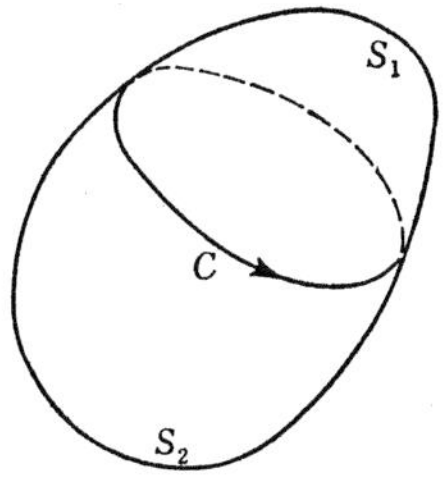

6-9 図

3. 仮定から（6）により

$$\iint_S \boldsymbol{n}\times\nabla f\,dS=0$$

を得る．これが任意の曲面 S について成り立つのであるから，任意の点，任意の単位ベクトル $\boldsymbol{n}$ について $\boldsymbol{n}\times\nabla f=0$, したがって $\nabla f=0$, よって f は定数．

4. 仮定から（7）により

$$\iint_S\{(\Delta f)\boldsymbol{n}-(\boldsymbol{n}\cdot\nabla)\nabla f\}dS=0$$

を得る．これが任意の曲面 S について成り立つのであるから，任意の点，任意の単位ベクトル $\boldsymbol{n}$ について $(\Delta f)\boldsymbol{n}-(\boldsymbol{n}\cdot\nabla)\nabla f=0$. まず x 成分では

$$\left(\Delta f-\frac{\partial^2 f}{\partial x^2}\right)\cos\alpha-\frac{\partial^2 f}{\partial x\partial y}\cos\beta-\frac{\partial^2 f}{\partial x\partial z}\cos\gamma=0$$

を得るが，$\cos\alpha:\cos\beta:\cos\gamma$ は任意であるから

$$\frac{\partial^2 f}{\partial y^2}+\frac{\partial^2 f}{\partial z^2}=0,\qquad \frac{\partial^2 f}{\partial x\partial y}=0,\qquad \frac{\partial^2 f}{\partial x\partial z}=0.$$

同様の式を y 成分，z 成分について得るゆえ，それらから f の2階の偏導関数がすべて恒等的に0であることがわかる．したがって $f(x, y, z)$ は次の形をもつ：

$$f=ax+by+cz+d\qquad (a,\ b,\ c,\ d\ は定数).$$

注意　この2つの問題で，曲面 S としては任意に小さいものをとることができるから，f の領域は単連結とことわる必要はない．

§3．グリーンの定理，グリーンの公式

グリーンの定理　ここではスカラー場に関する積分公式および調和関数に関する定理を述べる．次に述べる**グリーンの定理**はその基礎である．

定理3.1　閉曲面 S および S が囲む領域 V を含んでスカラー場 f, g が与えられていれば，法線を外向きにとるとき次の等式が成り立つ：

(1)
$$\iiint_V (f\nabla^2 g+(\nabla f)\cdot(\nabla g))dV=\iint_S f\frac{\partial g}{\partial n}dS,$$

(2)
$$\iiint_V (f\nabla^2 g-g\nabla^2 f)dV=\iint_S\left(f\frac{\partial g}{\partial n}-g\frac{\partial f}{\partial n}\right)dS.$$

［**証明**］（1）は例2の結果からすぐ導かれる．（2）は（1）から f, g を交換した式を作り，その差をとる．

（1）で $g=f$ とおけば次の等式を得る：

(3)
$$\iint_S f\frac{\partial f}{\partial n}dS=\iiint_V (f\nabla^2 f+|\nabla f|^2)dV.$$

（1）で g が調和関数なら

$$\iiint_V (\nabla f)\cdot(\nabla g)dV=\iint_S f\frac{\partial g}{\partial n}dS$$

となり，これから次の定理を得る．

定理3.2　閉曲面 S および S が囲む領域 V を含んで調和関数 f, g が与えられれば，法線を外向きにとるとき次の等式が成り立つ：

(4)
$$\iiint_V |\nabla f|^2 dV=\iint_S f\frac{\partial f}{\partial n}dS,$$

(5)
$$\iint_S\left(f\frac{\partial g}{\partial n}-g\frac{\partial f}{\partial n}\right)dS=0.$$

次の定理も調和関数の性質に関するものである．

定理3.3　関数 f が領域 V およびその境界を含む領域で C^1 級，V では C^2 級の調和

関数であって，また S 上のすべての点でその法線方向の方向微分係数が 0 であるなら，f は V で定数である．

［証明］ V' をその境界 S' とともに V に含まれる領域とすると，(4) で V, S をそれぞれ V', S' におきかえた等式が成立する．V' を V にかぎりなく近づければ，仮定から (4) 自身を得る．これにおいて $\partial f/\partial n=0$ であるから左辺の積分が $\mathbf{0}$．ところがその被積分関数 $|\nabla f|^2$ は連続でどこにおいても負にならない．したがって $\nabla f=\mathbf{0}$，$f=\text{const.}$

定理 3.4 関数 $\rho(x, y, z)$ が V において与えられ，関数 $b(x, y, z)$ が V の境界 S において与えられたとする．V で**ポアソンの方程式**

(6) $$\nabla^2\varphi=-4\pi\rho(x, y, z)$$

をみたし，S では $\varphi(x, y, z)=b(x, y, z)$ であるような C^2 級の関数 $\varphi(x, y, z)$ があるとすれば，それはただ 1 つである．

［証明］ そのような関数 φ が 2 つあるとしてそれを f, g とすれば，$u=f-g$ は V における調和関数で，(4) により

$$\iiint_V|\nabla u|^2dV=\iint_S u\frac{\partial u}{\partial n}dS,$$

ところが S では $u=0$ であるから左辺の体積分は 0 となる．しかし ∇u は C^1 級であるからこれから $\nabla u=\mathbf{0}$，すなわち $u=\text{const}$，しかも u は S で 0 となるゆえ $u=0$，$f=g$ を得る．

定理 3.4 と同じような定理が，S において $\varphi(x, y, z)=b(x, y, z)$ の代りに $\partial\varphi(x, y, z)/\partial n=b(x, y, z)$ を仮定しても成立する．証明も大体同じで，ただ $u=0$ の代りに $\partial u/\partial n=0$ を用いて $\nabla u=\mathbf{0}$ を得る．S において $u=0$ ではないから $\varphi(x, y, z)$ は 1 つではなく，定数を除いて定まるだけである．

グリーンの公式 次の定理で述べるグリーンの公式は応用の広いものである．

定理 3.5 定点 $\mathrm{A}(a, b, c)$ と動点 $\mathrm{Q}(x, y, z)$ についてベクトル $\boldsymbol{r}=\overrightarrow{\mathrm{AQ}}$ とする．C^2 級のスカラー場 $\varphi(x, y, z)$ が領域 V およびその境界 S を含んで与えられるとき，A が V の外部にあるか，V の内部にあるかにしたがって次の等式が成り立つ：

(7) $$-\iiint_V\frac{1}{r}\nabla^2\varphi\,dV+\iint_S\left[\frac{1}{r}\frac{\partial\varphi}{\partial n}-\varphi\frac{\partial}{\partial n}\left(\frac{1}{r}\right)\right]dS=0,$$

(8) $$4\pi\varphi(\mathrm{A})=-\iiint_V\frac{1}{r}\nabla^2\varphi\,dV+\iint_S\left[\frac{1}{r}\frac{\partial\varphi}{\partial n}-\varphi\frac{\partial}{\partial n}\left(\frac{1}{r}\right)\right]dS.$$

［証明］ A が V の外部にあるとする．このとき V において

$$\nabla^2\left(\frac{1}{r}\right)=0$$

であるから (2) において f を $1/r$, g を φ とすればただちに (7) を得る.

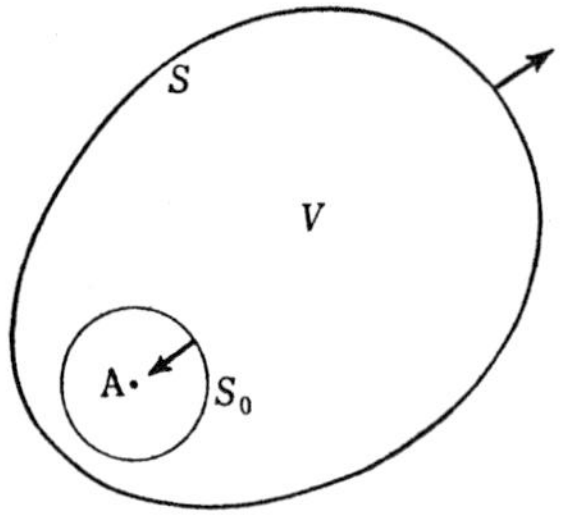

6-10 図

A が V の内部にあるとする. V の中に A を中心とする小さな球面 S_0 をとり，S_0 の内部にある V の部分を V_0 とすると，例3における考え方にしたがって (7) から

$$-\iiint_{V-V_0}\frac{1}{r}\nabla^2\varphi dV+\iint_{S-S_0}\left[\frac{1}{r}\frac{\partial\varphi}{\partial n}-\varphi\frac{\partial}{\partial n}\left(\frac{1}{r}\right)\right]dS=0$$

を得る. S_0 の半径を ρ, S_0 における $|\partial\varphi/\partial n|$ の最大値を M_0 とすれば

$$\left|\iint_{S_0}\frac{1}{r}\frac{\partial\varphi}{\partial n}dS\right|\leqq\frac{M_0}{\rho}\iint_{S_0}dS=4\pi M_0\rho$$

で，M_0 は V と S を含めた区域における $|\nabla\varphi|$ の最大値 M をこさない. したがって $4\pi M_0\rho$ は $\rho\to 0$ とともに 0 に収束する. これから

$$\iint_{S_0}\frac{1}{r}\frac{\partial\varphi}{\partial n}dS\longrightarrow 0.$$

また

$$\iint_{S_0}\varphi\frac{\partial}{\partial n}\left(\frac{1}{r}\right)dS=\iint_{S_0}\varphi\frac{d}{dr}\left(\frac{1}{r}\right)dS=-\iint_{S_0}\frac{\varphi}{r^2}dS=-\frac{1}{\rho^2}\iint_{S_0}\varphi dS$$

は明らかに $\rho\to 0$ とともに $-4\pi\varphi(\mathrm{A})$ に収束するから (8) を得る.

注 意　(7), (8) における r は位置ベクトル $\boldsymbol{r}$ の始点が A であるから

$$r=\sqrt{(x-a)^2+(y-b)^2+(z-c)^2}$$

である. V_0 における体積分が $\rho\to 0$ とともに 0 に収束することは V と S を含めた区域における $|\nabla^2\varphi|$ の最大値を M' とすれば

$$\left|\iiint_{V_0}\frac{1}{r}\nabla^2\varphi dV\right|\leqq M'\iiint_{V_0}\frac{1}{r}dV$$

から明らかであろう.

V が原点 O を中心とする球体である場合を考え，この半径を無限に大きくする. これを V_∞ と書けば次の系を得る.

系 1.　スカラー場 φ が空間全体において与えられ，Q における $|\varphi|$ および $|\nabla\varphi|$ の値が，$\mathrm{AQ}=r$ が無限に大となるにしたがい，それぞれ $1/r$ および $1/r^2$ の程度の無限小となる

ならば，次の等式が成り立つ：

(9) $$\varphi(\mathrm{A}) = -\frac{1}{4\pi}\iiint_{V_\infty}\frac{1}{r}\nabla^2\varphi\,dV.$$

［証明］ V_∞ に対して

$$(\mathrm{i})\quad \iint_S \frac{1}{r}\frac{\partial\varphi}{\partial n}dS \longrightarrow 0, \qquad (\mathrm{ii})\quad \iint_S \varphi\frac{\partial}{\partial n}\left(\frac{1}{r}\right)dS \longrightarrow 0$$

であることを示せばよい．まず一般に点Qに対し $\mathrm{OQ}=\rho$ とすれば，r と ρ の関係は $\mathrm{OA}=l$ に対して $|r-\rho| \leqq l$ であるから（i），(ii) において r の代りに ρ を考えてもよい．S の半径を R とすれば $\rho=R$ とおいて S では $|\varphi|$ は $1/R$ の程度，$|\partial\varphi/\partial n|$ は $1/R^2$ の程度，$1/r$ は $1/R$ の程度，$|\partial(1/r)/\partial n|$ は

$$\frac{\partial}{\partial n}\left(\frac{1}{r}\right) = \boldsymbol{n}\cdot\nabla\left(\frac{1}{r}\right) = -\frac{\boldsymbol{n}\cdot\boldsymbol{r}}{r^3}$$

であるから，$1/R^2$ の程度として $R\to\infty$ とともに0に近づく．したがって，（i），(ii) を得る．

注意 系1における $|\varphi|$，$|\nabla\varphi|$ に関する仮定の代りに $|\varphi|$，$|\nabla\varphi|$ がそれぞれ $1/\rho$，$1/\rho^2$ の程度で $\rho\to\infty$ とともに0に近づくと仮定してもよいことは明らかである．
また V として球体をとる代りに，Oを中心とする辺が $2L$ の立方体をとり $L\to\infty$ としても同じ結果を得るから，(9) を

$$\varphi(\mathrm{A}) = -\frac{1}{4\pi}\iiint_{-\infty}^{\infty}\frac{1}{r}\nabla^2\varphi\,dV$$

と書いてもよい．さらに，V としてはOを内点にもち，滑らかな閉曲面を境界とする領域をとり，これを点Oに対して相似的に拡大したものを V_∞ にとってもよい．しかし S がその各点とOとの距離が無限に大きな滑らかな閉曲面であるというだけでは（i），(ii) は得られない．

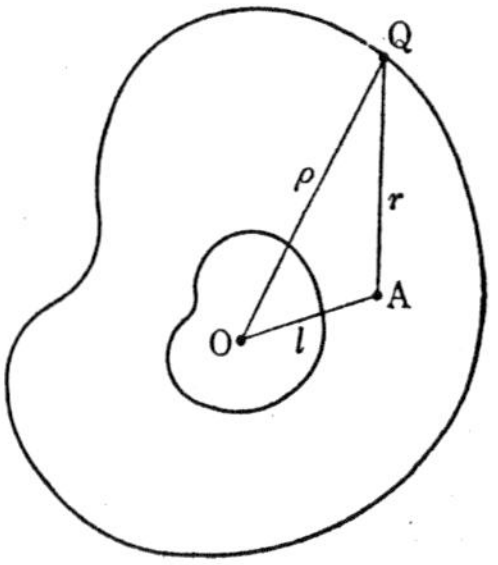

6-11 図

系2. V およびその境界 S を含む領域における C^2 級スカラー場 $\varphi(x, y, z)$ が，V でポアソンの方程式 (6) をみたしていれば，V 内の点Aにおいて

(10) $$\varphi(\mathrm{A}) = \iiint_V \frac{\rho}{r}dV + \frac{1}{4\pi}\iint_S\left[\frac{1}{r}\frac{\partial\varphi}{\partial n} - \varphi\frac{\partial}{\partial n}\left(\frac{1}{r}\right)\right]dS$$

である．ただし，$\boldsymbol{r}$ はAを始点とし，V 内または S 上の点を終点とする位置ベクトルである．

証明は (8) に (6) を代入すればよい．

注意1. これはポアソンの方程式の解を，V の境界 S に沿って与えられた φ と $\partial\varphi/\partial n$ とで表わす式である．しかし定理3.4からもわかるように，φ と $\partial\varphi/\partial n$ とを同時に任意に与えることはできな

い.

注意2.　φがラプラスの方程式をみたすならば次の等式を得る：

(11)　$$\varphi(\mathrm{A})=\frac{1}{4\pi}\iint_S\left[\frac{1}{r}\frac{\partial\varphi}{\partial n}-\varphi\frac{\partial}{\partial n}\left(\frac{1}{r}\right)\right]dS.$$

例4.　領域 V およびその境界 S を含む領域における調和関数 f が，S において定数なら，f は V においても定数である.

［解］　まず (2.8) から

$$\iint_S\frac{\partial f}{\partial n}dS=0$$

である．また f が S において定数 a なら，(4) から

$$\iiint_V|\nabla f|^2dV=a\iint_S\frac{\partial f}{\partial n}dS=0,$$

よって $\nabla f=0$ となり $f=a$ を得る.

例5.　f が領域 D において調和関数なら，D 内の点P を中心とする半径 R の球面 S について，S とその内部がすべて D に含まれるとき，

$$f(\mathrm{P})=\frac{1}{4\pi R^2}\iint_S fdS$$

であることをグリーンの公式から証明せよ.

［解］　(8) から

$$4\pi f(\mathrm{P})=\frac{1}{R}\iint_S\frac{\partial f}{\partial n}dS+\iint_S\frac{f}{r^2}dS.$$

右辺第1項は (2.8) によって消え，第2項は

$$\frac{1}{R^2}\iint_S fdS$$

となるから求める式を得る.

注意　この式は，各点における調和関数の値はその点を中心とする球面上の値の平均値であること，したがって調和関数は定数でないかぎりその定義域の内点では決して最大値や最小値をとらないことを示している．これを**最大値の原理**という.

例6.　空間全体における調和関数，すなわちいかなる有界領域に対してもそこにおいて調和関数である ϕ について，次のような正の定数 M, R, k が存在すると仮定する：$r\geqq R$ なら $|\nabla\phi|<M/r^{k+1}$．このとき ϕ は定数である.

［解］　$R'>R$ なる R' を考え，$r\leqq R'$ なる球体 V' における ϕ の最大値を $\max_{R'}$，最小値を $\min_{R'}$ と書く．最大値の原理により V' の境界 S' 上に $\phi=\max_{R'}$ となる点がすくなくとも1つはあるゆえその1つを P′，$\phi=\min_{R'}$ となる点もあるゆえその1つを Q′ とする．S' 上の2点は $\pi R'$ をこさない長さの S' 上の曲線で結ぶことができるうえ，$|\nabla\phi|<M/(R')^{k+1}$ であるから $\max_{R'}-\min_{R'}<\pi M/(R')^k$ を得る．$k>0$ であるから R'

$\to \infty$ とともに $\max_{R'} - \min_{R'} \to 0$. また $r \leqq R'$ なら $\min_{R'} \leqq \psi(x, y, z) \leqq \max_{R'}$ であるから任意の有界閉領域における ψ の値の最大値，最小値の差は 0 である．すなわち ψ は定数である．

注意 ここに述べた仮定の代りに $\nabla\psi$ が $r \to \infty$ では $1/r^2$ の程度の無限小になると仮定することが多い．これにより上に述べた仮定はみたされる．

問　　題

1. 定理 3.5 のグリーンの公式は点 A が S 上にある場合を述べなかった．A が S 上にあれば

$$2\pi\varphi(\mathrm{A}) + \iiint_V \frac{1}{r}\nabla^2\varphi\, dV = \iint_S \left[\frac{1}{r}\frac{\partial\varphi}{\partial n} - \varphi\frac{\partial}{\partial n}\left(\frac{1}{r}\right)\right] dS$$

であることを証明せよ．

2. グリーンの公式において $\varphi = 1$ の場合を考えて，例 3 と同じ結果を導け．

3. スカラー場 $\varphi(x, y, z)$ が $x^2 + y^2 + z^2 < R^2$ では

$$\nabla^2\varphi = -4\pi\rho \qquad (\rho \text{ は定数})$$

を，$x^2 + y^2 + z^2 > R^2$ では

$$\nabla^2\varphi = 0$$

をみたすとする．φ は全空間で与えられ，$r = \sqrt{x^2 + y^2 + z^2} \to \infty$ に対しては $|\varphi|$ は $1/r$, $|\nabla\varphi|$ は $1/r^2$ の程度の無限小となるとき，$\varphi(x, y, z)$ を求めよ．

[解　　答]

1. 例 3 の第 3 の場合，すなわち O が S 上にある場合と同様に考えて V_0, S_0', S' をとれば

$$-\iiint_{V-V_0} + \iint_{S'-S_0'} = 0$$

を得るが，$\rho \to 0$ とともに

$$\iiint_{V-V_0} \frac{1}{r}\nabla^2\varphi dV \longrightarrow \iiint_V \frac{1}{r}\nabla^2\varphi dV$$

は明らかである．また $\rho \to 0$ とともに S_0' は半球面となるから

$$\iint_{S_0'} \varphi\frac{\partial}{\partial n}\left(\frac{1}{r}\right) dS = -\iint_{S_0'} \frac{\varphi}{r^2} dS = -\frac{1}{\rho^2}\iint_{S_0'} \varphi dS$$

は $-2\pi\varphi(\mathrm{A})$ となり，

$$\iint_{S_0'} \frac{1}{r}\frac{\partial\varphi}{\partial n} dS = \frac{1}{\rho}\iint_{S_0'} \frac{\partial\varphi}{\partial n} dS \longrightarrow 0$$

である．これから等式を得る．

2. 点 A が S に囲まれた領域 V 内にあるときは (8) から

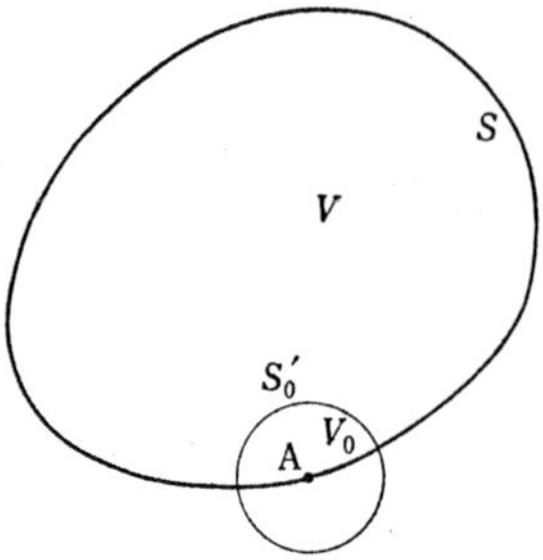

6－12 図

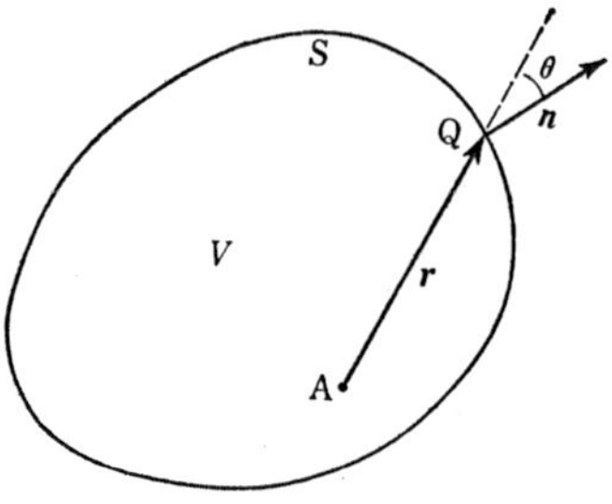

6－13 図

$$4\pi = -\iint_S \frac{\partial}{\partial n}\left(\frac{1}{r}\right) dS$$

である．

$$\frac{\partial}{\partial n}\left(\frac{1}{r}\right) = \boldsymbol{n}\cdot\nabla\left(\frac{1}{r}\right) = -\frac{1}{r^2}\boldsymbol{n}\cdot\frac{\boldsymbol{r}}{r}$$

を用いて

$$4\pi = \iint_S \frac{\boldsymbol{r}\cdot d\boldsymbol{S}}{r^3}$$

を得る．点Aが S 上にあれば問題1の結果を用いて

$$2\pi = \iint_S \frac{\boldsymbol{r}\cdot d\boldsymbol{S}}{r^3}$$

を得る．点Aが S の外部にあれば（7）から

$$\iint_S \frac{\boldsymbol{r}\cdot d\boldsymbol{S}}{r^3} = 0$$

を得る．

3.　問題の仮定から（9）が成立し，$\mathrm{A} = (a, b, c)$ とおけば

$$\varphi(\mathrm{A}) = \rho\iiint_V \frac{dxdydz}{\sqrt{(x-a)^2+(y-b)^2+(z-c)^2}}$$

を得る．ただし V は $x^2+y^2+z^2 \leqq R^2$ なる領域である．$\alpha^2 = a^2+b^2+c^2$, $\alpha > 0$ とすれば式の対称性から

$$\iiint_V \frac{dxdydz}{\sqrt{(x-a)^2+(y-b)^2+(z-c)^2}} = \iiint_V \frac{dxdydz}{\sqrt{x^2+y^2+(z-\alpha)^2}}$$

が成り立つ．右辺の3重積分を I と書く．極座標

$$x = r\sin\theta\cos\varphi, \qquad y = r\sin\theta\sin\varphi, \qquad z = r\cos\theta$$

を用いて

$$x^2+y^2+(z-\alpha)^2 = r^2+\alpha^2-2\alpha r\cos\theta$$

を代入すれば

$$I=\iiint\frac{r^2\sin\theta\,d\theta d\varphi dr}{\sqrt{r^2+\alpha^2-2\alpha r\cos\theta}}=2\pi\iint\frac{r^2\sin\theta\,d\theta dr}{\sqrt{r^2+\alpha^2-2\alpha r\cos\theta}}$$

の形となり，このうちで

$$\int_0^\pi\frac{\sin\theta\,d\theta}{\sqrt{r^2+\alpha^2-2\alpha r\cos\theta}}=\frac{1}{\alpha r}\Big[\sqrt{r^2+\alpha^2+2\alpha rt}\Big]_{-1}^{1}=\frac{1}{\alpha r}(r+\alpha-|r-\alpha|),$$

したがって

$$I=\frac{4\pi}{\alpha}\int_0^R r^2dr=\frac{4\pi R^3}{3\alpha}\qquad(\alpha>R\text{ のとき}),$$

$$I=\frac{4\pi}{\alpha}\int_0^\alpha r^2dr+4\pi\int_\alpha^R rdr=\frac{4\pi\alpha^2}{3}+2\pi(R^2-\alpha^2)\quad(\alpha<R\text{ のとき})$$

を得る．この結果で x, y, z を a, b, c の代りにとれば

$$\varphi(x,y,z)=\frac{4\pi R^3\rho}{3\sqrt{x^2+y^2+z^2}}\qquad(x^2+y^2+z^2>R^2),$$

$$\varphi(x,y,z)=\Big[-\frac{2\pi(x^2+y^2+z^2)}{3}+2\pi R^2\Big]\rho\quad(x^2+y^2+z^2<R^2).$$

§4. 立　体　角

立体角　向きのついた閉曲線 C を縁にもつ向きのついた曲面を S，これらの上にない定点Oを中心とする半径１の球面を Σ とする．簡単のためOを始点とするすべての半直線 OX は S とはたかだか１点で交わるとしよう．S 上の動点Pに対して半直線 OP と Σ の交点をＱとすれば，ＱはＰの写像と考えることができる．Ｐが S 上を動けば，S の像 S' が Σ の上にでき，S' の面積を S がＯに対してもつ**立体角**という．

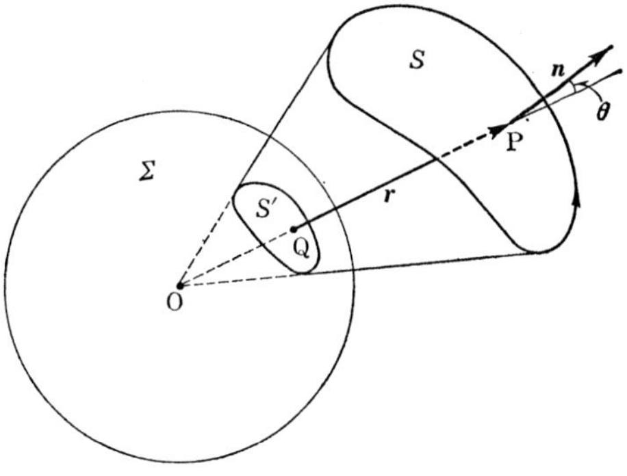

6-14 図

Ｐにおける S の法線ベクトル $\boldsymbol{n}$ と $\overrightarrow{\mathrm{OP}}$ のなす角を θ とするとき，$\cos\theta$ の符号によって S' の面積，したがって立体角にも符号をつけることにする．このように符号をつけると，立体角の和を考えることができ，また半直線 OX が S と数個の点で交わる場合にも立体角を考えることができる．曲面 S を数個の曲面 $S_1, S_2, \cdots, S_n$ に分け，各 S_i は OX とはたかだか１点で交わるようにできるからである．

定理4.1　$\boldsymbol{r}=\overrightarrow{\mathrm{OP}}$ を S 上の点の位置ベクトルとすれば，S が O に対してもつ立体角は面積分

(1)
$$\Omega=\iint_S \frac{\boldsymbol{r}\cdot d\boldsymbol{S}}{r^3}$$

で与えられる．

[証明]　点 P を含む S の小さな部分を考え，その面積を ΔS，これから Σ 上にできる像の面積を $\Delta S'$ とすれば，$\mathrm{OQ}=1$，$\mathrm{OP}=r$ であるから $\Delta S' : \Delta S\cos\theta=1:r^2$ を得る．また $\boldsymbol{r}\cdot\boldsymbol{n}=r\cos\theta$ であるから

$$\Delta S'=\frac{\boldsymbol{r}\cdot\boldsymbol{n}}{r^3}\Delta S,$$

これを積分して次の式を得る．定義から左辺は立体角である：

$$\iint_{S'} dS'=\iint_S \frac{\boldsymbol{r}\cdot\boldsymbol{n}}{r^3}dS.$$

O を定点として，曲面 S の O に対する立体角を考えたが，今度は O が動く場合に立体角の変化を考えよう．そのため S を S_2 とし，その上の動点を $\mathrm{P}_2(x_2, y_2, z_2)$ と書く．また O の代りを $\mathrm{P}_1(x_1, y_1, z_1)$ とする．したがってベクトル $\overrightarrow{\mathrm{P_1P_2}}=\boldsymbol{r}_{12}$ がベクトル $\overrightarrow{\mathrm{OP}}=\boldsymbol{r}$ の代りをする．あらたに定点 O を任意にとり，$\overrightarrow{\mathrm{OP_1}}=\boldsymbol{r}_1$，$\overrightarrow{\mathrm{OP_2}}=\boldsymbol{r}_2$ とすれば $\boldsymbol{r}_{12}=\boldsymbol{r}_2-\boldsymbol{r}_1=-\boldsymbol{r}_{21}$ とおくことができる．P_1 の動き方は r_{12} を 0 にしないとする．∇_1, ∇_2 をそれぞれ (x_1, y_1, z_1)，(x_2, y_2, z_2) に関するハミルトンの演算子とすれば，曲面 S_2 の点 P_1 に対する立体角

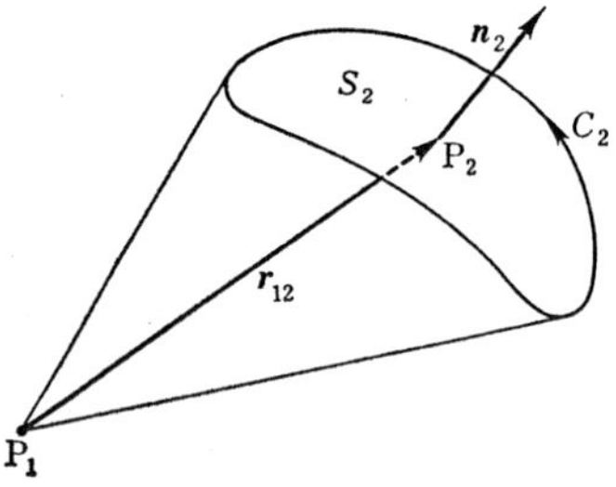

6-15 図

(2)
$$\Omega_1(x_1, y_1, z_1)=\iint_{S_2}\frac{\boldsymbol{r}_{12}\cdot d\boldsymbol{S}_2}{(r_{12})^3}$$

について次の等式が成立する：

(3)
$$\Omega_1(x_1, y_1, z_1)=\iint_{S_2}\left(\nabla_1\left(\frac{1}{r_{21}}\right)\right)\cdot\boldsymbol{n}_2\,dS_2,$$

(4)
$$(\nabla_1\Omega_1)\cdot d\boldsymbol{r}_1=\iint_{S_2}\left[-\frac{d\boldsymbol{r}_1\cdot\boldsymbol{n}_2}{(r_{12})^3}+\frac{3(d\boldsymbol{r}_1\cdot\boldsymbol{r}_{12})(\boldsymbol{r}_{12}\cdot\boldsymbol{n}_2)}{(r_{12})^5}\right]dS_2$$
$$=\oint_{C_2}\frac{d\boldsymbol{r}_1\times\boldsymbol{r}_{12}}{(r_{12})^3}d\boldsymbol{r}_2.$$

[証明]　(3) は

$$\boldsymbol{r}_{12}=\boldsymbol{r}_{21},\qquad \nabla_1\left(\frac{1}{r_{21}}\right)=\frac{-\boldsymbol{r}_{21}}{(r_{21})^3}=\frac{\boldsymbol{r}_{12}}{(r_{12})^3}$$

から明らかである．(4) の左辺は (3) から

$$d\boldsymbol{r}_1\cdot\nabla_1\left[\iint_{S_2}\nabla_1\left(\frac{1}{r_{21}}\right)\cdot\boldsymbol{n}_2\,dS_2\right]$$

となるが，∇_1 は x_1, y_1, z_1 に関するものであるから積分記号の中へ入れることができる（$r_{12}=0$ となる点がないからこうできる）．また $d\boldsymbol{r}_1$ も x_2, y_2, z_2 によらないから積分記号の中へ入れることができて

$$(\nabla_1\Omega_1)\cdot d\boldsymbol{r}_1=\iint_{S_2}d\boldsymbol{r}_1\cdot\nabla_1\left\{\boldsymbol{n}_2\cdot\nabla_1\left(\frac{1}{r_{21}}\right)\right\}dS_2$$

となる．また $\boldsymbol{n}_2$ は x_1, y_1, z_1 によらないから

$$\nabla_1\left\{\boldsymbol{n}_2\cdot\nabla_1\left(\frac{1}{r_{21}}\right)\right\}=-\frac{\boldsymbol{n}_2}{(r_{21})^3}+3\frac{\boldsymbol{n}_2\cdot\boldsymbol{r}_{21}}{(r_{21})^5}\boldsymbol{r}_{21}$$

が成り立つ（第4章§6問題1参照）．したがって $\boldsymbol{r}_{12}=-\boldsymbol{r}_{21}$ により (4) の中央の式を得る．最後の等式を得るにはまず

$$\nabla_2\times\left(\frac{d\boldsymbol{r}_1\times\boldsymbol{r}_{12}}{(r_{12})^3}\right)$$

を計算する．$d\boldsymbol{r}_1$ は x_2, y_2, z_2 に対して定ベクトルであるから，これは

$$-\frac{d\boldsymbol{r}_1}{(r_{12})^3}+3\frac{(d\boldsymbol{r}_1\cdot\boldsymbol{r}_{12})}{(r_{12})^5}\boldsymbol{r}_{12}$$

となる（第4章練習問題7）．したがって

$$\iint_{S_2}\left[-\frac{d\boldsymbol{r}_1\cdot\boldsymbol{n}_2}{(r_{12})^3}+\frac{3(d\boldsymbol{r}_1\cdot\boldsymbol{r}_{12})(\boldsymbol{r}_{12}\cdot\boldsymbol{n}_2)}{(r_{12})^5}\right]dS_2=\iint_{S_2}\left\{\nabla_2\times\left(\frac{d\boldsymbol{r}_1\times\boldsymbol{r}_{12}}{(r_{12})^3}\right)\right\}\cdot\boldsymbol{n}_2\,dS_2$$

を得るが，この右辺にストークスの定理を用いればよい．

(4) は点 P_1 が動くときの立体角の変化を微分の形で表わした式であるが，これを点 P_1 が曲線 AB をえがくとして，AB に沿って積分すれば

$$(5)\qquad \int_{\mathrm{A}}^{\mathrm{B}}\nabla_1\Omega_1\cdot d\boldsymbol{r}_1=\int_{\mathrm{A}}^{\mathrm{B}}\oint_{C_2}\frac{d\boldsymbol{r}_1\times\boldsymbol{r}_{12}}{(r_{12})^3}\cdot d\boldsymbol{r}_2=\int_{\mathrm{A}}^{\mathrm{B}}\oint_{C_2}\frac{[d\boldsymbol{r}_2\ d\boldsymbol{r}_1\ \boldsymbol{r}_{12}]}{(r_{12})^3}$$

を得る．(5) の左辺は点 P_1 に対して曲面 S_2 がもつ立体角の，P_1 が A から B に動くときの変化である．特に P_1 が閉曲線 C_1 をひとまわりして，もとの点に帰るとき，立体角ももとの価にもどりそうなものである．はじめに仮定したように，C_1 が曲面

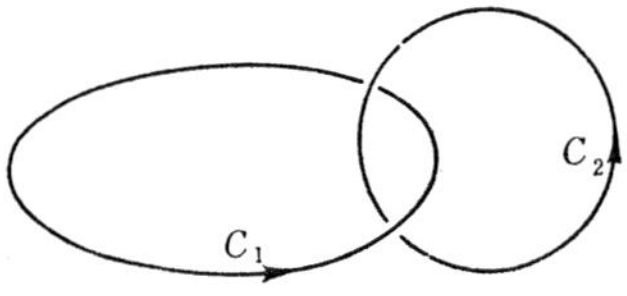

6-16 図

S_2 ともその縁 C_2 とも共有点をもたないならば，たしかに立体角はもとにもどる．しかし平面における普通の角が 2π の整数倍だけ不定であるように，実は立体角も 4π の整数倍だけ不定である．すなわち $\Omega_1(x_1, y_1, z_1)$ は x_1, y_1, z_1 の1価関数ではない．したがって C_1 の条件をゆるめて C_1 が S_2 をとおりぬけてよいとすると

$$\oint_{C_1}\nabla_1\Omega_1\cdot d\boldsymbol{r}_1 = \oint_{C_1}\oint_{C_2}\frac{[d\boldsymbol{r}_2\ d\boldsymbol{r}_1\ \boldsymbol{r}_{12}]}{(r_{12})^3} \tag{6}$$

は一般に $4\pi n$ となる．この n は C_1 と C_2 の関係によってきまる整数で，C_1 と C_2 の**からみあい**または**まつわりの数**という．

このように (6) の左辺は立体角の考えによるもので，右辺は左辺を変形して得たのであるが，これはまた C_2 を流れる単位強さの電流の作る磁場の中で，C_1 をまわって単位磁極が動くときの磁場のなす仕事として解釈される．

例7． 定点O，2点 $\mathrm{P}_1(x_1, y_1, z_1)$，$\mathrm{P}_2(x_2, y_2, z_2)$ に対してベクトル $\overrightarrow{\mathrm{OP}_1} = \boldsymbol{r}_1$，$\overrightarrow{\mathrm{OP}_2} = \boldsymbol{r}_2$，$\overrightarrow{\mathrm{P}_1\mathrm{P}_2} = \boldsymbol{r}_2 - \boldsymbol{r}_1 = \boldsymbol{r}_{12} = -\boldsymbol{r}_{21}$ を定義する．P_2 が閉曲線 C_2 をひとまわりするときの線積分を用いて

$$\boldsymbol{H}(x_1, y_1, z_1) = \oint_{C_2}\frac{d\boldsymbol{r}_2\times\boldsymbol{r}_{12}}{(r_{12})^3}$$

で定義されるベクトル場 $\boldsymbol{H}(x_1, y_1, z_1)$ は管状ベクトル場かつ層状ベクトル場である．

［解］

$$\nabla_1\cdot\boldsymbol{H} = -\oint_{C_2}\nabla_1\cdot\left(\frac{d\boldsymbol{r}_2\times\boldsymbol{r}_{21}}{(r_{21})^3}\right)$$

において $d\boldsymbol{r}_2$ は x_1, y_1, z_1 の変化に対しては定ベクトルであるから第4章§6により

$$\nabla_1\cdot\left(\frac{d\boldsymbol{r}_2\times\boldsymbol{r}_{21}}{(r_{21})^3}\right) = 0$$

を得る．したがって $\nabla_1\cdot\boldsymbol{H} = 0$ で，$\boldsymbol{H}$ は管状ベクトル場である．また

$$\oint_{C_1}\boldsymbol{H}(x_1, y_1, z_1)\cdot d\boldsymbol{r}_1 = \oint_{C_1}\oint_{C_2}\frac{[d\boldsymbol{r}_1\ d\boldsymbol{r}_2\ \boldsymbol{r}_{12}]}{(r_{12})^3}$$

において右辺は閉曲線 C_1 として C_2 とのからみあいの0のものをとるかぎり0となるから，$\boldsymbol{H}$ は第5章定理7.2の系により層状ベクトル場である．

問　　題

1． C は xy 平面において原点Oを内部にもつ閉曲線，S は C を縁にもつ曲面で，空間の xy 平面より上の部分に存在し，Oを始点とする半直線とはたかだか1点で交わると仮定する．極座標を用いて面積分

$$\iint_S\frac{\boldsymbol{r}\cdot d\boldsymbol{S}}{r^3}$$

を直接に計算せよ．ただし $\boldsymbol{r}$ の始点はOである．

［解　答］

1． 面積分は

$$\iint \frac{1}{r^3}\left[x\frac{\partial(y, z)}{\partial(\theta, \varphi)} + y\frac{\partial(z, x)}{\partial(\theta, \varphi)} + z\frac{\partial(x, y)}{\partial(\theta, \varphi)}\right]d\theta d\varphi$$

の形で求められる．ただし

$$x = r\sin\theta\cos\varphi, \qquad y = r\sin\theta\sin\varphi, \qquad z = r\cos\theta$$

で，$r = r(\theta, \varphi)$，$0 \leqq \theta < \frac{\pi}{2}$，$0 \leqq \varphi \leqq 2\pi$ と考える．$r_\theta = \partial r/\partial\theta$，$r_\varphi = \partial r/\partial\varphi$ と書けば

$$\frac{\partial(y, z)}{\partial(\theta, \varphi)} = -rr_\theta\cos\theta\sin\theta\cos\varphi + rr_\varphi\sin\varphi + r^2\sin^2\theta\cos\varphi,$$

$$\frac{\partial(z, x)}{\partial(\theta, \varphi)} = -rr_\theta\cos\theta\sin\theta\sin\varphi - rr_\varphi\cos\varphi + r^2\sin^2\theta\sin\varphi,$$

$$\frac{\partial(x, y)}{\partial(\theta, \varphi)} = rr_\theta\sin^2\theta + r^2\cos\theta\sin\theta$$

であるから

$$x\frac{\partial(y, z)}{\partial(\theta, \varphi)} + y\frac{\partial(z, x)}{\partial(\theta, \varphi)} + z\frac{\partial(x, y)}{\partial(\theta, \varphi)} = r^3\sin\theta,$$

したがって

$$\iint_S \frac{\boldsymbol{r}\cdot d\boldsymbol{S}}{r^3} = 2\pi\int_0^{\pi/2}\sin\theta\, d\theta = 2\pi.$$

§5. ポテンシャル

点Aの座標を (a, b, c)，点Pの座標を (x, y, z)，$\overrightarrow{\mathrm{AP}} = \boldsymbol{r}_{\mathrm{AP}}$ とする．$\mu(x, y, z)$ は空間全体で1価連続の関数で，有界な領域 D を除いて0であるとし，K は D を含む領域とする．このとき積分

(1) $$V(a, b, c) = \iiint_K \frac{\mu(x, y, z)}{r_{\mathrm{AP}}}dxdydz$$

について次の等式が成立する：

(2) $$\begin{cases} \dfrac{\partial V}{\partial a} = \displaystyle\iiint_K \frac{(x-a)\mu}{(r_{\mathrm{AP}})^3}dxdydz, \\ \dfrac{\partial V}{\partial b} = \displaystyle\iiint_K \frac{(y-b)\mu}{(r_{\mathrm{AP}})^3}dxdydz, \\ \dfrac{\partial V}{\partial c} = \displaystyle\iiint_K \frac{(z-c)\mu}{(r_{\mathrm{AP}})^3}dxdydz. \end{cases}$$

まずこの等式の意味について考えよう．

$$\frac{\partial}{\partial a}\iiint_K \frac{\mu(x,\ y,\ z)}{r_{AP}}dxdydz$$

においてaによる偏微分を積分記号の中へ移すことができるならば，

$r_{AP}=\sqrt{(x-a)^2+(y-b)^2+(z-c)^2}$ から

$$\frac{\partial}{\partial a}\left(\frac{1}{r_{AP}}\right)=\frac{x-a}{(r_{AP})^3},$$

したがってただちに (2) の第1式を得る．しかし，一般に $x,\ y$ の関数 $f(x,\ y)$ について

$$\frac{d}{dy}\int_a^b f(x,\ y)dx=\int_a^b\left[\frac{\partial}{\partial y}f(x,\ y)\right]dx$$

となるにはいくらかの条件が必要であって，$\partial f(x,\ y)/\partial y$ が $x,\ y$ の連続関数ならそれができる．今の場合 $(x-a)/(r_{AP})^3$ は P＝A（もしそういう点が K にあればのことであるが）において連続ではないからこのように簡単にはいかないのである．そこで次のような証明が必要になる．

(2) の証明　同じことであるから (2) の最初の等式を証明する．点Aが K の外にあるか，境界上にあるか，内にあるかに分けて考える．Aが K の外にあれば a に関する偏微分を積分記号の中へ移してよいから，ただちに求める式を得る．K は $\mu\neq 0$ なる点をすべて含むゆえ，K をひろげても $V(a,\ b,\ c)$ は変らない．したがってAが K の境界上にあるときは K をひろげて，Aは K の内にあるとして扱ってよい．Aが K の内にあるときは，Aを中心とし K の内部に半径 ρ_0 の小さな球面 S_0 を考える．S_0 の内部を K_0 として K を $K=K_0+K_1$ に分けると

$$V(a,\ b,\ c)=\iiint_{K_1}\frac{\mu(x,\ y,\ z)}{r_{AP}}dxdydz+\iiint_{K_0}\frac{\mu(x,\ y,\ z)}{r_{AP}}dxdydz$$

であるから，これを $V=V_1+V_0$ と書く．そこで偏微分をするのであるが，そのためにAを動かして考えるとき，もはや S_0 は動かさないことにする．したがって $K_0,\ K_1$ も動かない．このとき V_1 についてはAは K_1 の外ゆえ偏微分は積分記号の中ですることができる．V_0 については微分の定義に帰って

$$\frac{V_0(a+h,\ b,\ c)-V_0(a,\ b,\ c)}{h}=\iiint_{K_0}\frac{1}{h}\left(\frac{1}{r_{A'P}}-\frac{1}{r_{AP}}\right)\mu(x,\ y,\ z)dxdydz$$

を計算する．ただしA′の座標は $(a+h,\ b,\ c)$ で $|h|<\rho_0$ とする．

$$\frac{1}{|h|}\left|\frac{1}{r_{A'P}}-\frac{1}{r_{AP}}\right|=\frac{1}{|h|}\frac{|r_{AP}-r_{A'P}|}{r_{A'P}r_{AP}}\leqq\frac{1}{r_{A'P}r_{AP}}\leqq\frac{1}{2}\left(\frac{1}{(r_{A'P})^2}+\frac{1}{(r_{AP})^2}\right)$$

であるから，$|\mu|$ の K_0 における最大値を M とすれば

$$\left|\frac{V_0(a+h,\,b,\,c)-V_0(a,\,b,\,c)}{h}\right| \leqq \frac{M}{2}\iiint_{K_0}\frac{1}{(r_{\mathrm{AP}})^2}dxdydz$$
$$+\frac{M}{2}\iiint_{K_0}\frac{1}{(r_{\mathrm{A'P}})^2}dxdydz$$

となる．ここで

$$\iiint_{K_0}\frac{1}{(r_{\mathrm{AP}})^2}dxdydz = 4\pi\rho_0,$$

また A′ を中心とする半径 $2\rho_0$ の球体を K_0' とすれば

$$\iiint_{K_0}\frac{1}{(r_{\mathrm{A'P}})^2}dxdydz < \iiint_{K_0'}\frac{1}{(r_{\mathrm{A'P}})^2}dxdydz = 8\pi\rho_0$$

であるから，$\rho_0 \to 0$ とともに（このとき h も $\to 0$）

$$\frac{V_0(a+h,\,b,\,c)-V_0(a,\,b,\,c)}{h} \longrightarrow 0$$

となって V_0 の分は $\partial V/\partial a$ に寄与しなくなる．$\rho_0 \to 0$ とともに

$$\iiint_{K_1} \longrightarrow \iiint_{K}$$

であるから (2) を得る．

この結果に関連して定理を2つ述べよう．

定理 5.1 関数 $\mu(x,\,y,\,z)$ および積分する領域 K は (1) について述べた条件に従うとし，μ はさらに C^1 級とする．このとき (1) で定義した $V(a,\,b,\,c)$ について

(3)
$$\nabla_{\mathrm{A}} V = \iiint_K \frac{1}{r_{\mathrm{AP}}}\nabla_{\mathrm{P}}\mu\, dV_{\mathrm{P}}$$

が成り立つ．ただし ∇_{A} は $\mathrm{A}(a,\,b,\,c)$ に関するハミルトン演算子，∇_{P} は $\mathrm{P}(x,\,y,\,z)$ に関するハミルトン演算子，$dV_{\mathrm{P}} = dxdydz$ である．

[**証明**] (2) を変形すれば

$$\nabla_{\mathrm{A}} V = \iiint_K \nabla_{\mathrm{A}}\left(\frac{1}{r_{\mathrm{AP}}}\right)\mu\, dV_{\mathrm{P}} = -\iiint_K \nabla_{\mathrm{P}}\left(\frac{1}{r_{\mathrm{AP}}}\right)\mu\, dV_{\mathrm{P}}$$
$$= -\iiint_K \nabla_{\mathrm{P}}\left(\frac{\mu}{r_{\mathrm{AP}}}\right)dV_{\mathrm{P}} + \iiint_K \frac{\nabla_{\mathrm{P}}\mu}{r_{\mathrm{AP}}}dV_{\mathrm{P}}$$

を得るから，

(4)
$$\iiint_K \nabla_{\mathrm{P}}\left(\frac{\mu}{r_{\mathrm{AP}}}\right)dV_{\mathrm{P}} = 0$$

を示せばよい． 左辺の積分でまた K を，A を中心とする半径 ρ_0 の球面 S_0 によって K_0 と K_1 に分ければ，K_1 の分は (2.3) によって面積分になおして次のようになる：

$$\iint_S \frac{\mu}{r_{AP}} \boldsymbol{n}\, dS_P - \iint_{S_0} \frac{\mu}{r_{AP}} \boldsymbol{n}\, dS_P.$$

S は K の境界で，ここでは $\mu=0$ であるから第1項は消える．また M を μ の最大値とすれば

$$\left|\iint_{S_0} \frac{\mu}{r_{AP}} \boldsymbol{n}\, dS_P\right| \leqq \frac{M}{\rho_0}\iint_{S_0} dS_P = 4\pi M\rho_0$$

であるから第2項も $\rho_0 \to 0$ で消える．次に K_0 の分を調べる．$|\nabla_P \mu|$ の最大値を M' とすれば

$$\iiint_{K_0} \frac{|\nabla_P \mu|}{r_{AP}} dV_P \leqq M' \iiint_{K_0} \frac{dV_P}{r_{AP}} = 2\pi M' {\rho_0}^2,$$

$$\iiint_{K_0} \frac{|\mu|}{(r_{AP})^2} dV_P \leqq M \iiint_{K_0} \frac{dV_P}{(r_{AP})^2} = 4\pi M\rho_0$$

であるから

$$\left|\iiint_{K_0} \nabla_P\left(\frac{\mu}{r_{AP}}\right) dV_P\right| \leqq \iiint_{K_0}\left[\frac{|\nabla_P \mu|}{r_{AP}} + \frac{|\mu|}{(r_{AP})^2}\right] dV_P \leqq 2\pi M' {\rho_0}^2 + 4\pi M\rho_0,$$

したがって $\rho_0 \to 0$ とともに K_0 の分も消える．こうして (4) が正しいことがわかるから定理が証明された．

定理 5.2　前述の定理 5.1 と同じ条件の下で V は

(5)
$$\frac{\partial^2 V}{\partial a^2} = \iiint_K \frac{(x-a)}{(r_{AP})^3} \frac{\partial \mu}{\partial x} dV_P,$$

(6)
$$\frac{\partial^2 V}{\partial b \partial a} = \iiint_K \frac{(y-b)}{(r_{AP})^3} \frac{\partial \mu}{\partial x} dV_P = \iiint_K \frac{(x-a)}{(r_{AP})^3} \frac{\partial \mu}{\partial y} dV_P,$$

....

および

(7)
$$\Delta V = -4\pi\mu$$

をみたす．

［証明］　(3) の x 成分は

(8)
$$\frac{\partial V}{\partial a} = \iiint_K \frac{1}{r_{AP}} \frac{\partial \mu}{\partial x} dV_P$$

である．この等式は (1) と同様の形をし，ただ V と μ の代りに $\partial V/\partial a$, $\partial \mu/\partial x$ となっている．$\partial \mu/\partial x$ と K との関係も (1) について述べた条件にあっている．したがって $\partial \mu/\partial x$ が連続関数なら，すなわち μ が C^1 級関数なら，(1) から (2) をえたように (8) から (5) を得る．$V(a, b, c)$ の2階の偏導関数すべてについて同様に考えることができる．こ

の結果から ΔV を作れば

$$\Delta V = -\iiint_K \left(\nabla_P\left(\frac{1}{r_{AP}}\right)\right)\cdot(\nabla_P\mu)dV_P$$

を得る．点 A が K の内にあれば，例のように A を中心とする小さな球面 S_0 で K を K_0 と K_1 に分ける．

$$\left|\iiint_{K_0}\left(\nabla_P\left(\frac{1}{r_{AP}}\right)\right)\cdot(\nabla_P\mu)dV_P\right| \leqq \iiint_{K_0}\left|\nabla_P\left(\frac{1}{r_{AP}}\right)\right||\nabla_P\mu|dV_P$$
$$\leqq M'\iiint_{K_0}\frac{dV_P}{(r_{AP})^2} = 4\pi M'\rho_0$$

であるから K_0 の分の体積分は $\rho_0\to 0$ とともに 0 になる．K_1 の分の体積分は (3.1) を用いて

$$-\iint_S \mu\frac{\partial}{\partial n}\left(\frac{1}{r_{AP}}\right)dS_P + \iint_{S_0}\mu\frac{\partial}{\partial n}\left(\frac{1}{r_{AP}}\right)dS_P$$

となる．S は K の境界であることからここで $\mu=0$ である．S_0 では法線は S_0 にとって外に向けてある．したがってこの積分は $\rho_0\to 0$ とともに $-4\pi\mu(\mathrm{A})$ となる．よって (7) が証明された．K はひろげていつでも A を内部にとりこむことができるからこれは任意の点 A に関するものである．

文字を変えて $\mathrm{P}=(x, y, z)$, $\mathrm{Q}=(u, v, w)$, $r_{PQ}=\sqrt{(u-x)^2+(v-y)^2+(w-z)^2}$ とし，全空間で定義され，有界な領域を除いて消えるベクトル場 $\boldsymbol{J}$ を考える．これからベクトル場 $\boldsymbol{V}$ を

$$\boldsymbol{V}(x, y, z) = \iiint_{-\infty}^{\infty}\frac{\boldsymbol{J}(u, v, w)}{r_{PQ}}dudvdw$$

によって定義すれば，この式は K を適当にとって

$$\boldsymbol{V}(\mathrm{P}) = \iiint_K \frac{\boldsymbol{J}(\mathrm{Q})}{r_{PQ}}dV_Q \qquad (dV_Q = dudvdw)$$

と書くことができる．$\boldsymbol{V}$ や $\boldsymbol{J}$ の成分を V_x, V_y, V_z, J_x, J_y, J_z と書こう．上の式を各成分について書けば，おのおのは (1) と同様の式であるから，$\boldsymbol{J}$ が C^1 級のベクトル場なら (3) に相当して

$$\frac{\partial V_x(x, y, z)}{\partial x} = \iiint_K \frac{1}{r_{PQ}}\frac{\partial J_x(u, v, w)}{\partial u}dV_Q,$$
$$\frac{\partial V_x(x, y, z)}{\partial y} = \iiint_K \frac{1}{r_{PQ}}\frac{\partial J_x(u, v, w)}{\partial v}dV_Q$$

などを得る．これから

$$(\mathrm{div}\ \boldsymbol{V})_{\mathrm{P}}=\iiint_K \frac{(\mathrm{div}\ \boldsymbol{J})_{\mathrm{Q}}}{r_{\mathrm{PQ}}}dV_{\mathrm{Q}},$$

$$(\mathrm{rot}\ \boldsymbol{V})_{\mathrm{P}}=\iiint_K \frac{(\mathrm{rot}\ \boldsymbol{J})_{\mathrm{Q}}}{r_{\mathrm{PQ}}}dV_{\mathrm{Q}},$$

また (7) に相当して

$$\nabla^2\boldsymbol{V}=-4\pi\boldsymbol{J}$$

を得る．ただし $(\ \ )_{\mathrm{P}}$, $(\ \ )_{\mathrm{Q}}$ はそれぞれ P および Q におけるスカラーやベクトルを表わす．特に $\boldsymbol{J}$ が管状ベクトルなら $\boldsymbol{V}$ も管状ベクトルである．

定理 5.3　空間の全域を領域とするベクトル場 $\boldsymbol{F}$ について，$\mathrm{div}\,\boldsymbol{F}=4\pi\rho$, $\mathrm{rot}\,\boldsymbol{F}=4\pi\boldsymbol{J}$ はともに C^1 級で，有界な領域を除いて消え，$\boldsymbol{F}$ は原点からの距離 r が無限に大きくなるにしたがい $1/r^2$ の程度で $\boldsymbol{0}$ に近づくとする．この仮定の下で $\boldsymbol{F}$ は

$$\varphi(x,\ y,\ z)=\iiint_{-\infty}^{\infty}\frac{\rho(u,\ v,\ w)}{r_{\mathrm{PQ}}}dudvdw,$$

$$\boldsymbol{p}(x,\ y,\ z)=\iiint_{-\infty}^{\infty}\frac{\boldsymbol{J}(u,\ v,\ w)}{r_{\mathrm{PQ}}}dudvdw$$

を用いて $\boldsymbol{F}=-\nabla\varphi+\mathrm{rot}\,\boldsymbol{p}$ と表わされる．

［証明］　まず $\nabla^2\varphi=-4\pi\rho$, $\nabla^2\boldsymbol{p}=-4\pi\boldsymbol{J}$ および $\nabla\cdot\boldsymbol{p}=0$ に注意する．$-\nabla\varphi+\mathrm{rot}\,\boldsymbol{p}=\boldsymbol{G}$, $\boldsymbol{F}-\boldsymbol{G}=\boldsymbol{D}$ で $\boldsymbol{G}$, $\boldsymbol{D}$ を定義すると，$\mathrm{div}\,\boldsymbol{D}=\mathrm{div}\,\boldsymbol{F}-\mathrm{div}\,\boldsymbol{G}=4\pi\rho+\nabla^2\varphi=0$, $\mathrm{rot}\,\boldsymbol{D}=\mathrm{rot}\,\boldsymbol{F}-\mathrm{rot}\,\boldsymbol{G}=4\pi\boldsymbol{J}-\mathrm{rot}\,\mathrm{rot}\,\boldsymbol{p}=4\pi\boldsymbol{J}-\nabla(\nabla\cdot\boldsymbol{p})+\nabla^2\boldsymbol{p}=4\pi\boldsymbol{J}+\nabla^2\boldsymbol{p}=\boldsymbol{0}$ である．ρ, $\boldsymbol{J}$ は有界な領域を除いて消えるから，φ, $\boldsymbol{p}$, $\nabla\varphi$ はこの有界な領域 K における積分できまる．O を中心とする半径 l の球の中に K がはいるように l をきめ，K の体積を V_K, $|\rho|$ の最大値を M とすれば，$r=\mathrm{OP}$ が大なるとき，(2) を応用して

$$|\nabla\varphi|\leqq\iiint_K\frac{|\rho|}{(r_{\mathrm{PQ}})^2}dV_{\mathrm{Q}}\leqq\frac{MV_K}{(r-l)^2}$$

を得る．これから $|\nabla\varphi|$ は $r\to\infty$ では $1/r^2$ の程度の無限小とわかる．また $\mathrm{rot}_x\,\boldsymbol{p}=\mathrm{grad}_y\,p_z-\mathrm{grad}_z\,p_y$ などから，$|\mathrm{rot}\,\boldsymbol{p}|$ も同様である．仮定により $\boldsymbol{F}$ もまた $1/r^2$ 程度の無限小であるから $\boldsymbol{D}$ もそうである．空間全域において $\mathrm{div}\,\boldsymbol{D}=0$, $\mathrm{rot}\,\boldsymbol{D}=\boldsymbol{0}$ であるから $\boldsymbol{D}=\nabla\phi$, $\nabla^2\phi=0$ をえて ϕ は空間全体における調和関数であるが，$r\to\infty$ で $|\nabla\phi|$ が $1/r^2$ の程度となるから §3 例 6 により ϕ は定数，$\boldsymbol{D}=\boldsymbol{0}$ となって

$$\boldsymbol{F}=-\nabla\varphi+\mathrm{rot}\,\boldsymbol{p}$$

を得る．

注意 1.　この定理はまた $\mathrm{div}\,\boldsymbol{F}$, $\mathrm{rot}\,\boldsymbol{F}$ が与えられ，それが有界な領域以外では消えるならば，無

限に遠い所では $1/r^2$ 程度の無限小となるようなベクトル場 $\boldsymbol{F}$ はただひととおりしかないことを示す.

注意 2. この定理は $\boldsymbol{F}$ のスカラー・ポテンシャル φ, $\boldsymbol{F}$ のベクトル・ポテンシャル $\boldsymbol{p}$ がそれぞれ div $\boldsymbol{F}$, rot $\boldsymbol{F}$ を使って積分で表わされることを示している. 一般にベクトル場が層状ベクトル場と管状ベクトル場の和となることを**ヘルムホルツの定理**というが, ここに述べたのはその1つの場合である.

§6. ベクトル・ポテンシャルの存在

次のような管状ベクトル場 $\boldsymbol{W}$ が同じ領域においてベクトル・ポテンシャルをもつことを証明する. すなわち

S は単位球面 $x^2+y^2+z^2=1$ で, 法線ベクトル $\boldsymbol{n}$ は外に向ける. S の外側にある空間の全領域を E, E と S から成る閉領域を $\bar{E}$ とよぶ. E において C^3 級の, すなわち3階まで連続微分可能な管状ベクトル場 $\boldsymbol{W}$ が与えられ, $\boldsymbol{W}$ の3階までの偏導ベクトルは $\bar{E}$ で連続であるとする. このとき

(1) $$\iint_S \boldsymbol{W}\cdot\boldsymbol{n}\,dS=0$$

であるならば, E において連続微分可能な $\boldsymbol{W}$ のベクトル・ポテンシャルが存在する.

これを証明するにはそのようなベクトル・ポテンシャルの例を1つ作ればよい.

$\bar{E}$ を xy 平面で2つに分け, $z>0$ におけるベクトル・ポテンシャル $\boldsymbol{U}$, $z<0$ におけるベクトル・ポテンシャル $\boldsymbol{V}$ を次の式で与える. ただし

$$r=\sqrt{x^2+y^2+z^2},\qquad \rho=\sqrt{x^2+y^2}$$

である.

$$U_x(x,y,z)=\int_1^z W_y(x,y,z)dz+f(x,y)\qquad (r\geqq 1,\ z>0),$$

$$V_x(x,y,z)=\int_{-1}^z W_y(x,y,z)dz\qquad (r\geqq 1,\ z<0),$$

$$U_y(x,y,z)=-\int_1^z W_x(x,y,z)dz+\int_0^x W_z(x,y,1)dx+g(x,y)\qquad (r\geqq 1,\ z>0),$$

$$V_y(x,y,z)=-\int_{-1}^z W_x(x,y,z)dz+\int_0^x W_z(x,y,-1)dx\qquad (r\geqq 1,\ z<0)$$

$$U_z(x,y,z)=V_z(x,y,z)=0,$$

$$f(x,y)=\int_{-1}^1 W_y(x,y,z)dz\qquad (\rho\geqq 1),$$

$$g(x, y) = -\int_{-1}^{1} W_x(x, y, z)dz + \int_0^x [W_z(x, y, -1) - W_z(x, y, 1)]dx$$
$$(\rho \geqq 1),$$

$\boldsymbol{U}$, $\boldsymbol{V}$ が $r \geqq 1$, $\rho < 1$ においても定まるためには f, g が $\rho < 1$ においても与えられなければならないが，この式では与えてない．これを定めることがベクトル・ポテンシャルの存在の証明である．

$\boldsymbol{U}$, $\boldsymbol{V}$ がベクトル・ポテンシャルであるためには

(2) $$\frac{\partial f}{\partial y} = \frac{\partial g}{\partial x}$$

を f, g がみたさなければならないが，これは $\rho \geqq 1$ ではみたされている．その上，$\rho \geqq 1$ のとき $z \to +0$, $z \to -0$ を考えると，$\boldsymbol{U}$ と $\boldsymbol{V}$ はその3階までの偏導ベクトルを含めて極限が一致する．

さて $\rho < 1$ における $f(x, y)$, $g(x, y)$ を何らかの方法できめれば $\boldsymbol{U}$, $\boldsymbol{V}$ が完全にきまるわけであるが，f, g は (2) をみたし，またすでに与えられている $\rho \geqq 1$ における関数に，偏導関数もともにして連続につながるような C^1 級の関数でなければならない．

この話をすすめるために，まず $\rho \geqq 1$ において

(3) $$\frac{\partial h(x, y)}{\partial x} = f(x, y), \qquad \frac{\partial h(x, y)}{\partial y} = g(x, y)$$

をみたす1価の関数 $h(x, y)$ があることを示そう．それには $\rho \geqq 1$ における任意の閉曲線 K について

$$\oint_K \{f(x, y)dx + g(x, y)dy\} = 0$$

であることを示せばよい．このとき $h(x, y)$ は

$$h(x, y) = \int_{t_0}^{t_1} \left[f(x(t), y(t))\frac{dx}{dt} + g(x(t), y(t))\frac{dy}{dt} \right] dt$$
$$(x = x(t_1), \quad y = y(t_1))$$

で与えることができるからである．また K としては xy 平面の単位円

$$x = \cos\theta, \qquad y = \sin\theta$$

上を θ が0から 2π まで増すときの道をとることができる．すなわち，1価の関数（これは2次元空間のポテンシャルである）$h(x, y)$ が存在するための必要十分な条件は

(4) $$\int_0^{2\pi} [-f(\cos\theta, \sin\theta)\sin\theta + g(\cos\theta, \sin\theta)\cos\theta] d\theta = 0$$

である．

さて $\boldsymbol{W}$ は div $\boldsymbol{W}=0$ をみたすから，(1) が単位球面で成立すれば，これを内にもつ任意の閉曲面についても成立する．特に円柱面 $x=\cos\theta,\ y=\sin\theta$ に，上の面を $z=1$，下の面を $z=-1$ によってとりつけた閉曲面 Σ を考えよう．Σ の上の面を S_1，下の面を S_2，側面を S_3 とすれば

$$\iint_\Sigma \boldsymbol{W}\cdot\boldsymbol{n}\,dS=\iint_{S_1} W_z\,dxdy+\iint_{S_2} W_z\,dxdy+\iint_{S_3} W_x\,dydz+\iint_{S_3} W_y\,dzdx$$

となる． 右辺にある4つの面積分を2重積分になおすとき， 法線ベクトル $\boldsymbol{n}$ は外に向けてあることから

$$\iint_{S_1} W_z\,dxdy=\iint_{S_z} W_z(x,\ y,\ 1)dxdy,$$

$$\iint_{S_2} W_z\,dxdy=-\iint_{S_z} W_z(x,\ y,\ -1)dxdy,$$

$$\iint_{S_3} W_x\,dydz=\int_0^{2\pi}\int_{-1}^{1} W_x(\cos\theta,\ \sin\theta,\ z)\frac{\partial(\sin\theta,\ z)}{\partial(\theta,\ z)}dzd\theta$$

$$=\int_0^{2\pi}\int_{-1}^{1} W_x(\cos\theta,\ \sin\theta,\ z)dz\cos\theta\,d\theta,$$

$$\iint_{S_3} W_y\,dzdx=\int_0^{2\pi}\int_{-1}^{1} W_y(\cos\theta,\ \sin\theta,\ z)\frac{\partial(z,\ \cos\theta)}{\partial(\theta,\ z)}dz\,d\theta$$

$$=\int_0^{2\pi}\int_{-1}^{1} W_y(\cos\theta,\ \sin\theta,\ z)dz\sin\theta\,d\theta$$

となる． ここに S_z は xy 平面の $\rho<1$ なる領域であるから， S_1, S_2 の分の面積分は変数の変換で

$$\iint_{S_z}[W_z(x,\ y,\ 1)-W_z(x,\ y,\ -1)]dxdy$$

$$=\int_0^{2\pi}\int_0^{\cos\theta}[W_z(x,\ \sin\theta,\ 1)-W_z(x,\ \sin\theta,\ -1)]dx\cos\theta\,d\theta$$

となる．

これに対して (4) の左辺の積分は

$$-\int_0^{2\pi}\int_{-1}^{1} W_y(\cos\theta,\ \sin\theta,\ z)dz\sin\theta\,d\theta$$

$$-\int_0^{2\pi}\int_{-1}^{1} W_x(\cos\theta,\ \sin\theta,\ z)dz\cos\theta\,d\theta$$

$$-\int_0^{2\pi}\int_0^{\cos\theta}[W_z(x,\ \sin\theta,\ 1)-W_z(x,\ \sin\theta,\ -1)]dx\cos\theta\,d\theta$$

となるから，(1) によって (4) が成り立つ．すなわち，(1) によって $h(x, y)$ が存在する．

$\rho \geqq 1$ における関数 h が存在するから，これに2階まで連続微分可能に接続する $\rho < 1$ における関数を求めよう．これはいろいろな方法でできるが，ここでは次のようにしよう．

まず $\rho \geqq 1$ における関数 $h(x, y)$ を

$$x = \rho\cos\theta, \qquad y = \rho\sin\theta$$

によって

$$h(x, y) = k(\rho, \theta) \qquad (\rho \geqq 1)$$

になおす．f, g が C^3 級であるから h は C^4 級，したがって k も C^4 級である．$0 < a < 1$ なる数 a をとり，$a \leqq \rho \leqq 1$ における C^2 級の関数 $l(\rho, \theta)$ を，$\rho = a$ では $l, l_\rho, l_{\rho\rho}$ が0, $\rho = 1$ では $l, l_\rho, l_{\rho\rho}$ がそれぞれ $k, k_\rho, k_{\rho\rho}$ と一致するようにとろう．ただし $l_\rho, l_{\rho\rho}$ などは ρ による偏導関数である．これはもちろん θ の各値において行なうのであるから，その結果は例えば

$$l(\rho, \theta) = (\rho - a)^3\Bigg[\frac{k(1, \theta)}{(1-a)^3} + \left\{\frac{k_\rho(1, \theta)}{(1-a)^3} - 3\frac{k(1, \theta)}{(1-a)^4}\right\}(\rho - 1)$$
$$+ \frac{1}{2}\left\{\frac{k_{\rho\rho}(1, \theta)}{(1-a)^3} - 6\frac{k_\rho(1, \theta)}{(1-a)^4} + 12\frac{k(1, \theta)}{(1-a)^5}\right\}(\rho - 1)^2\Bigg]$$

となる．これは明らかに C^2 級の関数である．さらに l を $0 \leqq \rho \leqq a$ においては0にとれば，l と h とで xy 平面の全域において C^2 級の関数が求められたことになる．この関数の偏導関数で $\rho < 1$ における f, g を定めれば f, g は xy 平面の全域において C^1 級の関数となって，これにより E における C^1 級のベクトル・ポテンシャルが求められ，その存在が示されたことになる．

この話は§2問題2の注意において述べたことを特別な場合に証明したものである．

練　習　問　題

1.　発散定理 (2.1) から逆に (1.1) を導け．

2.　閉曲面 S について

$$\iint_S \boldsymbol{n}\, dS = \boldsymbol{0}$$

なることをガウスの定理を用いて証明せよ．

3.　第5章練習問題の問10を定理2.2により証明せよ．

4. 次の等式を証明せよ：

$$\frac{1}{2}\oint \boldsymbol{r}\times d\boldsymbol{r}=\iint_S \boldsymbol{n}\,dS.$$

5. 領域 D を占めるベクトル場 $\boldsymbol{A}$ があるとき D 内に向きのついた閉曲線 C を考える．C の各点を通る $\boldsymbol{A}$ の流線群が作る管を，閉曲線 C から生成されたベクトル場 $\boldsymbol{A}$ の**流管**という．特に $\boldsymbol{A}=\mathrm{rot}\,\boldsymbol{B}$ のとき $\boldsymbol{A}$ の流管を $\boldsymbol{B}$ の**渦管**という．閉曲線 C_0 から生成された $\boldsymbol{B}$ の渦管の側面に沿って C_0 をずらせて得る閉曲線 C_1 に対して次の等式が成立する：

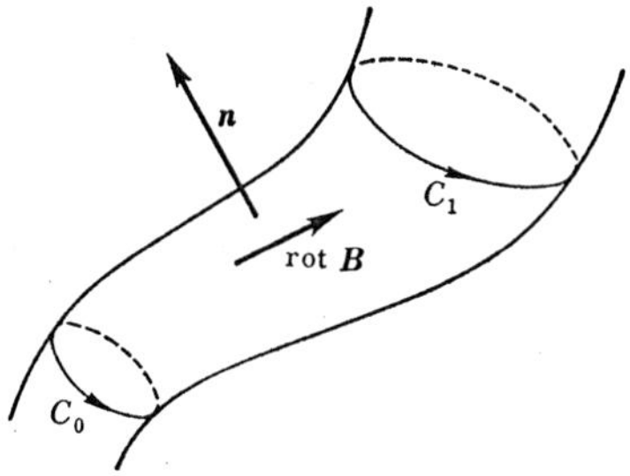

6-17 図

$$\oint_{C_0}\boldsymbol{B}\cdot d\boldsymbol{r}=\oint_{C_1}\boldsymbol{B}\cdot d\boldsymbol{r}.$$

6. 位置ベクトル $\boldsymbol{r}$ の始点を曲面 S およびその縁 C が通らないならば，次の等式が成り立つ：

$$\oint_C\frac{\boldsymbol{r}\times d\boldsymbol{r}}{r^3}=-\iint_S\frac{\partial}{\partial n}\left(\frac{\boldsymbol{r}}{r^3}\right)dS=\iint_S\left(\frac{3(\boldsymbol{r}\cdot\boldsymbol{n})}{r^5}\boldsymbol{r}-\frac{\boldsymbol{n}}{r^3}\right)dS.$$

7. 領域 V とその境界 S について次の等式を証明せよ：

$$\iiint_V\nabla f\times\nabla g\,dV=-\iint_S f\nabla g\times d\boldsymbol{S}.$$

8. 次の等式を証明せよ：

（i）
$$\iint_S(\nabla f\times\nabla g)\cdot d\boldsymbol{S}=\oint_C f\nabla g\cdot d\boldsymbol{r},$$

（ii）
$$\iint_S\nabla f\times d\boldsymbol{S}=\oint_C\boldsymbol{r}df.$$

9. V の境界 S が f の等位面の１つなら次の等式が成り立つ：

$$\iiint_V\nabla f\cdot\mathrm{rot}\,\boldsymbol{A}\,dV=0.$$

10. 単連結領域 V のいたるところで $\mathrm{div}\,\boldsymbol{W}=0$, $\mathrm{rot}\,\boldsymbol{W}=\boldsymbol{0}$ で，かつ V の境界 S で，その法線成分 W_n が 0 なるベクトル $\boldsymbol{W}$ は，V で零ベクトルである．

11. 単連結領域 V のいたるところで $\mathrm{div}\,\boldsymbol{A}$, $\mathrm{rot}\,\boldsymbol{A}$ が与えられ，かつ V の境界 S ではその法線方向の成分 A_n が与えられれば，$\boldsymbol{A}$ は V において一意にきまる．

12. C_1 が囲む曲面を S_1, C_2 が囲む曲面を S_2, その法線ベクトルを $\boldsymbol{n}_1$, $\boldsymbol{n}_2$ とし，曲面上の2点 P_1, P_2 を結ぶベクトルを $\boldsymbol{r}_{12}$ で表わす．S_1 と S_2 が離れているとき，次の等式が成り立つ：

$$\oint_{C_1}\oint_{C_2}\frac{d\boldsymbol{r}_1\cdot d\boldsymbol{r}_2}{r_{12}} = -\iint_{S_1}\iint_{S_2}\boldsymbol{n}_1\cdot\nabla_1\left\{\boldsymbol{n}_2\cdot\nabla_2\left(\frac{1}{r_{12}}\right)\right\}dS_2dS_1.$$

13. 上に述べた曲面 S_1 上の点を $\mathrm{P}_1(x_1, y_1, z_1)$ とし，P_1 に対して S_2 が張る立体角を $\Omega_1(x_1, y_1, z_1)$ と書く．そのとき次の等式が成り立つ：

$$\iint_{S_1}(\boldsymbol{n}_1\cdot\nabla_1\Omega_1)dS_1 = \oint_{C_1}\oint_{C_2}\frac{d\boldsymbol{r}_1\cdot d\boldsymbol{r}_2}{r_{12}}.$$

［解　　答］

1. $\boldsymbol{A} = f\boldsymbol{i}$ とすれば $\mathrm{div}\,\boldsymbol{A} = \partial f/\partial x$, $\boldsymbol{A}\cdot\boldsymbol{n} = f\cos\alpha$ であるから (1.1) の第1式を得る．他の式も同様にする．

2. (2.3) において $f = 1$ とおけばよい．

3. (2.2) において $\boldsymbol{A} = p\boldsymbol{r}$ とおき，$\mathrm{rot}\,\boldsymbol{r} = \boldsymbol{0}$ を用いればよい．

4. (2.7) で $f = r^2/2$ とおけば $\nabla f = \boldsymbol{r}$, $\Delta f = 3$. また $(\boldsymbol{n}\cdot\nabla)\nabla f = (\boldsymbol{n}\cdot\nabla)\boldsymbol{r} = \partial\boldsymbol{r}/\partial n = \boldsymbol{n}$ であるから

$$\frac{1}{2}\oint_C\boldsymbol{r}\times d\boldsymbol{r} = \iint_S\boldsymbol{n}\,dS.$$

注意　左辺は6-18図のようにOと S の点を結んでできる錐体の側面の面積ベクトルの積分，右辺は錐体の底面をなす曲面 S の面積ベクトルの積分である．この図の場合，面積ベクトルの向きは側面では内向き，底面では外向きゆえ，上の等式はこの方からも証明される．

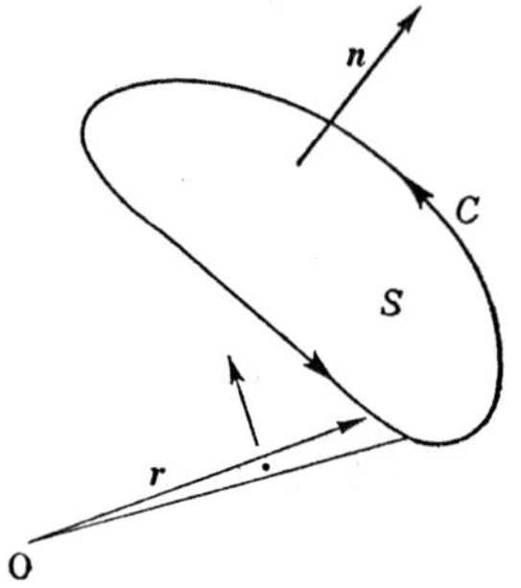

6-18 図

5. ストークスの定理 (2.5) を，ベクトル $\boldsymbol{B}$ について，C_0 と $-C_1$ を縁とする流管の側面の部分 S について用いれば，

$$\oint_{C_0}\boldsymbol{B}\cdot d\boldsymbol{r} + \oint_{-C_1}\boldsymbol{B}\cdot d\boldsymbol{r} = \iint_S(\mathrm{rot}\,\boldsymbol{B})\cdot\boldsymbol{n}\,dS.$$

しかし S は $\mathrm{rot}\,\boldsymbol{B}$ の流線で作られるから $(\mathrm{rot}\,\boldsymbol{B})\cdot\boldsymbol{n} = 0$ で，右辺の積分は0となる．したがって左辺から求める結果を得る．

6. $\boldsymbol{r}/r^3 = \nabla(-1/r)$ であるから (2.7) を用いて

$$\oint\frac{\boldsymbol{r}\times d\boldsymbol{r}}{r^3} = \oint\nabla\left(\frac{-1}{r}\right)\times d\boldsymbol{r}$$
$$= \iint_S\left[\Delta\left(\frac{-1}{r}\right)\boldsymbol{n} - (\boldsymbol{n}\cdot\nabla)\nabla\left(\frac{-1}{r}\right)\right]dS.$$

S は $\boldsymbol{r}$ の始点を離れた位置にあるゆえこの右辺に $\Delta(-1/r) = 0$ を用いて，積分は

$$= \iint_S \left[(\boldsymbol{n}\cdot\nabla)\nabla\left(\frac{1}{r}\right)\right] dS = -\iint_S \frac{\partial}{\partial n}\left(\frac{\boldsymbol{r}}{r^3}\right) dS.$$

となる．$\partial\boldsymbol{r}/\partial n = \boldsymbol{n}$, $\partial r/\partial n = \boldsymbol{r}\cdot\boldsymbol{n}/r$ であるからこの積分はさらに

$$= -\iint_S \left[\frac{\boldsymbol{n}}{r^3} - \frac{3(\boldsymbol{r}\cdot\boldsymbol{n})}{r^5}\boldsymbol{r}\right] dS$$

となって証明をおわる．

7. $\mathrm{rot}(f\nabla g) = \nabla f \times \nabla g$ の体積分に (2.2) を応用する．

8. （i）は $\mathrm{rot}(f\nabla g) = \nabla f \times \nabla g$ から明らか，（i）の g は f に，f は $\boldsymbol{a}\cdot\boldsymbol{r}$ にして，この $\boldsymbol{a}$ は定ベクトルとすれば $\nabla(\boldsymbol{a}\cdot\boldsymbol{r}) = \boldsymbol{a}$ であるから

$$\iint_S [\boldsymbol{a}\ \nabla f\ d\boldsymbol{S}] = \boldsymbol{a}\cdot\left[\oint_C \boldsymbol{r}(\nabla f\cdot d\boldsymbol{r})\right],$$

すなわち

$$\boldsymbol{a}\cdot\iint_S \nabla f \times d\boldsymbol{S} = \boldsymbol{a}\cdot\oint_C \boldsymbol{r}\, df$$

を得る．$\boldsymbol{a}$ は任意の定ベクトルとすれば (ii) を得る．

9. 第4章§6 (iv) から $\mathrm{div}(\boldsymbol{A}\times\nabla f) = \nabla f\cdot\mathrm{rot}\,\boldsymbol{A}$, したがって

$$\iiint_V \nabla f\cdot\mathrm{rot}\,\boldsymbol{A}\,dV = \iint_S (\boldsymbol{A}\times\nabla f)\cdot\boldsymbol{n}\,dS = \iint_S [\boldsymbol{A}\ \nabla f\ \boldsymbol{n}]\,dS$$

を得る．S は f の等位面ゆえ S の各点で ∇f と $\boldsymbol{n}$ は1次従属で $[\boldsymbol{A}\ \nabla f\ \boldsymbol{n}] = 0$, したがって求める式を得る．

10. V が単連結で $\mathrm{rot}\ \boldsymbol{W} = 0$ であるから，第5章§4により $\boldsymbol{W}$ は1価のスカラー・ポテンシャル φ をもつ．$\mathrm{div}\ \boldsymbol{W} = 0$ ゆえ $\nabla^2\varphi = 0$, また S では $W_n = 0$ ゆえ $\partial\varphi/\partial n = 0$. よって定理3.3により φ は定数で $\boldsymbol{W} = 0$.

11. ベクトル場 $\boldsymbol{B}$ は V で $\mathrm{div}\ \boldsymbol{B} = \mathrm{div}\ \boldsymbol{A}$, $\mathrm{rot}\ \boldsymbol{B} = \mathrm{rot}\ \boldsymbol{A}$, S で $B_n = A_n$ をみたすとする．$\boldsymbol{B} - \boldsymbol{A} = \boldsymbol{W}$ は問10の条件をみたすゆえ $\boldsymbol{W} = 0$, したがって $\boldsymbol{B} = \boldsymbol{A}$ となり $\boldsymbol{A}$ の一意なることが証明された．

12. 左辺の2重の線積分のうち C_2 に沿っての線積分を面積分になおすと

$$\oint_{C_2} \frac{d\boldsymbol{r}_1\cdot d\boldsymbol{r}_2}{r_{12}} = \iint_{S_2} \mathrm{rot}_2\left(\frac{d\boldsymbol{r}_1}{r_{12}}\right)\cdot d\boldsymbol{S}_2$$

$$= \iint_{S_2} \boldsymbol{n}_2\cdot\left\{\nabla_2\left(\frac{1}{r_{12}}\right)\times d\boldsymbol{r}_1\right\} dS_2$$

$$= \iint_{S_2} \left\{\boldsymbol{n}_2\times\nabla_2\left(\frac{1}{r_{12}}\right)\right\}\cdot d\boldsymbol{r}_1 dS_2,$$

よって2重の線積分は積分の順序を変えて

$$= \iint_{S_2}\oint_{C_1}\left\{\boldsymbol{n}_2\times\nabla_2\left(\frac{1}{r_{12}}\right)\right\}\cdot d\boldsymbol{r}_1 dS_2$$

$$= \iint_{S_2}\iint_{S_1} \boldsymbol{n}_1\cdot\mathrm{rot}_1\left(\boldsymbol{n}_2\times\frac{\boldsymbol{r}_{21}}{(r_{21})^3}\right) dS_1 dS_2,$$

これに第4章練習問題の問7の結果を用いれば

$$= \iint_{S_2} dS_2 \iint_{S_1} \boldsymbol{n}_1 \cdot \left\{ -\frac{\boldsymbol{n}_2}{(r_{21})^3} + \frac{3(\boldsymbol{n}_2 \cdot \boldsymbol{r}_{21})}{(r_{21})^5} \boldsymbol{r}_{21} \right\} dS_1$$

となる．また $\nabla_2(1/r_{12}) = -\nabla_1(1/r_{21})$ であるから

$$\nabla_1 \left\{ \boldsymbol{n}_2 \cdot \nabla_2 \left(\frac{1}{r_{12}} \right) \right\} = -\nabla_1 \left\{ \boldsymbol{n}_2 \cdot \nabla_1 \left(\frac{1}{r_{21}} \right) \right\}$$

で，これは第4章§6問題1の結果により

$$\frac{\boldsymbol{n}_2}{(r_{21})^3} - \frac{3(\boldsymbol{n}_2 \cdot \boldsymbol{r}_{21})}{(r_{21})^5} \boldsymbol{r}_{21}$$

となるゆえ求める式を得る．

13. (4.3) から

$$\nabla_1 \Omega_1 = \iint_{S_2} \nabla_1 \left\{ \boldsymbol{n}_2 \cdot \nabla_1 \left(\frac{1}{r_{21}} \right) \right\} dS_2.$$

これに $\nabla_1(1/r_{21}) = -\nabla_2(1/r_{12})$ を用いれば左辺の積分は前問において証明した等式の右辺に等しくなる．したがって前問の結果から求める式を得る．

7　直交曲線座標

この章では極座標等を含めて直交曲線座標を扱い，これによってベクトルやその微分がいかに表わされるかを述べる．しかしその前に直交座標系の変換とベクトルの成分の関係について説明する．

§1. 直交座標系の変換とベクトル

空間に2組の直交軸，すなわち Ox, Oy, Oz および $O'x'$, $O'y'$, $O'z'$ を考え，各座標系における基本ベクトルを $\boldsymbol{i}$, $\boldsymbol{j}$, $\boldsymbol{k}$ および $\boldsymbol{i}'$, $\boldsymbol{j}'$, $\boldsymbol{k}'$ とする．これらの座標系はそれぞれ座標系 $(\mathrm{O};\ \boldsymbol{i},\ \boldsymbol{j},\ \boldsymbol{k})$ および座標系 $(\mathrm{O}';\ \boldsymbol{i}',\ \boldsymbol{j}',\ \boldsymbol{k}')$ とよぶ．これらの間の関係を考えよう．

まずベクトル $\overrightarrow{\mathrm{OO}'}$, $\boldsymbol{i}'$, $\boldsymbol{j}'$, $\boldsymbol{k}'$ を基本ベクトル $\boldsymbol{i}$, $\boldsymbol{j}$, $\boldsymbol{k}$ によって表わす式を

$$\overrightarrow{\mathrm{OO}'} = a\boldsymbol{i} + b\boldsymbol{j} + c\boldsymbol{k} \tag{1}$$

および

$$\left\{\begin{aligned} \boldsymbol{i}' &= l_1\boldsymbol{i} + m_1\boldsymbol{j} + n_1\boldsymbol{k}, \\ \boldsymbol{j}' &= l_2\boldsymbol{i} + m_2\boldsymbol{j} + n_2\boldsymbol{k}, \\ \boldsymbol{k}' &= l_3\boldsymbol{i} + m_3\boldsymbol{j} + n_3\boldsymbol{k} \end{aligned}\right. \tag{2}$$

と書けば，$(a,\ b,\ c)$ は座標系 $(\mathrm{O};\ \boldsymbol{i},\ \boldsymbol{j},\ \boldsymbol{k})$ における点 O' の座標である．また $(l_1,\ m_1,\ n_1)$，$(l_2,\ m_2,\ n_2)$，$(l_3,\ m_3,\ n_3)$ はそれぞれ座標軸 $O'x'$, $O'y'$, $O'z'$ が座標系 $(\mathrm{O};\ \boldsymbol{i},\ \boldsymbol{j},\ \boldsymbol{k})$ において有する方向余弦である．9個の数 $l_1,\ m_1,\ n_1,\ \ l_2,\ m_2,\ n_2,\ \ l_3,\ m_3,\ n_3$ の間には

$$l_1^2 + m_1^2 + n_1^2 = 1, \qquad l_2^2 + m_2^2 + n_2^2 = 1, \qquad l_3^2 + m_3^2 + n_3^2 = 1$$

のほかに，座標軸が直交していることから

$$l_2l_3 + m_2m_3 + n_2n_3 = 0, \qquad l_3l_1 + m_3m_1 + n_3n_1 = 0, \qquad l_1l_2 + m_1m_2 + n_1n_2 = 0$$

も成り立つ．

3つのベクトル $\boldsymbol{i}$, $\boldsymbol{j}$, $\boldsymbol{k}$ と3つのベクトル $\boldsymbol{i}'$, $\boldsymbol{j}'$, $\boldsymbol{k}'$ の間には9個の角ができ，その余弦は上に述べたことから

$$\cos(\boldsymbol{i}', \boldsymbol{i}) = l_1, \quad \cos(\boldsymbol{i}', \boldsymbol{j}) = m_1, \quad \cos(\boldsymbol{i}', \boldsymbol{k}) = n_1,$$
$$\cos(\boldsymbol{j}', \boldsymbol{i}) = l_2, \quad \cos(\boldsymbol{j}', \boldsymbol{j}) = m_2, \quad \cos(\boldsymbol{j}', \boldsymbol{k}) = n_2,$$
$$\cos(\boldsymbol{k}', \boldsymbol{i}) = l_3, \quad \cos(\boldsymbol{k}', \boldsymbol{j}) = m_3, \quad \cos(\boldsymbol{k}', \boldsymbol{k}) = n_3$$

である．この式はまた座標軸 $\mathrm{O}x$, $\mathrm{O}y$, $\mathrm{O}z$ が座標系 $(\mathrm{O}';\ \boldsymbol{i}', \boldsymbol{j}', \boldsymbol{k}')$ において有する方向余弦がそれぞれ (l_1, l_2, l_3), (m_1, m_2, m_3), (n_1, n_2, n_3) であることを示しているから，ただちに

$$(3) \qquad \begin{cases} \boldsymbol{i} = l_1\boldsymbol{i}' + l_2\boldsymbol{j}' + l_3\boldsymbol{k}', \\ \boldsymbol{j} = m_1\boldsymbol{i}' + m_2\boldsymbol{j}' + m_3\boldsymbol{k}', \\ \boldsymbol{k} = n_1\boldsymbol{i}' + n_2\boldsymbol{j}' + n_3\boldsymbol{k}' \end{cases}$$

を得る．$\boldsymbol{i}, \boldsymbol{j}, \boldsymbol{k}$ および $\boldsymbol{i}', \boldsymbol{j}', \boldsymbol{k}'$ がそれぞれ直交単位ベクトルであることから，また

$$l_1^2 + l_2^2 + l_3^2 = 1, \quad m_1^2 + m_2^2 + m_3^2 = 1, \quad n_1^2 + n_2^2 + n_3^2 = 1,$$
$$m_1n_1 + m_2n_2 + m_3n_3 = 0, \quad n_1l_1 + n_2l_2 + n_3l_3 = 0, \quad l_1m_1 + l_2m_2 + l_3m_3 = 0$$

を得る．これを考えに入れると (3) は (2) を $\boldsymbol{i}, \boldsymbol{j}, \boldsymbol{k}$ について解いたものである．

このような関係をもっと簡明に示す方法がある．そのため $\boldsymbol{i}, \boldsymbol{j}, \boldsymbol{k}$ の代りに文字 $\boldsymbol{e}_1, \boldsymbol{e}_2, \boldsymbol{e}_3$ を，$\boldsymbol{i}', \boldsymbol{j}', \boldsymbol{k}'$ の代りに文字 $\boldsymbol{e}_1', \boldsymbol{e}_2', \boldsymbol{e}_3'$ を用いる．(1) は

$$\overrightarrow{\mathrm{OO}'} = \sum_{i=1,2,3} a_i\boldsymbol{e}_i,$$

あるいはさらに簡単にして

$$(4) \qquad \overrightarrow{\mathrm{OO}'} = \sum_i a_i\boldsymbol{e}_i \qquad (i = 1, 2, 3)$$

と書き，$\sum_i$ は $i = 1, 2, 3$ についての和を表わす．今後別にことわらないかぎり h, i, j, k, l 等は 1, 2, 3 をとる添字とし，$\sum_i$ のような記号はいま述べたような和を示すことにする．(2) を

$$(5) \qquad \boldsymbol{e}_i' = \sum_j a_{ji}\boldsymbol{e}_j$$

と書く．このような式は別にことわらなくても i として 1, 2, 3 をとって考え，3個の等式あるいは方程式を表わす．(2) とくらべて $a_{1i} = l_i$, $a_{2i} = m_i$, $a_{3i} = n_i$ であるから (3) は

$$(6) \qquad \boldsymbol{e}_i = \sum_j a_{ij}\boldsymbol{e}_j'$$

となることがわかる．

$(\boldsymbol{e}_1, \boldsymbol{e}_2, \boldsymbol{e}_3)$ も $(\boldsymbol{e}_1', \boldsymbol{e}_2', \boldsymbol{e}_3')$ も直交単位ベクトルであるから，内積を作ると $\boldsymbol{e}_i\cdot\boldsymbol{e}_k = \delta_{ik}$,

$\boldsymbol{e}_i'\cdot\boldsymbol{e}_k'=\delta_{ik}$ となる．ただし δ_{ik} はクロネッカーのデルタである．(5) から

$$\boldsymbol{e}_i'\cdot\boldsymbol{e}_k'=(\sum_j a_{ji}\boldsymbol{e}_j)\cdot(\sum_l a_{lk}\boldsymbol{e}_l)$$

を得るから，右辺を計算して

$$=\sum_j\sum_l a_{ji}a_{lk}\boldsymbol{e}_j\cdot\boldsymbol{e}_l=\sum_{j,l}a_{ji}a_{lk}\delta_{jl},$$

クロネッカーのデルタの性質から $j=l$ の項のみ残り，

$$=\sum_j a_{ji}a_{jk}$$

を得る．したがって

(7)
$$\sum_j a_{ji}a_{jk}=\delta_{ik}$$

である．また (6) から

$$\boldsymbol{e}_i\cdot\boldsymbol{e}_k=(\sum_j a_{ij}\boldsymbol{e}_j')\cdot(\sum_l a_{kl}\boldsymbol{e}_l')=\sum_{j,l}a_{ij}a_{kl}\delta_{jl}=\sum_j a_{ij}a_{kj},$$

したがって

(8)
$$\sum_j a_{ij}a_{kj}=\delta_{ik}$$

を得る．これらは行列 $A=(a_{ik})$ が直交行列であることを示している．

今後座標系 (O; $\boldsymbol{e}_1$, $\boldsymbol{e}_2$, $\boldsymbol{e}_3$) や座標系 (O′; $\boldsymbol{e}_1'$, $\boldsymbol{e}_2'$, $\boldsymbol{e}_3'$) はそれぞれ座標系 (O; $\boldsymbol{e}_i$)，座標系 (O′; $\boldsymbol{e}_i'$) とよぶことにしよう．

さて座標系は一般に右手系をとるから，(O; $\boldsymbol{i}$, $\boldsymbol{j}$, $\boldsymbol{k}$) も右手系としよう．そうすれば $\boldsymbol{j}\times\boldsymbol{k}=\boldsymbol{i}$ である．(O′; $\boldsymbol{i}'$, $\boldsymbol{j}'$, $\boldsymbol{k}'$) も右手系なら (2) から

$$l_1=m_2n_3-m_3n_2,\qquad m_1=n_2l_3-n_3l_2,\qquad n_1=l_2m_3-l_3m_2,$$

したがって

$$\begin{vmatrix} l_1 & m_1 & n_1\\ l_2 & m_2 & n_2\\ l_3 & m_3 & n_3\end{vmatrix}=l_1^2+m_1^2+n_1^2=1$$

である．これはAの行列式が $+1$ であることを示す．これに反し，(O′; $\boldsymbol{i}'$, $\boldsymbol{j}'$, $\boldsymbol{k}'$) は左手系とするならば，これは $\boldsymbol{j}'\times\boldsymbol{k}'=-\boldsymbol{i}'$ をみたすから，l_1, m_1, n_1 を l_2, m_2, n_2, l_3, m_3, n_3 で表わす式で符号が逆になる．したがってこのときは $\det A=-1$ となる．一般に $\det A=+1$ は右手系同士あるいは左手系同士の変換を示し，$\det A=-1$ は右手系から左手系，あるいは左手系から右手系への変換を示す．普通は右手系のみを考えるから $\det A=+1$ である．

さて点Pの座標を座標系(O; e_i) では (x_1, x_2, x_3), 座標系 (O′; e_i') では (x_1', x_2', x_3') とすれば

$$\overrightarrow{\mathrm{OP}} = \sum_i x_i e_i, \qquad \overrightarrow{\mathrm{O'P}} = \sum_i x_i' e_i'$$

である. $\overrightarrow{\mathrm{OP}} = \overrightarrow{\mathrm{OO'}} + \overrightarrow{\mathrm{O'P}}$ であるから, (4) を用いて

$$\sum_i x_i e_i = \sum_i a_i e_i + \sum_i x_i' e_i',$$

これに (5) を用いれば

$$\sum_i x_i e_i = \sum_i (a_i + \sum_j a_{ij} x_j') e_i,$$

したがって

(9)
$$x_i = \sum_j a_{ij} x_j' + a_i$$

を得る. これを x_i' について解けば

(10)
$$x_i' = \sum_j a_{ji} x_j + a_i'$$

の形の式を得るが, $x_i = a_i$ すなわち $x_j' = 0$ の場合を考えれば

(11)
$$\begin{cases} a_i' = -\sum_j a_{ji} a_j, \\ a_i = -\sum_j a_{ij} a_j' \end{cases}$$

であることがわかる.

問　　題

1. 右手系同士の変換で

$$a_{11} = \frac{2}{3}, \qquad a_{12} = -\frac{1}{3}, \qquad a_{13} = \frac{2}{3},$$

$$a_{21} = \frac{1}{3\sqrt{2}}, \qquad a_{23} = \frac{1}{3\sqrt{2}}$$

なるとき変換の行列 $A = (a_{ik})$ を決定せよ.

2. 次の変換式は原点を変えない直交座標系の変換であることを証明せよ:

$$x = x'(\cos\varphi\cos\psi - \sin\varphi\sin\psi\cos\theta) - y'(\cos\varphi\sin\psi + \sin\varphi\cos\psi\cos\theta)$$
$$+ z'\sin\varphi\sin\theta,$$

$$y = x'(\sin\varphi\cos\psi + \cos\varphi\sin\psi\cos\theta) - y'(\sin\varphi\sin\psi - \cos\varphi\cos\psi\cos\theta)$$
$$- z'\cos\varphi\sin\theta,$$

$$z = x'\sin\psi\sin\theta + y'\cos\psi\sin\theta + z'\cos\theta.$$

[解　　答]

1. $a_{11}a_{21}+a_{12}a_{22}+a_{13}a_{23}=0$ から $a_{22}=\dfrac{4}{3\sqrt{2}}$, $a_{31}=a_{12}a_{23}-a_{22}a_{13}$,

$a_{32}=a_{13}a_{21}-a_{23}a_{11}$, $a_{33}=a_{11}a_{22}-a_{21}a_{12}$ から $a_{31}=-\dfrac{1}{\sqrt{2}}$, $a_{32}=0$, $a_{33}=\dfrac{1}{\sqrt{2}}$.

2. 省略

§2. 直交座標系の変換におけるスカラーおよびベクトルの微分

一般に図形やベクトルあるいはスカラーを考える場合，座標系に対して不変なものを考えることが多い（物理学においてはほとんどそうである）．座標系はこれらを表現する手段として用いるのであるから，座標系が変わっても与えられた図形やベクトルは変わらないのである．いまベクトル $\boldsymbol{A}$ が座標系によらないベクトルであるとし，(O; $\boldsymbol{e}_i$) における成分を A_1, A_2, A_3, また (O′; $\boldsymbol{e}_i'$) における成分を A_1', A_2', A_3' とすれば

$$\boldsymbol{A}=A_1\boldsymbol{e}_1+A_2\boldsymbol{e}_2+A_3\boldsymbol{e}_3, \qquad \boldsymbol{A}=A_1'\boldsymbol{e}_1'+A_2'\boldsymbol{e}_2'+A_3'\boldsymbol{e}_3'$$

であるから，§1の (5), (6) を用いて

$$(1) \qquad A_i=\sum_j a_{ij}A_j', \qquad A_i'=\sum_j a_{ji}A_j$$

を得る．これは座標系の変換におけるベクトルの成分の変換の式であるということができる．逆に3つの実数の組 (A_1, A_2, A_2) が座標系の変換に際して (1) にしたがって変換されれば，それはベクトル，特に座標系に対して不変なベクトルの成分と考えられる．また，スカラーとは座標系の変換に際して不変な数であるということができる．

われわれは座標系とは無関係なベクトルやスカラーを主として考えると言ったが，実は座標系とともに変わるスカラーやベクトルも考えるのであって，その代表的な例は基本ベクトルである．これは座標系に付随したものである．またベクトルが座標系によらないとき，その成分は座標系による．成分は与えられたベクトルと基本ベクトルとの内積で，スカラーであるから，これは座標系によるスカラーの例であるといえる．これらを除けば，別にことわらなくてもベクトルやスカラーは座標系に対して不変と考える．このような立場からベクトルの性質を考えよう．

ベクトル $\boldsymbol{A}$, $\boldsymbol{B}$ の成分をそれぞれ (A_1, A_2, A_3), (B_1, B_2, B_3) とするとき $A_1B_1+A_2B_2+A_3B_3$ について座標系の変換の結果を考えると，

$$A_1'B_1'+A_2'B_2'+A_3'B_3'=\sum_j A_j'B_j'$$

に (1) を用いて

$$= \sum_j (\sum_i a_{ij} A_i)(\sum_k a_{kj} B_k) = \sum_{i,j,k} a_{ij} a_{kj} A_i B_k = \sum_{i,k} (\sum_j a_{ij} a_{kj}) A_i B_k,$$

これに (1.8) を用いると

$$= \sum_{i,k} \delta_{ik} A_i B_k = \sum_i A_i B_i$$

となって，$A_1B_1 + A_2B_2 + A_3B_3 = A_1'B_1' + A_2'B_2' + A_3'B_3'$ を得る．すなわちこれは座標系の変換に際して不変な量である．したがってこれは上に述べた考えからスカラーである．いうまでもなくこれは $\boldsymbol{A}$ と $\boldsymbol{B}$ の内積である．

これと同様な計算によって div $\boldsymbol{A}$ がスカラーであることがたしかめられる．$\boldsymbol{A}$ の変数 x_1, x_2, x_3 は§1の(9)，(10) にしたがって x_1', x_2', x_3' に変換されるから

$$\frac{\partial A_1}{\partial x_1} + \frac{\partial A_2}{\partial x_2} + \frac{\partial A_3}{\partial x_3} = \sum_i \frac{\partial A_i}{\partial x_i} = \sum_i \frac{\partial}{\partial x_i}(\sum_j a_{ij} A_j')$$

$$= \sum_i \sum_k \frac{\partial x_k'}{\partial x_i} \frac{\partial}{\partial x_k'}(\sum_j a_{ij} A_j')$$

であるが，a_{ij} は定数，また $\partial x_k'/\partial x_i = a_{ik}$ であるから，これは

$$= \sum_i \sum_k a_{ik} \sum_j a_{ij} \frac{\partial A_j'}{\partial x_k'} = \sum_{i,j,k} a_{ik} a_{ij} \frac{\partial A_j'}{\partial x_k'}$$

となる．これはさらに (1.7) により

$$= \sum_{j,k} \delta_{kj} \frac{\partial A_j'}{\partial x_k'} = \sum_k \frac{\partial A_k'}{\partial x_k'}$$

となるから

$$\sum_i \frac{\partial A_i}{\partial x_i} = \sum_i \frac{\partial A_i'}{\partial x_i'} \tag{2}$$

を得る．これは div $\boldsymbol{A}$ が座標系の変換で不変なスカラーであることを表わす．

次にベクトル $\boldsymbol{A}, \boldsymbol{B}$ の成分をそれぞれ (A_1, A_2, A_3)，(B_1, B_2, B_3) とするとき，$A_2B_3 - A_3B_2$，$A_3B_1 - A_1B_3$，$A_1B_2 - A_2B_1$ なる3つの実数について考える．座標系の変換によりこれらは $A_2'B_3' - A_3'B_2'$，$A_3'B_1' - A_1'B_3'$，$A_1'B_2' - A_2'B_1'$ に変換されるが，例えば

$$A_2'B_3' - A_3'B_2' = \sum_i a_{i2} A_i \sum_k a_{k3} B_k - \sum_i a_{i3} A_i \sum_k a_{k2} B_k$$

$$= \sum_{i,k} (a_{i2} a_{k3} - a_{k2} a_{i3}) A_i B_k$$

$$= (a_{22}a_{33} - a_{32}a_{23})(A_2B_3 - A_3B_2)$$

$$+ (a_{32}a_{13} - a_{12}a_{33})(A_3B_1 - A_1B_3)$$

$$+ (a_{12}a_{23} - a_{22}a_{13})(A_1B_2 - A_2B_1)$$

であって，ここに $a_{22}a_{33}-a_{32}a_{23}$, $a_{32}a_{13}-a_{12}a_{33}$, $a_{12}a_{23}-a_{22}a_{13}$ は行列式

(3) $$D=\begin{vmatrix} a_{11} & a_{12} & a_{13} \\ a_{21} & a_{22} & a_{23} \\ a_{31} & a_{32} & a_{33} \end{vmatrix}$$

における a_{11}, a_{21}, a_{31} に対する余因数である．行列 (a_{ik}) は直交行列であるから，この余因数はそれぞれ Da_{11}, Da_{21}, Da_{31} に等しく，したがって

$$A_2'B_3'-A_3'B_2'=D\{a_{11}(A_2B_3-A_3B_2)+a_{21}(A_3B_1-A_1B_3)$$
$$+a_{31}(A_1B_2-A_2B_1)\}$$

となる．$A_3'B_1'-A_1'B_3'$, $A_1'B_2'-A_2'B_1'$ についても同様の変換式を得る．そこで

(4) $$A_2B_3-A_3B_2=C_1,\quad A_3B_1-A_1B_3=C_2,\quad A_1B_2-A_2B_1=C_3$$

(4′) $$A_2'B_3'-A_3'B_2'=C_1',\quad A_3'B_1'-A_1'B_3'=C_2',\quad A_1'B_2'-A_2'B_1'=C_3'$$

と書くならば，上の結果は

(5) $$C_i'=D\sum_j a_{ji}C_j$$

となり，これを逆に C_i について解けば，$D=\pm1$ に注意して

(5′) $$C_i=D\sum_j a_{ij}C_j'$$

を得る．これは $D=+1$ のとき，すなわち右手系同士の変換では，C_1, C_2, C_3 がベクトルの成分と同じ変換法則に従うことを示している．事実，これは外積 $\boldsymbol{A}\times\boldsymbol{B}$ の成分である．

次にベクトル $\boldsymbol{A}$ の成分を A_1, A_2, A_3 とするとき

(6) $$\frac{\partial A_3}{\partial x_2}-\frac{\partial A_2}{\partial x_3},\quad \frac{\partial A_1}{\partial x_3}-\frac{\partial A_3}{\partial x_1},\quad \frac{\partial A_2}{\partial x_1}-\frac{\partial A_1}{\partial x_2}$$

を考えると，

$$\frac{\partial A_3'}{\partial x_2'}-\frac{\partial A_2'}{\partial x_3'}=\sum_i\frac{\partial x_i}{\partial x_2'}\frac{\partial}{\partial x_i}(\sum_k a_{k3}A_k)-\sum_k\frac{\partial x_k}{\partial x_3'}\frac{\partial}{\partial x_k}(\sum_i a_{i2}A_i)$$
$$=\sum_{i,k}a_{i2}a_{k3}\frac{\partial A_k}{\partial x_i}-\sum_{i,k}a_{k3}a_{i2}\frac{\partial A_i}{\partial x_k}$$
$$=(a_{22}a_{33}-a_{32}a_{23})\left(\frac{\partial A_3}{\partial x_2}-\frac{\partial A_2}{\partial x_3}\right)$$
$$+(a_{32}a_{13}-a_{12}a_{33})\left(\frac{\partial A_1}{\partial x_3}-\frac{\partial A_3}{\partial x_1}\right)$$
$$+(a_{12}a_{23}-a_{22}a_{13})\left(\frac{\partial A_2}{\partial x_1}-\frac{\partial A_1}{\partial x_2}\right)$$

であるからこれも (5) と同じ形の変換を受ける．したがって右手系の座標系のみを考えるとき，(6) もベクトルの成分である．これは rot $\boldsymbol{A}$ の成分であるから，このことは $\boldsymbol{A}$ が座標系によらないベクトルなら，その回転も座標系によらないことを示している．

極性ベクトルと軸性ベクトル　点の位置ベクトルや質点の速度のように，何の約束をしないでもはじめから向きのきまっているベクトルを**極性ベクトル**という．これに反し，2つの極性ベクトルの外積のように何かの約束，例えば右ねじの進行方向とか，逆時計まわりのような約束によってその向きがはじめてきまるベクトルを**軸性ベクトル**という．極性ベクトルは幾何学的に空間の2点できまる有向線分によって代表されるから，直交軸の変換のときその成分の変換も (1.9) から直接に導かれる．その変換の式は右手系にも左手系にもそのまま用いられる．これに反し，2個の極性ベクトルの外積の成分は (5) にしたがって変換されるから，座標系が右手系から左手系，あるいはその逆に変換されるときは，その変換の式は極性ベクトルの場合とは符号だけことなる．極性ベクトル場の回転も，その成分は外積と同様の変換を受けるから軸性ベクトルである．

例 1.　ベクトル $\boldsymbol{A}, \boldsymbol{B}, \boldsymbol{C}$ の成分で作る行列式

$$\begin{vmatrix} A_1 & B_1 & C_1 \\ A_2 & B_2 & C_2 \\ A_3 & B_3 & C_3 \end{vmatrix}$$

は直交座標系の変換に対していかなる変換法則に従うか，$\boldsymbol{A}, \boldsymbol{B}, \boldsymbol{C}$ が極性ベクトルの場合，$\boldsymbol{A}, \boldsymbol{B}$ が極性ベクトルで $\boldsymbol{C}$ が軸性ベクトルの場合について調べよ．

［解］　$\boldsymbol{A}, \boldsymbol{B}, \boldsymbol{C}$ が極性ベクトルなら (1) から

$$\begin{vmatrix} A_1' & B_1' & C_1' \\ A_2' & B_2' & C_2' \\ A_3' & B_3' & C_3' \end{vmatrix} = \begin{vmatrix} a_{11} & a_{21} & a_{31} \\ a_{12} & a_{22} & a_{32} \\ a_{13} & a_{23} & a_{33} \end{vmatrix} \begin{vmatrix} A_1 & B_1 & C_1 \\ A_2 & B_2 & C_2 \\ A_3 & B_3 & C_3 \end{vmatrix} = D \begin{vmatrix} A_1 & B_1 & C_1 \\ A_2 & B_2 & C_2 \\ A_3 & B_3 & C_3 \end{vmatrix},$$

$\boldsymbol{A}, \boldsymbol{B}$ が極性ベクトル，$\boldsymbol{C}$ が軸性ベクトルなら (1) と (5) から

$$\begin{vmatrix} A_1' & B_1' & C_1' \\ A_2' & B_2' & C_2' \\ A_3' & B_3' & C_3' \end{vmatrix} = D \begin{vmatrix} a_{11} & a_{21} & a_{31} \\ a_{12} & a_{22} & a_{32} \\ a_{13} & a_{23} & a_{33} \end{vmatrix} \begin{vmatrix} A_1 & B_1 & C_1 \\ A_2 & B_2 & C_2 \\ A_3 & B_3 & C_3 \end{vmatrix} = \begin{vmatrix} A_1 & B_1 & C_1 \\ A_2 & B_2 & C_2 \\ A_3 & B_3 & C_3 \end{vmatrix}.$$

例 2.　次のベクトルは極性か軸性か：(i) 極性ベクトルと軸性ベクトルの外積，(ii) 2つの軸性ベクトルの外積，(iii) 軸性ベクトルの回転．

［解］　ベクトルの極性，軸性のちがいは右手系や左手系を含む直交座標系の変換で，成分の変換が (1) によるか (5) によるかにある．$D^2 = 1$ であるから (i) は極性，(ii) は

軸性，(iii) は極性.

§3. 曲線座標系

空間のある領域 D で定義された3つの C^k 級 (k は $k \geqq 1$ なる整数) の1価関数 $F(x, y, z)$, $G(x, y, z)$, $H(x, y, z)$ が，例えば D 内の1点 $P_0(x_0, y_0, z_0)$ で

$$\frac{\partial(F, G, H)}{\partial(x, y, z)} \neq 0 \tag{1}$$

をみたしたとしよう．このとき

$$F(x_0, y_0, z_0) = u_0, \quad G(x_0, y_0, z_0) = v_0, \quad H(x_0, y_0, z_0) = w_0$$

とすると

$$F(x, y, z) = u, \quad G(x, y, z) = v, \quad H(x, y, z) = w \tag{2}$$

は u, v, w が u_0, v_0, w_0 に十分近いときには x, y, z について解いて

$$f(u, v, w) = x, \quad g(u, v, w) = y, \quad h(u, v, w) = z \tag{3}$$

とし，しかもこの f, g, h は u_0, v_0, w_0 を含む u, v, w のある領域で C^k 級の1価関数で，$u = u_0$, $v = v_0$, $w = w_0$ ではそれぞれ x_0, y_0, z_0 となるようにすることができる.

座標軸 Ox, Oy, Oz が与えられ，点の座標が x, y, z で示される空間 R と，座標軸 $O'x'$, $O'y'$, $O'z'$ が与えられ，点の座標が u, v, w で示される空間 R' を考える．R において点 $P_0(x_0, y_0, z_0)$ を含む領域 U を適当にとり，また R' において点 $P_0'(u_0, v_0, w_0)$ を含む領域 U' を適当にとれば，(2) あるいは (3) は U と U' の間に1対1の点の対応をつける．この対応を C^k 級の正則な対応という.

さらに一般に D の点 (x, y, z) に対しても (2) によって R' の点 (u, v, w) がきまるゆえ，(2) は R の領域 D から R' の中への写像である．特に D 内の領域 E のすべての点において (1) が成立するとき，(2) による E の像を E' とすれば，(2) による写像 $E \to E'$ は正則な C^k 写像という．これについて考えよう.

いま空間 R は実際にわれわれが扱う空間 (例えば物理的現象を論じようとする空間) とし，空間 R' は単に実数の組 (u, v, w) を表わすための空間とする．上に述べたように，適当にとった R の領域 U, R' の領域 U' については点の対応が (2) および (3) できまる．このとき，もちろん U' は (2) による U の像，U は (3) による U' の像である．このように実数の組 (u, v, w) と空間 R の点 P とはその動く範囲を制限すれば1対1に対応するので，(u, v, w) によって点 P を示すことができる．この u, v, w を点 P の**曲線**

座標という．Uはこの曲線座標が用いられる領域であるが，これを**座標近傍**とよぶ．(2) の関数の定義域自身がそのまま座標近傍であるとはかぎらない．

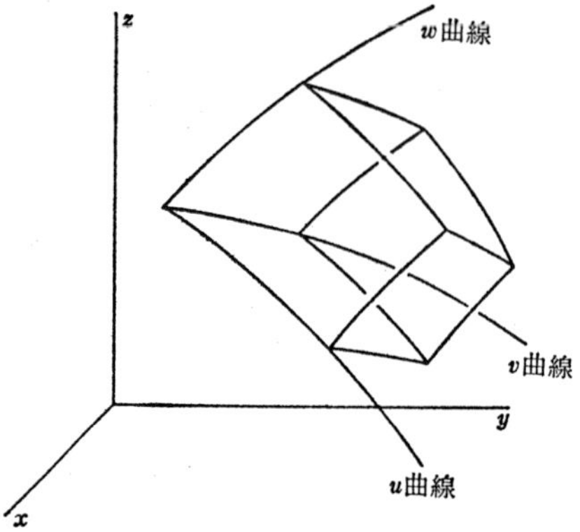

7-1 図

uが一定なる点の集合はR'内では$y'z'$平面に平行な1つの平面であるが，Rでは (2) あるいは (3) からわかるように1つの曲面である．すなわち$u=c$とすれば (2) からは陰関数による曲面の表示$F(x, y, z)=c$，(3) からはv, wを媒介変数とする曲面の表示$x=f(c, v, w)$，$y=g(c, v, w)$，$z=h(c, v, w)$を得る．この曲面はu曲面といい，cにいろいろな値を与えれば1群のu曲面を得る．同様にv曲面，w曲面を定義する．これらを曲線座標系(u, v, w)の**座標曲面**という．

v, wを一定とし，uのみを変化させて得るR内の曲線をu曲線という．これはあるv曲面とあるw曲面の交線である．v曲線，w曲線も同様に定義される．これらは曲線座標系(u, v, w)の**座標曲線**という．

例3. 円柱座標(r, θ, z)および極座標(r, θ, φ)において座標と点の対応が1対1である範囲を求めよ．

［**解**］ 円柱座標の場合，点Pの直交座標をx, y, zとすれば

$$x=r\cos\theta, \qquad y=r\sin\theta, \qquad z=z$$

であるからまずr, θは$r\geqq 0$，$0\leqq\theta<2\pi$で制限する．$r=0$ではθが何であっても$x=y=0$，したがって1対1でない．

$$\frac{\partial(x, y, z)}{\partial(r, \theta, z)}=\begin{vmatrix}\cos\theta & \sin\theta & 0\\ -r\sin\theta & r\cos\theta & 0\\ 0 & 0 & 1\end{vmatrix}=r$$

からも$r=0$は除外する．これ以外の点で1対1なることは明らかである．極座標の場合は

$$x=r\sin\theta\cos\varphi, \qquad y=r\sin\theta\sin\varphi, \qquad z=r\cos\theta$$

であるからまず$r\geqq 0$，$0\leqq\theta\leqq\pi$，$0\leqq\varphi<2\pi$と制限する．$r=0$とおくとθ, φが何であっても$x=y=z=0$であるから1対1とならない．$r>0$でも$\theta=0$または$\theta=\pi$とするとφが何であっても$x=y=0$，したがって1対1とならない．

$$\frac{\partial(x, y, z)}{\partial(r, \theta, \varphi)} = \begin{vmatrix} \sin\theta\cos\varphi & \sin\theta\sin\varphi & \cos\theta \\ r\cos\theta\cos\varphi & r\cos\theta\sin\varphi & -r\sin\theta \\ -r\sin\theta\sin\varphi & r\sin\theta\cos\varphi & 0 \end{vmatrix} = r^2\sin\theta$$

からも $r=0$ と $\theta=0, \pi$ とは除外しなければならない．これ以外の点では1対1が成立する．

例 4. 次の式によって与えられる曲線座標の座標曲面は何か．またこの座標が1対1に点を表わす範囲を求めよ：

$$u = \frac{x^2+y^2+z^2}{2x}, \qquad v = \frac{x^2+y^2+z^2}{2y}, \qquad w = \frac{x^2+y^2+z^2}{2z}.$$

［解］ u 曲面は点 $(u, 0, 0)$ を中心とし，yz 平面に接する球面 $(x-u)^2+y^2+z^2=u^2$，v 曲面は点 $(0, v, 0)$ を中心とし，zx 平面に接する球面，w 曲面は点 $(0, 0, w)$ を中心とし，xy 平面に接する球面である．$x \neq 0, y \neq 0, z \neq 0$ とすると

$$\begin{aligned} \frac{\partial u}{\partial x} &= 1-\frac{u}{x}, & \frac{\partial u}{\partial y} &= \frac{y}{x}, & \frac{\partial u}{\partial z} &= \frac{z}{x}, \\ \frac{\partial v}{\partial x} &= \frac{x}{y}, & \frac{\partial v}{\partial y} &= 1-\frac{v}{y}, & \frac{\partial v}{\partial z} &= \frac{z}{y}, \\ \frac{\partial w}{\partial x} &= \frac{x}{z}, & \frac{\partial w}{\partial y} &= \frac{y}{z}, & \frac{\partial w}{\partial z} &= 1-\frac{w}{z} \end{aligned}$$

であるから

$$\frac{\partial(u, v, w)}{\partial(x, y, z)} = -\frac{uvw}{xyz} + \frac{vw}{yz} + \frac{wu}{zx} + \frac{uv}{xy} = \frac{(x^2+y^2+z^2)^3}{8x^2y^2z^2},$$

したがって

$$\frac{\partial(x, y, z)}{\partial(u, v, w)} = \frac{8x^2y^2z^2}{(x^2+y^2+z^2)^3} \neq 0.$$

よって $u \neq 0, v \neq 0, w \neq 0$ なるあらゆる u, v, w の値に対して $x \neq 0, y \neq 0, z \neq 0$ なる点が1つきまり，座標 (u, v, w) と点の対応は1対1である．しかし yz 平面，zx 平面，xy 平面の点は (u, v, w) で表わされない．

§4. 直交曲線座標

曲線座標

$$u = F(x, y, z), \qquad v = G(x, y, z), \qquad w = H(x, y, z)$$

をここでは

$$(1) \qquad u_1 = u_1(x, y, z), \qquad u_2 = u_2(x, y, z), \qquad u_3 = u_3(x, y, z)$$

と書く．3つの座標曲面すなわち u_1 曲面，u_2 曲面，u_3 曲面が各点で互いに直交する曲線座標を**直交曲線座標**という．

まず (1) が曲線座標であるためには，この式を用いる領域Dの各点で

$$\frac{\partial(u_1, u_2, u_3)}{\partial(x, y, z)} \neq 0 \tag{2}$$

であることが必要である．Dにおいて (1) を x, y, z について解いたものを

$$x = x(u_1, u_2, u_3), \quad y = y(u_1, u_2, u_3), \quad z = z(u_1, u_2, u_3) \tag{3}$$

としよう．Dの点を位置ベクトルで

$$\boldsymbol{r}(u_1, u_2, u_3) = x(u_1, u_2, u_3)\boldsymbol{i} + y(u_1, u_2, u_3)\boldsymbol{j} + z(u_1, u_2, u_3)\boldsymbol{k}$$

と書けば

$$\begin{cases} \dfrac{\partial \boldsymbol{r}}{\partial u_1} = \dfrac{\partial x}{\partial u_1}\boldsymbol{i} + \dfrac{\partial y}{\partial u_1}\boldsymbol{j} + \dfrac{\partial z}{\partial u_1}\boldsymbol{k}, \\ \dfrac{\partial \boldsymbol{r}}{\partial u_2} = \dfrac{\partial x}{\partial u_2}\boldsymbol{i} + \dfrac{\partial y}{\partial u_2}\boldsymbol{j} + \dfrac{\partial z}{\partial u_2}\boldsymbol{k}, \\ \dfrac{\partial \boldsymbol{r}}{\partial u_3} = \dfrac{\partial x}{\partial u_3}\boldsymbol{i} + \dfrac{\partial y}{\partial u_3}\boldsymbol{j} + \dfrac{\partial z}{\partial u_3}\boldsymbol{k} \end{cases} \tag{4}$$

である．h_1, h_2, h_3 を

$$h_i = \left| \frac{\partial \boldsymbol{r}}{\partial u_i} \right| \tag{5}$$

で定義すれば，u_1 曲線，u_2 曲線，u_3 曲線の単位接線ベクトルはDの各点でそれぞれ次のように与えられる：

$$\frac{1}{h_1}\frac{\partial \boldsymbol{r}}{\partial u_1}, \quad \frac{1}{h_2}\frac{\partial \boldsymbol{r}}{\partial u_2}, \quad \frac{1}{h_3}\frac{\partial \boldsymbol{r}}{\partial u_3}. \tag{6}$$

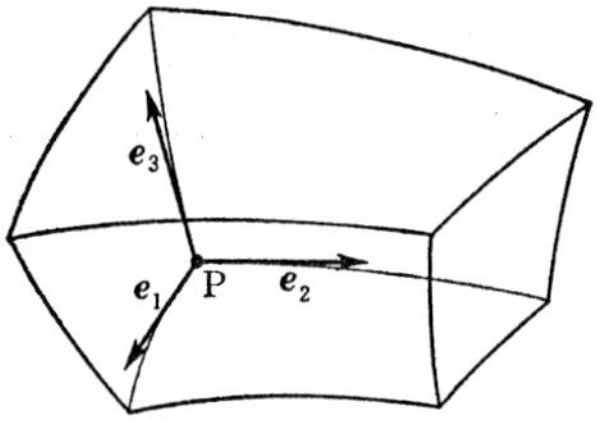

7-2 図

直交曲線座標では座標曲面が各点で互いに直交することから，その交線である座標曲線も互いに直交する．したがって (6) のベクトルは直交する単位ベクトルである．またこの結果 (6) のベクトルはそれぞれ u_1 曲面，u_2 曲面，u_3 曲面の法線ベクトルである．

1組の直交曲線座標 u_1, u_2, u_3 が用いられる領域は一般に空間 R の一部分であるから，これを D とよぼう．D では (2) の関数行列式が一定の符号をもつから，u_1, u_2, u_3 の順序のとり方によって

$$\frac{\partial(u_1, u_2, u_3)}{\partial(x, y, z)} > 0 \tag{7}$$

とすることができる．この行列式の逆数を考えれば (7) から

$$\left[\frac{\partial \boldsymbol{r}}{\partial u_1}\ \frac{\partial \boldsymbol{r}}{\partial u_2}\ \frac{\partial \boldsymbol{r}}{\partial u_3}\right] > 0$$

を得る．これは (6) の単位ベクトル

(8)
$$\boldsymbol{e}_i = \frac{1}{h_i}\frac{\partial \boldsymbol{r}}{\partial u_i}$$

が次の関係をみたすことを示している：

$$\boldsymbol{e}_2 \times \boldsymbol{e}_3 = \boldsymbol{e}_1, \quad \boldsymbol{e}_3 \times \boldsymbol{e}_1 = \boldsymbol{e}_2, \quad \boldsymbol{e}_1 \times \boldsymbol{e}_2 = \boldsymbol{e}_3.$$

これらの単位ベクトル $\boldsymbol{e}_i$ は D の点 $\mathrm{P}(x, y, z)$ によるのであるから，一般に P が動けば $\boldsymbol{e}_i$ も変化する．各点 P においてこの点における $\boldsymbol{e}_i$ を用いて直交座標系 (P; $\boldsymbol{e}_i$) を考えるとき，これと直交座標系 (O; $\boldsymbol{i}, \boldsymbol{j}, \boldsymbol{k}$) との関係を調べよう．

まず

(9)
$$\boldsymbol{e}_i = \frac{1}{h_i}\frac{\partial x}{\partial u_i}\boldsymbol{i} + \frac{1}{h_i}\frac{\partial y}{\partial u_i}\boldsymbol{j} + \frac{1}{h_i}\frac{\partial z}{\partial u_i}\boldsymbol{k}$$

が成り立つことは (4) から明らかである．また $\boldsymbol{e}_1, \boldsymbol{e}_2, \boldsymbol{e}_3$ が右手系の直交単位ベクトルであるから行列

(10)
$$S = \begin{bmatrix} \dfrac{1}{h_1}\dfrac{\partial x}{\partial u_1} & \dfrac{1}{h_1}\dfrac{\partial y}{\partial u_1} & \dfrac{1}{h_1}\dfrac{\partial z}{\partial u_1} \\ \dfrac{1}{h_2}\dfrac{\partial x}{\partial u_2} & \dfrac{1}{h_2}\dfrac{\partial y}{\partial u_2} & \dfrac{1}{h_2}\dfrac{\partial z}{\partial u_2} \\ \dfrac{1}{h_3}\dfrac{\partial x}{\partial u_3} & \dfrac{1}{h_3}\dfrac{\partial y}{\partial u_3} & \dfrac{1}{h_3}\dfrac{\partial z}{\partial u_3} \end{bmatrix}$$

は行列式が $+1$ の直交行列である．したがってこれの転置行列は逆行列である．また行列

(11)
$$T = \begin{bmatrix} h_1\dfrac{\partial u_1}{\partial x} & h_2\dfrac{\partial u_2}{\partial x} & h_3\dfrac{\partial u_3}{\partial x} \\ h_1\dfrac{\partial u_1}{\partial y} & h_2\dfrac{\partial u_2}{\partial y} & h_3\dfrac{\partial u_3}{\partial y} \\ h_1\dfrac{\partial u_1}{\partial z} & h_2\dfrac{\partial u_2}{\partial z} & h_3\dfrac{\partial u_3}{\partial z} \end{bmatrix}$$

を考えると，S の第 i 行と T の第 k 列について

$$\frac{1}{h_i}\frac{\partial x}{\partial u_i}h_k\frac{\partial u_k}{\partial x} + \frac{1}{h_i}\frac{\partial y}{\partial u_i}h_k\frac{\partial u_k}{\partial y} + \frac{1}{h_i}\frac{\partial z}{\partial u_i}h_k\frac{\partial u_k}{\partial z}$$
$$= \frac{h_k}{h_i}\left(\frac{\partial x}{\partial u_i}\frac{\partial u_k}{\partial x} + \frac{\partial y}{\partial u_i}\frac{\partial u_k}{\partial y} + \frac{\partial z}{\partial u_i}\frac{\partial u_k}{\partial z}\right) = \frac{h_k}{h_i}\delta_{ik} = \delta_{ik}$$

となることから，T は S の逆行列である．したがって

$$(12)\quad \begin{bmatrix} \frac{1}{h_1}\frac{\partial x}{\partial u_1} & \frac{1}{h_2}\frac{\partial x}{\partial u_2} & \frac{1}{h_3}\frac{\partial x}{\partial u_3} \\ \frac{1}{h_1}\frac{\partial y}{\partial u_1} & \frac{1}{h_2}\frac{\partial y}{\partial u_2} & \frac{1}{h_3}\frac{\partial y}{\partial u_3} \\ \frac{1}{h_1}\frac{\partial z}{\partial u_1} & \frac{1}{h_2}\frac{\partial z}{\partial u_2} & \frac{1}{h_3}\frac{\partial z}{\partial u_3} \end{bmatrix} = \begin{bmatrix} h_1\frac{\partial u_1}{\partial x} & h_2\frac{\partial u_2}{\partial x} & h_3\frac{\partial u_3}{\partial x} \\ h_1\frac{\partial u_1}{\partial y} & h_2\frac{\partial u_2}{\partial y} & h_3\frac{\partial u_3}{\partial y} \\ h_1\frac{\partial u_1}{\partial z} & h_2\frac{\partial u_2}{\partial z} & h_3\frac{\partial u_3}{\partial z} \end{bmatrix}$$

なる恒等式を得る．これは

$$\frac{1}{h_i}\frac{\partial \boldsymbol{r}}{\partial u_i} = h_i \nabla u_i$$

なることを表わすから，(9) を

$$(13)\qquad \boldsymbol{e}_i = h_i \nabla u_i$$

と書くことができる．

ベクトル場 $\boldsymbol{V}$ の x 成分，y 成分，z 成分をそれぞれ V_x, V_y, V_z とし，また

$$\boldsymbol{V} = V_1\boldsymbol{e}_1 + V_2\boldsymbol{e}_2 + V_3\boldsymbol{e}_3$$

によって V_1, V_2, V_3 を定義すれば，$V_i = \boldsymbol{V}\cdot\boldsymbol{e}_i$ と (13) から

$$(14)\qquad V_i = h_i \boldsymbol{V}\cdot\nabla u_i$$

を得る．また

$$(15)\qquad V_i = \frac{1}{h_i}\left(V_x\frac{\partial x}{\partial u_i} + V_y\frac{\partial y}{\partial u_i} + V_z\frac{\partial z}{\partial u_i}\right) = \frac{1}{h_i}\boldsymbol{V}\cdot\frac{\partial \boldsymbol{r}}{\partial u_i}$$

である．V_x, V_y, V_z を V_1, V_2, V_3 で表わす式は $V_x = \boldsymbol{V}\cdot\boldsymbol{i} = \sum_i V_i\boldsymbol{e}_i\cdot\boldsymbol{i}$ 等に (9) を用いればわかるように

$$(16)\qquad \begin{cases} V_x = \sum_i \frac{1}{h_i}\frac{\partial x}{\partial u_i}V_i = \sum_i h_i\frac{\partial u_i}{\partial x}V_i, \\ V_y = \sum_i \frac{1}{h_i}\frac{\partial y}{\partial u_i}V_i = \sum_i h_i\frac{\partial u_i}{\partial y}V_i, \\ V_z = \sum_i \frac{1}{h_i}\frac{\partial z}{\partial u_i}V_i = \sum_i h_i\frac{\partial u_i}{\partial z}V_i \end{cases}$$

である．次の公式も容易に導かれる：

$$(17)\qquad \boldsymbol{V} = \sum_i h_i V_i \nabla u_i.$$

ここで次の公式を証明しよう：

$$(18)\qquad \Delta u_i = \frac{1}{h_i^2}\left(\sum_k \frac{1}{h_k}\frac{\partial h_k}{\partial u_i} - 2\frac{1}{h_i}\frac{\partial h_i}{\partial u_i}\right).$$

[証 明]

$$\Delta u_i = \frac{\partial}{\partial x}\left(\frac{\partial u_i}{\partial x}\right) + \frac{\partial}{\partial y}\left(\frac{\partial u_i}{\partial y}\right) + \frac{\partial}{\partial z}\left(\frac{\partial u_i}{\partial z}\right)$$
$$= \frac{\partial}{\partial x}\left(\frac{1}{h_i^2}\frac{\partial x}{\partial u_i}\right) + \frac{\partial}{\partial y}\left(\frac{1}{h_i^2}\frac{\partial y}{\partial u_i}\right) + \frac{\partial}{\partial z}\left(\frac{1}{h_i^2}\frac{\partial z}{\partial u_i}\right)$$
$$= \frac{\partial}{\partial x}\left(\frac{1}{h_i^2}\right)\frac{\partial x}{\partial u_i} + \frac{\partial}{\partial y}\left(\frac{1}{h_i^2}\right)\frac{\partial y}{\partial u_i} + \frac{\partial}{\partial z}\left(\frac{1}{h_i^2}\right)\frac{\partial z}{\partial u_i}$$
$$+ \frac{1}{h_i^2}\left\{\frac{\partial}{\partial x}\left(\frac{\partial x}{\partial u_i}\right) + \frac{\partial}{\partial y}\left(\frac{\partial y}{\partial u_i}\right) + \frac{\partial}{\partial z}\left(\frac{\partial z}{\partial u_i}\right)\right\}$$

において

$$\frac{\partial}{\partial x} = \sum_k \frac{\partial u_k}{\partial x}\frac{\partial}{\partial u_k}$$

であるから

$$\Delta u_i = \frac{\partial}{\partial u_i}\left(\frac{1}{h_i^2}\right) + \frac{1}{h_i^2}\sum_k\left(\frac{\partial u_k}{\partial x}\frac{\partial^2 x}{\partial u_k \partial u_i} + \frac{\partial u_k}{\partial y}\frac{\partial^2 y}{\partial u_k \partial u_i} + \frac{\partial u_k}{\partial z}\frac{\partial^2 z}{\partial u_k \partial u_i}\right)$$

となる．ところで

$$\left(\frac{\partial x}{\partial u_k}\right)^2 + \left(\frac{\partial y}{\partial u_k}\right)^2 + \left(\frac{\partial z}{\partial u_k}\right)^2 = h_k^2$$

であるから

$$\sum_k\left(\frac{\partial u_k}{\partial x}\frac{\partial^2 x}{\partial u_k \partial u_i} + \frac{\partial u_k}{\partial y}\frac{\partial^2 y}{\partial u_k \partial u_i} + \frac{\partial u_k}{\partial z}\frac{\partial^2 z}{\partial u_k \partial u_i}\right)$$
$$= \sum_k \frac{1}{h_k^2}\left(\frac{\partial x}{\partial u_k}\frac{\partial^2 x}{\partial u_i \partial u_k} + \frac{\partial y}{\partial u_k}\frac{\partial^2 y}{\partial u_i \partial u_k} + \frac{\partial z}{\partial u_k}\frac{\partial^2 z}{\partial u_i \partial u_k}\right)$$
$$= \frac{1}{2}\sum_k \frac{1}{h_k^2}\frac{\partial}{\partial u_i}\left\{\left(\frac{\partial x}{\partial u_k}\right)^2 + \left(\frac{\partial y}{\partial u_k}\right)^2 + \left(\frac{\partial z}{\partial u_k}\right)^2\right\}$$
$$= \frac{1}{2}\sum_k \frac{1}{h_k^2}\frac{\partial}{\partial u_i}(h_k)^2 = \sum_k \frac{1}{h_k}\frac{\partial h_k}{\partial u_i},$$

したがって

$$\Delta u_i = \frac{\partial}{\partial u_i}\left(\frac{1}{h_i^2}\right) + \frac{1}{h_i^2}\sum_k \frac{1}{h_k}\frac{\partial h_k}{\partial u_i}$$

から (18) を得る．

例 5.　極座標

$$x = r\sin\theta\cos\varphi, \qquad y = r\sin\theta\sin\varphi, \qquad z = r\cos\theta$$

において $r = u_1$, $\theta = u_2$, $\varphi = u_3$ とする．極座標は直交曲線座標なることを示し，h_1, h_2,

h_3 を求めよ.

［解］

$$\frac{\partial \boldsymbol{r}}{\partial r}\cdot\frac{\partial \boldsymbol{r}}{\partial \theta}=0,\qquad \frac{\partial \boldsymbol{r}}{\partial r}\cdot\frac{\partial \boldsymbol{r}}{\partial \varphi}=0,\qquad \frac{\partial \boldsymbol{r}}{\partial \theta}\cdot\frac{\partial \boldsymbol{r}}{\partial \varphi}=0$$

であるから直交曲線座標である.

$$\frac{\partial \boldsymbol{r}}{\partial r}\cdot\frac{\partial \boldsymbol{r}}{\partial r}=1,\qquad \frac{\partial \boldsymbol{r}}{\partial \theta}\cdot\frac{\partial \boldsymbol{r}}{\partial \theta}=r^2,\qquad \frac{\partial \boldsymbol{r}}{\partial \varphi}\cdot\frac{\partial \boldsymbol{r}}{\partial \varphi}=r^2\sin^2\theta$$

であるから

$$h_1=1,\qquad h_2=r\,(=u_1),\qquad h_3=r\sin\theta\,(=u_1\sin u_2).$$

問　　題

1. 極座標において次のものを $r,\ \theta,\ \varphi$ の関数として求めよ：

$$\frac{\partial\theta}{\partial x},\qquad \frac{\partial\theta}{\partial y},\qquad \frac{\partial\theta}{\partial z},\qquad \frac{\partial\varphi}{\partial x},\qquad \frac{\partial\varphi}{\partial y},\qquad \frac{\partial\varphi}{\partial z}.$$

2. §3 例 4 の曲線座標 $(u,\ v,\ w)$ は球の性質から直交曲線座標であるが，これを計算によって示せ．また $u=u_1,\ v=u_2,\ w=u_3$ として $h_1,\ h_2,\ h_3$ を求めよ.

［解　　答］

1.
$$\frac{\partial\theta}{\partial x}=\frac{\partial u_2}{\partial x}=\frac{1}{{h_2}^2}\frac{\partial x}{\partial u_2}=\frac{1}{r^2}r\cos\theta\cos\varphi=\frac{1}{r}\cos\theta\cos\varphi.$$

同様の計算によって

$$\frac{\partial\theta}{\partial y}=\frac{1}{r}\cos\theta\sin\varphi,\qquad \frac{\partial\theta}{\partial z}=-\frac{1}{r}\sin\theta,$$

$$\frac{\partial\varphi}{\partial x}=-\frac{\sin\varphi}{r\sin\theta},\qquad \frac{\partial\varphi}{\partial y}=\frac{\cos\varphi}{r\sin\theta},\qquad \frac{\partial\varphi}{\partial z}=0.$$

2. 例 4 の解から

$$\frac{\partial u}{\partial x}\frac{\partial v}{\partial x}+\frac{\partial u}{\partial y}\frac{\partial v}{\partial y}+\frac{\partial u}{\partial z}\frac{\partial v}{\partial z}=0$$

すなわち $(\nabla u)\cdot(\nabla v)=0$ を得る．$(\nabla u)\cdot(\nabla w)=0,\ (\nabla v)\cdot(\nabla w)=0$ も同様で，これから直交曲線座標なることがわかる.

$$\left(\frac{\partial u}{\partial x}\right)^2+\left(\frac{\partial u}{\partial y}\right)^2+\left(\frac{\partial u}{\partial z}\right)^2=\left(\frac{x^2+y^2+z^2}{2x^2}\right)^2$$

であるから

$$h_1=\frac{2x^2}{x^2+y^2+z^2},$$

同様に

$$h_2=\frac{2y^2}{x^2+y^2+z^2},\qquad h_3=\frac{2z^2}{x^2+y^2+z^2}.$$

§5. スカラー場およびベクトル場の微分と直交曲線座標

スカラー場の微分　スカラー場 f について勾配ベクトル ∇f の x 成分，y 成分，z 成分は $\nabla_x f = \partial f/\partial x$, $\nabla_y f = \partial f/\partial y$, $\nabla_z f = \partial f/\partial z$ である．しかし直交曲線座標に関する ∇f の成分は $\partial f/\partial u_1$, $\partial f/\partial u_2$, $\partial f/\partial u_3$ ではなく，§4 の (14) または (15) によって求めなければならない．特に (15) によれば勾配 ∇f の 3 成分はまとめて

$$\frac{1}{h_i}\left(\frac{\partial f}{\partial x}\frac{\partial x}{\partial u_i} + \frac{\partial f}{\partial y}\frac{\partial y}{\partial u_i} + \frac{\partial f}{\partial z}\frac{\partial z}{\partial u_i}\right)$$

と書かれる．$f(x, y, z)$ において (4.3) を代入して得る u_1, u_2, u_3 の関数を考えれば，これらは

$$\frac{1}{h_1}\frac{\partial f}{\partial u_1}, \quad \frac{1}{h_2}\frac{\partial f}{\partial u_2}, \quad \frac{1}{h_3}\frac{\partial f}{\partial u_3} \tag{1}$$

となることがわかる．

ベクトル場の発散　発散はスカラーであるから座標系によらない．したがって直交曲線座標のときも

$$\operatorname{div} \boldsymbol{V} = \frac{\partial V_x}{\partial x} + \frac{\partial V_y}{\partial y} + \frac{\partial V_z}{\partial z}$$

から次のように計算してよい．まず右辺に (4.16) を代入して

$$\begin{aligned}\operatorname{div} \boldsymbol{V} &= \frac{\partial}{\partial x}\left(\sum_i h_i \frac{\partial u_i}{\partial x} V_i\right) + \frac{\partial}{\partial y}\left(\sum_i h_i \frac{\partial u_i}{\partial y} V_i\right) + \frac{\partial}{\partial z}\left(\sum_i h_i \frac{\partial u_i}{\partial z} V_i\right) \\ &= \sum_i \left(\frac{\partial h_i}{\partial x}\frac{\partial u_i}{\partial x} + \frac{\partial h_i}{\partial y}\frac{\partial u_i}{\partial y} + \frac{\partial h_i}{\partial z}\frac{\partial u_i}{\partial z}\right) V_i \\ &\quad + \sum_i h_i \left(\frac{\partial^2 u_i}{\partial x^2} + \frac{\partial^2 u_i}{\partial y^2} + \frac{\partial^2 u_i}{\partial z^2}\right) V_i \\ &\quad + \sum_i h_i \left(\frac{\partial u_i}{\partial x}\frac{\partial V_i}{\partial x} + \frac{\partial u_i}{\partial y}\frac{\partial V_i}{\partial y} + \frac{\partial u_i}{\partial z}\frac{\partial V_i}{\partial z}\right)\end{aligned}$$

を得る．これに (4.12) と

$$\frac{\partial x}{\partial u_i}\frac{\partial}{\partial x} + \frac{\partial y}{\partial u_i}\frac{\partial}{\partial y} + \frac{\partial z}{\partial u_i}\frac{\partial}{\partial z} = \frac{\partial}{\partial u_i}$$

を用いれば

$$\operatorname{div} \boldsymbol{V} = \sum_i \frac{1}{h_i^2}\frac{\partial h_i}{\partial u_i} V_i + \sum_i h_i (\Delta u_i) V_i + \sum_i \frac{1}{h_i}\frac{\partial V_i}{\partial u_i}$$

を得る．(4.18) によりこの第 2 項は

$$\sum_i \frac{1}{h_i}\left(\sum_k \frac{1}{h_k}\frac{\partial h_k}{\partial u_i} - 2\frac{1}{h_i}\frac{\partial h_i}{\partial u_i}\right)V_i$$

となるから結局

$$\text{(2)}\qquad \operatorname{div} \boldsymbol{V} = \sum_{i,k}\frac{V_i}{h_i h_k}\frac{\partial h_k}{\partial u_i} - \sum_i \frac{1}{h_i{}^2}\frac{\partial h_i}{\partial u_i}V_i + \sum_i \frac{1}{h_i}\frac{\partial V_i}{\partial u_i}$$

すなわち

$$\text{(3)}\qquad \operatorname{div} \boldsymbol{V} = \frac{1}{h_1h_2h_3}\left\{\frac{\partial}{\partial u_1}(h_2h_3V_1) + \frac{\partial}{\partial u_2}(h_3h_1V_2) + \frac{\partial}{\partial u_3}(h_1h_2V_3)\right\}$$

を得る.

ベクトル場の回転　(4.17) を用いて $\boldsymbol{W} = \operatorname{rot} \boldsymbol{V}$ における W_i を求めよう.

$$\operatorname{rot} \boldsymbol{V} = \operatorname{rot}(\sum_i h_iV_i\nabla u_i) = \sum_i \operatorname{rot}(h_iV_i\nabla u_i) = \sum_i \nabla(h_iV_i)\times\nabla u_i$$

であるから

$$W_j = h_j\nabla u_j\cdot\{\sum_i \nabla(h_iV_i)\times\nabla u_i\} = h_j\sum_{i,k}\frac{\partial(h_iV_i)}{\partial u_k}[\nabla u_j\ \nabla u_k\ \nabla u_i]$$

を得る. ここで

$$[\nabla u_j\ \nabla u_k\ \nabla u_i] = [\nabla u_i\ \nabla u_j\ \nabla u_k]$$

$$= \begin{vmatrix} \dfrac{\partial u_i}{\partial x} & \dfrac{\partial u_i}{\partial y} & \dfrac{\partial u_i}{\partial z} \\ \dfrac{\partial u_j}{\partial x} & \dfrac{\partial u_j}{\partial y} & \dfrac{\partial u_j}{\partial z} \\ \dfrac{\partial u_k}{\partial x} & \dfrac{\partial u_k}{\partial y} & \dfrac{\partial u_k}{\partial z} \end{vmatrix} = \frac{1}{h_ih_jh_k}\begin{vmatrix} h_i\dfrac{\partial u_i}{\partial x} & h_i\dfrac{\partial u_i}{\partial y} & h_i\dfrac{\partial u_i}{\partial z} \\ h_j\dfrac{\partial u_j}{\partial x} & h_j\dfrac{\partial u_j}{\partial y} & h_j\dfrac{\partial u_j}{\partial z} \\ h_k\dfrac{\partial u_k}{\partial x} & h_k\dfrac{\partial u_k}{\partial y} & h_k\dfrac{\partial u_k}{\partial z} \end{vmatrix}$$

である. 右辺の行列式を仮に e_{ijk} と書けば, e_{123} は (4.11) の行列の行列式であるから 1 である. i, j, k がその他の数をとるときも e_{ijk} の値は行列式の性質上すぐわかるように 1, 0, −1 に限られる. これを考えて

$$W_j = \sum_{i,k}\frac{e_{ijk}}{h_ih_k}\frac{\partial(h_iV_i)}{\partial u_k}$$

から次の公式を得る:

$$\text{(4)}\qquad \begin{cases} W_1 = \dfrac{1}{h_2h_3}\left(\dfrac{\partial(h_3V_3)}{\partial u_2} - \dfrac{\partial(h_2V_2)}{\partial u_3}\right), \\ W_2 = \dfrac{1}{h_3h_1}\left(\dfrac{\partial(h_1V_1)}{\partial u_3} - \dfrac{\partial(h_3V_3)}{\partial u_1}\right), \\ W_3 = \dfrac{1}{h_1h_2}\left(\dfrac{\partial(h_2V_2)}{\partial u_1} - \dfrac{\partial(h_1V_1)}{\partial u_2}\right). \end{cases}$$

§5. スカラー場およびベクトル場の微分と直交曲線座標

ラプラシアン Δf を計算するには

$$V_i = \frac{1}{h_i}\frac{\partial f}{\partial u_i}$$

を (3) に代入すればよい. 次の公式を得る:

(5) $\quad \Delta f = \dfrac{1}{h_1 h_2 h_3}\left\{\dfrac{\partial}{\partial u_1}\left(\dfrac{h_2 h_3}{h_1}\dfrac{\partial f}{\partial u_1}\right) + \dfrac{\partial}{\partial u_2}\left(\dfrac{h_3 h_1}{h_2}\dfrac{\partial f}{\partial u_2}\right) + \dfrac{\partial}{\partial u_3}\left(\dfrac{h_1 h_2}{h_3}\dfrac{\partial f}{\partial u_3}\right)\right\}.$

例 6. 極座標 (r, θ, φ) を用いて勾配 ∇f の成分を求めよ.

[解] (1) に例5の結果を用いて

$$\mathrm{grad}_r f = \frac{\partial f}{\partial r}, \quad \mathrm{grad}_\theta f = \frac{1}{r}\frac{\partial f}{\partial \theta}, \quad \mathrm{grad}_\varphi f = \frac{1}{r\sin\theta}\frac{\partial f}{\partial \varphi}.$$

例 7. 極座標を用いて $\mathrm{div}\,\boldsymbol{A}$ を表わせ.

[解] (3) から

$$\mathrm{div}\,\boldsymbol{A} = \frac{1}{r^2\sin\theta}\left\{\frac{\partial(r^2\sin\theta A_r)}{\partial r} + \frac{\partial(r\sin\theta A_\theta)}{\partial \theta} + \frac{\partial(rA_\varphi)}{\partial \varphi}\right\}$$

$$= \frac{1}{r^2}\frac{\partial(r^2 A_r)}{\partial r} + \frac{1}{r\sin\theta}\frac{\partial(\sin\theta A_\theta)}{\partial \theta} + \frac{1}{r\sin\theta}\frac{\partial A_\varphi}{\partial \varphi}.$$

例 8. 極座標を用いて $\Delta\psi$ を表わせ.

[解] (5) から

$$\Delta\psi = \frac{1}{r^2\sin\theta}\left\{\frac{\partial}{\partial r}\left(r^2\sin\theta\frac{\partial\psi}{\partial r}\right) + \frac{\partial}{\partial \theta}\left(\sin\theta\frac{\partial\psi}{\partial \theta}\right) + \frac{\partial}{\partial \varphi}\left(\frac{1}{\sin\theta}\frac{\partial\psi}{\partial \varphi}\right)\right\}$$

$$= \frac{1}{r^2}\frac{\partial}{\partial r}\left(r^2\frac{\partial\psi}{\partial r}\right) + \frac{1}{r^2\sin\theta}\frac{\partial}{\partial \theta}\left(\sin\theta\frac{\partial\psi}{\partial \theta}\right) + \frac{1}{r^2\sin^2\theta}\frac{\partial^2\psi}{\partial \varphi^2}.$$

例 9. 極座標を用いてベクトルの回転を表わせ.

[解] (4) から

$$\mathrm{rot}_r\,\boldsymbol{A} = \frac{1}{r^2\sin\theta}\left(\frac{\partial(r\sin\theta A_\varphi)}{\partial \theta} - \frac{\partial(rA_\theta)}{\partial \varphi}\right)$$

$$= \frac{1}{r\sin\theta}\left(\frac{\partial(\sin\theta A_\varphi)}{\partial \theta} - \frac{A_\theta}{\partial \varphi}\right),$$

$$\mathrm{rot}_\theta\,\boldsymbol{A} = \frac{1}{r\sin\theta}\left(\frac{\partial A_r}{\partial \varphi} - \frac{\partial(r\sin\theta A_\varphi)}{\partial r}\right)$$

$$= \frac{1}{r}\left(\frac{1}{\sin\theta}\frac{\partial A_r}{\partial \varphi} - \frac{\partial(rA_\varphi)}{\partial r}\right),$$

$$\mathrm{rot}_\varphi\,\boldsymbol{A} = \frac{1}{r}\left(\frac{\partial(rA_\theta)}{\partial r} - \frac{\partial A_r}{\partial \theta}\right).$$

例 10. 速度の極座標に関する成分を求めよ.

[解] (4.15) および例5の結果から速度の極座標に関する成分 v_r, v_θ, v_φ は直交座標

に関する成分 v_x, v_y, v_z から

$$v_r = v_x \sin\theta\cos\varphi + v_y \sin\theta\sin\varphi + v_z\cos\theta,$$
$$v_\theta = v_x\cos\theta\cos\varphi + v_y\cos\theta\sin\varphi - v_z\sin\theta,$$
$$v_\varphi = -v_x\sin\varphi + v_y\cos\varphi$$

によって求められる．しかし運動が極座標を用いて $r(t), \theta(t), \varphi(t)$ によって与えられていれば，右辺を完全に r, θ, φ で表わす必要がある．そのため

$$x = r\sin\theta\cos\varphi, \qquad y = r\sin\theta\sin\varphi, \qquad z = r\cos\theta$$

を t で微分すると

$$v_x = \frac{dr}{dt}\sin\theta\cos\varphi + \frac{d\theta}{dt}r\cos\theta\cos\varphi - \frac{d\varphi}{dt}r\sin\theta\sin\varphi,$$
$$v_y = \frac{dr}{dt}\sin\theta\sin\varphi + \frac{d\theta}{dt}r\cos\theta\sin\varphi + \frac{d\varphi}{dt}r\sin\theta\cos\varphi,$$
$$v_z = \frac{dr}{dt}\cos\theta \qquad - \frac{d\theta}{dt}r\sin\theta$$

を得るから，これを代入すればよい．よって

$$v_r = \frac{dr}{dt}, \qquad v_\theta = r\frac{d\theta}{dt}, \qquad v_\varphi = r\sin\theta\frac{d\varphi}{dt}$$

が求める成分である．

注意 一般的な記号 u_1, u_2, u_3 を用いれば速度の成分は $v_i = h_i du_i/dt$ である．

問　題

1. ベクトル場 $\boldsymbol{A}$ は $\mathrm{rot}\,\boldsymbol{A} = 0$ をみたし，各点で位置ベクトル $\boldsymbol{r}$ とも，また z 軸とも垂直とする．極座標を用いて $\boldsymbol{A}$ はいかなるベクトル場か調べよ．

2. ベクトル場 $\boldsymbol{A}$ は位置ベクトル $\boldsymbol{r}$ に平行で，かつその回転も $\boldsymbol{r}$ に平行とする．$\boldsymbol{A}$ はいかなるベクトル場か．

[解　答]

1. $\boldsymbol{A}\cdot\boldsymbol{k} = 0$ ゆえ $A_z = 0$ である．$\boldsymbol{A}\cdot\boldsymbol{r} = 0$ はこれにより $A_x\cos\varphi + A_y\sin\varphi = 0$ となるから $A_r = 0, A_\theta = 0$ を得る．したがって $\mathrm{rot}\,\boldsymbol{A} = 0$ は

$$\frac{\partial(\sin\theta A_\varphi)}{\partial\theta} = 0, \qquad \frac{\partial(rA_\varphi)}{\partial r} = 0$$

となり

$$A_\varphi = \frac{1}{\sin\theta}f(r,\varphi), \qquad \frac{\partial(rf(r,\varphi))}{\partial r} = 0$$

を得る．任意関数 $g(\varphi)$ を用いて f は $f(r,\varphi) = g(\varphi)/r$ とおくことができ，

$$A_\varphi = \frac{1}{r\sin\theta}g(\varphi)$$

を得る．φ の意味から $g(\varphi)$ は周期 2π をもつ，直交座標系にもどせば次のようになる：

$$A=\frac{-y}{x^2+y^2}\psi\left(\frac{y}{x}\right)\boldsymbol{i}+\frac{x}{x^2+y^2}\psi\left(\frac{y}{x}\right)\boldsymbol{j}.$$

2. $\boldsymbol{A}$ が $\boldsymbol{r}$ に平行ゆえ $A_\theta=A_\varphi=0$, また rot $\boldsymbol{A}$ が $\boldsymbol{r}$ に平行ゆえ $\mathrm{rot}_\theta \boldsymbol{A}=0$, $\mathrm{rot}_\varphi \boldsymbol{A}=0$, したがって例 9 の結果から $\partial A_r/\partial\varphi=0$, $\partial A_r/\partial\theta=0$. すなわち A_r は r のみの関数で，これを $f'(r)$ とすれば $\boldsymbol{A}=\nabla f(r)$ となる.

練 習 問 題

1. ベクトル場 $\boldsymbol{A}$, $\boldsymbol{B}$, $\boldsymbol{C}$ の直交軸に関する成分を A_i, B_i, C_i で表わすとき

$$\sum_{i,k}\left(\frac{\partial A_i}{\partial x_k}\right)B_iC_k$$

はスカラーである.

2. v 曲面，w 曲面がともに z 軸を軸とする回転曲面で，互いに直交するならば，極座標 (r, θ, φ) における φ をとって $u=\varphi$ とおいて作る曲線座標 (u, v, w) は直交曲線座標であることを証明せよ.

3. $x=a\sinh\xi\sin\eta\cos\varphi$,　$y=a\sinh\xi\sin\eta\sin\varphi$,　$z=a\cosh\xi\cos\eta$

$$(a\text{ は正の定数},\ \xi\geqq 0,\ 0\leqq\eta\leqq\pi,\ 0\leqq\varphi<2\pi)$$

は**長球面座標**とよばれる. ξ 曲面，η 曲面，φ 曲面は何か. 直交曲線座標であることを示し，h_ξ, h_η, h_φ を求めよ.

4. 点 (x, y, z) における $\boldsymbol{A}=A_x\boldsymbol{i}+A_y\boldsymbol{j}+A_z\boldsymbol{k}$ の長球面座標 (ξ, η, φ) に関する成分 A_ξ, A_η, A_φ を求めよ.

5. $x=a\cosh\xi\cos\eta\cos\varphi$,　$y=a\cosh\xi\cos\eta\sin\varphi$,　$z=a\sinh\xi\sin\eta$

$$\left(a\text{ は正の定数},\ \xi\geqq 0,\ -\frac{\pi}{2}\leqq\eta\leqq\frac{\pi}{2},\ 0\leqq\varphi<2\pi\right)$$

は**扁球面座標**とよばれる. ξ 曲面，η 曲面は何か. 直交曲線座標であることを示し，h_ξ, h_η, h_φ を求めよ.

6. 共焦点 2 次曲面の方程式

$$(1)\qquad \frac{x^2}{a^2+\rho}+\frac{y^2}{b^2+\rho}+\frac{z^2}{c^2+\rho}=1 \qquad (a>b>c>0)$$

を，x, y, z が与えられたとき ρ を求める方程式とみなして，その $\lambda>-c^2>\mu>-b^2>\nu>-a^2$ なる実根 λ, μ, ν を x, y, z の関数として $\lambda(x, y, z)$, $\mu(x, y, z)$, $\nu(x, y, z)$ を定義する. このとき恒等式

$$(2)\quad \begin{cases} x^2 = \dfrac{(a^2+\lambda)(a^2+\mu)(a^2+\nu)}{(b^2-a^2)(c^2-a^2)}, \\[2ex] y^2 = \dfrac{(b^2+\lambda)(b^2+\mu)(b^2+\nu)}{(c^2-b^2)(a^2-b^2)}, \\[2ex] z^2 = \dfrac{(c^2+\lambda)(c^2+\mu)(c^2+\nu)}{(a^2-c^2)(b^2-c^2)} \end{cases}$$

が成り立ち，これは $x(\lambda, \mu, \nu)$，$y(\lambda, \mu, \nu)$，$z(\lambda, \mu, \nu)$ を与える．また関数 $\varphi(\rho)$ を

$$\varphi(\rho) = (a^2+\rho)(b^2+\rho)(c^2+\rho)$$

と定義すれば

$$(3)\quad \begin{cases} \dfrac{x^2}{(a^2+\lambda)^2} + \dfrac{y^2}{(b^2+\lambda)^2} + \dfrac{z^2}{(c^2+\lambda)^2} = \dfrac{(\mu-\lambda)(\nu-\lambda)}{\varphi(\lambda)}, \\[2ex] \dfrac{x^2}{(a^2+\mu)^2} + \dfrac{y^2}{(b^2+\mu)^2} + \dfrac{z^2}{(c^2+\mu)^2} = \dfrac{(\nu-\mu)(\lambda-\mu)}{\varphi(\mu)}, \\[2ex] \dfrac{x^2}{(a^2+\nu)^2} + \dfrac{y^2}{(b^2+\nu)^2} + \dfrac{z^2}{(c^2+\nu)^2} = \dfrac{(\lambda-\nu)(\mu-\nu)}{\varphi(\nu)}, \end{cases}$$

なる関係が成立することも知られている．この座標 (λ, μ, ν) は**楕円座標**という．これは直交曲線座標であること，また h_λ, h_μ, h_ν は次の式で与えられることを示せ：

$$h_\lambda = \frac{1}{2}\sqrt{\frac{(\lambda-\mu)(\lambda-\nu)}{\varphi(\lambda)}}, \qquad h_\mu = \frac{1}{2}\sqrt{\frac{(\mu-\nu)(\mu-\lambda)}{\varphi(\mu)}},$$

$$h_\nu = \frac{1}{2}\sqrt{\frac{(\nu-\lambda)(\nu-\mu)}{\varphi(\nu)}}.$$

7.
$$x = \frac{1}{2}(u^2 - v^2), \qquad y = uv, \qquad z = w$$

で与えられる曲線座標 (u, v, w) はいかなる範囲で用いられるか，この u 曲線，v 曲線は何か．これは直交曲線座標であることを示せ．

［解　　答］

1.
$$\sum_{i,k}\left(\frac{\partial A_i'}{\partial x_k'}\right)B_i'C_k' = \sum_{i,k}\left[\sum_j \frac{\partial x_j}{\partial x_k'}\frac{\partial}{\partial x_j}\left(\sum_l a_{li}A_l\right)\right]B_i'C_k'$$
$$= \sum_{i,k}\sum_{j,l} a_{jk}a_{li}\frac{\partial A_l}{\partial x_j}B_i'C_k' = \sum_{j,l}\frac{\partial A_l}{\partial x_j}B_lC_j$$

であるから座標変換に対して不変で，スカラーである．

2. z 軸を軸とする回転曲面の z 軸上にない点Pにおける法線はPと z 軸を含む平面内にある．したがって v 曲面，w 曲面の法線は各点Pにおいてそのような平面内にある．$u=\varphi$ であるから u 曲面は各点Pでこの平面に一致し，u 曲面と v 曲面また u 曲面と w 曲面は直交する．したがって v 曲面と w 曲面が直交すれば (u, v, w) は直交曲線座標である．

3.
$$\frac{x^2+y^2}{(a\sinh\xi)^2}+\frac{z^2}{(a\cosh\xi)^2}=1$$
であるから $\xi=\text{const}$ は z 軸を軸とする回転長楕円面である．
$$-\frac{x^2+y^2}{(a\sin\eta)^2}+\frac{z^2}{(a\cos\eta)^2}=1$$
であるから $\eta=\text{const}$ は z 軸を軸とする回転双曲面（２葉）である．$\varphi=\text{const}$ は z 軸をとおる平面である．$\boldsymbol{r}_\xi, \boldsymbol{r}_\eta, \boldsymbol{r}_\varphi$ の成分は
$$x_\xi=a\cosh\xi\sin\eta\cos\varphi,\quad y_\xi=a\cosh\xi\sin\eta\sin\varphi,\quad z_\xi=a\sinh\xi\cos\eta,$$
$$x_\eta=a\sinh\xi\cos\eta\cos\varphi,\quad y_\eta=a\sinh\xi\cos\eta\sin\varphi,\quad z_\eta=-a\cosh\xi\sin\eta,$$
$$x_\varphi=-a\sinh\xi\sin\eta\sin\varphi,\quad y_\varphi=a\sinh\xi\sin\eta\cos\varphi,\quad z_\varphi=0$$
であるから $\boldsymbol{r}_\xi\cdot\boldsymbol{r}_\eta=0$，すなわち ξ 曲面と η 曲面は直交する．問２の結果から (ξ,η,φ) は直交曲線座標である．
$$h_\xi=h_\eta=a\sqrt{\sinh^2\xi+\sin^2\eta},\qquad h_\varphi=a\sinh\xi\sin\eta.$$

4. 問３の結果から
$$A_\xi=\frac{(A_x\cos\varphi+A_y\sin\varphi)\cosh\xi\sin\eta+A_z\sinh\xi\cos\eta}{\sqrt{\sinh^2\xi+\sin^2\eta}},$$
$$A_\eta=\frac{(A_x\cos\varphi+A_y\sin\varphi)\sinh\xi\cos\eta-A_z\cosh\xi\sin\eta}{\sqrt{\sinh^2\xi+\sin^2\eta}},$$
$$A_\varphi=-A_x\sin\varphi+A_y\cos\varphi.$$

5.
$$\frac{x^2+y^2}{(a\cosh\xi)^2}+\frac{z^2}{(a\sinh\xi)^2}=1$$
であるから ξ 曲面は z 軸を軸にもつ回転扁楕円面である．
$$\frac{x^2+y^2}{(a\cos\eta)^2}-\frac{z^2}{(a\sin\eta)^2}=1$$
であるから η 曲面は z 軸を軸にもつ回転双曲面（１葉）である．$\boldsymbol{r}_\xi, \boldsymbol{r}_\eta, \boldsymbol{r}_\varphi$ の成分は
$$x_\xi=a\sinh\xi\cos\eta\cos\varphi,\quad y_\xi=a\sinh\xi\cos\eta\sin\varphi,\quad z_\xi=a\cosh\xi\sin\eta,$$
$$x_\eta=-a\cosh\xi\sin\eta\cos\varphi,\quad y_\eta=-a\cosh\xi\sin\eta\sin\varphi,\quad z_\eta=a\sinh\xi\cos\eta,$$
$$x_\varphi=-a\cosh\xi\cos\eta\sin\varphi,\quad y_\varphi=a\cosh\xi\cos\eta\cos\varphi,\quad z_\varphi=0$$
であるから $\boldsymbol{r}_\xi\cdot\boldsymbol{r}_\eta=0$，すなわち ξ 曲面と η 曲面は直交する．したがって (ξ,η,φ) は直交曲線座標である．
$$h_\xi=h_\eta=a\sqrt{\sinh^2\xi+\sin^2\eta},\qquad h_\varphi=a\cosh\xi\cos\eta.$$

6. (2) から x, y, z の λ, μ, ν に関する偏微分係数を得る．すなわち
$$x_\lambda=\frac{1}{2}\frac{x}{a^2+\lambda},\quad y_\lambda=\frac{1}{2}\frac{y}{b^2+\lambda},\quad z_\lambda=\frac{1}{2}\frac{z}{c^2+\lambda},$$
$$x_\mu=\frac{1}{2}\frac{x}{a^2+\mu},\quad y_\mu=\frac{1}{2}\frac{y}{b^2+\mu},\quad z_\mu=\frac{1}{2}\frac{z}{c^2+\mu},$$
$$x_\nu=\frac{1}{2}\frac{x}{a^2+\nu},\quad y_\nu=\frac{1}{2}\frac{y}{b^2+\nu},\quad z_\nu=\frac{1}{2}\frac{z}{c^2+\nu},$$
したがって

$$x_\mu x_\nu + y_\mu y_\nu + z_\mu z_\nu$$
$$= \frac{1}{4}\left[\frac{x^2}{(a^2+\mu)(a^2+\nu)} + \frac{y^2}{(b^2+\mu)(b^2+\nu)} + \frac{z^2}{(c^2+\mu)(c^2+\nu)}\right]$$
$$= \frac{1}{4(\nu-\mu)}\left[\frac{x^2}{a^2+\mu} - \frac{x^2}{a^2+\nu} + \frac{y^2}{b^2+\mu} - \frac{y^2}{b^2+\nu} + \frac{z^2}{c^2+\mu} - \frac{z^2}{c^2+\nu}\right].$$

ところが $\rho=\mu,\ \nu$ は (1) の解であるから上の式は 0 となって $x_\mu x_\nu + y_\mu y_\nu + z_\mu z_\nu = 0$ を得る．同様に $x_\nu x_\lambda + y_\nu y_\lambda + z_\nu z_\lambda$, $x_\lambda x_\mu + y_\lambda y_\mu + z_\lambda z_\mu$ も 0 となるから (λ, μ, ν) は直交曲線座標である．また

$$x_\lambda{}^2 + y_\lambda{}^2 + z_\lambda{}^2 = \frac{1}{4}\left[\frac{x^2}{(a^2+\lambda)^2} + \frac{y^2}{(b^2+\lambda)^2} + \frac{z^2}{(c^2+\lambda)^2}\right]$$

は (3) により

$$\frac{1}{4}\frac{(\mu-\lambda)(\nu-\lambda)}{\varphi(\lambda)}$$

となるから h_λ の式を得る．h_μ, h_ν についても同様である．

7.
$$\frac{\partial(x, y, z)}{\partial(u, v, w)} = u^2 + v^2$$

ゆえ $u=v=0\ (x=y=0)$ は除く．z と w については考える必要がないから (x, y) と (u, v) の関係のみ調べる．u 曲線，v 曲線が放物線でその軸は x 軸であり，焦点は原点 (0, 0) であることは容易にわかる．すなわち，この放物線は共焦点放物線である．まず v を消去して u について解くと $u^2 = x + \sqrt{x^2+y^2}$ を得るから，(x, y) から (u, v) をきめるには 1 つの場合として

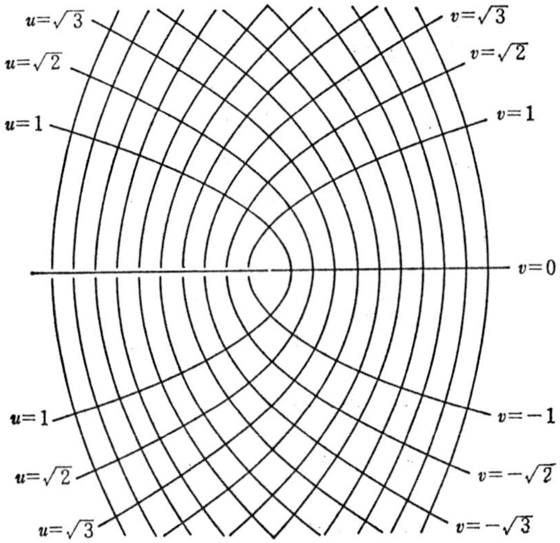

7-3 図

$$u=\sqrt{x+\sqrt{x^2+y^2}}, \qquad v=\frac{y}{\sqrt{x+\sqrt{x^2+y^2}}}$$

を用いることができる．ただし (x, y) と (u, v) の対応が連続であるためには $x \leqq 0$, $y=0$ なる点 (x, y) を除く．これは $v(x, y)$ の方を考えればわかる．このとき u 曲線，v 曲線は 7-3 図のようになる．u, v として両者とも符号の逆のものをとることもできる．全体として同じ図になるが，曲線の上での u, v の値は符号だけ変わる．まず u を消去して v について解けば $v^2=-x+\sqrt{x^2+y^2}$ から

$$u=\frac{y}{\sqrt{-x+\sqrt{x^2+y^2}}}, \qquad v=\sqrt{-x+\sqrt{x^2+y^2}}$$

を得る．$u(x, y)$ が連続であるためには $x \geqq 0$, $y=0$ なる点 (x, y) を除く．u 曲線，v 曲線の図は 7-4 図のようになる．u, v の符号を逆にしたものも考えられる．u 曲線，v 曲線が直交することは

$$\frac{\partial x}{\partial u}=u, \qquad \frac{\partial y}{\partial u}=v,$$

$$\frac{\partial x}{\partial v}=-v, \qquad \frac{\partial y}{\partial v}=u$$

から明らかである．

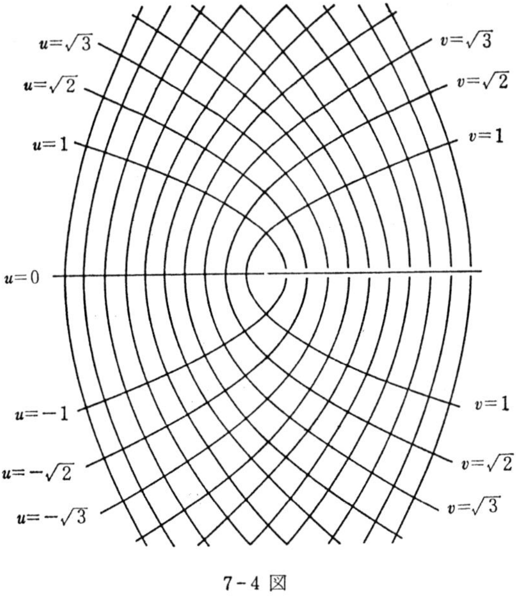

7-4 図

8 テンソルとその応用

ベクトルの変換およびベクトル場の微分に関係してテンソルも重要である．ここではテンソルの基本的性質を述べ，いくつかの応用についてもふれる．

§1. テンソル

線形変換 ベクトル $\boldsymbol{A}$ の関数であるベクトル $\boldsymbol{B}$ を

(1) $$\boldsymbol{B} = \tau(\boldsymbol{A})$$

と書く．関数はベクトル $\boldsymbol{A}$ をベクトル $\boldsymbol{B}$ に写す，あるいは対応させるものと考えることができる．この関数が任意の2つのベクトル $\boldsymbol{A}_1$, $\boldsymbol{A}_2$ に対して

(2) $$\tau(\boldsymbol{A}_1 + \boldsymbol{A}_2) = \tau(\boldsymbol{A}_1) + \tau(\boldsymbol{A}_2),$$

またスカラー λ に対して

(3) $$\tau(\lambda\boldsymbol{A}) = \lambda\tau(\boldsymbol{A})$$

をみたすとき，τ は**線形写像**をきめる．あるいは**線形変換**をきめるという．

基本ベクトルを $\boldsymbol{e}_1$, $\boldsymbol{e}_2$, $\boldsymbol{e}_3$ と書いて (1) に $\boldsymbol{A} = A_1\boldsymbol{e}_1 + A_2\boldsymbol{e}_2 + A_3\boldsymbol{e}_3$ を代入し，(2), (3) を用いれば

$$\boldsymbol{B} = \tau(A_1\boldsymbol{e}_1 + A_2\boldsymbol{e}_2 + A_3\boldsymbol{e}_3) = A_1\tau(\boldsymbol{e}_1) + A_2\tau(\boldsymbol{e}_2) + A_3\tau(\boldsymbol{e}_3),$$

ここで $\tau(\boldsymbol{e}_i)$ はそれぞれベクトルであるからこれを

(4) $$\tau(\boldsymbol{e}_i) = \sum_j T_{ji}\boldsymbol{e}_j$$

と書き，左辺には $\boldsymbol{B} = \sum_j B_j\boldsymbol{e}_j$ を代入すれば

$$\sum_j B_j\boldsymbol{e}_j = \sum_{i,j} A_i T_{ji}\boldsymbol{e}_j,$$

したがって次の式を得る：

(5) $$B_j = \sum_i T_{ji}A_i.$$

テンソル 上に述べた τ は9個の数の組 T_{ji} によって表わされ，ベクトルに作用して

1つのベクトルをきめるものである．これをベクトルに作用する **線形作用素** ともいう．ここではこれを **テンソル**，T_{ji} をその **成分** という．ベクトルと同様，テンソルも座標系によらないものを主として考える．そのとき第7章§1で述べた直交軸の変換（第7章§1の（5），（6））に対して成分 T_{ih} は

$$(6) \qquad T_{ih}' = \sum_{k,j} a_{ki} a_{jh} T_{kj}, \qquad T_{ih} = \sum_{k,j} a_{ik} a_{hj} T_{kj}'$$

にしたがって変換されることが次のようにして示される．

新しい直交軸の基本ベクトルを e_1', e_2', e_3' とするとき，これに関する成分を T_{ji}' とすれば，

$$\tau(e_i') = \sum_j T_{ji}' e_j'$$

の左辺から

$$= \tau(\sum_j a_{ji} e_j) = \sum_j a_{ji} \tau(e_j) = \sum_{j,k} a_{ji} T_{kj} e_k,$$

右辺から

$$= \sum_j T_{ji}' \sum_k a_{kj} e_k = \sum_{j,k} a_{kj} T_{ji}' e_k,$$

したがって

$$\sum_j a_{ji} T_{kj} = \sum_j a_{kj} T_{ji}'$$

である．これに a_{kh} をかけて $k=1, 2, 3$ について和をとれば

$$\sum_{j,k} a_{kh} a_{ji} T_{kj} = \sum_{j,k} a_{kh} a_{kj} T_{ji}' = \sum_j \delta_{hj} T_{ji}' = T_{hi}'$$

を得るが，これは（6）の前半の式と同じである．後半の式は直交行列 (a_{ik}) の性質から導かれる．

第7章§2の考えにしたがえば，変換法則（6）によってテンソルを定義してもよい．

零テンソル すべてのベクトル A に作用して零ベクトルを生ずるテンソルを零テンソルという．成分はすべて0である．

線形写像の和 線形写像 σ および線形写像 τ に対してその和 $\sigma+\tau$ は次のごとき線形写像として定義される：

$$(\sigma+\tau)(A) = \sigma(A) + \tau(A).$$

また λ がスカラーのとき σ の λ 倍すなわち $\lambda\sigma$ は

$$(\lambda\sigma)(A) = \lambda(\sigma(A))$$

によって与えられる線形写像である．これらの写像をテンソルの作用として考え，そのテ

ンソルの成分によって上の関係を述べると次のようになる（はじめからこれをもってテンソルの和およびテンソルにスカラーを乗ずることの定義と考えてよい）.

テンソルの和 成分 S_{ik} をもつテンソルと成分 T_{ik} をもつテンソルの和とは，成分 $S_{ik}+T_{ik}$ をもつテンソルである．同様に，差は $S_{ik}-T_{ik}$ で定義される．成分 T_{ik} をもつテンソルとスカラー φ との積は，成分が φT_{ik} のテンソルである．

クロネッカーのデルタを成分とするテンソルを δ と書けば $\delta(\boldsymbol{A})=\boldsymbol{A}$ である．直交軸の変換では

$$\sum_{k,j} a_{ki}a_{jh}\delta_{kj}=\delta_{ih}$$

が成り立つからその意味でもクロネッカーのデルタはテンソルであるといえる．

ベクトル $A_1\boldsymbol{e}_1+A_2\boldsymbol{e}_2+A_3\boldsymbol{e}_3$，すなわち成分 A_1, A_2, A_3 をもつベクトルのことをベクトル A_i とよぶことがあるが，そのように成分 T_{ik} をもつテンソルのことをテンソル T_{ik} とよんでもよいわけである．今後簡単のためにそのようなよび方をする．

テンソル T_{ik}，ベクトル v_i および w_i があれば

$$\sum_{i,k} T_{ik}v_iw_k$$

はスカラーである．直交軸の変換でも

$$\sum_{i,k} T_{ik}'v_i'w_k'=\sum_{i,k} T_{ik}v_iw_k,$$

すなわちこれは不変である．これは内積として $\boldsymbol{v}\cdot\tau(\boldsymbol{w})$ と考えることができる．

テンソルが点の位置の1価連続な関数として与えられれば，**テンソル場**とよばれる．

テンソルの積 線形写像 τ と σ の積 $\sigma\tau$ は写像 τ を行ってその上で σ を行うことを意味する．すなわち

$$(\sigma\tau)(A)=\sigma(\tau(A))$$

である．τ および σ をそれぞれテンソル T_{ik}, S_{ik} で表わせば $\sigma\tau$ は

$$\sum_j S_{ij}T_{jk}$$

を成分にもつテンソルである．これを積 ST で表わす．一般に $ST\neq TS$ である．

例 1. v_i, w_i がベクトルのとき，テンソル $T_{ik}=v_iw_k$ をベクトルに対する作用として表わせ．

［解］ $\boldsymbol{A}$ を任意のベクトルとすると $\tau(\boldsymbol{A})$ の成分は

$$\sum_k T_{ik}A_k=v_i\sum_k w_kA_k$$

であるから $\tau(\boldsymbol{A})=(\boldsymbol{w}\cdot\boldsymbol{A})\boldsymbol{v}$ である．

例 2. T_{ik} がテンソルなら $S_{ki}=T_{ik}$ で与えられる S_{ik} もテンソルであることを直交軸の変換における成分の変換の意味で示せ.

［解］
$$S_{ik}'=T_{ki}'=\sum_{h,j}a_{jk}a_{hi}T_{jh}=\sum_{h,j}a_{hi}a_{jk}S_{hj}$$
であるから，この変換の形からテンソルである.

注意　この問の意味は正確にいえば次のようになる：座標系によらないテンソルTに対して任意の直交軸を用いて $S_{ki}=T_{ik}$ によって与えられた成分 S_{ik} をもつテンソルは，直交軸のとり方によらない．テンソルとしては座標系によらないもののみを考えるからはじめに述べた言い方でよいことになる.

例 3. v_i がベクトル場なら
$$T_{ik}=\frac{\partial v_k}{\partial x_i}$$
はテンソル場である.

［解］
$$T_{ik}'=\frac{\partial v_k'}{\partial x_i'}=\sum_h\frac{\partial x_h}{\partial x_i'}\frac{\partial}{\partial x_h}(\sum_j a_{jk}v_j),$$
ここに a_{jk} は定数であるから第7章 (1.9) を用いて次の式を得る.
$$T_{ik}'=\sum_{h,j}a_{hi}a_{jk}T_{hj}.$$

例 4. テンソル T_{ik} を行列とみなすとき，トレース $T_{11}+T_{22}+T_{33}$ は座標軸によらないことを示せ.

［解］
$$\sum_i T_{ii}'=\sum_{i,j,k}a_{ji}a_{ki}T_{jk}=\sum_{j,k}\delta_{jk}T_{jk}=\sum_k T_{kk}.$$

§2. 対称テンソルと交代テンソル

対称テンソルと交代テンソル　成分 T_{ik} が $T_{ik}=T_{ki}$ を満足するテンソルを**対称テンソル**といい，$T_{ik}=-T_{ki}$ を満足するテンソルを**交代テンソル**という．交代テンソルは**反対称テンソル**ともいう.

対称部分と交代部分　テンソル T_{ik} に対して成分 S_{ik} が $S_{ik}=T_{ki}$ を満足するテンソル S をとる．テンソル
$$\frac{1}{2}(T_{ik}+S_{ik}),\qquad \frac{1}{2}(T_{ik}-S_{ik})$$
すなわち (i,k) 成分がそれぞれ
$$\frac{1}{2}(T_{ik}+T_{ki}),\qquad \frac{1}{2}(T_{ik}-T_{ki})$$
であるテンソルをテンソル T（成分は T_{ik}）の**対称部分**，**交代部分**という.

任意のテンソルはその対称部分と交代部分の和として表わされる．すなわち

$$T_{ik}=\frac{1}{2}(T_{ik}+T_{ki})+\frac{1}{2}(T_{ik}-T_{ki}).$$

交代テンソルは行列の形では次のように書かれる：

$$\begin{bmatrix} 0 & T_{12} & -T_{31} \\ -T_{12} & 0 & T_{23} \\ T_{31} & -T_{23} & 0 \end{bmatrix}.$$

このように交代テンソルは3つの成分 T_{23}, T_{31}, T_{12} だけできまる．このとき3つの数

$$\frac{1}{2}C_1=T_{23},\qquad \frac{1}{2}C_2=T_{31},\qquad \frac{1}{2}C_3=T_{12}$$

は直交軸の変換では第7章(2.5)に応じて変換されるから，右手系の直交座標系では C_1, C_2, C_3 はベクトルの成分とみなされる．特に

$$T_{ik}=\frac{1}{2}(A_iB_k-A_kB_i)$$

では C_1, C_2, C_3 を成分とするベクトル $\boldsymbol{C}$ は外積 $\boldsymbol{A}\times\boldsymbol{B}$ である．

ベクトル場 v_i から作るテンソル $T_{ik}=\partial v_k/\partial x_i$ の交代部分

$$A_{ik}=\frac{1}{2}\left(\frac{\partial v_k}{\partial x_i}-\frac{\partial v_i}{\partial x_k}\right)$$

もテンソルであるから，ベクトル場 v_i の回転にも交代テンソルが対応する．

§3. 対称テンソルの主軸問題

テンソルの主方向と主値 対称テンソル T_{ik} とベクトル v_i とから

$$u_i=\sum_k T_{ik}v_k$$

によってベクトル u_i がきまる．$u_i=\lambda v_i$ すなわち

(1) $$\sum_k T_{ik}v_k=\lambda v_i$$

を満足するベクトル v_i の方向をテンソル T_{ik} の**主方向**といい，λ をその主方向に対する**主値**という．

対称テンソル T_{ik} が $\det(T_{ik})\neq 0$ をみたせば，

(2) $$\sum_{i,k} T_{ik}x_ix_k=1$$

は原点Oを中心とする有心2次曲面の方程式であるから，テンソル T_{ik} の主方向，主値

を求める問題は有心2次曲面の標準形を求める問題とともにして考えることができる．また，もし $\det(T_{ik})=0$ なら (2) は原点Oを中心の1つとする中心が無数にある無心2次曲面の方程式である．このときもやはりそのような2次曲面の標準形を求める問題とともにして考えることができる．すなわち，いずれの場合も主値は固有方程式

$$\begin{vmatrix} T_{11}-\lambda & T_{12} & T_{13} \\ T_{21} & T_{22}-\lambda & T_{23} \\ T_{31} & T_{32} & T_{33}-\lambda \end{vmatrix} = 0 \tag{3}$$

の根 $\lambda_{(1)}, \lambda_{(2)}, \lambda_{(3)}$ であり，T_{ik} が対称であるから根はすべて実数である．主値 $\lambda_{(i)}$ (i はしばらく1つの値に固定して考える）に対する主方向は連立方程式

$$\begin{cases} (T_{11}-\lambda_{(i)})v_1 + T_{12}v_2 + T_{13}v_3 = 0, \\ T_{21}v_1 + (T_{22}-\lambda_{(i)})v_2 + T_{23}v_3 = 0, \\ T_{31}v_1 + T_{32}v_2 + (T_{33}-\lambda_{(i)})v_3 = 0 \end{cases} \tag{4}$$

の，v_1, v_2, v_3 の全部が0ではない解 v_1, v_2, v_3，すなわち固有解として求められる．このベクトルを $\boldsymbol{v}_{(i)}$ と書き，**固有ベクトル**という．これは方向だけがきまり，大きさは任意である．

主値はこのように固有方程式の根であるから**固有値**ともいい，それに対する T_{ik} の主方向は**固有方向**ともいう．

固有値 $\lambda_{(h)}$ に対する固有ベクトル $\boldsymbol{v}_{(h)}$ の成分を $v_{(h)1}, v_{(h)2}, v_{(h)3}$（まとめて $v_{(h)i}$）と書くと

$$\sum_k T_{ik}v_{(h)k} = \lambda_{(h)}v_{(h)i},$$

$$\sum_k T_{ik}v_{(j)k} = \lambda_{(j)}v_{(j)i}$$

である．これから

$$\sum_{i,k} T_{ik}v_{(h)k}v_{(j)i} = \lambda_{(h)}\sum_i v_{(h)i}v_{(j)i}$$

また

$$\sum_{i,k} T_{ik}v_{(j)k}v_{(h)i} = \lambda_{(j)}\sum_i v_{(j)i}v_{(h)i}$$

を得るが，T_{ik} は対称であるからこの2つの等式の左辺は互いに等しい．したがって

$$\lambda_{(h)}\sum_i v_{(h)i}v_{(j)i} = \lambda_{(j)}\sum_i v_{(j)i}v_{(h)i}$$

が成り立つ．$\lambda_{(j)} \neq \lambda_{(h)}$ ならこれから $\boldsymbol{v}_{(j)}\cdot\boldsymbol{v}_{(h)}=0$ を得る．

さらに一般に次の定理を証明しよう.

定理3.1　固有方程式の根が重根をもたなければ, 固有ベクトルの間には $i \neq k$ なら

(5)
$$\boldsymbol{v}_{(i)}\cdot\boldsymbol{v}_{(k)} = 0$$

なる関係がある. 重根があって例えば $\lambda_{(1)} = \lambda_{(2)} \neq \lambda_{(3)}$ の場合には, (4) は重根に対してはただ1つの方程式と同値となって固有ベクトル $\boldsymbol{v}_{(1)}$ と $\boldsymbol{v}_{(2)}$ とはきまらず, 固有ベクトル $\boldsymbol{v}_{(3)}$ の方向だけがきまる. このときも $\boldsymbol{v}_{(1)}\cdot\boldsymbol{v}_{(3)} = \boldsymbol{v}_{(2)}\cdot\boldsymbol{v}_{(3)} = 0$ であるから, $\boldsymbol{v}_{(1)}$ と $\boldsymbol{v}_{(2)}$ を互いに垂直となるようにきめれば (5) がすべての相異なる固有ベクトルについて成立する. 根がすべて等しく $\lambda_{(1)} = \lambda_{(2)} = \lambda_{(3)}$ ならば $\boldsymbol{v}_{(i)}$ はいずれもきまらない. このときは互いに垂直なベクトルを3つ任意にとり, それを $\boldsymbol{v}_{(1)}, \boldsymbol{v}_{(2)}, \boldsymbol{v}_{(3)}$ とすることができる.

[証明]　固有方程式が重根をもつ場合だけ証明がいるのであるが, 次の方法は単根のみの場合の証明も含めている. いま対称テンソル

$$T = \begin{bmatrix} T_{11} & T_{12} & T_{13} \\ T_{21} & T_{22} & T_{23} \\ T_{31} & T_{32} & T_{33} \end{bmatrix}$$

の固有値の1つを $\lambda_{(1)}$ とし, これに対する固有ベクトルの1つを $\boldsymbol{u}_{(1)}$ とする. $\boldsymbol{u}_{(1)}$ は単位ベクトルとしておく. $\boldsymbol{u}_{(1)}$ を $\boldsymbol{e}_1'$ とする基本ベクトル $\boldsymbol{e}_1', \boldsymbol{e}_2', \boldsymbol{e}_3'$ をとれば, これによるテンソルの成分 T_{ik}' は

$$T_{ik}' = \sum_{h,j} a_{hi}a_{jk}T_{hj}$$

で与えられる. ここに

$$\boldsymbol{e}_1' = \sum_h a_{h1}\boldsymbol{e}_h = \boldsymbol{u}_{(1)}$$

は固有ベクトルで, (a_{11}, a_{21}, a_{31}) はその成分であるから

$$\sum_j T_{hj}a_{j1} = \lambda_{(1)}a_{h1}$$

となり

$$T_{i1}' = \lambda_{(1)}\sum_h a_{hi}a_{h1} = \lambda_{(1)}\delta_{i1}$$

を得る. $T_{ik}' = T_{ki}'$ であるから (T_{ik}') は

$$(T_{ik}') = \begin{bmatrix} \lambda_{(1)} & 0 & 0 \\ 0 & T_{22}' & T_{23}' \\ 0 & T_{32}' & T_{33}' \end{bmatrix}$$

なる形をもつ. 次に2次の行列

$$\begin{bmatrix} T_{22}' & T_{23}' \\ T_{32}' & T_{33}' \end{bmatrix}$$

について固有値の１つを $\lambda_{(2)}$ とすれば，連立方程式

$$T_{22}'v_2' + T_{23}'v_3' = \lambda_{(2)}v_2',$$

$$T_{32}'v_2' + T_{33}'v_3' = \lambda_{(2)}v_3'$$

は $v_2' = v_3' = 0$ でない解をもつ．$\lambda_{(2)}$ がテンソル T の固有値の１つであることは明らかであろう．また解 v_2', v_3' から作ったベクトル $v_2'\boldsymbol{e}_2' + v_3'\boldsymbol{e}_3'$ が固有値 $\lambda_{(2)}$ に対するテンソル T の固有ベクトルであることも行列 (T_{ik}') の形から容易にわかる．こうして固有値 $\lambda_{(1)}$ と固有ベクトル $\boldsymbol{e}_1'$，固有値 $\lambda_{(2)}$ と固有ベクトル $\boldsymbol{e}_2'' = v_2'\boldsymbol{e}_2' + v_3'\boldsymbol{e}_3'$ を得たが，これは $\lambda_{(1)} \neq \lambda_{(2)}$ とかぎらない．$\lambda_{(1)} = \lambda_{(2)}$ なら固有方程式は重根をもっていたことになり，その場合でも $\boldsymbol{e}_1'$ と $\boldsymbol{e}_2''$ とはこの重複した固有値に対する固有ベクトルで，直交している．次に，$\boldsymbol{e}_1'$, $\boldsymbol{e}_2''$ を含む基本ベクトル $\boldsymbol{e}_1'$, $\boldsymbol{e}_2''$, $\boldsymbol{e}_3''(=\boldsymbol{e}_1' \times \boldsymbol{e}_2'')$ をとって同様の考えをすすめれば，この基本ベクトルに対してテンソル T の成分は

$$(T_{ik}'') = \begin{bmatrix} \lambda_{(1)} & 0 & 0 \\ 0 & \lambda_{(2)} & 0 \\ 0 & 0 & \lambda_{(3)} \end{bmatrix}$$

の形になることがわかり，$\boldsymbol{e}_3''$ は第３の固有値 $\lambda_{(3)}$ に対する固有ベクトルである．こうして固有方程式が重根をもつと否とにかかわらず３つの固有値とそのおのおのに対する固有ベクトルの存在，この固有ベクトルの直交性がたしかめられた．また $\lambda_{(1)}$ に対して得た固有ベクトル $\boldsymbol{e}_1'$ と $\lambda_{(2)}$ に対して得た固有ベクトル $\boldsymbol{e}_2''$ の１次結合が，$\lambda_{(1)} = \lambda_{(2)}$ のときはすべてまたこの固有値に対する固有ベクトルであることは容易にわかるであろう．すなわち，重複した固有値に対しては固有ベクトルはその重複度に応じて２次元または３次元のベクトル空間を形成する．したがって $\lambda_{(1)} = \lambda_{(2)} = \lambda_{(3)}$ なら任意のベクトルが固有ベクトルである．こうして定理が証明された．

この証明はまた次の内容を含んでいる．

対称テンソルは基本ベクトルを適当にとれば成分が

(6) $$(T_{ik}) = \begin{bmatrix} \lambda_{(1)} & 0 & 0 \\ 0 & \lambda_{(2)} & 0 \\ 0 & 0 & \lambda_{(3)} \end{bmatrix}$$

の形になる．

このとき基本ベクトルが固有ベクトルであることは明らかである.

縮重した固有値　固有方程式が重根をもつとき，この固有値は**縮重した固有値**という.

例 5.　次のテンソル T_{ik} の主値と主方向を求めよ：

$$(T_{ik}) = \begin{bmatrix} 2 & -\frac{5}{2} & -1 \\ -\frac{5}{2} & 2 & -1 \\ -1 & -1 & -4 \end{bmatrix}.$$

［解］　固有方程式は

$$\begin{vmatrix} 2-\lambda & -\frac{5}{2} & -1 \\ -\frac{5}{2} & 2-\lambda & -1 \\ -1 & -1 & -4-\lambda \end{vmatrix} = -\lambda^3 + \frac{81}{4}\lambda = 0,$$

したがって主値は

$$\lambda_{(1)} = \frac{9}{2}, \qquad \lambda_{(2)} = -\frac{9}{2}, \qquad \lambda_{(3)} = 0,$$

固有ベクトルはたとえば

$$(2-\lambda)v_1 - \frac{5}{2}v_2 - v_3 = 0, \qquad -v_1 - v_2 - (4+\lambda)v_3 = 0$$

を $\lambda = \lambda_{(i)}$ とおいて解けば求められる．$\boldsymbol{v}_{(1)}$ として $(1, -1, 0)$，$\boldsymbol{v}_{(2)}$ として $(1, 1, 4)$，$\boldsymbol{v}_{(3)}$ として $(2, 2, -1)$ をとることができるが，単位ベクトルをえらび，かつ $\boldsymbol{v}_{(1)} \times \boldsymbol{v}_{(2)} = \boldsymbol{v}_{(3)}$ とするには，例えば次のようにすればよい：

$$\boldsymbol{v}_{(1)} = \frac{1}{\sqrt{2}}\boldsymbol{i} - \frac{1}{\sqrt{2}}\boldsymbol{j},$$

$$\boldsymbol{v}_{(2)} = \frac{1}{3\sqrt{2}}\boldsymbol{i} + \frac{1}{3\sqrt{2}}\boldsymbol{j} + \frac{4}{3\sqrt{2}}\boldsymbol{k},$$

$$\boldsymbol{v}_{(3)} = -\frac{2}{3}\boldsymbol{i} - \frac{2}{3}\boldsymbol{j} + \frac{1}{3}\boldsymbol{k}.$$

例 6.　$\lambda_{(1)}$，$\lambda_{(2)}$，$\lambda_{(3)}$ を対称テンソル T_{ik} の主値とすれば，$\lambda_{(1)} + \lambda_{(2)} + \lambda_{(3)} = T_{11} + T_{22} + T_{33}$ である.

［解］　$T_{11} + T_{22} + T_{33}$ が座標軸のとり方によらないから (6) が成り立つように座標軸をえらべば明らかである．また (3) を展開すれば $-\lambda^3 + (T_{11} + T_{22} + T_{33})\lambda^2 + A_2\lambda + A_3 = 0$ の形になるから，3 次方程式の根と係数の関係からもこのことは示される.

例 7.　対称テンソル T_{ik} の主値を $\lambda_{(j)}$，互いに垂直な単位固有ベクトルを $\boldsymbol{v}_{(1)}$，$\boldsymbol{v}_{(2)}$，

$\boldsymbol{v}_{(3)}$，その成分を $v_{(1)i}$, $v_{(2)i}$, $v_{(3)i}$ と書けば次の等式が成り立つ：

$$T_{ik}=\sum_j \lambda_{(j)}v_{(j)i}v_{(j)k}.$$

［解］ 主値は座標系によらないスカラーであるから，右辺の各項はテンソルである．したがってある直交軸についてこれが成立することを示せばよい．特に $\boldsymbol{v}_{(1)}$, $\boldsymbol{v}_{(2)}$, $\boldsymbol{v}_{(3)}$ を基本ベクトルにするような直交軸をとれば左辺は (6) により $\lambda_{(i)}\delta_{ik}$，右辺も $v_{(j)i}=\delta_{ji}$ により $\lambda_{(i)}\delta_{ik}$ となるから両辺は一致する．

問　　題

1. 対称テンソル

$$T=\begin{bmatrix}2&-1&-2\\-1&2&2\\-2&2&5\end{bmatrix}$$

の固有値と固有ベクトルを求めよ．

2. α を1位の無限小とするとき

$$T(\alpha)=\begin{bmatrix}2&-1&-2\\-1&2&2+\alpha\\-2&2+\alpha&5\end{bmatrix}$$

の固有値 $\lambda_{(1)}(\alpha)$, $\lambda_{(2)}(\alpha)$, $\lambda_{(3)}(\alpha)$ を1位の無限小の程度まで求め，かつ，これに対する固有ベクトル $\boldsymbol{v}_{(1)}$, $\boldsymbol{v}_{(2)}$, $\boldsymbol{v}_{(3)}$ の $\alpha\to 0$ における極限を求めよ．

［解　　答］

1.
$$\begin{vmatrix}2-\lambda&-1&-2\\-1&2-\lambda&2\\-2&2&5-\lambda\end{vmatrix}=-\lambda^3+9\lambda^2-15\lambda+7=0$$

は重根1と単根7をもつ．$\lambda=1$ に対して行列 $T-\lambda E$ は

$$\begin{bmatrix}1&-1&-2\\-1&1&2\\-2&2&4\end{bmatrix}$$

で，階数は1であるから，固有ベクトルは (1, 1, 0) と (1, −1, 1) の1次結合という以上にきまらない．$\lambda=7$ に対しては $T-\lambda E$ は

$$\begin{bmatrix}-5&-1&-2\\-1&-5&2\\-2&2&-2\end{bmatrix},$$

したがって固有ベクトルは (1, −1, −2) に平行である．直交単位ベクトルとするには例えば

$$\frac{1}{\sqrt{2}}\boldsymbol{i}+\frac{1}{\sqrt{2}}\boldsymbol{j},$$
$$\frac{1}{\sqrt{3}}\boldsymbol{i}-\frac{1}{\sqrt{3}}\boldsymbol{j}+\frac{1}{\sqrt{3}}\boldsymbol{k},$$
$$\frac{1}{\sqrt{6}}\boldsymbol{i}-\frac{1}{\sqrt{6}}\boldsymbol{j}-\frac{2}{\sqrt{6}}\boldsymbol{k}$$

とすればよい．

2. $T(\alpha)$ の固有値は $T(0)$ すなわち問題1における T の固有値と α の程度しかちがわないとして，まず $\lambda(\alpha)=1+\varepsilon$ を考える．2位の無限小までを考えて

$$\begin{vmatrix} 1-\varepsilon & -1 & -2 \\ -1 & 1-\varepsilon & 2+\alpha \\ -2 & 2+\alpha & 4-\varepsilon \end{vmatrix}=6\varepsilon^2+4\alpha\varepsilon-\alpha^2$$

であるから ε は α から $6\varepsilon^2+4\alpha\varepsilon-\alpha^2=0$ によってきまる．この解を $\varepsilon_1=a_1\alpha$, $\varepsilon_2=a_2\alpha$ とする $\left(a_1=-\dfrac{1}{3}+\dfrac{\sqrt{10}}{6},\ \ a_2=-\dfrac{1}{3}-\dfrac{\sqrt{10}}{6}\right.$ である$\Big)$．これに対応する固有ベクトルは

$$(1-\varepsilon)v_1-v_2-2v_3=0,\qquad -v_1+(1-\varepsilon)v_2+(2+\alpha)v_3=0$$

を解いて

$$v_1:v_2:v_3=-\alpha-2\varepsilon:-\alpha+2\varepsilon:-2\varepsilon$$

となる．よって $\alpha\to 0$ の極限として

$$v_{(1)1}:v_{(1)2}:v_{(1)3}=1+2a_1:1-2a_1:2a_1,$$
$$v_{(2)1}:v_{(2)2}:v_{(2)3}=1+2a_2:1-2a_2:2a_2$$

を得る．次に $\lambda(\alpha)=7+\varepsilon$ とおくと

$$\begin{vmatrix} -5-\varepsilon & -1 & -2 \\ -1 & -5-\varepsilon & 2+\alpha \\ -2 & 2+\alpha & -2-\varepsilon \end{vmatrix}=0$$

は α, ε に関する1次の項までを考えて $\varepsilon=\dfrac{2}{3}\alpha$ となる．したがって行列

$$\begin{bmatrix} -5-\dfrac{2}{3}\alpha & -1 & -2 \\ -1 & -5-\dfrac{2}{3}\alpha & 2+\alpha \\ -2 & 2+\alpha & -2-\dfrac{2}{3}\alpha \end{bmatrix}$$

から固有ベクトルは

$$v_{(3)1}:v_{(3)2}:v_{(3)3}=-12-\frac{7}{3}\alpha:12+\frac{19}{3}\alpha:24+\frac{20}{3}\alpha$$

となるが，$\alpha\to 0$ でこの比は $1:-1:-2$ となる．

§4. 対称でないテンソルの1つの性質

原点を動かさない空間の回転で点 $Q(\xi_1, \xi_2, \xi_3)$ が点 $P(x_1, x_2, x_3)$ に移動するとすれば，その関係は直交行列

$$R = \begin{bmatrix} R_{11} & R_{12} & R_{13} \\ R_{21} & R_{22} & R_{23} \\ R_{31} & R_{32} & R_{33} \end{bmatrix}$$

を用いて

$$x_i = \sum_k R_{ik}\xi_k$$

によって表わされる．ただし $\det R = +1$ である．このときの R_{ik} もテンソルである．回転はベクトル $\overrightarrow{OQ}$ にベクトル $\overrightarrow{OP}$ を対応させる線形変換であることからこれは明らかである．R_{ik} を直交行列のテンソルとよんでおく．

行列に関する1つの定理 T を n 次の正則行列とすると，これに対して適当に n 次の対称行列 S および直交行列 R ($\det R = +1$) をとり

(1) $$T = SR$$

とすることができる．

[証明] （ここでは対称行列に関するある程度のことは既知としておく）T の転置行列を T^t とするとき TT^t は対称行列であるが，その上これは正値の2次形式の係数の作る行列となっている．なぜならば，TT^t の (i, k) 元は

$$\sum_j T_{ij}T_{kj}$$

であるが，X_i を任意にとると

$$\sum_{i,j,k} T_{ij}T_{kj}X_iX_k = \sum_j\Big(\sum_i T_{ij}X_i\Big)\Big(\sum_k T_{kj}X_k\Big) \geqq 0,$$

また T は正則と仮定してあるからである．このことから

$$TT^t = S^2$$

をみたす対称行列 S の存在が保証される．S も正則であるから逆行列があり，

$$S^{-1}T = R$$

とおくと $R^t = T^t(S^t)^{-1} = T^tS^{-1}$，したがって $R^tR = T^tS^{-1}S^{-1}T = T^t(TT^t)^{-1}T = E$ となって R は直交行列である．S の固有値には任意の符号をつけることができるから $\det R = 1$ とできる．

この定理から次の系を得る.

系　任意のテンソル T はその行列が正則なら対称テンソル S と直交行列のテンソル R $(\det R=1)$ の積 $T=SR$ の形にすることができる.

この証明からわかるように，与えられたテンソル T から対称テンソル S を求めるには TT^t の固有値と固有ベクトルを求めればよい．例7で示した結果から，S の固有ベクトルと S^2 の固有ベクトルとは等しく，S の固有値の2乗が S^2 の固有値になるからである.

例 8.　テンソル T が

$$T=\begin{bmatrix} 1 & 1 & 1 \\ -1 & 1 & 0 \\ 0 & -1 & 1 \end{bmatrix}$$

で与えられたとき $T=SR$ となる対称テンソル S と直交行列のテンソル R $(\det R=1)$ を求めよ.

［解］

$$TT^t=\begin{bmatrix} 3 & 0 & 0 \\ 0 & 2 & -1 \\ 0 & -1 & 2 \end{bmatrix},$$

その固有値は3と1で，3は縮重している．固有ベクトルとしては

$$(1,\ 0,\ 0),\qquad \left(0,\ \frac{1}{\sqrt{2}},\ -\frac{1}{\sqrt{2}}\right),\qquad \left(0,\ \frac{1}{\sqrt{2}},\ \frac{1}{\sqrt{2}}\right)$$

をとることができる．したがって S の固有値は $\sqrt{3}$, $\sqrt{3}$, 1 と考えてよい．固有ベクトルは TT^t のと同じであるから

$$S=\begin{bmatrix} 1 & 0 & 0 \\ 0 & \frac{1}{\sqrt{2}} & \frac{1}{\sqrt{2}} \\ 0 & -\frac{1}{\sqrt{2}} & \frac{1}{\sqrt{2}} \end{bmatrix}\begin{bmatrix} \sqrt{3} & 0 & 0 \\ 0 & \sqrt{3} & 0 \\ 0 & 0 & 1 \end{bmatrix}\begin{bmatrix} 1 & 0 & 0 \\ 0 & \frac{1}{\sqrt{2}} & -\frac{1}{\sqrt{2}} \\ 0 & \frac{1}{\sqrt{2}} & \frac{1}{\sqrt{2}} \end{bmatrix}$$

$$=\begin{bmatrix} \sqrt{3} & 0 & 0 \\ 0 & \frac{1+\sqrt{3}}{2} & \frac{1-\sqrt{3}}{2} \\ 0 & \frac{1-\sqrt{3}}{2} & \frac{1+\sqrt{3}}{2} \end{bmatrix},$$

$$S^{-1}=\begin{bmatrix} \frac{1}{\sqrt{3}} & 0 & 0 \\ 0 & \frac{1+\sqrt{3}}{2\sqrt{3}} & \frac{-1+\sqrt{3}}{2\sqrt{3}} \\ 0 & \frac{-1+\sqrt{3}}{2\sqrt{3}} & \frac{1+\sqrt{3}}{2\sqrt{3}} \end{bmatrix}$$

を得る．これから

$$R = S^{-1}T = \begin{bmatrix} \dfrac{1}{\sqrt{3}} & \dfrac{1}{\sqrt{3}} & \dfrac{1}{\sqrt{3}} \\ \dfrac{-\sqrt{3}-1}{2\sqrt{3}} & \dfrac{1}{\sqrt{3}} & \dfrac{\sqrt{3}-1}{2\sqrt{3}} \\ \dfrac{-\sqrt{3}+1}{2\sqrt{3}} & -\dfrac{1}{\sqrt{3}} & \dfrac{\sqrt{3}+1}{2\sqrt{3}} \end{bmatrix}$$

となる．

§5. 物理学におけるテンソル

物理学においてはそれぞれが特別な意味をもつテンソルがある．

(1°) **慣性テンソル**　剛体が原点Oのまわりに一定の角速度 $\boldsymbol{w}$ で回転するとき，剛体内の1点Pの速度 $\boldsymbol{v}$ は，$\overrightarrow{\mathrm{OP}} = \boldsymbol{r}$ と書くとき

(1) $$\boldsymbol{v} = \boldsymbol{w} \times \boldsymbol{r}$$

である．点Pのまわりに体積要素 dV をとり，剛体のPにおける密度を ρ とすれば，この部分の質量は ρdV，運動量は $\boldsymbol{v}\rho dV$，したがってOのまわりの角運動量は $\boldsymbol{r} \times \boldsymbol{v}\rho dV$，剛体全体の角運動量 $\boldsymbol{M}$ は

$$\boldsymbol{M} = \iiint_V \boldsymbol{r} \times \boldsymbol{v}\rho dV$$

である．ただし V は剛体の占める空間の部分とする．これに (1) を代入すれば次の式を得る：

$$\boldsymbol{M} = \iiint_V \{(\boldsymbol{r}\cdot\boldsymbol{r})\boldsymbol{w} - (\boldsymbol{r}\cdot\boldsymbol{w})\boldsymbol{r}\}\rho dV.$$

$\boldsymbol{M}$, $\boldsymbol{r}$, $\boldsymbol{w}$ の成分をそれぞれ M_i, x_i, w_i と書けば，この式から

(2) $$M_i = \left[\iiint_V \sum_k x_k^2 \rho dV\right] w_i - \sum_k \left[\iiint_V x_i x_k \rho dV\right] w_k$$

を得る．ここで

(3) $$I_{ik} = \left[\sum_j \iiint_V x_j^2 \rho dV\right]\delta_{ik} - \iiint_V x_i x_k \rho dV$$

とおけば (2) は

(4) $$M_i = \sum_k I_{ik} w_k$$

となって，I_{ik} は $\boldsymbol{w}$ に作用するテンソルである．これを**慣性テンソル**という．

(2°) **誘電率テンソル**　誘電体において電束密度（電気変位ともいう）を $\boldsymbol{D}$，電場

を $\boldsymbol{E}$ とすれば，誘電体が等方性なら $\boldsymbol{D} = \varepsilon \boldsymbol{E}$ で，この ε はスカラーである．誘電体が電気的に異方性をもてば D と $\boldsymbol{E}$ の間には，その成分を D_i, E_i とするとき

(5)
$$D_i = \sum_k \varepsilon_{ik} E_k$$

なる関係がある．ここに $\varepsilon_{ik} = \varepsilon_{ki}$, すなわちこれは対称テンソルである．これを**誘電率テンソル**という．

(3°) **変形テンソル**　物体内で，もと座標が (ξ, η, ζ) すなわち ξ_i $(\xi_1 = \xi, \xi_2 = \eta, \xi_3 = \zeta)$ にあった点が，変形によって (x, y, z) すなわち x_i なる点に移動したとすれば，x, y, z はいずれも ξ, η, ζ の関数である．これを $x_i(\xi_k)$ と書く．もと原点にあった点は $x(0, 0, 0)$, $y(0, 0, 0)$, $z(0, 0, 0)$ すなわち $x_i(0)$ に移動したとして，このごく近くの点については，その座標は近似的に

(6)
$$x_i = x_i(0) + \sum_k \frac{\partial x_i}{\partial \xi_k} \xi_k$$

となる．この式で係数

$$D_{ik} = \frac{\partial x_i}{\partial \xi_k}$$

は，x_i も ξ_i も直交座標系の変換に対して同じ変換

$$x_i = \sum_h a_{ih} x_h' + a_i, \qquad \xi_i = \sum_h a_{ih} \xi_h' + a_i$$

を受けることから，

$$D_{ik}' = \sum_j \frac{\partial \xi_j}{\partial \xi_k'} \frac{\partial}{\partial \xi_j} \left(\sum_h a_{hi} x_h + a_i'\right)$$

$$= \sum_{j,h} a_{jk} a_{hi} \frac{\partial x_h}{\partial \xi_j} = \sum_{j,h} a_{jk} a_{hi} D_{hj}$$

となりテンソルである．このテンソル D を対称テンソル A と直交行列のテンソル R との積

$$D = AR$$

として表わすとき，A が単位行列 E に近いなら，すなわち

$$A = E + S$$

において S の成分の絶対値が小さいなら，S を 変形テンソル または ひずみテンソル という．§4 にしたがって $DD^t = A^2 = (E + S)^2$ となり，高次の項を無視すればこれは $E + 2S$ であるから，S は

(7)
$$S = \frac{1}{2}(DD^t - E)$$

によって求められる．特に R も単位行列に近いときは $R=E+T$ とおくと，$D=(E+S)(E+T)=E+S+T$ である．$D-E=S+T$ と考えると変形テンソル S は $D-E$ の対称部分として求められる．R が E に近いとき $R-E$ は近似的に交代行列となるからである．

(4°) **応力テンソル** 物体の変形にともなって生ずる応力 $\boldsymbol{p}$ は，一般に，物体内に任意の平面を考えるときそれに垂直ではなく，接線方向の成分ももつ．すなわち法線ベクトル $\boldsymbol{n}$ をもつ平面に $\boldsymbol{n}$ の正の側からはたらく応力 $\boldsymbol{p}$ は，法線応力と接線応力の和で，$\boldsymbol{n}$ の成分を n_i とすると $\boldsymbol{p}$ の成分 p_i は

$$p_i = \sum_k P_{ik} n_k \tag{8}$$

で与えられる．P_{ik} は対称テンソルで，**応力テンソル**という．このテンソルの3つの主方向を**応力の主方向**（主軸），これに垂直な3平面を**応力の主平面**という．対称テンソルの性質として，主平面に作用する応力は接線成分がない．弾性体の理論では変形テンソルと応力テンソルの関係を研究する．

問　題

1. 高さが h，外側の円柱面の半径が r_1，内側の円柱面の半径が r_2 である中空の円柱の慣性テンソルを求めよ．ただし $\rho=1$ とする．

2. 無限小変形による体積の変化率

$$\frac{\partial(x,\ y,\ z)}{\partial(\xi,\ \eta,\ \zeta)}-1$$

は変形テンソルのトレースで与えられることを示せ．

［解　答］

1. 円柱の軸を z 軸にし，円柱の底面を $z=\dfrac{h}{2}$ および $z=-\dfrac{h}{2}$，xy 平面における切り口を T とする．

$$\iiint_V x^2 dxdydz = h\iint_T x^2 dxdy = h\iint_T y^2 dxdy = \frac{\pi h}{4}({r_1}^4-{r_2}^4),$$

$$\iiint_V z^2 dxdydz = \frac{h^3}{12}\iint_T dxdy = \pi\frac{h^3({r_1}^2-{r_2}^2)}{12},$$

$$\iiint_V yzdxdydz = \iiint_V zxdxdydz = \iiint_V xydxdydz = 0$$

であるから次のようになる：

$$I_{11}=I_{22}=\frac{\pi}{4}({r_1}^4-{r_2}^4)h+\frac{\pi}{12}({r_1}^2-{r_2}^2)h^3,$$

$$I_{33} = \frac{\pi}{2}(r_1{}^4 - r_2{}^4)h,$$

$$I_{23} = I_{31} = I_{12} = 0.$$

2. $$\frac{\partial(x, y, z)}{\partial(\xi, \eta, \zeta)} - 1 = \det D - 1 = \sqrt{\det(DD^t)} - 1 = \sqrt{\det(E + 2S)} - 1$$

において S は無限小であるから $\det(E + 2S) = 1 + 2(S_{11} + S_{22} + S_{33})$, したがって $\sqrt{\det(E + 2S)} - 1 = S_{11} + S_{22} + S_{33}$ となる.

§6. 高階のテンソルおよびテンソルの微分

例えば27個の数 T_{ijk} が直交座標系の変換 (1.9) に応じて

(1) $$T_{ijk}' = \sum_{l,m,n} a_{li}a_{mj}a_{nk}T_{lmn}$$

にしたがって変換されるならば, T_{ijk} は **3 階のテンソル** の成分であるという. このテンソルを T_{ijk} とよんでもよい. これに対してこれまで述べてきたテンソル T_{ik} は **2 階のテンソル** という. **p 階のテンソル** も, その成分が (1.9) に応じて

$$T_{i_1 i_2 \cdots i_p}' = \sum_{l_1, l_2, \cdots, l_p} a_{l_1 i_1} a_{l_2 i_2} \cdots a_{l_p i_p} T_{l_1 l_2 \cdots l_p}$$

にしたがって変換されるものとして定義される.

このように考えるとき, §1で述べたものとは別の **積** が定義される. 例えば T_{ijk} が3階のテンソル, S_{ik} が2階のテンソルなら $R_{hijkl} = T_{hij}S_{kl}$ で与えられる 3^5 個の数 R_{hijkl} も1つのテンソルを表わす. これは5階のテンソルである.

T_{ijk} がテンソルなら

$$T_i = \sum_k T_{ikk}$$

で与えられる T_i はベクトルの成分である. また, u_i がベクトルの成分なら

$$T_{ik} = \sum_l T_{ikl}u_l$$

は2階のテンソルになる.

T_{ik} がテンソル場で微分可能なら, 例3と同様に考えて,

$$T_{ijk} = \frac{\partial T_{jk}}{\partial x_i}$$

が3階のテンソルであることが証明される. また, $\sum_k T_{kki}$ すなわち

$$\sum_k \frac{\partial T_{ki}}{\partial x_k}$$

がベクトルであることも容易にわかる.

$$\sum_k \frac{\partial T_{ik}}{\partial x_k}$$

もベクトルである．これらのベクトルはテンソル T_{ik} の **発散** という．

テンソル場についても発散定理などが考えられる．

発散定理 テンソル場 T_{ik} の領域の内部に閉曲面 S および S に囲まれた領域 V が属すとき，n_i を S に立てた外向きの法線ベクトルの成分とすれば等式

$$\iiint_V \sum_k \frac{\partial T_{ki}}{\partial x_k} dV = \iint_S \sum_k T_{ki} n_k dS,$$

$$\iiint_V \sum_k \frac{\partial T_{ik}}{\partial x_k} dV = \iint_S \sum_k T_{ik} n_k dS$$

が成り立つ．

証明はベクトル場と同様6章 (1.1) を用いて容易にできる．

例 9. テンソル T_{hijk} に関する発散定理

$$\iiint_V \sum_h \frac{\partial T_{hijk}}{\partial x_h} dV = \iint_S \sum_h T_{hijk} n_h dS$$

に $T_{hijk} = x_i x_j \delta_{hk}$ を代入することによって，練習問題5の問10における面積分

$$\iint_S p\boldsymbol{r} \times \boldsymbol{n} dS$$

を求めよ．ただし $p = z$ とする．

［解］ 発散定理の等式の左辺は

$$\frac{\partial T_{hijk}}{\partial x_h} = x_j \delta_{hi} \delta_{hk} + x_i \delta_{hj} \delta_{hk}$$

により

$$\delta_{ik} \iiint_V x_j dV + \delta_{jk} \iiint_V x_i dV$$

となる．右辺は

$$\iint_S x_i x_j n_k dS$$

となる．求める面積分を $m_1 \boldsymbol{i} + m_2 \boldsymbol{j} + m_3 \boldsymbol{k}$ とすれば

$$m_1 = \iint_S x_3 x_2 n_3 dS - \iint_S x_3 x_3 n_2 dS,$$

$$m_2 = \iint_S x_3 x_3 n_1 dS - \iint_S x_3 x_1 n_3 dS,$$

$$m_3 = \iint_S x_3 x_1 n_2 dS - \iint_S x_3 x_2 n_1 dS$$

であるから次のようになる：

$$m_1 = \iiint_V y\,dV, \qquad m_2 = -\iiint_V x\,dV, \qquad m_3 = 0$$

例 10. 静止している弾性体の各部分に応力とは関係なく単位体積あたりに力 $\boldsymbol{K}$ $(=K_1\boldsymbol{i} + K_2\boldsymbol{j} + K_3\boldsymbol{k})$ が作用しているなら，応力テンソル T は次の関係をみたすことを示せ：

$$\sum_i \frac{\partial T_{ik}}{\partial x_i} + K_k = 0.$$

［解］ 弾性体の内部に閉曲面 S で囲まれた部分 V を考えれば，この部分に作用する応力の合力は

$$\iint_S \sum_k T_{ik} n_k dS = \iint_S \sum_k T_{ki} n_k dS = \iiint_V \sum_k \frac{\partial T_{ki}}{\partial x_k} dV$$

である．また K による分は

$$\iiint_V K_i dV$$

である．この和

$$\iiint_V \left[\sum_k \frac{\partial T_{ki}}{\partial x_k} + K_i \right] dV$$

は静止の条件として消えなければならない．V としては任意のものがとれるから被積分関数が恒等的に 0 となる．

練 習 問 題

1. 閉曲面 S が囲む領域を V とする．$\boldsymbol{a}$ が定ベクトルのとき次の等式を証明せよ：

$$\iint_S (\boldsymbol{a}\cdot\boldsymbol{r}) d\boldsymbol{S} = V\boldsymbol{a}.$$

2. T は各成分が定数であるテンソルで，対称であるか否かはわからないとする．閉曲面 S が囲む領域を V，S の外向きの法線ベクトルを $\boldsymbol{n}$，S において

$$A_i = \sum_k T_{ik} n_k$$

を成分とするベクトルを $\boldsymbol{A}$ とするとき

$$\iint_S \boldsymbol{r} \times \boldsymbol{A} dS = 0$$

がすべての閉曲面について成り立つなら，T は対称テンソルであることを証明せよ．

3. 変形する前に (ξ, η, ζ) にあった点が変形により (x, y, z) に移動し，この x, y, z は ξ の関数 $f(\xi)$ を用いて

$$x = \int_0^\xi \sqrt{1-(f'(\xi))^2}\, d\xi - f'(\xi)\eta,$$

$$y = f(\xi) + \sqrt{1-(f'(\xi))^2}\,\eta,$$
$$z = \zeta$$

で与えられるとする．$|\eta|$ が小さいところだけを考えて変形テンソルを η の程度まで求めよ．

[解　　答]

1. 左辺の各成分は

$$\sum_h a_h \iint_S x_h n_i dS = \sum_h a_h \iint_S \sum_k x_h \delta_{ik} n_k dS$$

であるから，$T_{ijk} = x_i \delta_{jk}$ を考えて発散定理を用いれば

$$= \sum_h a_h \iiint_V \sum_k \frac{\partial(x_h\delta_{ik})}{\partial x_k} dV = \sum_{h,k} a_h \delta_{hk}\delta_{ik} \iiint_V dV$$
$$= a_i V$$

となって求める等式を得る．

2. この面積分の z 成分は次のようになる：

$$\iint_S \sum_k (x_1 T_{2k} - x_2 T_{1k}) n_k dS$$
$$= \iiint_V \sum_k \frac{\partial(x_1 T_{2k} - x_2 T_{1k})}{\partial x_k} dV$$
$$= \iiint_V \sum_k (\delta_{1k} T_{2k} - \delta_{2k} T_{1k}) dV = (T_{21} - T_{12}) V.$$

V は任意であるからこれが 0 となるには $T_{21} = T_{12}$ でなければならない．x 成分，y 成分も考えれば $T_{ik} = T_{ki}$ を得る．

3. z と ζ とは x, y と ξ, η の関係から分離してよい．

$$\frac{\partial x}{\partial \xi} = \sqrt{1-(f'(\xi))^2} - f''(\xi)\eta, \qquad \frac{\partial x}{\partial \eta} = -f'(\xi),$$
$$\frac{\partial y}{\partial \xi} = f'(\xi) - \frac{f'(\xi)f''(\xi)}{\sqrt{1-(f'(\xi))^2}}\eta, \qquad \frac{\partial y}{\partial \eta} = \sqrt{1-(f'(\xi))^2}$$

であるから

$$D = \begin{bmatrix} \sqrt{1-(f')^2} - f''\eta & -f' & 0 \\ f' - \dfrac{f'f''}{\sqrt{1-(f')^2}}\eta & \sqrt{1-(f')^2} & 0 \\ 0 & 0 & 1 \end{bmatrix},$$

η^2 は無視して

$$DD^t = \begin{bmatrix} 1 - 2f''\sqrt{1-(f')^2}\,\eta & -2f'f''\eta & 0 \\ -2f'f''\eta & 1 - \dfrac{2(f')^2 f''}{\sqrt{1-(f')^2}}\eta & 0 \\ 0 & 0 & 1 \end{bmatrix},$$

したがって

$$S=\begin{bmatrix} -f''\sqrt{1-(f')^2}\,\eta & -f'f''\eta & 0 \\ -f'f''\eta & -\dfrac{(f')^2f''}{\sqrt{1-(f')^2}}\eta & 0 \\ 0 & 0 & 0 \end{bmatrix}.$$

索　　引

イ

位置ベクトル　position vector　5

ウ

渦管　vortex tube　183
渦なし　(独) wirbelfrei　112
運動量　momentum　56
運動量のモーメント　moment of momentum　56

オ

応力テンソル　stress tensor　227

カ　ガ

外積　outer product, exterior product　24
回転 (ベクトル場の)　curl　86
回転座標系　rotatory coordinate system　60
回転座標軸　rotatory coordinate axes　60
回転速度　velocity of rotation　61
回転的　rotational　112
ガウスの曲率　Gaussian curvature　70
ガウスの定理　Gauss's theorem　156
角運動量　angular momentum　56
角速度　angular velocity　61
加速度　acceleration　56
からみあいの数　linkage coefficient　172
管状　solenoidal　112
慣性テンソル　tensor of inertia　225

キ

基本ベクトル　base vectors　5
共線ベクトル　collinear vectors　10
共面ベクトル　coplanar vectors　10
極性ベクトル　polar vector　194
曲線　curve　48
曲線座標　curvilinear coordinates　65, 195
曲線座標系　curvilinear coordinate system　195
曲線の長さ　curve length　51, 125
曲面　surface　65
曲面上の曲線　curve on a surface　67
曲面のベクトル方程式　vector equation of a surface　65
曲率　curvature　50
曲率半径　radius of curvature　50

ク　グ

グラスマンの記号　Grassmann's notation　34
グリーンの公式　Green's formula　163
グリーンの定理　Green's theorem　162

コ

交代テンソル　skew-symmetric tensor, skew tensor　215
交代部分　skew part　215
勾配ベクトル　gradient　80
弧長　arc length　48
固有値　characteristic value, eigenvalue　217

固有ベクトル characteristic vector, eigenvector 217
固有方向 eigendirection 217
コリオリの定理 Coriolis' theorem 63

サ ザ

最大値の原理 maximum principle 166
座標曲線 coordinate curves 65,196
座標曲面 coordinate surface 196
座標近傍 coordinate neighbourhood 196

シ ジ

C^k 級の関数 —— function 80
C^k 級のベクトル場 —— vector field 80
軸性ベクトル axial vector 194
主曲率 principal curvature 70
主曲率方向 direction of principal curvature 70
主値 proper value, eigenvalue 216
主方向 principal direction 216
主法線 principal normal line 50
主法線ベクトル principal normal vector 50
終点が共線 with collinear terminal points 15
終点が共面 with coplanar terminal points 15
自由ベクトル free vector 8
従法線 binormal line 50
従法線ベクトル binormal vector 50
縮重した固有値 degenerate eigenvalue 220
循環 circulation 131

ス

スカラー scalar 1
スカラー3重積 scalar triple product 33
スカラー積 scalar product 21
スカラー場 scalar field 77
スカラー・ポテンシャル scalar potential 81,112
ストークスの定理 Stokes' theorem 157

セ ゼ

臍点 umbilical point 74
静止座標系 coordinate system fixed in an inertial system 60
静止座標軸 coordinate axes fixed in an inertial system 60
接触球 osculating sphere 73
接触平面 osculating plane 51
接線 tangent line 49
接線ベクトル tangent vector 49
接平面 tangent plane 65
接ベクトル（曲面の） tangent vector 66
線形作用素 linear operator 213
線形写像 linear mapping 212
線形写像の和 sum of linear mappings 213
線形変換 linear transformation 212
線積分 line integral 127
線素（曲面の） line element 66
全曲率 total curvature 70

ソ

層状 lamellar 112
相反系 reciprocal systems of vectors 35
測地線 geodesic line 70
速度 velocity 55
速度のモーメント moment of velocity 56
速度ポテンシャル velocity potential 94
束縛ベクトル bound vector 8

タ　ダ

対称テンソル　symmetric tensor　215
対称部分　symmetric part　215
第1基本量　first fundamental quantities　66
第2基本量　second fundamental quantities　66
楕円座標　elliptic coordinates　208
単一閉曲線　simple closed curve　118
単位ベクトル　unit vector　3
単連結　simply connected　118
単連結領域　simply connected domain　118

チ

長球面座標　prolate spheroidal coordinates　207
調和関数　harmonic function　86
直交曲線座標　orthogonal curvilinear coordinates　197

テ　デ

定ベクトル　constant vector　43
テンソル　tensor　212
　—— の成分　component　213
　—— の積　product　214
　—— の発散　divergence　229
　—— の発散定理　divergence theorem　229
　—— の和　sum　214
テンソル場　tensor field　214
テンソルの積　product of tensors　214
定常流　stationary stream　92
デルタ　delta　86
展直平面　rectifying plane　51

ト　ド

等位面　level surface, equipotential surface　78
動径ベクトル　radius vector　5
導ベクトル　derivative (of a vector function)　41
特異点　singular point　79

ナ

内積　inner product　21
ナブラ　nabla　80

ニ

2階のテンソル　tensor of second degree　228

ネ

熱伝導の方程式　equation of heat conduction　93
熱方程式　heat equation　93

ハ　バ

媒介変数（曲線の）　parameter　48
発散　divergence　85, 229
発散定理　divergence theorem　156
ハミルトンの演算子　Hamilton's operator, Hamiltonian　80
速さ　speed　55
反対称テンソル　anti-symmetric tensor　215

ヒ　ピ

非圧縮性流体　incompressible fluid　92
非回転的　irrotational　112
p 階のテンソル　tensor of p-th degree　228

フ ブ

v曲線 — curves 65
フレネ・セレーの公式 Frenet-Serret formulas 50

ヘ ベ

閉曲線 closed curve 118
平均曲率 mean curvature 70
ベクトル vector 1
—— の1次結合 linear combination 9
—— の1次従属 linearly dependent 9
—— の1次独立 linearly independent 9
—— の大きさ magnitude 3
—— の極限 limit 40
—— の原始関数 primitive function 110
—— の差 difference 3
—— の成分 component 6,7
—— とスカラーの積 multiplication of a vector by a scalar 4
—— の絶対値 absolute value 3
—— の定積分 definite integral 111
—— の長さ length 3
—— の微分可能 differentiable 41
—— の微分係数 differential coefficient 41
—— の不定積分 indefinite integral 110
—— の和 sum 2
ベクトル関数 vector function 40
ベクトル3重積 vector triple product 33
ベクトル積 vector product 25
ベクトル線 vector line 78
ベクトル線素 line element vector 66
ベクトル場 vector field 77
—— の回転 curl 86
ベクトル方程式 vector equation 16,23
ベクトル・ポテンシャル vector potential 112
ベクトル面積素 area element vector 67
ベクトル・モーメント moment of a bound vector 28
ベクトル流 flux, vector flux 140
ヘルムホルツの定理 Helmholtz's theorem 179
扁球面座標 oblate spheroidal coordinates 207
変形テンソル strain tensor 226

ホ ポ

ポアソンの方程式 Poisson's equation 163
方向微分係数 directional differential coefficient 82
法曲率 normal curvature 69
法線ベクトル（曲面の） normal vector 31,65
法平面 normal plane 49
ポテンシャル potential 81

マ

まつわりの数 linkage coefficient 172

ム

向きがつけられる（曲面が） orientable 138

メ

面積素 area element 67
面積速度 areal velocity 56

面積分　suface integral　136
面積ベクトル　area vector　29

モ

モーメント　moment　28

ユ

u 曲線　― curves　65
誘電率テンソル　dielectric tensor　225

ラ

ラプラシアン　Laplacian　86
ラプラス演算子　Laplace's operator　85
ラプラスの方程式　Laplace's equation　86
ラメラー　lamellar　112

リ

立体角　solid angle　169
流管　vector tube　183
流線　vector line　78
領域　domain　77
臨界点　critical point　83

レ

零テンソル　zero tensor　213
零ベクトル　zero vector　3
捩率（レイ率）　torsion　50
連続の方程式　continuity equation　92

ワ

湧き出しなし（独）　quellenfrei　112

著者略歴

1912年 東京都出身　1935年 東京大学医学部医学科卒，前橋医学専門学校教授，1949年横浜国立大学教授（1949—1967 学芸学部および教育学部において数学担当，1967—1976 工学部において応用数学担当）を経て現在横浜国立大学名誉教授，理学博士．

主な著書　精解演習 ベクトルとテンソル（広川書店），テンソル解析（共著 広川書店），凝縮現象（朝倉書店），演習数学選書 関数論（裳華房），テンソル解析入門（森北出版）．

基礎数学選書 9　**ベクトル解析**

1972年10月30日　第1版発行
1989年12月20日　第13版発行
2022年5月25日　第13版8刷発行

検印
省略

定価はカバーに表示してあります．

著作者　武藤義夫（むとうよしお）
発行者　吉野和浩
発行所　東京都千代田区四番町8－1
電話 東京 3262－9166
株式会社 裳華房

印刷所
製本所　株式会社デジタルパブリッシングサービス

一般社団法人
自然科学書協会会員

ISBN 978—4—7853—1109—4